DESSAUER/SOMMERMEYER

QUANTENBIOLOGIE

QUANTENBIOLOGIE

EINFÜHRUNG IN EINEN NEUEN WISSENSZWEIG

VON

FRIEDRICH DESSAUER

ZWEITE AUFLAGE
HERAUSGEGEBEN UND ERGÄNZT VON
KURT SOMMERMEYER

MIT DEM BEITRAG
„FRIEDRICH DESSAUER ZUM GEDÄCHTNIS" VON BORIS RAJEWSKY

MIT 60 ABBILDUNGEN
UND MIT EINEM PORTRÄT

SPRINGER-VERLAG
BERLIN · GÖTTINGEN · HEIDELBERG
1964

FRIEDRICH DESSAUER †
o. ö. Professor Dr. phil. nat., Dr. med. h. c., Dr. theol. h. c., Dr.-Ing. e. h.
Frankfurt a. M.

KURT SOMMERMEYER
Professor Dr. phil. nat. Radiologisches Institut Freiburg i. Br.

BORIS RAJEWSKY
Prof. Dr. phil. nat., Dr. med. h. c., Dr. med. h. c., Dr. med. h. c., Dr. rer. nat. h. c.
Direktor des Max Planck-Institutes für Biophysik Frankfurt a. M.

ISBN 978-3-642-88015-5   ISBN 978-3-642-88014-8 (eBook)
DOI 10.1007/978-3-642-88014-8

Titel Nr. 0152

Vorwort zur zweiten Auflage.

Im Herbst des Jahres 1962 erhielt der Unterzeichnete von Herrn Professor Dessauer den ehrenvollen Auftrag zur Herausgabe einer 2. Auflage der „Quantenbiologie". Mit Herrn Professor Dessauer und dem Verleger wurde die Übereinkunft getroffen, die Darstellung der ersten Auflage wegen ihrer historischen Bedeutung unangetastet zu lassen und über die seit der Abfassung der 1. Auflage erzielten Fortschritte in einem besonderen Beitrag zu berichten. Ein Neudruck des alten Textes erschien um so mehr als angebracht, als grundsätzlich sein Inhalt auch heute noch im wesentlichen Gültigkeit besitzt. Die neuere Entwicklung hat Irrtümer nur in wenigen Punkten von grundsätzlicher Bedeutung aufgedeckt und im übrigen zu einer Fülle neuen Materials geführt, durch die eine Präzisierung unserer Vorstellungen über die primären Vorgänge der biologischen Strahlenwirkung möglich ist. Auf der anderen Seite ist auch klar geworden, in welchen Gebieten selbst die grundsätzlichen Fragen noch unbeantwortet sind.

Herrn Professor Rajewsky bin ich für die Abfassung und Überlassung seines einleitenden Beitrages „Friedrich Dessauer zum Gedächtnis" zu großem Dank verpflichtet.

Die zweite Auflage der „Quantenbiologie" sei ein Denkmal zum Gedächtnis ihres Begründers.

Freiburg i. Br. Mai 1964
Radiologisches Institut

K. Sommermeyer

Inhaltsverzeichnis.

ZWEITER TEIL.

I. Grundlagen.

II. Anwendung der Treffertheorie in der allgemeinen Strahlenbiologie.

Dessauer, Quantenbiologie

Friedrich Dessauer zum Gedächtnis
1881—1963

von

BORIS RAJEWSKY

Am 16. Februar 1963 verstarb in seinem 82. Lebensjahr Professor Dr. phil. nat. Dr. med. h. c. Dr. theol. h. c. Dr.-Ing. e. h. FRIEDRICH DESSAUER. Er erlag nach einer langen Leidenszeit den schweren Röntgenstrahlenverbrennungen, die er sich als junger Mann vor mehr als einem halben Jahrhundert zugezogen hatte.

FRIEDRICH DESSAUER wurde am 19. Juli 1881 in Aschaffenburg als neuntes Kind des Fabrikbesitzers und kgl. Commerzienrates PHILIPP DESSAUER geboren. Die Entdeckung der Röntgenstrahlen fiel in seine Gymnasialzeit. Er war von dieser großen Entdeckung so beeindruckt, daß er sein ganzes wissenschaftliche Leben der Erforschung der Eigenschaften und der Anwendungsmöglichkeiten der neuentdeckten Strahlen widmete.

Mit 18 Jahren begann er sein Studium, wandte sich jedoch schon wenige Jahre danach einer selbständigen Tätigkeit als Techniker, Konstrukteur, Unternehmer und später als Forscher zu.

In den 1917 von ihm gegründeten VEIFA-Werken Aschaffenburg/ Frankfurt (Main) wurden nach seinen Ideen und Plänen Röntgenstrahlenapparate und deren Zubehör gebaut. Der junge DESSAUER beschränkte sich jedoch nicht auf die Konstruktion von Röntgengeräten, sondern strebte danach, weitere Kreise von Ärzten und Technikern an den Möglichkeiten der Anwendung von Radium- und Röntgenstrahlen in der medizinischen Heilkunde zu interessieren und sie dafür zu gewinnen.

Als 21jähriger Ingenieur hielt er bereits Vorträge über die neue Strahlenart. Diese Vorträge sind zum Teil erhalten geblieben; sie enthalten bereits Gedankengänge, aus denen zweifellos die späteren tragenden Ideen seiner Forschungsarbeiten entstanden sind.

1917 promovierte DESSAUER als 14. Kandidat der Naturwissenschaftlichen Fakultät der Universität Frankfurt (Main) mit einer Arbeit „Über einen neuen Hochspannungstransformator und seine Anwendung zur Erzeugung durchdringungsfähiger Röntgenstrahlen" zum Dr. phil. nat. Wenige Jahre darauf (1921) wurde DESSAUER zunächst zum Honorarprofessor, dann zum ordentlichen Professor für Physikalische Grundlagen

der Medizin an der Naturwissenschaftlichen Fakultät der Universität
Frankfurt (Main) ernannt.

Aus den Kreisen Frankfurter Bürger wurden in jener Zeit Mittel für
die Errichtung eines Instituts aufgebracht, das dem damals 40jährigen
Forscher die Möglichkeit geben sollte, seine Ideen über die Anwendung
der Röntgenstrahlen in der Medizin zu verwirklichen. 1921 wurde die
Henry-Oswalt-Stiftung „Institut für Physikalische Grundlagen der Medizin an der Universität Frankfurt (Main)" errichtet. Damit begann eine
fruchtbare Entwicklungsperiode der deutschen Radiologie.

Schon 1908 hielt der 27jährige Ingenieur DESSAUER auf Einladung
des Frankfurter ärztlichen Vereins einen Vortrag über die bis dahin sehr
pessimistisch beurteilte Bestrahlung tiefliegender Tumoren mit Röntgenstrahlen. Dieser Vortrag bedeutete einen Wendepunkt in der Entwicklung der Röntgenstrahlentherapie des Krebses. Die schon früher (1904)
von DESSAUER aufgestellte „Homogenstrahlenlehre" wurde durch Meßergebnisse belegt, endgültig begründet und die technischen Möglichkeiten
ihrer Verwirklichung in der medizinischen Praxis demonstriert. Durch-
dringende, homogenisierte Röntgenstrahlengemische, Kreuzfeuerbestrah-
lungen und genaue Kenntnis der Strahlenenergieverteilung im bestrahlten
Körper waren die Grundelemente dieser Lehre. Die von DESSAUER entwickelten neuen Typen der Röntgenapparate gaben die Möglichkeit, die
neuen Wege der Strahlentherapie auch zu beschreiten. Aus dem neu
errichteten Institut gingen die ersten „Isodosen-Tafeln" in die medizinische Praxis hinaus.

Aus aller Welt kamen Hunderte von Röntgenologen in das Dessauersche Institut, um in den dort abgehaltenen Kursen die neuen Methoden
kennenzulernen.

Die Ideen, mit denen DESSAUER sich in dieser Periode seiner Tätigkeit befaßte, können durch folgende Stichworte charakterisiert werden:
Erzeugung von „radiumähnlichen" Röntgenstrahlen, Röntgen-Blitz-
aufnahmen, Röntgenkinematographie, homogene Strahlengemische und
Ausnutzung verschiedener Sensibilität von Geweben den Röntgenstrahlen
gegenüber, genaue Messung der Strahlendosis.

Die erstgenannte Aufgabe war die Lieblingsidee des jungen DESSAUER.
Ihr zuliebe hatte er sich der Neukonstruktion der Hochspannungstrans-
formatoren zugewandt. So entstand zunächst die Dessauersche Spar-
schaltung, der dann die Dessauer-Petersen-Welter-Schaltung folgte.
Mutig verwendete DESSAUER die neue Schaltung zum Bau einer Rönt-
genanlage mit 1 Million Volt Strahlenerzeugungsspannung. 1921 war
diese Anlage fertig und wurde im nächsten Jahr in einem mittelgroßen
Laboratorium des neuen Instituts aufgestellt. Allerdings sollte diese
Röntgenanlage nicht der Strahlentherapie dienen. Beflügelt durch die
Rutherfordsche Entdeckung der Atomumwandlung durch den Beschuß

der Atome mit Alpha-Teilchen, gingen die Gedanken DESSAUERS in die Richtung der Atomumwandlung mit schnellen Elektronen. Leider zwang die erste Inflation, diese Anlage bald ins Ausland zu verkaufen. Die geplanten Atomumwandlungsversuche, bei denen auf Anregung des Verfassers auch Kanalstrahlen verwendet werden sollten, wurden, wie DESSAUER hoffte, „vorläufig" zurückgestellt.

Dies war das erste Unglück, das der Schreiber dieser Zeilen, damals junger Mitarbeiter DESSAUERS, in dessen Institut bitter erlebt hat.

Das zweite Unglück geschah zehn Jahre später, als DESSAUER im Juli 1933 seinen Leidensweg der politischen Verfolgung antreten mußte. Mit der Verhaftung von FRIEDRICH DESSAUER wurde eine glänzende Entwicklungsperiode in der medizinischen Radiologie unter seiner Führung jäh unterbrochen. DESSAUER kehrte nicht mehr zur aktiven Forschung auf diesem Gebiet zurück. Es war ihm nur etwa zwölf Jahre vergönnt gewesen, als Universitätslehrer im eigenen Forschungsinstitut, frei von industriellen Bindungen, zu wirken. Allerdings sind in dieser Zeit aus seinen philosophischen Neigungen, die in seiner Religiosität wurzelten, philosophische Arbeiten entstanden. Sowohl diese als auch seine politische Tätigkeit haben im Leben DESSAUERS viel Energie und Zeit in Anspruch genommen.

Aber auch die restliche, von diesen Tätigkeiten freigebliebene Zeit brachte große schöpferische Leistungen auf dem naturwissenschaftlichen Gebiet. Gestützt auf eine Schar von Mitarbeitern, die er um sich gesammelt hatte, hat DESSAUER seine Forschungsarbeit über die physikalischen Grundlagen der medizinischen Radiologie fortgesetzt. Diese Arbeit wurde nunmehr einem einzigen Problem gewidmet: dem Problem des Mechanismus der Wirkung ionisierender Strahlen im lebenden Gewebe. Auch hier gehören DESSAUER die ersten, die weitere Entwicklung tragenden Ideen. Über die Anfangsschwierigkeiten, harte Kritik, Nichtanerkennung und Vernachlässigung seitens der Fachgenossen, führten sie zu den unleugbaren Erfolgen, die DESSAUER noch während seiner aktiven Beteiligung an den entsprechenden Arbeiten erleben konnte. Während seines Exils wurden diese Arbeiten teils von seinen früheren Mitarbeitern, teils von anderen Forschern weitergeführt und die Vorstellungen DESSAUERS weiterentwickelt. DESSAUER konnte nur noch als Außenstehender diese Entwicklung beobachten, da er während seiner Verbannung keine Möglichkeit mehr hatte, *diese* Forschungsarbeit aktiv selbst zu führen.

25 Jahre später, aus seinem Exil zurückgekehrt, schrieb er seine „Quantenbiologie", deren zweite Auflage unter Neubearbeitung von Herrn Professor KURT SOMMERMEYER jetzt vorliegt.

In der ersten Auflage des Werkes hat DESSAUER sowohl seine eigenen Pionier-Ideen als auch deren weitere Entwicklung, Ergänzung und Umänderung so, wie er diese Entwicklung gesehen hat, dargestellt.

Die zweite Auflage soll Rechenschaft darüber ablegen, wie die neuere Zeit die früheren Konzeptionen umgeformt hat. Der Verfasser dieser Zeilen wurde von Herrn Professor SOMMERMEYER und vom Verlag gebeten, eine sich auf die Persönlichkeit FRIEDRICH DESSAUERS beziehende Einleitung zu der zweiten Auflage der „Quantenbiologie" zu übernehmen. Es ist vielleicht das Beste, wenn dies durch die Darlegung der eigenen Ideen von DESSAUER geschieht.

Mit der Übernahme der Professur an der Universität Frankfurt (Main) trat eine Wendung in der wissenschaftlichen Tätigkeit DESSAUERS ein.

Waren bis dahin seine Gedankengänge und die Ziele seiner Arbeiten zum größten Teil den technischen Fragen der Erzeugung von Röntgenstrahlen und den praktischen Anwendungen dieser Strahlen in der Medizin gewidmet, so erwachte jetzt sein Interesse für die grundsätzlichen Fragen der biologischen Strahlenwirkung ganz allgemein.

Diese Fragestellungen begannen damals auch sonst die einschlägigen Fachkreise mehr und mehr zu interessieren. Im Vordergrund stand verständlicherweise die auffällige Fähigkeit der Röntgenstrahlen, die lebenden Zellen zu schädigen und abzutöten. Darauf beruhte ja die Strahlentherapie des Krebses.

Weder Physik noch Chemie oder Biologie beschäftigten sich in nennenswerter Weise mit diesen Fragen. Die sich mehr und mehr ausbreitende Anwendung der Krebsbehandlung mit Strahlen drängte aber auf die Aufklärung des Mechanismus der Wirkung der dafür verwendeten Strahlen. Es ist deshalb verständlich, daß die ersten Deutungsversuche im Kreise derer entstanden sind, die sich mit den biologischen Wirkungen der Röntgenstrahlen praktisch beschäftigten — in den Kreisen der Mediziner. Die damals bekannten Gesetzmäßigkeiten der photochemischen Wirkung der sichtbaren und ultravioletten Strahlen schienen nicht anwendbar zu sein. So entstand eine ganze Reihe von ad hoc gebildeten Hypothesen verschiedenster, zum Teil phantasievoller Art. Auch die „mechanische Wirkung" von Röntgenstrahlen fehlte nicht. Die Frage, worauf beruht die biologische Wirkung der Röntgenstrahlen, fesselte nunmehr auch die Gedanken FRIEDRICH DESSAUERS. Drei Erkenntnisse bildeten die Ausgangspunkte seiner Überlegungen:

1. Das eigentliche wirksame Agens sind nicht die Röntgenstrahlen selbst, sondern die durch diese Strahlen in den Atomen des lebenden Gewebes ausgelösten Elektronen.

2. Durch die Strahleneinwirkung wird zunächst nicht das ganze Gewebe homogen erfaßt, sondern nur die einzelnen Bausteine des Gewebes, deren Dimensionen so bemessen sind, daß die von den Elektronen an die getroffenen „Teilchen" des Gewebes abgegebene Energie wirksame Effekte hervorrufen kann, und daraus folgend

3. Die der Beobachtung zugänglichen Endeffekte der Strahlenwirkung, z. B. die Abtötung der Zellen, sind nicht die primären Effekte der Strahleneinwirkung auf die „lebende Materie", sondern die Folgen einer Reaktionskette, die in diesem Material durch die primären Effekte der Strahlenwirkung — d. h. der Wirkung der von den durch Strahlung ausgelösten Elektronen in den oben erwähnten einzelnen Bausteinen der lebenden Materie abgegebenen Energie — ausgelöst wird.

In diesem Zusammenhang war es naheliegend, nur solche Bausteine des Gewebes in Betracht zu ziehen, die durch die von ihnen erlittene Energiezufuhr verändert werden und die also die strahlenempfindlichen Bereiche des lebenden Gewebes darstellen. DESSAUER dachte dabei an die Eiweißmoleküle, von denen bereits bekannt war, daß sie strahlenempfindlich sind.

Aus diesen Feststellungen zog DESSAUER zwei grundsätzliche Schlußfolgerungen: einmal die, daß man bei den Betrachtungen über die biologische Strahlenwirkung mit einer räumlich und zeitlich diskontinuierlichen und zufallsmäßigen Verteilung der wirksamen Ereignisse rechnen muß, zum anderen die, daß auch die primären Wirkungsbereiche der einzelnen zugeführten Energiebeträge diskontinuierlich verteilt sind.

Infolgedessen können die rechnerische Erfassung und die quantitative Darstellung des Ablaufes der Strahlenwirkung nur mit statistischen Methoden erfolgen. In Anlehnung an die mathematische Behandlung des radioaktiven Zerfalls gab DESSAUER schon in seiner ersten Veröffentlichung: „Über einige Wirkungen von Strahlen I" (Zeitschrift für Physik 12, 1922, S. 38) eine entsprechende grundsätzliche Formel an. Auf seine Veranlassung haben dann seine Mitarbeiter M. BLAU und K. ALTENBURGER bereits im Jahre 1922 die ausführliche Formel hierzu abgeleitet. Sie ist bis heute die klassische Formel für die statistische Erfassung der Vorgänge bei den biologischen Strahleneinwirkungen geblieben.

An das Ziel der Überlegungen — die *Klärung* des Mechanismus der biologischen Strahlenwirkung — gebunden, haben weder DESSAUER selbst, noch seine beiden Mitarbeiter zunächst bemerkt, daß die von ihnen entwickelten Vorstellungen noch keine Theorie der biologischen Strahlenwirkung darstellt, sondern nur eine rechnerische Methode zur quantitativen Erfassung der zufallsmäßig erfolgenden, auf diskontinuierliche Wirkungsbereiche verteilten Ereignisse ist. Es braucht sich dabei überhaupt nicht um Strahlenwirkung zu handeln. In denselben Fehler sind auch die meisten der anderen nachfolgenden Autoren verfallen. Die Klärung des wahren Sachverhaltes, daß nämlich zu der Anwendung der Dessauer-Blau-Altenburgerschen Formel auf die Vorgänge der biologischen Strahlenwirkung, insbesondere zur Deutung ihres Mechanismus, spezielle Annahmen über die Natur (das Wesen) sowohl der wirksamen

Ereignisse, als auch der Wirkungsbereiche erforderlich sind, blieb einer knapp zehn Jahre später im Dessauerschen Institut durchgeführten Untersuchung*) vorbehalten.

Dessauer hat diesen Schritt eigentlich schon selbst gemacht, indem er bei der Aufstellung seiner Theorie die Eiweißmoleküle mit den Wirkungsbereichen identifiziert hat. Er versuchte auch, eine neue Vorstellung über die Natur des primären wirksamen Ereignisses in die Betrachtungen einzuführen. Dies war seine Hypothese über die „Punkt-Wärme". Zunächst (1921) dachte er einfach an die Erhöhung der Temperatur der Eiweißmoleküle durch die von den Elektronen an diese abgegebene Energie. Die Vorstellung war nicht hinreichend eindeutig und stieß auf Widerspruch. Etwas später (1923) präzisierte Dessauer diese Vorstellung, indem er auf die Möglichkeit der Ausbreitung der zugeführten Energie in dem ganzen Eiweißmolekül hinwies und von der Innentemperatur des einzelnen Eiweißmoleküls sprach. Am Begriff der Punkt-Wärme hielt er fest. Obwohl in den nachfolgenden Jahren einige Autoren auf die Möglichkeit des Auftretens von „Punkt-Wärmen" in besonderen Fällen (zum Beispiel Simon 1925 bei der Einwirkung von Alpha-Teilchen) hingewiesen haben und in einigen anderen Fällen der Energiezufuhr in den biologischen Einheiten (Teilchen) eng lokalisierte Erwärmungen demonstriert wurden (Malow 1936, Krasny-Ergen 1935 bei der Einwirkung elektrischer Kurzwellen auf biologische Objekte), konnte sich die Dessauersche Hypothese nicht halten. Die Hauptschwierigkeit bestand darin, daß diese Deutung nur in besonderen Fällen, bei denen der zugeführte Energiebetrag der Größe des Wirkungsbereiches angepaßt wurde, denkbar war. Andererseits konnte von biologischer Seite aus (Caspari 1923) eine große Reihe qualitativer biologischer Beobachtungen bei dem Ablauf der Strahlenwirkungen zugunsten der Wärmewirkung angeführt werden.

Vier Jahre nach der Veröffentlichung der Arbeiten von Dessauer und seinen Mitarbeitern hat Crowther 1926 die gleiche Theorie der biologischen Strahlenwirkung aufgestellt. Er hat jedoch andere Annahmen über die Natur des wirksamen Ereignisses gemacht, als Dessauer dies tat. Er nahm an, daß das wirksame Ereignis die Bildung eines Ionenpaares durch das im Gewebe fliegende Elektron ist, und daß der Wirkungsbereich sich auf dasjenige Volumen des Gewebes erstreckt, in dem das gebildete Ionenpaar wirksam sein kann. Dieses Volumen mußte offenbar zugleich das empfindliche Volumen im biologischen Objekt sein. Auf diese Weise konnte Crowther die verabreichte Strahlendosis direkt in die Formel einsetzen und das exponentielle Glied $e^{-\alpha t}$ durch e^{-vD}

---

*) B. Rajewsky: Physikalische Darstellung des Schädigungsvorganges und ihre experimentelle Prüfung. In: Zehn Jahre Forschung auf dem physikalisch-medizinischen Grenzgebiet. Hrsg. von Prof. Dr. F. Dessauer 1931.

ersetzen, wobei σ den Dessauerschen Wirkungskoeffizienten und t die Zeit bedeuten, v das Wirkvolumen und D die Dosis in R sind. Diese Schreibweise der Formel wird heute allgemein benutzt. In gewissen Fällen ist die Dessauersche Schreibweise bequemer.

Die Vorstellung CROWTHERS war, kurz zusammengefaßt, die folgende: die Bildung eines Ionenpaares (später wurde dies durch ein Ionenhäufchen ergänzt) muß in einem empfindlichen Volumen erfolgen und den biologischen Effekt hervorrufen. Die Punktwärme DESSAUERS wurde also durch ein Ionisationsereignis ersetzt, anstelle des Eiweißmoleküls wurde ein nicht näher beschriebenes empfindliches Volumen angenommen. Das wesentliche war, wie auch bei DESSAUER, daß das biologische Objekt durch das wirksame Ereignis an einer bestimmten Stelle, in einem eng lokalisierten Bereich *getroffen* werden muß. Aus dieser Vorstellung heraus ergab sich dann auch die Bezeichnung der aufgestellten Theorie: „hittheory", „Treffer-Theorie".

Diese Auffassung war übrigens nicht neu. 1931 haben HOLWECK und LACASSAGNE in einer klassischen Arbeit über die Wirkung von Alpha-Teilchen auf Polytana uvella aus ihren experimentellen Beobachtungen die Vorstellung entwickelt, wonach bei der Strahlenwirkung auf biologische Objekte in diesen sowohl Wirkungsbereiche des Treffers, des Alpha-Teilchens, als auch Zielscheiben (empfindliche Volumina) anzunehmen sind. Die Ergebnisse der Experimente der beiden Autoren befanden sich in guter Übereinstimmung mit diesen Vorstellungen. So entstand später noch eine weitere Bezeichnung der Treffertheorie, die „target-theory".

Die Identifizierung der Bildung eines Ionenpaares mit dem „Treffer" ist natürlich, wie oben gesagt, nicht zwingend. Man kann als Treffer bei der Berechnung des Schädigungsvorganges auch andere wirksame Ereignisse postulieren. So hat GLOCKER als wirksames Ereignis einen Elektronendurchgang durch die in Betracht gezogene biologische Einheit angenommen und damit die Ergebnisse der von ihm und seinen Mitarbeitern durchgeführten Bestrahlungsversuche theoretisch sehr befriedigend dargestellt.

Trotz der anfänglichen Einwände wurde die treffertheoretische Behandlung der Einwirkung der ionisierenden Strahlen auf lebende Objekte in den folgenden Jahren von vielen Autoren übernommen. Über die Natur der wirksamen Ereignisse (Treffer), Wirkungsbereiche, empfindlichen Volumina oder empfindlichen Bereiche wurden dabei verschiedene Annahmen gemacht; so deutete z. B. M. CURIE den Treffer als Absorption eines Strahlungsquants. Es wurden weitere Einzelheiten des treffertheoretischen Rechnungsverfahrens ausgearbeitet sowie die Wege zur Ermittlung verschiedener Bestimmungsstücke, wie z. B. der Anzahl der zur Herbeiführung eines biologisch wirksamen Ereignisses notwendigen Treffer, oder zur Bestimmung des Treffervolumens gezeigt.

Gemeinsam war allen diesen Arbeiten die Auffassung, daß die treffertheoretische Berechnung des Schädigungsverlaufes zwingend eine Erklärung des wahren Mechanismus ergeben müsse. Die Richtigstellung des Sachverhaltes erfolgte erst durch eine 1931 erschienene Arbeit von einem Mitarbeiter*) Dessauers, in der die Dessauersche Theorie einer kritischen Analyse unterzogen und die Grenzen ihrer Leistungsfähigkeit, d. h. der Signifikanz ihrer Aussagen geprüft wurde. Und zwar hat Rajewsky gezeigt, daß die Treffertheorie zunächst nur ein Rechenverfahren darstellt, das grundsätzlich keine speziellen Annahmen über den Treffer und den Treffbereich erfordert. Als solche können beliebige Ereignisse und Objekte benutzt werden. Den physikalisch-biologischen Inhalt bekommen die treffertheoretischen Formeln erst dann, wenn dafür physikalisch und biologisch sinnvolle Annahmen, und zwar für jedes einzelne Element, gemacht werden. Dabei zeigt sich, daß die beiden Bestimmungsstücke — der Treffer und der Treffbereich — voneinander abhängige Begriffe sind: wird z. B. der Treffer festgelegt und entsprechend definiert, so ergibt sich automatisch daraus die Größe des Treffbereiches. Es ist die Aufgabe des Experimentators, eine biologisch sinnvolle, zum „Treffer" passende „Untereinheit" des bestrahlten Objektes zu finden. Erst dann, wenn diese beiden Annahmen gemacht sind, kann man mit Hilfe der treffertheoretischen Berechnung zu einer entsprechenden Deutung und quantitativen Darstellung des Einwirkungsmechanismus der Strahlung kommen.

Es wurde dabei ferner gezeigt, daß der physikalische Wirkungsbereich des Treffers nicht unbedingt mit dem biologisch empfindlichen Bereich identisch sein muß. Sie können im biologischen Objekt auch voneinander entfernt liegen. Dies bedeutet, daß die wirksame Energie des physikalischen Treffers wandern kann, und daß in verschiedenen Fällen diffundierende Energieträger angenommen werden müssen. Diese können auch diffusible Substanzen sein (Radikale). Gelangen die durch das bestrahlte Objekt weitergeleiteten Energiebeträge oder Energieträger zu der empfindlichen Stelle (dem empfindlichen Bereich) des bestrahlten Objektes, so findet erst dann das biologisch entscheidende Ereignis, z. B. eine chemische Reaktion, statt.

Das war der Ausgangspunkt der Betrachtungen über die sogenannte *indirekte Strahlenwirkung*. Es ergab sich dann eine kompliziertere und etwas unklare Situation bezüglich der Definition des Treffers, des Treffbereiches und des empfindlichen Bereiches. Es wurden deshalb andere Bezeichnungen vorgeschlagen: „das physikalisch-wirksame Ereignis", „die primäre Wirkungszone" und „die empfindliche Zone". Schließlich wurde auch von einem „chemischen Treffer" gesprochen.

––––––––––

*) B. Rajewsky in Zehn Jahre Forschung 1931.

Diese Präzisierungen der Vorstellungen der Treffertheorie fanden die volle Zustimmung DESSAUERS, und er benutzte sie in seinen späteren Arbeiten.

In den oben dargestellten Überlegungen wurde die Dessauersche Theorie ihres rein formalen Charakters entkleidet (wenigstens zum Teil) und wieder näher an die ursprüngliche Auffassung von DESSAUER zurückgebracht. Ursprünglich hatte DESSAUER das Wesen des Treffers, wenn auch hypothetisch, als „Punkt-Wärme" festgelegt und wollte mit Hilfe der treffertheoretischen Formeln den Mechanismus der Strahleneinwirkung auf biologische Objekte deuten und nicht nur formell beschreiben.

In den folgenden Jahren trat jedoch der treffertheoretische Formalismus immer mehr in den Vordergrund. Einen markanten Punkt in dieser Entwicklung bildeten die Untersuchungen von TIMOFÉEFF-RESSOVSKY, ZIMMER und DELBRÜCK, die 1935 unter der Festlegung des Treffers als Bildung eines Ionenpaares die Auslösung der Gen-Mutationen bei Drosophila melanogaster treffertheoretisch darstellten. Der Erfolg dieses Versuches der Deutung der Mutationsauslösung durch ionisierende Strahlen rückte die Treffertheorie bei den strahlenbiologischen Arbeiten in den Vordergrund. Eine weitere erfolgreiche Anwendung der Treffertheorie zur Deutung des Mechanismus der biologischen Strahlenwirkung brachte 1936 die Untersuchung von LEA, HAINES und COULSON über die Strahlenabtötung von Bacterium coli. Auch seitdem ist die Entwicklung der treffertheoretischen Vorstellungen weitergegangen. Insbesondere haben sie im bekannten Werk von D. E. LEA (1946) gländende Interpretationen. Ein wesentlicher Schritt vorwärts wurde in der neueren Zeit von H. PAULY (1953) gemacht, indem er die reaktionskinetischen Überlegungen in die Treffertheorie eingeführt hat. Die Treffertheorie hat sich immer wieder als eine fruchtbare Behandlungsmethode in den strahlenbiologischen Untersuchungen erwiesen und gab in vielen Fällen die Möglichkeit einer befriedigenden, auf den Meßergebnissen beruhenden Deutung des Mechanismus dieser Wirkungen. So hat DESSAUER noch erleben können, daß zwar seine Vorstellung über den primären biologisch wirksamen Treffer als die Erzeugung der „Punkt-Wärme" sich nicht bewahrheitet hat, daß aber die von ihm inaugurierte statistische Behandlung der Trefferereignisse zu einer wirksamen und fruchtbaren Methode bei der Deutung der biologischen Strahlenwirkungen geworden ist.

Inzwischen hat die Treffertheorie neue Wandlungen erfahren. Darüber berichtet Professor K. SOMMERMEYER in seiner Darstellung.

Erster Teil.

Einleitung.

Die Anwendung der PLANCKschen und EINSTEINschen Vorstellungen über den quantenhaften Wirkungsaustausch zwischen Strahler und Feld und über die diskontinuierliche Struktur der elektromagnetischen Wellen (Photonen) auf biologische Probleme war im Jahre 1922 ein Gedanke, der vielen allzu kühn, ja phantastisch erschien. Aber jetzt, nach nur 30 Jahren, ist daraus ein großer Zweig der Biophysik geworden. Die Zahl der quantenbiologischen Publikationen geht in die tausende, immer mehr Forscher und Institute befassen sich damit, und doch bleibt der Eindruck, daß man trotz aller erzielten Resultate noch am Anfang stehe.

Der Verfasser dieses Buches wurde 1933 durch die Machtergreifung des Nationalsozialismus aus seinem Forschungsgebiet herausgeworfen. Nach dem zweiten Weltkrieg, als Ordnung und friedliche internationale Forschungsarbeit wiederkehrten, fand er mit Freude und Dankbarkeit daß trotz aller Wirren, durch hervorragende Leistungen von Physikern, Chemikern, Biologen und Radiologen der neue Wissenszweig sich entfaltet hatte, unter Wahrung des ursprünglichen Gedankengutes, doch bedeutend erweitert durch Verfeinerungen und neue Züge, insbesondere aber durch ein gewaltiges Erfahrungsmaterial, das in fast allen Kulturländern gewonnen wurde und das täglich wächst.

Diese Entwicklung ist zugleich ein eindrucksvolles Beispiel für die *Tragkraft* und die *Begrenzung* physikalischer Modelle und deren mathematisch-formale Behandlung im biologischen Forschungsraum. So groß die Leistung solchen Vorgehens auch ist und die Methode unentbehrlich macht, so muß man sich doch stets ihrer Grenzen bewußt bleiben. Man stößt notwendig auf Befunde, wo die aus dem Modell gezogenen Folgerungen nicht mehr stimmen, weil das Modell stets zu grob ist und auch nach Verfeinerung keine endgültige Geltung erhält. Über diese für jede Forschung, die aus den sog. exakten Wissenschaften ins Biologische vorstößt, wichtigen Zusammenhänge wird im Anhang einiges gesagt.

Der Verfasser hat mehreren Kollegen für Ratschläge, Winke, Kontrollen zu danken. So vor allem seinem Freunde und Nachfolger B. RAJEWSKY, Herrn Prof. MICHAEL SCHÖN, der neben anderen Ratschlägen den Abschnitt über Energieleitung im 1. Kapitel kontrollierte, den Kollegen von der Berner Universität SIEGNER und NITSCHMANN für Kontrolle des Abschnittes über kolloide Strahlungsreaktionen. Herrn Prof. PASCUAL JORDAN für schriftliche Auskünfte, Herrn Kollegen

ENGELHARD, Göttingen, für persönliche Mitteilungen über seine Forschungen, Herrn Prof. HOURIET (theor. Physik) für Durchsicht des
2. Kapitels, Herrn Prof. ERNST CASPARI (Wesleyan Univ.) für briefliche
Informationen und Hinweise auf USA-Literatur, Herrn Dr. H. BRINER
für Hilfe bei Tabellen.

Die ursprüngliche Absicht, ein möglichst ausführliches Literatur-
verzeichnis beizugeben, ließ sich nicht durchführen. Die Zahl der wich-
tigen Publikationen ist zu groß. Schon die sehr wertvollen Bücher von
TIMOFÉEFF-ZIMMER und von D. E. LEA enthalten 900 bzw. etwa 500
Literaturverweise, obwohl sie schon 1947 erschienen. Die nun getroffene
Auswahl beschränkt sich auf in früheren Werken weniger berück-
sichtigte Gebiete, wie die Publikationen der Anfangszeit, Kolloid-
Reaktionen u. a. und gibt für die anderen Gebiete Hinweise, wo die
Literatur zusammengestellt ist. Beschränken auf das eigentliche Thema
wurde erstrebt, konnte aber nicht immer eingehalten werden. Ratschläge
in dieser wie in anderer Hinsicht wären dem Verfasser willkommen.

Nachdrücklich aufmerksam machen möchte ich auf die vorangegangenen zusammenfassenden Arbeiten, von denen hier einige genannt
seien, denen in der einen oder anderen Richtung auch dieses Buch folgt:

1. Die sog. Fiat-Berichte (Naturforschung und Medizin in Deutschland 1939—1946) Bd. 21 und 22, herausgegeben von B. RAJEWSKY und
MICHAEL SCHÖN.

2. Das Werk von N. W. TIMOFÉEFF-RESSOVSKY und K. G. ZIMMER
„Das Trefferprinzip in der Biologie" (1947). Es enthält neben einer
ausführlichen, mit zahlreichen Kurven illustrierten Darstellung der
Depottheorie eine hervorragende Bearbeitung der genetischen Quantenbiologie, die ja zum großen Teil von den Verfassern selbst aufgebaut
wurde, und reichliche (über 900) Literaturangaben, besonders aus dem
genetischen Anwendungsgebiet.

3. D. E. LEAs Buch „Actions of Radiations on Living Cells" 1947
(Cambridge University Press) ist das sehr geistvolle und inhaltsreiche
Werk eines äußerst fruchtbaren, beschlagenen, initiativen Pioniers, in-
folgedessen äußerst anregend mit sehr vielen neuen Gedanken, reich an
Literaturverweisen.

4. Das neueste unter den zusammenfassenden Werken ist K. SOMMER-
MEYERs 1952 erschienenes Buch: „Quantenphysik der Strahlenwirkung
in Biologie und Medizin" (Akad. Verlagsges. Geest & Portig, Leipzig).
Es ist ein ausgezeichnetes einführendes Buch, das auch Gebiete der
Quantenbiologie (wie die Photosynthese, das Dämmerungssehen und
das Farbensehen) bringt, die in den früheren Werken nicht behandelt
wurden. Die bekannte fruchtbare Arbeit des Verfassers in Richtung auf
Prüfung und Verfeinerung der Depot-Theorie macht diese Abschnitte
in SOMMERMEYERs Werk besonders wichtig.

5. Die frühesten zusammenfassenden Arbeiten über Quantenbiologie finden sich in dem 1931 im Verlag Georg Thieme, Leipzig erschienenen Band „Zehn Jahre Forschung auf dem physikalisch-medizinischen Grenzgebiet". Darin sind die Grundvorstellungen, ersten Schritte und Resultate des neuen Gebietes neun Jahre nach Erscheinen der ersten Arbeit dargestellt.

6. In England und den USA erschienen und erscheinen weiter Tagungsberichte, die unser Gebiet angehen. Die beiden letzten sind besonders reich an Mitteilungen über den gegenwärtigen Stand und wurden im vorliegenden Buch mehrfach benutzt. Es handelt sich um: Symposion on Radiobiology, „The Basic Aspects of Radiation Effects on Living Systems", Tagung 14.—18. Juni 1950, erschienen 1952, herausgegeben von James J. Nickson, New York, John Wiley & Sons Inc.; London, Chapman & Hall Ltd. — „Radiation Chemistry". Discussions of the Faraday Society, No 12, 1952. The Aberdeen University Press Ltd., Aberdeen.

Das vorliegende Buch ist gedacht als Einführung in das Gebiet und als persönlicher Diskussionsbeitrag zu den aktuellen Problemen mit Vorschlägen zur Weiterarbeit[1].

Erstes Kapitel.

Biologische Quantenphysik.

§ 1. Anfangsschwierigkeiten.

Es ist wohl gemeinsames Schicksal neuer Gebiete der Forschung, daß sie es anfangs schwer haben. Vertreter der anerkannten, in die Tradition eingefügten Fächer widersetzen sich vielfach den mit neuen Namen und mit Geltungsanspruch auftretenden Zweigen. Wie hatte LOUIS PASTEUR (1822—1895) unter der Gegnerschaft der Pariser Schulmedizin zu leiden, die ja, auch noch nach seinem Tode die Aufnahme der Bakteriologie in den medizinischen Lehrgang weigerte. Aus meiner Lebenszeit weiß ich von den Kämpfen gegen „physikalische Chemie" und gegen „Kolloidchemie" als neue Fächer mit eigenen Lehrstühlen.

Die neuen Gebiete entwickeln sich wohl meist an Grenzen zwischen den traditionellen und erweisen sich oft auch für die Stammgebiete als besonders fruchtbar. So war es in den erwähnten drei Fällen.

Die unvermeidliche Spezialisierung der Forscher und Lehrer bringt es mit sich, daß sie die besonderen Problemstellungen der Übergänge

---

[1] Nach Abschluß dieser Schrift wurde vom Max-Planck-Institut Frankfurt ein Sammelband: „Strahlendosierung und Wirkung" herausgegeben, von B. RAJEWSKY verfaßt, der ein Literaturverzeichnis von etwa 3000 Nummern enthalten wird und der in Kürze erscheinen soll.

zwischen Fachgebieten oft nicht gut zu durchschauen vermögen. Der Biologe vor etwa 30 Jahren war selten gut physikalisch, der Physiker selten biologisch ausgebildet. Und so war es ganz natürlich, daß es Anfangshindernisse gab, als — nach manchem früheren Teilvorstoß — in der Zeit zwischen den Weltkriegen, das neue Gebiet der Biophysik und insbesondere ihres fruchtbarsten Zweiges, der Quantenbiologie sich einen legitimen Platz im Kreise der akademischen Lehr- und Forschungsstätten zu erkämpfen hatte.

§ 2. Heutige Ausbreitung.

Heute gibt es in allen großen Kulturstaaten Forschungsstellen für Biophysik. Und die Quantenbiologie hat sich zu einem beträchtlich großen Spezialfach ausgeweitet. Es gibt eine deutsche biophysikalische Gesellschaft und die Forschung schreitet rasch fort. Das im Jahre 1921 in Frankfurt errichtete erste Forschungsinstitut für Biophysik (an der Goethe-Universität) wurde nach meinem Weggang aus Deutschland (durch den Nationalsozialismus 1934) unter meinem Nachfolger B. RA-JEWSKY 1937 dem Kreise der Kaiser-Wilhelm-Institute (jetzt Max-Planck-Institute) eingereiht und überstand unter dessen Leitung Krieg und Nachkriegsgefahren. Es hat einen Stab von etwa 40 wissenschaftlichen Mitarbeitern.

§ 3. Eigene Methoden.

Eine neue Disziplin entwickelt ihre eigenen Forschungsmethoden. Freilich gestaltet sie diese Methoden nicht willkürlich: Das Forschungsobjekt selbst erzwingt die Methodik. Auch hier ergibt sich oft Widerspruch gegen neue Gedankengänge aus den Ursprungsgebieten, ein Widerspruch, der gelegentlich recht nützlich, weil zur Selbstkritik und zu Verbesserungen anregend wirken kann. Sind die neuen Methoden einmal ausgearbeitet und bewährt, so erweisen sie sich manchmal für die Ursprungsgebiete selbst und für Nachbargebiete als wertvoll.

Wenn der Physiker biologische Probleme studiert, so geht er davon aus, daß alle biologischen Abläufe im Einklang mit den Gesetzen der Physik geschehen, aber er hat in Rechnung zu ziehen, daß den physikalischen Ordnungen biologische *überlagert* sind. Die biologischen Einheiten — Makromoleküle wie Eiweiße zum Beispiel — sind gewiß aus Atomen aufgebaut. Atome und anorganische Moleküle sind mit ihresgleichen zuverlässig in allen Eigenschaften identisch. Aber schon die einfachsten biologischen Gebilde sind hochkomplexe Systeme, die mit ihrer Umwelt in ständigem reaktivem Austausch bleiben, immer verändert durch Stoff- und Energiewechsel, im Aufbau, Umbau, Abbau begriffen und darum mit sich selbst zeitlich und untereinander *verschieden*. Sie haben sozusagen selbst individuelle Züge, sind aber zugleich Glieder höherer Systeme. Sie sind in ihrem Milieu selbstvermehrungsfähig und in einem Netz gegenseitig sich steuernder, bei weitem noch nicht erforschter Wechselwirkungen verflochten. Wenn auf sie eine Energie — etwa eine bestimmte, definierte Strahlung — einwirkt, so ist es etwas weit anderes, als wenn diese Strahlung etwa auf ein Alkali-Metall oder Halogensilber oder ein mehrachsiges Kristallsystem fällt. Das zu erwartende Ergebnis ist nicht so eindeutig wie in den genannten Fällen der reinen Physik — ein weiter Spielraum der direkten und indirekten Reaktionsmöglichkeiten muß in Rechnung gezogen werden und man sieht, daß bei der zu erwartenden Vieldeutigkeit *statistische Methoden* in den Vordergrund treten.

So war es auch in der Tat, und schon die erste Unternehmung, quantenphysikalische Betrachtungen und Methoden in die Biologie einzuführen, leitete auf statistische Gleichungen. Diese erste Unternehmung wurde im Jahre 1921/22 begonnen, ist jetzt sehr weit entwickelt und hat zu bedeutenden Resultaten geführt. Sie weist die charakteristischen Züge der Quantenbiologie auf und ist geeignet, in ihre Gedankengänge einzuführen.

§ 4. Die erste quantenbiologische Untersuchung: Unspezifische Gewebsreaktionen nach Photonenabsorption. Direkte und indirekte Wirkungen.

In den Jahren 1921—1922 war die therapeutische Anwendung von Licht und insbesondere von Röntgen- und Radiumstrahlen zwar schon weit verbreitet; über die biologischen Veränderungen im Anschluß an die Bestrahlungen gab es eine sehr große Literatur. Dagegen herrschte völlige Unklarheit über den Grundvorgang: Wie greifen Photonen, die im Gewebe absorbiert werden, dort an; was ist oder was sind die primären Vorgänge und welche die primären Angriffsorte? Unter den Meinungen[1], die damals geäußert wurden, fand sich besonders betont die Ansicht, es handele sich um katalytische Wirkungen und die entgegengesetzte: Es werde durch die absorbierte Photonenstrahlung eine — verschieden gedeutete — „Umstimmung" des Gewebes herbeigeführt. Beide Auffassungen waren nicht befriedigend. Denn die Wirkungen sind dosisabhängig, d. h. sie sind Funktion der absorbierten Strahlenenergie

---

[1] Folgende weiteren Vorschläge enthält die Literatur bis 1921: v. ROHRER nahm einen Vorgang ähnlich der optischen Sensibilisatoren an, wobei vom Sensibilisator Elektronen ausgehen. WETTERER vermutete Wirkungen elektrischer Feldkräfte im durchstrahlten Gebiet auf die kolloiden Teilchen des Gewebes. WOLFERS bemerkte, daß die Effekte nicht durch Ionisation selbst zustande kommen können und schlug die Hypothese photo-chemischer Reaktionen infolge Ionenrekombinationen vor. Bei diesen Rekombinationen, die sehr schnell erfolgen, soll die freiwerdende Energie in Form einer weicheren chemisch wirksamen Photonenstrahlung ausgestrahlt werden.

(was die katalytische Deutung ausschließt), aber sie sind nicht dosisproportional und auch nach starker Bestrahlung zeigen sich neben zerstörten und geschädigten, gleichartige unzerstörte biologische Elemente, wie etwa intakte Zellen.

Folgende Überlegungen führten mich zu einer Quantenhypothese der biologischen Strahlenwirkungen, die dann, als sie sich bewährt hatte, Ausgangstheorie für die Forschung wurde:

Erstens ergibt Messung und Berechnung derjenigen absorbierten Strahlenenergie, die etwa bei einer Röntgen- oder γ-Bestrahlung zu schwerer Gewebszerstörung, evtl. zum Tode des Individuums führt, daß es sich dabei nur um wenige Grammkalorien handelt, also um einen Energiebetrag, der verschwindend gering ist, keinerlei meßbare Temperaturerhöhung des Körpers herbeiführen könnte. Daraus mußte man schließen, daß der wirksame Primärvorgang zeitlich *vor* der Transformation in Wärme und örtlich an einer Stelle liegen müsse, wo die Energiedichte noch groß gegenüber der unbekannten biologischen Reaktionseinheit ist.

Zweitens war damals bereits sehr wahrscheinlich, daß die zuerst schon 1901 von W. Caspari und Aschkinass geäußerte Annahme, kurzwellige Photonen „wirkten" nicht selbst, sondern durch die von ihnen im Gewebe erzeugten Elektronen, zutrifft. Sekundärprozesse durch Comptoneffekt wurden erst 1923 bekannt, passen aber ohne weiteres in diese Überlegung.

Drittens zeigt das von starken Photonen bestrahlte Gewebe ganz ausgeprägt die Erscheinungen allgemeiner *Destruktion* schließlich aller Zellenarten — ähnlich der, die von hohen Temperaturen herbeigeführt werden. Das wies auf einen allgemeinen destruktiven Urvorgang hin, nicht auf selektive Erscheinungen, wie sie etwa beim Vorhandensein von Sensibilisatoren für bestimmte Wellenlängen (im Sinne photochemischer Vorgänge) eintreten. Diese gibt es zwar sicher auch im Gebiet des sichtbaren Lichtes und im nahen Ultraviolett. Aber die überwiegende Wirkung „starker", d. h. energiereicher Photonen ist unspezifisch destruktiv.

Viertens: Die Wirkung ist dosisabhängig aber nicht dosisproportional. (Unter Dosis ist hier die absorbierte Strahlenenergie zu verstehen.) Verschiedene Beobachtungen, wie die von F. C. Wood in New York legten einen exponentiellen Verlauf der Wirkung nahe.

Diese und eine Reihe anderer Überlegungen führten mich dazu, die damals zur Verfügung stehenden Ergebnisse der Quantentheorie Plancks heranzuziehen. Damit gelangt man auf folgende Vorstellung:

Die Photonen der Röntgen- oder γ-Strahlung werden im biologischen Milieu gerade wie in jedem anorganischen Milieu zunächst an

Atomen in zwei bekannten Prozessen absorbiert und in Elektronenbewegung transformiert: Die Prozesse sind: Absorption mit Erzeugung von Photoelektronen und Streu-Absorption nach COMPTON. Heute ist ein dritter Prozeß bekannt: die Paar- oder Zwillingsbildung, die aber erst eintritt, wenn die Photonenenergie 1 Million Voltelektron überschreitet. Das bestrahlte Gewebe ist also von diffusen Elektronenbahnen erfüllt, wobei die Elektronen verschiedene Geschwindigkeiten und Reichweiten haben. Über den *Abbau der Elektronenenergie in der Materie* war man damals noch nicht so gut informiert, wie heute. Experimentell verfolgbar ist er zunächst in Gasen, nicht in annähernd gleichem Maße in Flüssigkeiten und Festkörpern. Immerhin lagen Arbeiten wie die von LENARD vor, die eine Abschätzung der Größenanordnung der Abbaustufen zuließen. LENARD schätzte Größenordnungen von einigen Volt: heute weiß man, daß die Stufen in Gasen um einen Mittelwert von etwa 32 bis 33 eV liegen. Im Gas gibt es Ionisierungen und Anregungen der Teilchen, anschließend Übergang der Energie in Wärme durch Strahlung und strahlungslosen Rückgang, sog. Stöße zweiter Art. Die Abbaustufen im festflüssigen biologischen Verband sind nach heutiger Auffassung kleiner im Mittelwert als in Gasen und umfassen ein breites Spektrum[1].

Die biologische Wirkung war darnach anzuschließen an diese Energiedepots aus der Elektronenenergie, die diskontinuierlich in Zufallsverteilung im Gewebe stattfinden. Das bedeutet also einen bestimmten mittleren Energiebetrag, der für die Destruktion eines biologischen Elementes ausreichen muß. Die Frage war: *Welche biologische* Einheit kommt für diese Depots von Energie — oder wie man heute oft sagt, „Treffer" — in Frage.

Überschlagsrechnung läßt leicht ermitteln, wieviele solche Depots von etwa 30 eV-Energie (wenn der in Gasen ermittelte Wert benutzt wird), bei einer normalen therapeutischen Bestrahlung sekundlich pro Volumeinheit zur Verfügung stehen. Es ist etwa die Größenordnung 10^{12}; im biologischen Milieu vielleicht $3 \cdot 10^{12}$ oder $4 \cdot 10^{12}$. Ich stellte ihre Anzahl der Zahl biologischer Einheiten gegenüber, die in der Volumeinheit anzutreffen sind. Man sieht, dieses Verfahren kommt auf die Bildung eines *Modells* heraus, das *zunächst* eine erste Annäherung erstrebt und daher von allen feineren Einzelheiten absieht. Etwa so: In einem Würfel von 1 cm³ organischer Substanz bestehen die Moleküle überwiegend aus H-, N-, O-, C-Atomen. Unter der Annahme einer Dichte $\varrho = 1$ und Bildung eines „effektiven", also gemittelten Atomgewichtes von ungefähr 7,4 und dem entsprechenden Grammgewicht von $1,2 \cdot 10^{-23}$g erhält man etwa $8 \cdot 10^{22}$ Atome in diesem Raum.

---

[1] Näheres Kap. 4, § 4.

Denkt man sich weiter den Einheitswürfel einheitlich aus Zellen aufgebaut mit Zelldurchmessern von 10^{-3} bis 10^{-4} cm, so kommt man zu der Größenordnung von 10^{10} Zellen.

Jede Zelle ist aus biologischen Molekülen aufgebaut und zwar ist eine plausible mittlere Annahme, daß etwa 10^9 bis 10^{10} solcher Moleküle in einer Zelle vereinigt sind, was im ganzen 10^{19} bis 10^{20} biologische Moleküle im Würfel ergibt. Wegen des Wassergehaltes von 50—70% wählt man besser die Zahl 10^{19}, was mittlere Molekulargewichte von der Größenordnung 10^4 schätzen läßt.

Nun wird die Zahl der sekundlichen Energiedepots („Treffer") pro Kubikzentimeter bei einer Bestrahlung normaler Art (jedes mit etwa 10 bis 30 eV-Energie angenommen), diesen Zahlen gegenübergestellt. Die obige Treffer-Zahl von der Größenordnung 1 bis $6 \cdot 10^{12}$ pro sec und pro cm^3 ist um 2 Größenordnungen größer als die Zahl der Zellen — d. h. jede Zelle erhält pro Sekunde sehr viele Treffer. Aber sie ist 10^6 bis 10^7 mal kleiner als die Zahl der biologischen Moleküle.

Zwei Überlegungen führen von dieser Gegenüberstellung zum richtigen Schluß auf das allgemeine und destruktive Wirkungsprinzip starker Photonen im biologischen Medium. Die eine betrachtet den *Energiebetrag* des einzelnen Depots (Treffers) in Hinblick auf die biologische Einheit. Diese Betrachtung zeigt sofort, daß ein Depot von der Größenordnung von etwa 10 bis 30 eV viel zu klein ist, um eine Zelle *unmittelbar* zu zerstören, dagegen groß genug für Zerstörung eines biologischen Moleküls. Drückt man die Energie des Depots in Wärmeeinheiten aus, so zeigt es sich, daß ein isoliertes biologisches Molekül von einem Depot (Treffer) um einige hundert Grad erwärmt würde, eine Zelle dagegen praktisch überhaupt nicht. Die zerstörende Wirkung der Bestrahlungen muß also primär an den biologischen Molekülen ansetzen[1] (oder anderen passenden Gruppen), jedenfalls da, wo die Energie der Depots noch konzentriert ist. Biologische Moleküle — etwa Eiweißmoleküle — sind komplexe Gebilde von oft Tausenden von Atomen, die im wesentlichen durch Hauptvalenzen miteinander verbunden sind und die infolgedessen über viele innere Freiheitsgrade verfügen. Nach einem oder mehreren Energiedepots oder „Treffern" in einem solchen Gebilde (beim Durchgang eines Elektrons) wird die abgegebene Energie sich zunächst innerhalb des Gebildes verteilen, bevor sie durch Stöße und langwellige Strahlungen sich ausbreitet und unwirksam „verdünnt" wird.

Die andere Überlegung betrachtet das *Zahlenverhältnis* zwischen Energiedepots und biologischen Molekülen als Objekten der Wirkung.

---

[1] Als biologische Moleküle — im Gegensatz zu organischen Molekülen — sind solche bezeichnet, die wie Eiweißmoleküle nur in der Lebensphase des Stoffwechsels zwischen Organismus und Umwelt gebildet werden.

Dieser Quotient, etwa $1:10^6$ bis $1:10^7$ erfüllt die erste POISSONsche Bedingung der großen Zahl, die Voraussetzung der Wahrscheinlichkeitsverteilung. Für das „Modell" gibt die Überschlagsrechnung, daß in der Sekunde etwa durchschnittlich *ein* biologisches Molekül unter 1—10 Millionen getroffen (und geschädigt) wird. Damit ist die Zahl der in jedem Zeitabschnitt erstmals getroffenen Moleküle dN proportional der Gesamtzahl der noch nicht getroffenen N

$$dN = N\,\sigma\,dt \qquad\qquad (1\,\mathrm{a})$$

(σ ist der noch genauer zu definierende Einstrahlungskoeffizient) und das ergibt für die Zahl der nach der Zeit t noch „überlebenden", also noch nicht getroffenen Teilchen N die Exponentialgleichung

$$N = N_0\,e^{-\sigma t}. \qquad\qquad (1\,\mathrm{b})$$

Das Modell liefert für die destruktiven Reaktionen im bestrahlten biologischen Medium den Grundtypus des exponentiellen Verlaufes, also der Zufallsverteilung von Einzelereignissen eines diskontinuierlichen Geschehens, das an kleinen biologischen Einheiten (etwa an biologischen Molekülen) einsetzt. Damit ist gesagt: Die quantenhafte Photonenabsorption der kurzwelligen Strahlung in Compton- und Photoelektronen-Prozessen *wirkt sich über die Elektronenerzeugung so aus*, daß die Energiedepots diskontinuierlich — zufallsmäßig im biologischen Milieu verteilt sind und an kleinen biologischen Einheiten (wie biologischen Molekülen) angreifen. Die eindrucksvollen Wirkungen der Strahlungen gehen also von geschädigten oder zerstörten biologischen Einheiten wie etwa von Eiweißmolekülen aus.

Ausdrücklich angenommen wurde in den Anfangsarbeiten, daß außer diesem Vorgang destruktiven Abbaues durch Energiedepots an biologischen Einheiten auch andere Elementarereignisse eintreten und zwar sowohl nach Art der photochemischen, also durch selektive Absorption von Photonen im sichtbaren und UV-Gebiet, wie auch Depots im Milieu, in der Umgebung mit chemischen Wirkungen, das was in neuerer Zeit als „indirekte Wirkungen" besondere Aufmerksamkeit findet. Diese Depots können wirksam werden, wenn die veränderten Elementargebilde dem biologischen Test nahe genug sind, so daß sie noch im Zustand der Aktivierung durch Diffusion selbst an ihn gelangen oder auch wenn durch die im folgenden behandelte Energieleitung ihre übernommene Energie an den Test gelangt.

Diese Möglichkeit ist erstmals 1923 (Z. Physik **20**, 3, 296)[1] ausgesprochen und diskutiert worden. Es ist dort gesagt, daß dies biologische Geschehen möglicherweise „über die chemischen Eigenschaften erregter Atome führt", daß es „an und für sich sicher" sei, „daß bei

---

[1] Siehe Literaturverzeichnis: [4] „Über einige Wirkungen usw.".

vielen Ereignissen und auch im biologischen Wirkungsgebiet chemische Wirkungen von erregten Atomen eine Rolle spielen." Von den Autoren der damaligen Zeit, wie auch von mir selbst, wurde in den ersten beiden Jahrzehnten der „direkte Treffer", d. h. das wirksame Depot im biologischen Test selbst fast allein studiert. Es war der einfachere Fall und viele Ergebnisse rechtfertigten dieses Verhalten. Erst Deutungsschwierigkeiten mancher Befunde, Einwände gegen die Anwendung des Formalismus und RAJEWSKYs wiederholter Hinweis auf „chemische Treffer" führte auf die schon im Beginn erkannte Möglichkeit der indirekten Wirkung zurück. Als einer derjenigen Autoren, der mit Konsequenz deren Bedeutung verfocht, experimentell und theoretisch begründete, sei W. MINDER genannt.

In den ersten Kapiteln des Buches ist die Behandlung der direkten „Treffer" (wirksames Depot im biologischen Test selbst) bevorzugt. Die historische Entwicklung des Gebietes würde dafür keine genügende Begründung liefern. Aber methodisch ist dies der einfachere Fall. Nach seiner Klärung bietet die Komplikation der indirekten Wirkungen (Depot im Milieu, etwa im Wasser und Transport zum biologischen Test) durch Diffusions- und Energieleitungsfragen weniger Schwierigkeiten.

Wir wissen heute, daß beide Elementarvorgänge auftreten, direkte und indirekte „Treffer" und daß je nach den Gegebenheiten der eine oder der andere überwiegt. Das 4. Kapitel ist überwiegend den indirekten Wirkungen gewidmet. Die Grundlagen der Depottheorie, denen wir uns nunmehr wieder zuwenden, gelten für beide Wirkungswege.

Im unmittelbaren Anschluß an die erste Publikation wurden von meinen Mitarbeitern BLAU und ALTENBURGER die Gleichungen für Schädigungskurven höherer Art — also das Verhältnis von m oder mehr als m-mal getroffenen Teilchen zur Gesamt-Teilchen-Zahl — abgeleitet. Die Zahl der gerade m-mal getroffenen

$$N_m = N_0 \frac{(\sigma t)^m}{(m+1)!} e^{-\sigma t} \tag{2}$$

ist als Folge des Ansatzes 1 in meiner ersten Arbeit angegeben. BLAU und ALTENBURGER ermittelten auf meine Veranlassung die besonders wichtige Zahl der wenigstens m-mal getroffenen. Sie ist gegeben durch die Poisson-Summation:

$$N_{m,\,>m} = N_0 \left[1 - e^{-\sigma t} \left(1 + \sigma t + \frac{(\sigma t)^2}{2!} + \cdots \frac{(\sigma t)^{m-1}}{(m-1)!} \right) \right]. \tag{3}$$

Das ist die in der Literatur oft zitierte *Blau-Altenburger-Gleichung*, die bei unverändertem Inhalt, in den Arbeiten (in manchmal etwas abgeänderter Schreibweise) oft wiederkehrt.

Nach guter Tradition soll eine Arbeitshypothese, die sich auf ein Modell stützt, nicht mehr Annahmen machen, als notwendig ist. So wurde auch hier zunächst offen gelassen, auf welche spezielle Art das Energiedepot in der biologischen Wirkungseinheit angreift. Es wurde vielmehr die *Größe* des Depots mit der *Energietoleranz* der biologischen Einheit in Beziehung gebracht: Überschreitung führt zur Schädigung. Für diese Überlegung wurde der Begriff „Punktwärme" eingeführt. Die absorbierte Strahlenenergie wird in Wärme verwandelt. Der Gesamtbetrag der entstehenden Wärme ist völlig belanglos — unwirksam, nur wenige Grammkalorien bei einer evtl. tödlichen Dosis. Aber *vor* der allgemeinen Ausbreitung, an den Übertritts-Stellen, wo die Energie des Elektronendepots eine endliche Zeit in der Molekularstruktur getragen wird, in diesen „Engpässen", durch die sie hindurch muß, ist die Energie relativ groß. Diese Übergangsprozesse wurden „Punktwärmen" im Gegensatz zu dem generellen Wärmebegriff genannt. Man kann damit auch die spezielle Vorstellung verbinden, daß der Destruktionsvorgang der biologischen Einheit wärmeartig erfolgt dadurch, daß die inneren Freiheitsgrade der Einheit durch Stöße zweiter Art, d. h. strahlungslosen Rückgang, eine für sie zu große kinetische Energie erhalten. Für diese Vorstellung wurde von mir die allgemeine Erfahrung geltend gemacht, daß Energie bewegter Elektronen vorzugsweise in Molekularbewegung, d. h. in Wärme übergeht (z. B. Antikathoden der Röntgen-Röhren), daß im fest-flüssigen Milieu der organischen Gewebe eigentlicher Ionisierungen nicht wie in Gasen sichergestellt sind, daß die histologischen Bilder von Strahlendestruktionen weitgehend mit denen der thermischen Destruktionen übereinstimmen, daß allgemein rasche Übergänge in ungeordnete Bewegung im festflüssigen Milieu wahrscheinlicher sind als im Gas. Aber andere Vorschläge für die Einzelheiten des primären Destruktionsvorganges sollten nicht ausgeschlossen werden.

Die Hypothese hatte den Nachteil, daß sie nicht unmittelbare, sondern nur indirekte experimentelle Nachkontrolle erlaubte, da sich ja die Moleküle selbst nicht beobachten ließen, sondern nur das an ihre Schädigung anschließende, sehr vielgestaltige biologische Geschen. Dieser Mangel aber haftet vielen, wohl den meisten Vorstellungen und Modellen im Mikrobiologischen an. Die heutigen Methoden der Mikrobeobachtung standen 1922 nicht zur Verfügung. Immerhin bot die Annahme, daß die Wirkungen von geschädigten biologischen Molekülen ausgehen, einen Haltepunkt für die Orientierung weiterer Studien und bewährte sich in weitem Umfang. Der erste Biologe, der darauf positiv, im Sinn der Strahlenheilkunde weiterbaute, war WILHELM CASPARI (damals Leiter der Krebsforschungsabteilung im Paul Ehrlich-Institut). Er begründete, wie erwähnt, seine inzwischen weitgehend bewährte Auffassung der lokalen und allgemeinen Bestrahlungsreaktionen (Nekrohormonhypothese).

Die Aufnahme der Hypothese[1] war zunächst recht skeptisch. Von biologischer und medizinischer Seite wurden lebhaft Einwände erhoben, zum Teil auf Grund von Mißverständnissen des Inhalts der Hypothese. Aber nach einigen Jahren war sie, teilweise mehr spezialisiert, als Grundlage der Forschung und Diskussion allgemein in Benutzung. Sie wurde, Jahre später, verschiedentlich — meist ohne Erwähnung der ersten Arbeiten — in ganz ähnlicher Weise neu aufgestellt, auch in ihrem mathematischen Teil mit genau denselben Gleichungen. Das erklärt sich z. T. aus den Zuständen nach dem ersten Weltkrieg, die dem Austausch der Literatur zwischen den Ländern sehr ungünstig waren und dem Umstand, daß ein Teil der ersten Publikationen in physikalischen Zeitschriften (damit den Biologen praktisch verborgen), ein anderer größerer Teil teils in verschiedenen biologischen und medizinischen Zeitschriften, teils in Monographien erschienen waren, damit den Physikern weniger zugänglich.

Die Einwände gegen die quantenbiologische Auffassung (HOLFELDER, HEIDENHAIN, HOLTHUSEN u. a.) und ihre Verteidigung (RAJEWSKY, CASPARI, DESSAUER u. a.) nehmen einen beträchtlichen Raum in der Anfangsliteratur des Gebietes ein. Nach der (im § 6 behandelten) quantenchemischen Deutung chemischer Bindungen durch HEITLER und LONDON und der damit verbundenen gewaltigen Erweiterung und Stützung der quantenhaften Vorstellungen auch in der Biologie, schwanden die prinzipiellen Bedenken und es ist heute nicht mehr nötig, auf sie im einzelnen einzugehen. Soweit sie für Klärung und Präzisierung beitrugen, ist ihr Ertrag in den vorliegenden Darstellungen eingearbeitet. Die verbliebenen Probleme sind im folgenden behandelt.

Literatur.

Die ersten Arbeiten über die Depottheorie (1922—1930).

Arbeiten aus dem Frankfurter Institut.

DESSAUER: „Über einige Wirkungen von Strahlen I", Zeitschrift für Physik Band 12, 1922.

BLAU und ALTENBURGER: „Über einige Wirkungen von Strahlen II", Zeitschrift für Physik, Band 12, 1923.

JANITZKY: „Über einige Wirkungen von Strahlen III", Zeitschrift für Physik, Band 20, Heft 5, 1923.

---

[1] In dieser zusammenfassenden Darstellung der ersten quantenbiologischen Hypothese sind unter Wahrung des Gedankeninhaltes einige neuere Daten benutzt, wie z. B. die jetzt (damals noch nicht) genauer bekannte mittlere Größe der Energiedepots von etwa 31 eV in Gasen. Sie war damals nach der Lage der Forschung mit 10—50 eV angenommen; jetzt muß man für biologisch aktives Milieu viele möglichen Depotgrößen und insbesondere kleinere als im Gas, also auch kleinere Mittelwerte ($\leq$ 10 eV ?) annehmen.

Dessauer: „Über einige Wirkungen von Strahlen IV", Zeitschrift für Physik, Band 20, Heft 5, 1923.

Dessauer: „Zur Erklärung der biologischen Strahlenwirkungen", Strahlentherapie, Band 16, 1923.

Dessauer: „Über das Wesen der Strahlenwirkung im Körper", Medizinische Klinik, Nr. 15, 1924.

Lorenz und Rajewsky: „Über einige Wirkungen von Strahlen V. Die Bedeutung des Compton-Effektes für die Wirkung der Röntgenstrahlen", Zeitschrift für Physik, Band 27, Heft 1, 1924.

Dessauer: „Über die biologische Strahlenwirkung" Fortschr. auf dem Gebiete der Röntgenstrahlen, Band 32, Heft 1, 1924.

Dessauer: „Über die allgemeinen Bedingungen für Hypothesenbildungen in der Röntgentherapie", Strahlentherapie, Band 18, 1924.

Dessauer: „Über die allgemeinen Bedingungen für Hypothesenbildung in der Röntgentherapie", Strahlentherapie, Band 19, 1925.

Dessauer: „Zur Besprechung der Punktwärmehypothese durch Holthusen", Strahlentherapie, Band 20, 1925.

Dessauer: „Bemerkungen zum Aufsatz von Professor Opitz „Zur Hypothese von der Punktwärme nach Dessauer", Strahlentherapie, Band 22, 1926.

Dessauer und Caspari: „Probleme der biologischen Strahlenwirkung (Punktwärmehypothese und Nekrohormonhypothese)", Acta Radiol, Nr. 29/34, 1926.

Nakashima: „Einige Versuche zum Grundvorgang der biologischen Strahlenwirkung", Strahlentherapie, Band 24, 1927.

Dessauer und Rajewsky: „Die Verteilung und die Umwandlung der Strahlenenergie im biologischen Medium", Lehrbuch der Strahlentherapie, herausgegeben von Professor P. Lazarus, Verlag Bergmann, 1927.

Dessauer: „Über den Grundvorgang der biologischen Strahlenwirkung", Strahlentherapie, Band 27, 1928.

Rajewsky: „Bemerkungen zum Wesen der Strahlenwirkung", Strahlentherapie, Band 28, 1928.

Rajewsky: „Die Strahlenreaktion des Eiweißes und die Erythemwirkung", Strahlentherapie, Band 29, 1928.

Dessauer: „Zur Frage des Grundvorganges der biologischen Strahlenwirkung", Strahlentherapie, Band 30, 1928.

Rajewsky: „Weitere Untersuchung an der Strahlenreaktion des Eiweißes", Strahlentherapie, 1929, Band 33.

Rajewsky: „Weitere Untersuchungen an der Strahlenreaktion des Eiweißes", Verhandlungen der Deutschen Röntgen-Gesellschaft, Band 20, 1929.

Rajewsky: „Über die Strahlenreaktion des Eiweißes", Strahlentherapie, Band 34, 1929.

Dessauer: „The question of the fundamental biological reaction of radiation", Radiology, 1930, Vol. XIV.

Dessauer: „Zur Erklärung der biologischen Strahlenwirkung", Forschungen und Fortschritte, 6. Jahrgang 1930, Nr. 6.

Gentner und Schwerin: „Über den Zeitfaktor der Strahlenreaktion des Eiweißes", Strahlentherapie, Band 37, 1930.

Gentner und Schwerin: „Über den Zeitfaktor der Strahlungsreaktion des Eiweißes", Verhandlungen der Deutschen Röntgen-Gesellschaft, Fortschritte auf dem Gebiet der Röntgenstrahlen, Band 21, 1930.

Rajewsky: „Die Wirkungen der kurzwelligen Strahlen auf Eiweißkörper", I. Mitt., Biochemische Zeitschrift, Band 227, H. 4—6.

GENTNER und SCHWERIN: „Die Wirkungen der kurzwelligen Strahlen auf Eiweiß-körper", II. Mitt. „Über die Abhängigkeit der Strahlungsreaktion des Eiweißes von der Strahlungsintensität im Ultraviolett", Biochemische Zeitschrift, Band 227 H. 4—6.

DESSAUER: „Über primäre Vorgänge der Strahlenwirkung", Archiv für Zell-forschung, 1930.

SCHNURMANN: „Untersuchung der Leitfähigkeit des röntgenbestrahlten Wassers", Zeitschrift f. phys. Chemie, Bd. 150, H. 2, 1930.

Zusammenfassung in dem Band:

DESSAUER: „Zehn Jahre Forschung auf dem physikalisch-medizinischen Grenz-gebiet". Georg Thieme Verlag, Leipzig 1931.

§ 5. Der Ausbau der Depot- oder „Treffertheorie".

Die Erkenntnis der diskontinuierlichen Energieabgabe im be-strahlten Gebiet, die prinzipiell zu statistischem Formalismus führen muß, die daraus hervorgehenden Konsequenzen über den Ablauf der Schädi-gungen (sog. Dosis-Effektkurven, wie Schädigungskurven bei Ein-treffer- und Mehrtreffer-Schädigung; Überlebenskurven) eröffnete zwar den Weg für die Deutung des schon damals unübersehbar großen ange-sammelten biologischen Erfahrungsmaterials. Auch enthielt die Theorie in meinen frühen Arbeiten bereits spezielle Hinweise, wie etwa den, daß der Schädigung der Eiweißmoleküle eine große Bedeutung zu-komme, daß es ferner darauf ankomme, *welche Moleküle* (etwa wichtige im Zellkern) geschädigt werden oder in anderen Fällen, wieviele im Zell-verband. Diese Hinweise, so fruchtbar sie später auch wurden (z. B. in P. JORDANs Verstärkertheorie) genügten aber nicht, die oben erwähnte Lücke zu schließen, die zwischen der Theorie und ihrem bald weiter ausgebauten Formalismus und dem biologischen Erfahrungsmaterial, den makroskopisch und mikroskopisch beobachtbaren Schädigungen bestand. Denn nur in günstigen Fällen, wie etwa bei dem zuerst von WYCKOFF 1930 untersuchten Bacterium coli ergaben sich direkt ein-deutige Eintreffer-Kurven, also der beweisende einfache Exponential-verlauf. Bei komplizierteren Objekten mußte notwendig der einfache Verlauf durch die Natur des biologischen Objektes selbst verwischt werden. Die biologische Sensibilität war bei der Aufstellung der Hypo-these am Modell trotz ihrer Bedeutung bewußt zurückgestellt worden; aber jetzt, nach Erkennung des prinzipiellen Wirkungsprinzips, mußte durch erneute Anstrengung der genauere Zusammenhang zwischen dem physikalisch-ursächlichen und dem biologisch-bewirkten Grundphä-nomen gefunden werden.

Am Frankfurter Institut, dem Ausgangsort der quantenbiologischen Forschungsrichtung, wurde unter gemeinsamer Leitung von B. RA-JEWSKY, W. CASPARI und F. DESSAUER an Eiweißlösungen in mög-lichst nahem Anschluß an das „Modell" experimentiert. Die dabei von den Genannten, insbesondere Rajewsky mit Nakashima, Gentner, Schwerin und anderen Mitarbeitern gefundenen, teilweise überraschenden Ergebnisse (rythmische Koagulationen, Temperatur- und Dosis-Abhängigkeit, Zeitfaktor, Wellenlängenabhängigkeit[1]) waren der Theorie günstig, warfen aber zugleich neue Fragen auf. I. A. Crowther war 4 Jahre nach uns (1926), offenbar ohne Kenntnis der Frankfurter Arbeiten, zu einer ähnlichen Theorie gekommen. Er spezialisierte das Trefferereignis (“hit”) als Erzeugung eines Ionenpaares. (Die Möglichkeit, das Ereignis als Ionenpaarerzeugung zu deuten, war in meinen Arbeiten erwogen, aber im Flüssigkeitsmedium als unwahrscheinlicher Vorgang bezeichnet worden.) Crowther ging aber von seiner Annahme her dazu über, den Formalismus weiterzuführen. Der Einwirkungskoeffizient (in meiner ersten Arbeit, Z. Physik 12, 12, 44) konnte gedeutet werden als Produkt der absorbierten *Dosis* mit einem formalen Volumen, dem *Trefferbereich* (target). Es ist das etwa analog den formalen Bereichen, die als „Wirkungsquerschnitt“ in der Physik, neuerdings besonders in der Kernphysik benutzt werden. Das war ein fruchtbarer Gedanke; übrigens ist er unabhängig von der speziellen Annahme Crowthers über die physikalische Natur des Treffers als Ionenpaar. (Seine Dosis ist einfach die Zahl der “hits” in der Volumeinheit.) Crowthers Einführung des „Trefferbereiches“ führt zur Überlegung, ob sich der so ermittelte Bereich (Wirkungsvolumen) mit der biologischen Struktur in Beziehung setzen läßt. Statt meiner ursprünglichen Annahme, das biologische Makromolekül sei der primäre Wirkungsort, war eben dieser Ort jetzt als Problem gestellt.

In den folgenden Jahren 1928, 1929, hat in Paris Holweck, z. T. gemeinsam mit Lacassagne und mit einem Beitrag von Madame Sklodowska Curie die statistische Theorie (auch ohne Kenntnis der Frankfurter Arbeiten) wiederum aufgestellt, jedoch mit der speziellen Annahme, der Treffer sei eine Quantenabsorption.

Diese Annahme läßt sich aus energetischen Gründen nur für schwächere Photonen (für sehr weiche Röntgen-Strahlen und Ultraviolett) begründen und war in den frühen Frankfurter Arbeiten bereits besprochen (speziell in Verbindung mit den Eiweißversuchen und ihrer Temperaturabhängigkeit). Die französischen Forscher fanden, daß der formal berechnete Wirkungsbereich (das Target Crowthers) kleiner ist, als die geschädigte biologische Einheit — also etwa als der Zellkern oder gar die Zelle.

Die von vornherein als notwendig vorgesehene Erweiterung der „Punktwärme“ — oder „Treffer“-Theorie durch Berücksichtigung der biologischen Variabilität — wurde 1928 von Meissner und Zuppinger in Angriff genommen, der mathematische Formalismus zu diesem

---

[1] Siehe Kap. 4, § 3.

Zwecke erweitert und auf die damals vorliegenden Versuchsergebnisse angewandt. In den Jahren 1927—1929 hat GLOCKER eine statistische Theorie dargelegt, die in den Grundzügen der ursprünglichen von 1922 bis 1924 gleich ist, aber in bezug auf den Treffervorgang eine neue Spezialisierung brachte. Er sah als Wirkungsprinzip die Auslösung von Photo- und Comptonelektronen an, also zunächst die Freimachung eines primären Elektrons, ferner in Übereinstimmung mit mir, den Flug der Elektronen durch die empfindliche Zone mit Bewirkung von Anregungen. Diese Anregungen sollen nach GLOCKER chemische Prozesse herbeiführen.

Der bedeutende Wert dieser und späterer Arbeiten GLOCKERs und seiner Mitarbeiter liegt nicht in dieser speziellen Vorstellung über das physikalische Grundereignis, sondern in der Erweiterung des theoretischen Apparates und seiner Anwendung auf sein experimentelles Material. Im allgemeinen bestätigten seine Ergebnisse die Depottheorie. Daß bei komplizierten biologischen Objekten Abweichungen auftreten müssen, also die experimentellen Werte nicht eindeutig den Gang der Ein- und Mehrtrefferkurven unverändert wiedergeben können, war ja von vornherein klar.

Vom Jahre 1931 an hat RAJEWSKY durch eingehende Diskussion des gesamten experimentellen und theoretischen Materials eine Klärung der Problemlage erstrebt und den weiteren Untersuchungen Wege gewiesen, die den noch vorhandenen Abstand zwischen dem als sicher geltenden Depot- oder Trefferprinzip und der Mannigfaltigkeit der biologischen Effekte verringern sollten und auch wirklich verringerten. Sein Gedankengang läßt sich so ausdrücken: Man muß auf Grund der Eigenart des biologischen Materials vernünftige Annahmen über den Zusammenhang zwischen dem Depot, als einem möglichst exakt zu erfassenden physikalischen Geschehen und dem „formalen Trefferbereich" als einem biophysikalischen Gegenstand machen und sehen, wie weit man damit kommt. Das bedeutet, es müssen mehr als im Anfang physikalisch und biologisch mitspielende Faktoren herangezogen werden, wie dies bei den Eiweißversuchen in Frankfurt versucht worden war. Die Wirkungen mußten insbesondere untersucht werden in ihrer Abhängigkeit von der Härte der einfallenden Strahlen, also der Photonen-Quanten (was die Abhängigkeit von der Energie der erzeugten Elektronen und damit der räumlichen Verteilung der Treffer zeigt), ferner vom Zeitfaktor (wegen der biologischen, die primären Effekte überdeckenden Reaktionen) und von der Temperatur. Diese Untersuchungen mußten mit dem verschiedensten biologischen Material — mit Viren, Genen, Chromosomen, Einzellern bis zu komplizierten biologischen Einheiten, Eiern, Keimlingen durchgeführt werden, um die Begriffe „Treffer" ("hits") oder wie die Depots der Energie zuerst geheißen hatten,

„Punktwärmen" zu sichern, durch Bestimmung und Diskussion des formalen Wirkungsvolumens dem biologischen Urvorgang näher zu kommen und das Verhältnis beider Grundbegriffe zu klären.

Diese Aufgaben wurden in den folgenden Jahren von verschiedenen Forschungsstellen mit bedeutenden Erfolgen durchgeführt. Dabei kamen die Ergebnisse der Physik zu statten, die, weit mehr als in den Anfangsjahren, durch Wilsonkammer und Zählrohr den Energie-Abbau von Photonen und Elektronen freilich im Gasraum zu sichern vermochten. Von verschiedenen Autoren, am eingehendsten von P. JORDAN wurden diese Ergebnisse herangezogen und es ergab sich, daß sie mit Modifikationen auf das biologische Milieu übertragbar waren, obwohl sie im gasförmigen Milieu gefunden wurden. Von den zahlreichen Beiträgen in dieser Forschungsperiode seien folgende hervorgehoben.

GLOCKER und seine Mitarbeiter, REUSS, LANGENDORFF und SOMMER-MEYER untersuchten mit praktisch homogenen Röntgenstrahlen ab 1929 den Einfluß der Wellenlänge auf Form und Lage der Schädigungskurven, und zwar mit verhältnismäßig großen Objekten: Keimlingen und Samen. Es ergab sich eine Abhängigkeit der Steilheit der Schädigungskurve von der Strahlenhärte, also damit von der Elektronengeschwindigkeit. Sie schlossen: Nur die Initialzellen der nächsten Umgebung des Vegetationspunktes, die gerade im Teilungsstadium stehen, sind hier entscheidend. Es ergaben sich die von der formalen Theorie geforderten Kurven, trotz der Vielzelligkeit der Objekte, durch diese Beschränkung der empfindlichen Zonen werden sie verständlich. Der statistische Charakter trat wie vorher bei WYCKOFFs Versuchen mit Bacterium coli deutlich hervor. Frühere Einwände, von Biologen erhoben, die Wirkungen seien nur auf biologische Empfindlichkeitsunterschiede in einem physikalisch gleichmäßig veränderten Milieu zurückzuführen, waren damit erneut widerlegt. Sehr sorgfältige analoge Versuche mit Bacterium coli stammen von B. E. LEA.

Ein weiteres Ergebnis dieser und anderer Arbeiten war gleichfalls die Bestätigung der vom „Modell" abgeleiteten Hypothese. Die physikalisch wirksamen Ereignisse waren die Energiedepots durch Abbau der Elektronenenergie bei ihrer Wanderung im Milieu. Mit der Spezialisierung CROWTHERs (Erzeugung eines Ionenpaares) würde nur Dosisabhängigkeit, nicht Wellenabhängigkeit erklärt werden können. Wirksam sind die Depots am biologisch empfindlichen, am reagierenden Gebilde. Es ist zweckmäßig, mit GLOCKER, nur die *Depots im empfindlichen Volum als Treffer* zu bezeichnen. Wir werden im nachstehenden in diesem Sinne von Depots, Treffern und Wirkungsvolumen sprechen.

Allgemein kann gesagt werden: Die Spezialisierung des Begriffes „Physikalisches Trefferereignis" auf einen besonderen physikalischen Vorgang (Ionenbildung, Photonenabsorption, Durchquerung durch einen

Korpuskulartrakt usw.), wie sie von verschiedenen Autoren vorgenommen wurde, war nicht zweckmäßig. Worauf es physikalisch ankommt, ist im Einklang mit der ursprünglichen Theorie: das *Energiedepot von hinreichender Größe*, also der Übergangsprozeß, in dem die einzelnen Energiebeträge noch groß genug sind, um die in Frage kommende stoffliche Einheit zu ändern. Die Art dieser Übergänge kann verschieden sein, ausgenommen natürlich bei echten Photoeffekten, also der quantenhaften Absorption weicher Strahlung. Diese Ansicht wurde von der Frankfurter Schule von Anfang an vertreten, freilich mit der Vermutung, daß unter diesen Möglichkeiten ein wärmeartiger Denaturierungsprozeß großer biologischer Moleküle am wahrscheinlichsten sei. Diese Ansicht, Vermeidung von frühzeitiger Verengung auf eine Übergangsart, wird auch von TIMOFÉEFF-RESSOVSKY und ZIMMER in ihrem Werk über das Trefferprinzip in der Biologie (S. 76) bevorzugt.

Die Untersuchungen von D. E. LEA und seinen Mitarb. (HAINES, COULSON, BRETSCHER) von 1936 an stellen erhebliche Bemühungen dar, in dem obigen Sinne die Einzelheiten zu klären. Insbesondere Eintreffer-Vorgänge in Bakterien wurden dabei erforscht und auch formell zu einem Abschluß gebracht. Ganz *große Erfolge* ergab die Anwendung der statistischen Theorie auf die genetischen Strahlenwirkungen durch TIMOFÉEFF-RESSOVSKY, ZIMMER, DELBRÜCK und ihre Mitarb., die in besonderem Zusammenhang behandelt werden (Kap. 3). Die Fruchtbarkeit der quantenbiologischen Vorstellungen und ihres mathematisch-statistischen Formalismus für die Genetik erwies sich als sehr bedeutend.

In den oben erwähnten Analysen der Theorie und des experimentellen Materials durch RAJEWSKY (1931 und später) sind (Abschn. 4) zwei grundsätzliche Möglichkeiten erwähnt, wie die biologischen Wirkungen zustande kommen können. Solche Möglichkeiten sind in den ersten, an das Modell anknüpfenden Arbeiten folgendermaßen angedeutet.

In der Mitteilung 4 „Über einige Wirkungen von Strahlen" (Z. Physik **1923**, 297) und an anderen Stellen wurde ausgeführt, daß die Schädigung einer Zelle durch die Energiedepots der Punktwärme einmal davon abhängt, *welcher Teil der Zelle und unter welchen biologischen Bedingungen* er erfaßt wird. Damit ist gemeint, daß beispielsweise Treffer auf Moleküle im lebenswichtigen Teile des Kernes, also räumlich aber auch zeitlich etwa im Teilungsstadium *anders* wirken müssen als Zerstörung einiger Moleküle im Plasma. Diese Überlegung wurde von P. JORDAN aufgegriffen und als „Verstärkungstheorie" ausgebaut. Das eindruckvollste Beispiel ist die von Strahlen herbeigeführte Genmutation.

An der gleichen Stelle ist der andere Fall besprochen, daß man über große Anzahlen von Zellen mittelt und überlegt, daß jede Zelle in verschiedenen Teilen in rascher Folge getroffen ist. Dann bekommt man als Ergebnis eine Aussage derart, daß eine Zellzerstörung im Mittel etwa eintreten mag, wenn $1/10$ bis $1/100$ % der Zellmoleküle durch Treffer zerstört sind. Zwischen beiden extremen Fällen liegen viele Möglichkeiten. Nur das subtile Experimentieren mit verschiedenen biologischen Objekten und die Erwägung aller physikalischen Einzelheiten kann, wie Rajewsky 1931 ausführte, entscheiden, welche Beziehung zwischen den statistischen Kurven und den Reaktionen selbst in den einzelnen Fällen bestehen.

Rajewsky hat 1934 als „chemischen Treffer" folgendes bezeichnet: Empfindliche biologische Einheiten ohne spezifische Bedeutung werden in genügender Anzahl innerhalb einer Zelle getroffen (etwa genügend Eiweißmoleküle mit anschließender „Denaturierung"). Wenn diese Anzahl ausreicht, so tritt die Zellveränderung ein. Also, wie oben, nicht ein Einzeldepot, sondern ein Gesamtdepot, das einen „elementaren Vergiftungszustand" herbeiführt, ist hier wirksam und wird auch als chemischer Treffer bezeichnet. In diesen Gedankengängen ist die Aufmerksamkeit auf Veränderungen im biologischen *Milieu* gelenkt, das in den Forschungen der letzten Zeit eine wachsende Rolle spielt. Ein solcher „chemischer Treffer" ist sozusagen das Gegenteil der Verstärkerwirkung. Beide Ereignisarten waren zu erwarten und müssen in mannigfacher Kombination auftreten.

Um die Klärung solcher Fragen von der theoretisch-physikalischen Seite her hat sich insbesondere P. Jordan in einer Reihe von Arbeiten erfolgreich bemüht. Er zog die immer besser (durch Wilsonkammer und Zählrohr) geklärten Abbauvorgänge der Elektronenenergie im Gasraum heran und übertrug sie auf das flüssig-feste biologische Milieu. Für Flüssigkeiten und feste Körper ist wenigstens die Reichweite der Elektronen kinetischer Energie annähernd bekannt, während die Energiedepots selbst sich nicht so wie im Gas lokalisieren und bestimmen lassen. Bei wachsender kinetischer Energie der Elektronen (also in Abhängigkeit von der Frequenz der Photonen) rücken die einzelnen erzeugten Ionenpaare weiter auseinander, während die Gesamtzahl der Ionenpaare natürlich steigt. Die Analyse beruht auf Vergleichen der in Betracht kommenden biologischen Bezirke (Durchmesser von Zellen, Kernen, Molekülen oder Germinativzonen u. a.) mit den Reichweiten und Ionendichten in der Zickzackbahn der Elektronen verschiedener Geschwindigkeiten. Diese Überlegungen führten Jordan[1] zu den wichtigen Konzeptionen der Ionisierungsdichte, des Sättigungseffektes (Übermaß von Ionenpaaren), des Konzentrationseffektes (das wirksame Volum ist klein, so daß trotz vieler erzeugter Ionenpaare wenig oder gar keine Einwirkung darin stattfindet) und zur Ausbildung der „Verstärkertheorie": Es gibt im Organismus eine Hierarchie, es gibt darin

---

[1] Der jetzige Stand ist in Kap. 2, § 8 dargelegt.

Zonen von überragender Bedeutung, die wie Steuerorgane (analog dem Steuergitter einer Verstärkerröhre) für die Lebensabläufe wirken, so daß unter Umständen ein einziges Depot (Ionenpaar bei JORDAN und anderen) am entscheidenden Ort, d. h. also *ein* Treffer — das bedeutet zugleich ein sehr kleines Wirkungsvolum — zum Untergang, zu Änderungen (wie bei den erbtragenden Chromomeren zur Mutation) führt. In diesen Fällen ist offenbar als Resultat der Feinanalyse das große biologische Molekül als primärer Wirkungsort gesichert — im Einklang mit der ursprünglich am Modell gebildeten Theorie.

Die folgenden Abb. 1, 2, 3[1] geben die Wege von α-Strahlen und Elektronen verschiedener Geschwindigkeit wieder, wie sie mit der WILSONschen Nebelkammer gewonnen werden. Es handelt sich also um winzige Tröpfchen, die sich in diesem Apparat bei plötzlicher Abkühlung (durch adiabatische Expansion) an geladenen Teilchen im *Gasraum* bilden und die bei starker Beleuchtung photographiert wurden. Man nimmt auf diese Weise sozusagen die Fußspur eines Strahls auf.

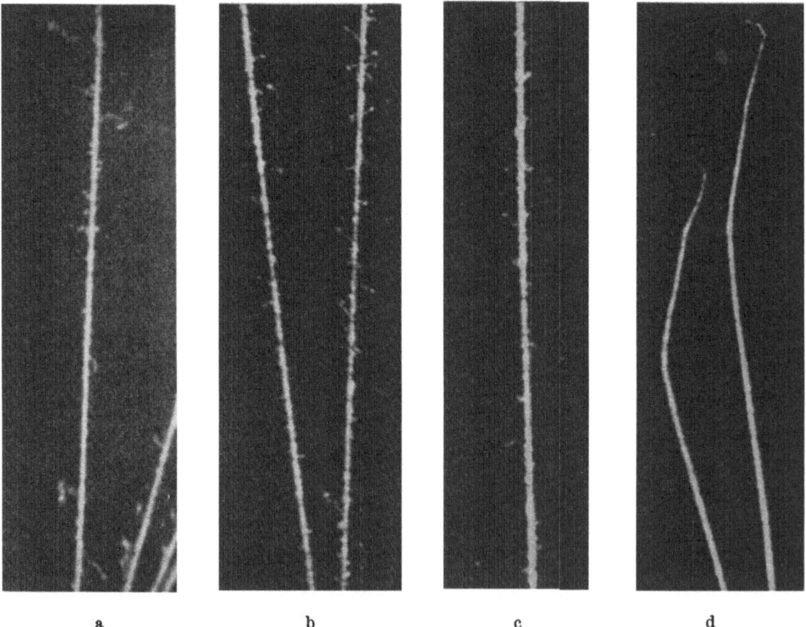

a　　　　　　　　b　　　　　　　　c　　　　　　　　d

Abb. 1a—d. α-Strahlbahnen unter vermindertem Druck. Energie der α-Strahlen: a 7,7 MeV, b 5,3 MeV, c 2,6 MeV, d Ende der Reichweite. Die Höhe der Bilder entspricht bei a 0,43 cm Luft (15°, 760 mm Hg), bei b, c und d 0,155 cm Luft (15°, 760 mm Hg). Natürliche Größe.

---

[1] Hinsichtlich der Wilsonkammer und ihrer Ergebnisse sei insbesondere auf den „Atlas typischer Nebelkammerbilder" von GENTNER, MAIER u. LEIBNITZ und BOTHE, Springer-Verlag, verwiesen.

Abb. 1a, 1b, 1c[1], 1d gibt den Weg von α-Strahlen bei verringertem Luftdruck, und zwar entspricht Abb. 1a einem schnellen α-Strahl von 7,7 MeV in wenig verdünnter Luft, Abb. 1b einem α-Strahl von 5,3 MeV und Abb. 1c von 2,6 MeV, diese beiden bei stärkerer Verdünnung. Gemeinsam sieht man die „steife" Bahn der α-Teilchen als relativ schwerer Korpuskel, die bei den zahlreichen Zusammenstößen kaum abgelenkt werden, solange sie noch große kinetische Energie besitzen. Die Reduktion des Luftdrucks in der Wilsonkammer hat den Zweck, die bei der Stoßionisation entstehenden sekundären Elektronen sichtbar zu machen, die sog. δ-Strahlen, deren seitliche Bahnen (besonders in Abb. a, b, c) deutlich erscheinen. Die Geschwindigkeit der δ-Elektronen kann bis zur doppelten Geschwindigkeit der α-Strahlen betragen, die Bahnspuren sind natürlich wegen der etwa 7000mal kleineren Masse kurz und nicht „steif". Mit abnehmender Energie der α-Teilchen nimmt die Reichweite der Elektronen ab und am Ende einer α-Bahn (Abb. 1d) sieht man keine Elektronenspuren mehr. Der wichtige Effekt, daß die α-Ionen-Säule bei Verlangsamung des α-Strahls dichter, kompakter wird, daß also die ionisierenden Energiedepots räumlich dichter auseinanderrücken, die wachsende „Ionisierungsdichte" ist durch das höhere Vakuum von b und c etwas verdeckt.

Ein wesentlich anderes Bild ergibt die Bahnspur von schnellen und langsamen Elektronen (Abb. 2)[2]. Das sehr schnelle Elektron (β-Strahl) hat vermöge seiner hohen kinetischen Energie eine „steife" Bahn mit geringer Ionisationsdichte (Ionenpaare pro Einheit der Weglänge). Auf beiden Seiten sind die Bahnspuren von δ-Strahlen zu sehen, von langsamen Elektronen, die durch Absorptionsdepots von Röntgenstrahlen im Gasraum entstanden sind, leichte Ablenkbarkeit und große Ionisierungsdichte zeigen.

Die dritte Abbildung von Nebelkammeraufnahmen[3] ist dadurch gewonnen, daß nach Durchgang des β-Strahls die Kondensation (Tröpfchenbildung) an den gebildeten Ionen etwas verspätet herbeigeführt wurde. Die Ionen sind also schon durch Diffusion auseinandergetreten, man sieht die Tröpfchen einzeln. Die durch Stoß abgespaltenen Elektronen (δ-Strahlen) haben sich an Gasmoleküle angelagert, so daß also Gas-Ionenpaare festgestellt werden. Besonders auf Abb. 3b erkennt man, daß es dabei zu „Häufchenbildung" (clusters) kommt, neben der unregelmäßigen Zufallsverteilung. Diese Häufchenbildung wurde, wie übrigens der ganze Vorgang zur Erklärung der Befunde im biologischen Milieu

---

[1] Nach Alper: Z. Physik **76**, 172 (1932).
[2] Abb. 2 nach C. T. R. Wilson: Proc. Roy. Soc. (Lond.) **104**, 192 (1923).
[3] Von P. I. Dee: Proc. Roy. Soc. (Lond.) **136**, 727 (1932) und von C. T. R. Wilson: Proc. Roy. Soc. (Lond.) **104**, 192 (1923).

herangezogen. Wir haben uns damit noch mehrfach zu befassen und es genüge an dieser Stelle die Bemerkung, daß man zwar bei der Deutung des Strahlenenergie-Abbaues im festflüssigen biologischen Milieu von den Erfahrungen mit der Wilsonkammer ausgehen muß, weil z. Z. kein anderes adäquates Mittel zur Verfügung steht, daß aber bei diesen

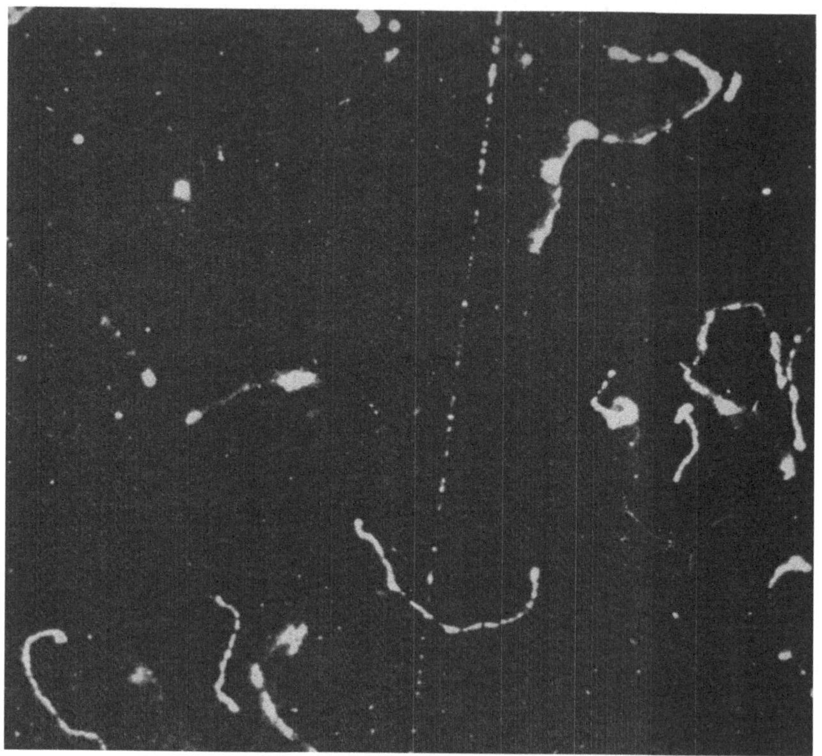

Abb. 2. Langsame und schnelle Elektronen. Luft von 550 mm Hg. Vergrößerung 4.

Analogieschlüssen Vorsicht angebracht ist. Denn ohne Zweifel ist der Energie-Abbau hier wesentlich anders als im (oft noch verdünnten) gasförmigen Milieu. Er vollzieht sich wohl ohne Zweifel weniger über vollzogene Ionisierungsprozesse als vielmehr (in dem etwa 1000mal dichteren Milieu) über Anregungen in einem breiten Spektrum der Energiestufen. Während die Abbaustufen im Gasraum um einen Mittelwert von etwa 31 eV liegen, dürfte dieser Mittelwert im biologischen Milieu geringer sein.

Bei diesen Bemühungen wurde auch der formelle mathematische Apparat von verschiedenen Autoren immer weiter verfeinert, so daß die

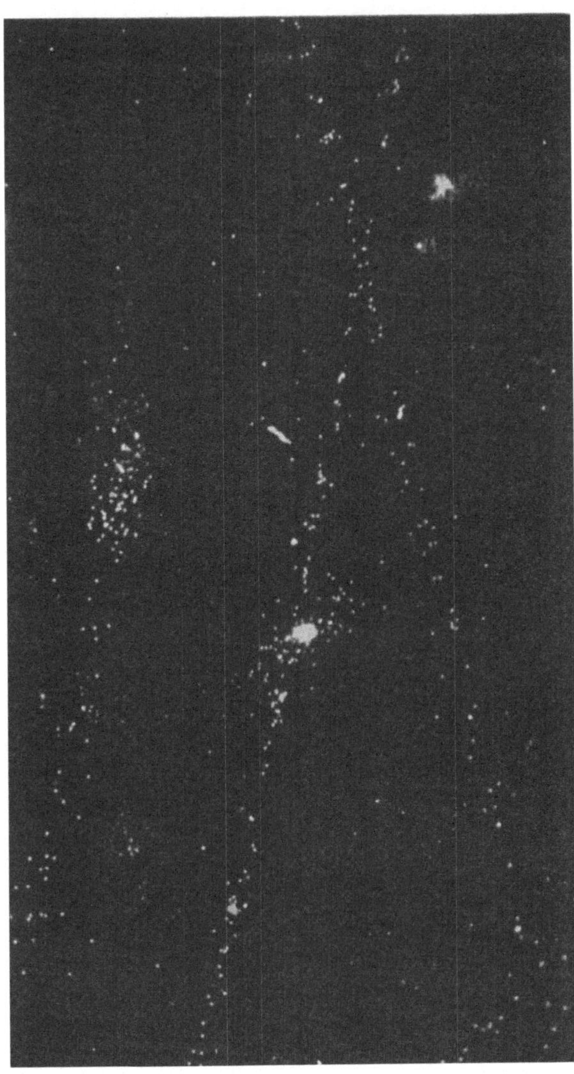

a

Abb. 3a u. b. Aufgelöste β-Strahlbahn mit freier Diffusion der Ionen.
a Druck etwa 400 mm Hg. Vergrößerung 4. b Druck 200 mm Hg.
Vergrößerung 8.

empirischen Kurven und die formal-theoretischen
besser übereinstimmten. Wenn auch nicht davon
gesprochen werden kann, daß diese Arbeiten zum
Abschluß gekommen seien, so wird doch das bisher erzielte Gesamtresultat angesichts der bedeutenden Komplikation der biologischen Vorgänge

b

befriedigen. Die Strahlenwirkung auf die Gewebe ist durch die quantenbiologische Theorie eines der am exaktesten erforschten Gebiete der Biologie geworden. Ganz besonders ist das Kapitel der Strahlengenetik durch die mit Recht berühmten Arbeiten von MULLER, TIMOFÉEFF, ZIMMER, DELBRÜCK, LEA, CASPERSON, JORDAN und anderen Autoren zu großer Bedeutung gekommen.

Eine experimentelle Erweiterung der Forschung erfolgte im Laufe der Jahre dadurch, daß die verschiedenen Arten von „Strahlen" benutzt wurden. Zu den anfangs meist benutzten Röntgen-Photonen verschiedener Wellenlängen und γ-Strahlen, die erst durch Elektronen-Freisetzung wirken, kamen direkt ionisierende Strahlen: Kathodenstrahlen, die durch Lenardfenster dringen, die sehr stark ionisierenden α-Strahlen. Von Anfang an waren auch Photonen des sichtbaren und ultravioletten Spektrums benutzt, die im Milieu selbst, also quantenhaft als Photonen absorbiert werden können. Später wurden bei vielen Versuchen Neutronen verschiedener Geschwindigkeit herangezogen.

§ 6. Einschaltung über die Quantentheorie chemischer Bindungen.

Die Jahre 1926/27 und die darauf folgenden brachten der gesamten Chemie, damit auch der Biochemie und der Quantenbiologie von der Physik her einen gewaltigen Antrieb durch die Arbeiten von W. HEITLER und F. LONDON und was sich daran schloß: Die Quantelung des Molekülbaues ließ die Bindungsenergien, Valenzen, damit die Molekülstrukturen und die Stabilität der Moleküle quantenmechanisch verstehen. Die Moleküle sind Quantenbauten, sie haben nicht nur eine stoffliche, sondern auch, und zwar in erster Linie, eine energetische Architektur, sind Systeme diskontinuierlicher Zustände, zwischen denen nur sprunghafte Änderungen auftreten. Die Anwendung des Gedankens auf die biologischen Elementargebilde (M. POLANYI, E. WIEGNER, M. DELBRÜCK, BONHOEFFER u. a.) brachte ganz generell das quantenhafte Denken und Forschen, das in den Anfangsjahren mehrfach mit solcher Leidenschaft abgelehnt worden war, in den Vordergrund und beseitigte die Hemmungen, die bei Biologen vielfach bestanden. Ohne hier auf diese Materie näher einzugehen, seien folgende Einzelheiten hervorgehoben, die mit unserem Thema in Beziehung stehen.

Ist ein Molekül im Grundzustand, so besitzt sein Quantenbau eine gewisse Stabilität. Um den Zustand zu ändern, muß Energie zugeführt werden, mindestens soviel wie zur „Anregung", also zum Übergang in einen möglichen höheren Quantenzustand erforderlich ist. Angeregt ist der Zustand und damit die Reaktionsfähigkeit des Moleküls verändert. Da biologische Moleküle beim Menschen sich fast stets in einem gehobenen

Energiemilieu befinden — Körpertemperatur 310° K. — werden sie wegen der Maxwellverteilung stets Änderungen ihrer Zustände erfahren. Andererseits erweisen sich manche biologische Moleküle als enorm stabil. Das meist beachtete Beispiel hierfür liefern die erbtragenden Chromomere, die Gene, die fast sicher Moleküle sind. Der für Stabilität und Veränderlichkeit maßgebende Ausdruck ist (DELBRÜCK) das Verhältnis $\frac{h\nu}{kT}$, der in den Gleichungen als Exponent des natürlichen Logarithmus aufzutreten pflegt. Der Zähler repräsentiert die „Höhe des Potentialbergs", der überwunden werden muß, um die Konfiguration zu ändern oder mit anderen Worten die (negative) potentielle Energie — damit die „Festigkeit". Der Nenner ist der Ausdruck des energetischen Milieus, der mittleren Größe der Energiestöße, die aus der Bewegungsenergie der Umgebung des Makromoleküls auf dieses ausgeübt werden. Der Quotient $\frac{h\nu}{kT}$ ist verschieden. Beträgt sein Wert etwa 30, so wird die Quantenstufe in Bruchteilen einer Sekunde (etwa $^1/_{10}$ sec) überstiegen; man könnte sagen, von der Brandung der Entropie überwältigt. Steigt der Wert auf etwa das doppelte, so ist die Stabilität der Konfiguration schon sehr groß (etwa 30000 Jahre). Die Erwartungswahrscheinlichkeit für die Lebensdauer ergibt dann Zehntausende von Jahren.

Man muß sich also unter einem biologischen Molekül — allgemeiner unter einer biologischen Elementareinheit — einen energetischen Strukturbau vorstellen, mit mannigfaltigen, teils locker, teils fest gefügten energetischen Bausteinen. Manche werden dauernd gewechselt — jedoch in den ganz strengen Regeln der möglichen Stufen, sie vermitteln Energieverkehr des Moleküls mit dem Außenmilieu. Andere sind stabiler, wieder andere sehr stabil. Dabei kommt es auch zu Atomumgruppierungen, die Isomere mit ähnlichen oder stark veränderten Eigenschaften bedeuten. Die Bindungen sind durch die Quanten abgestuft. Es kommt zur Destruktion, wenn das Energiedepot die Festigkeit der Stufen überanstrengt. Diese Überlegung, von DELBRÜCK besonders auf die Gene angewendet, beherrschen die Biochemie. Die quantenphysikalische Betrachtung (Quantenbiologie) der biologischen Objekte öffnet ein Tor für das Verständnis der Lebensvorgänge.

§ 7. Zusammenfassung der bisherigen Resultate. Ergänzungen.

Versuchen wir nunmehr, die wesentlichsten Resultate der quantenstatistischen Treffer-Analysen-Methode zusammenzufassen, so mag zunächst gesagt sein, daß an ihrer prinzipiellen Richtigkeit kein Zweifel mehr besteht. Bedenkt man die so viel größeren Schwierigkeiten des biologischen Materials gegenüber den Objekten der reinen Physik, so sind eher die Übereinstimmung von Theorie und Erfahrung als die bestehenden Abweichungen erstaunlich.

Die Versuche an biologischen *Elementareinheiten* (Viren, Phagen, Genen, Chromosomen), was in den meisten Fällen auf Versuche mit biologischen *Molekülen* herauskommt, ergeben Einzelreaktionen, die oft den Eintrefferkurven entsprechen. Das heißt also: *Ein* Energiedepot (in der Literatur wird von vielen Autoren spezieller, aber weniger glücklich dafür „ein Ionisierungsvorgang" geschrieben) bringt die Veränderung — häufig Destruktion — hervor. In diesen Fällen spielt folglich ein Zeitfaktor etwa im Sinne einer Erholung, einer biologischen Kompensation, keine Rolle. Bei Chromosomenuntersuchungen treten Abweichungen von den theoretischen Kurven auf. Das war zu erwarten. Denn hier beobachtet man nicht die Einzelwirkung, sondern ein Gesamtergebnis mehrerer Treffer in einem Verband (TIMOFÉEFF u. ZIMMER).

Die Versuche mit Einzellern, besonders Tötung einzelliger Bakterien, ergeben ebenfalls in der Regel die Eintrefferkurven. Das bedeutet also, daß *ein* Energiedepot jeweils die Wirkung herbeiführt. Abweichungen von diesem vielfach gesicherten Ergebnis sind zuerst durch WYCKOFF (1930) geklärt worden. Fand man experimentell den abgeflachten S-förmigen Gang, der bei Mehrtreffern auftreten muß, so stammte das Ergebnis von ungenügender Isolierung der Objekte, d. h. von Klumpenbildung. Diese Annahme wurde durch die Arbeit von PUGSLEY, EDDY und ODDY gesichert. Sie vermochten durch Analyse der in den Klümpchen vereinten Einzelbakterien die Mehrtrefferkurve umzurechnen und erhielten die Eintrefferkurve für die Einzelbakterien.

Für diese Ergebnisse gilt, daß die Übereinstimmung zwischen Theorie und Experiment den Grundtypus des physikalisch-biologischen Ausgangsprozesses klärt: Es können hier biologische Variationen der Empfindlichkeit keine Rolle spielen; die Energiedepots sind groß genug, um solche zu überdecken. Die Schädigung tritt ohne biologische Variation ein, wie im vereinfachten Ausgangsmodell der ganzen Theorie dargelegt. Es ist zwar nicht möglich, daraus den Schluß auf Gleichempfindlichkeit zu ziehen, aber wohl den, daß die Differenzen gegen die Energiedepots der Einwirkung nicht aufkommen. Ebenso entfällt der Einfluß der Temperatur, also des Energiemilieus. Er wird durch die in diesen Fällen überragende Größe des Energiedepots unwirksam. Die Ergebnisse an Bakterien machen wahrscheinlich, daß es sich um Zerstörung eines lebenswichtigen Moleküls im Einzeller handelt. Die von LEA ausgesprochene Vermutung, daß Einzeller so etwas wie einen genetischen Apparat besitzen, ist neuerdings bestätigt.

Ganz anders — so muß man erwarten — sollte der Effekt bei komplizierteren biologischen Gebilden sein, also an Versuchsmaterial wie Keimlingen, Eiern, Puppen und Gewebskulturen, wie etwa Hühner-

Fibroblasten. Hier müssen die biologischen Variablen und ihre Parameter deutlich werden, es müssen also Zeitfaktoren und Raumfaktoren, Erholungsvorgänge und physikalische Depotdichte (meist als Ionisierungsdichte bezeichnet) mitspielen. Das zeigte sich auch — und darüber hinaus zeigten sich *generell*, also auch bei „Eintreffern" neue Faktoren, darunter besonders der *Energietransport im Gewebe,* also eine Energie-Wanderung des Depots von der Absorptionsstelle zu einer davon entfernten Wirkungsstelle und endlich die Notwendigkeit, die sicher vorhandenen zwischenmolekularen Kräfte zu beachten.

Darum war es um so überraschender, daß im Versuch einige mehrzellige Objekte dennoch unzweideutige einfache Exponentialkurven, also Eintrefferkurven ergaben. Abtötung von Drosophila-Eiern durch UV-Quanten, aber, wenigstens bei manchen Versuchen, auch der vierstündigen Eier durch Röntgenstrahlen, ferner der Saccharomyces-Kolonien durch Röntgenstrahlen geben solche. Dieses Ergebnis ist nicht völlig geklärt. Die Vermutung ist erlaubt, daß in diesen Fällen bei genauer Analyse gefunden wird, daß in den komplizierten Objekten ein lebenswichtiges Mikrovolum, wohl ein entscheidendes Molekül existiert, dessen Schädigung durch ein Depot den Untergang des ganzen Objektes herbeiführt. Das kann auch, etwa bei den Drosophila-Eiern[1], ein bestimmtes Entwicklungsstadium (4 Stunden), das eine erhöhte Strahlenempfindlichkeit besitzt, zur Voraussetzung haben. Ob die Sache sich so verhält und wieweit die im 4. Kapitel behandelten Zusammenhänge hineinspielen, steht noch offen.

Aber in anderen Fällen reicht die Mehrtreffertheorie gegenwärtig noch nicht aus, um eindeutig sichere Schlüsse zu liefern. Das hat seine Gründe. Um die genaue Deutung der Ergebnisse haben sich mehrere Autoren (so u. a. Meissner u. Zuppinger, Glocker, Jordan, Lea, Zimmer, Timoféeff-Ressowsky, Langendorff und besonders K. Sommermeyer) verdient gemacht, ohne bisher der Schwierigkeiten ganz Herr zu werden. Und das ist sehr begreiflich. Die entstehenden experimentellen Kurven sind oft vieldeutig und haben z. T. erhebliche Streuung. Bei Mehrtreffern geht die ursprüngliche Exponentialkurve in eine immer mehr gestreckte und weniger charakteristische S-Form über. *Aber ähnliche Deformation erleidet die theoretische Kurve auch,* wenn man es unternimmt, sie durch Einführung weiterer Variabeln zu verfeinern. Das geschieht durch Berücksichtigung biologischer Empfindlichkeitsvariation (Meissner u. Zuppinger) durch Einführung der Depotdichte und biologischer Wirkungswahrscheinlichkeit des einzelnen Treffers (Jordan, Lea, Kaplan, Langendorff, Sommermeyer), Depotverteilung (Glocker, Sommermeyer), Zeitfaktor (Rajewsky, Dänzer). Die so gewonnenen Ansätze und Gleichungen liefern ähnliche Deformationen,

---
[1] Vgl. hier das Nähere in Kap. 4.

so daß es vorläufig oft nicht möglich ist, die experimentelle Kurve den theoretischen möglichen eindeutig zuzuordnen, also im Sinne Rajewskys den physikalisch-theoretischen Gang dem biologischen anzupassen.

Der (biologische) Zeitfaktor trägt der Tatsache Rechnung, daß im biologischen Milieu im allgemeinen Dynamik herrscht, die sich auf die Reaktion auswirkt. Bei Sporen, trockenem Pflanzensamen und anderen „ruhenden" Einheiten könnte man erwarten, daß die Depotwirkungen sich innerhalb gewisser Grenzen einfach addieren und die Erfahrung hat dies bis jetzt auch bei den stabil gebauten Chromomeren bestätigt. Diese prinzipielle Akkumulierungsmöglichkeit dürfte bei der weiteren Aufklärung der Spätschädigungen eine große Bedeutung haben. Bei den nicht ruhenden Geweben, also in den gewöhnlichen Bedingungen treffen die nacheinander — etwa in zeitlichem Ablauf einer therapeutischen Bestrahlung gesetzten Depots verändertes Milieu; ihre Wirkungen müssen mit biologischen Wirkungen, auch mit Reaktionen, evtl. kompensatorischen interferieren. Es gibt reiche Erfahrung dafür, daß bei genügend verzögerter Applikation die Gesamtwirkung oft geschwächt erscheint. Aber auch das Gegenteil, Wirkungssteigerung bei stark unterteilter und protrahierter Bestrahlung ist bei stark „vitalen" mitosenreichen Geweben beobachtet worden. Der exakten Bestimmung quantenbiologischer Art entziehen sich diese sicher sehr komplexen Abläufe vorläufig. Und ihre Klärung wird auch dadurch erschwert, daß man nur die *alsbald* auftretenden Wirkungen mit der Dosis vergleichen kann. Wenn diese bei verzögerter Applikation geringer werden (also eine größere Dosis zum gleichen Erfolg aufgewandt werden müßte), so ist noch nicht gesagt, daß nicht doch die inkorporierte Dosis, soweit sie nicht alsbald wirkt, gar nicht wirke, völlig kompensiert werde. Sie könnte als Spätschädigung auftreten. Verf. beobachtet an sich selbst das Auftreten von Spätschädigungen der Bedeckung, Jahrzehnte nach den letzten (beruflichen) Strahlenwirkungen an Stellen, die bisher intakt schienen. Es scheint ihm, daß Bindegewebsschädigungen sehr lange latent bestehen können. Mit den Fragen des Zeitfaktors haben sich, abgesehen von den Radiologen (so Regaud, Coutard u. a.) im Zusammenhang mit der Theorie u. a. besonders Rajewsky und Dänzer, Langendorff und Sommermeyer, F. Wachsmann, W. Luther befaßt.

Zur Zeit ist die Fraktionierung der Bestrahlung Gegenstand verschiedener Versuchsrichtungen. Im Abschnitt über Photosynthese (I, § 9) sind die Ergebnisse von Warburg und Burk erwähnt, die bei minutlichem Wechsel von Hell und Dunkel die größte Sauerstoffaufnahme bei Chlorella erhielten. — In allerletzter Zeit (Strahlenther. 1953) berichteten Dieckman, Hofmann, Kapp und K. Müller über ihre Versuche in der Göttinger Frauenklinik, die Wirkung sehr rasch intermittierender (bis über 500 Bestrahlungsimpulse in der Sekunde) bei Röntgen- und

Elektronenstrahlung auf Drosophila-Eier und Bakterien mit derjenigen konstanter Bestrahlung zu vergleichen und den Unterschied (z. T. Wirkungsminderung, z. T. Wirkungssteigerung) treffertheoretisch zu deuten im Sinne von Konzentrations- und Sättigungseffekten.

Man kann wohl erwarten, daß dieser neue zuerst von WITTE beschrittene Weg Aufhellungen bringt, wenn auch die Steigerung der Frequenzen auf so große Höhe, daß die Strahlungs-Stoßzeiten sehr klein gegenüber Diffussions-Reaktionszeiten werden, weniger aussichtsreich erscheint.

Als weitere, neue Komplikation trat die erwähnte Energiewanderung hinzu, welche die Möglichkeit anbietet, daß der Empfänger des Energiedepots und das „Wirkungsvolumen", der Repräsentant der reagierenden Einheit, verschieden und verschieden weit getrennt sind.

Eine gewisse vorläufige Orientierung über die Deutung der experimentellen Mehrtrefferergebnisse hat SOMMERMEYER gegeben. Er unterscheidet drei Fälle:

1. Wenn die Dichte der Energiedepots (oft als Ionisationsdichte angenommen) sehr klein ist im Verhältnis zum strahlenempfindlichen Bereich, dann ist die aufzuwendende Dosis (Halbwertdosis) — damit die Lage der Kurve und die Trefferzahl (der Typus der Kurve) von der Art der Strahlung unabhängig.

2. Wenn die Dichte der Depots sehr groß ist im Verhältnis zum strahlenempfindlichen Bereich, dann ist die aufzuwendende Dosis von der Art der Strahlung abhängig, die Trefferzahl nicht.

3. Im Zwischengebiet zwischen 1. und 2. ist die Dosis unabhängig aber der Kurventyp (die Trefferzahl) abhängig von der Strahlenart. — Näheres hierüber Kap. 2, § 8.

Die biologische Empfindlichkeitsvariabilität kann den Ablauf stark verändern; bei Drosophila-Eiern wurde besonders deutlich, wie das Entwicklungsstadium die Mehrtrefferkurve in Eintreffer und später wieder in Mehrtreffer verwandelt[1]. Bei Askariseiern fanden HOLTHUSEN und BRAUN die theoretische Kurve ganz von der biologischen Empfindlichkeit überdeckt. Hier ist weitere Erfahrung abzuwarten.

Dazu läßt sich folgende Überlegung qualitativer Art anstellen. Es ist verständlich, daß mit steigender Depotdichte der „formale Trefferbereich" oder das „Wirkungsvolumen" abnimmt, d. h. also dasjenige Volumen, in dem der oder die Depots stattfinden müssen, damit eine Reaktion eintritt. Denn dieses „Wirkungsvolum" oder dieser „formale Trefferbereich" v ist das Produkt aus dem wahren Trefferbereich und der Wirkungswahrscheinlichkeit, d. h. der Wahrscheinlichkeit dafür, daß in diesem ein Treffer wirkt. ($v = p\,\tau$, p Wahrscheinlichkeit; folglich $v \leq \tau$).

---

[1] Vgl. Kap. 4.

Aber es gibt auch im Bereich der Eintreffer-Veränderungen Fälle, wo das Umgekehrte stattfindet, also mit steigender Depotdichte das Wirkungsvolumen zunimmt. Das ist z. B. bei gewissen *Sporen* (B. mesentericus) der Fall. Es läßt sich hier wohl vermuten (Sporen!), daß die Energie eines Depots trotz ihrer verhältnismäßigen Größe bei diesem Objekt nicht ausreicht, sondern daß mehrere dicht folgende Depots nötig sind, um die Wirkung herbeizuführen, also eine biologische Ursache, nämlich Unterempfindlichkeit des Sporenstadiums vorliegt.

Die Überlegungen dieses und der beiden folgenden Kapitel beziehen sich vielfach auf Energiedepots, die gegenüber der Energietoleranz des biologischen Elementarobjekts groß sind, also destruktiv wirken. Diese Einschränkung muß später (4. Kapitel) aufgehoben werden. Der hier mehrfach erwähnte Mittelwert des Depots von der Größenordnung 30 eV ist aus den Ergebnissen der Absorptionsanalyse in Gasen genommen. Aber es ist nicht wahrscheinlich, daß in der „fest-flüssigen" Struktur der biologischen Gebilde, allgemeiner, daß in Flüssigkeiten überhaupt, der Mittelwert diesen hohen Betrag hat. Er dürfte erheblich niedriger sein. Und, wie er auch sei — es ist ein Mittelwert. Die genauere Analyse muß aber das ganze Spektrum der Depots berücksichtigen, das neben Fällen selektiver Absorption (etwa von Photonen im kurzwelligen UV) praktisch fast ein Kontinuum darstellt. Es wird also viele kleinere und größere Energiedepots geben, als der mittlere Wert angibt. Die größeren werden destruktiv sein, aber die kleineren gewähren anderen Möglichkeiten Raum, darunter jene, die als „*chemische* Treffer" von RAJEWSKY bezeichnet werden, und an diese werden sich lokal oder nach Diffusion (CASPARI) sehr verschiedene Reaktionsmöglichkeiten anschließen lassen, um so verschiedener, als in den Geweben stets Wechselwirkungen zwischen den dispersen Teilchen und dem Milieu stattfinden. Es werden neben praktisch unwirksamen kleinen Depots solche zu erwarten sein, die nur vorübergehende, *also reversible* Veränderungen machen, andere, die sehr unterschiedliche aber nicht völlig destruktive Wirkungen ausüben. Das alles gilt unter Beibehaltung der quantenbiologischen Grundvorstellung von den diskreten Energiedepots als Wirkungsprinzip im biologischen Milieu. Aber es zwingt dazu, das Modell zu erweitern, das ja als größte Vereinfachung gewählt wurde, um eine Anschauung zu gewinnen, die sich nachprüfen läßt. Diese Nachprüfung hat gezeigt, daß das Modell Wahrheitsgehalt hat und damit wird es für den Ausbau, die Verfeinerung reif — eine Entwicklung, an die wir ja gewohnt sind Das 4. Kapitel wird davon berichten.

Literatur.

Andere Arbeiten aus der Anfangszeit bis etwa 1931.

BRAUN, R.: „Vergleich der biologischen Wirkungen von Röntgen- und Gammastrahlung." Strahlentherapie 38, 11 (1930).

BRAUN, R. und H. HOLTHUSEN: „Einfluß der Quantengröße auf die biologische Wirkung verschiedener Röntgenstrahlenqualitäten", Strahlentherapie 34, 707 (1929).

CLARK, G. L., and L. W. PICKETT: „Some new experiments on the chemical effects of X-rays and the energy relations involved", Journal Amer. Chem. Society 52, 465 (1930).

CLARK, G. L., L. W. PICKETT and E. D. JOHNSON: „New studies on the chemical effects of X-rays", Radiology 15, 245 (1930).

CLARK, H.: „A theoretical consideration of the action of X-rays on the protozoon colpidium colpoda", Journal Gen. Physiol. 10, 623 (1927).

CONDON, E. U., and H. M. TERRILL: „Quantum phenomena in the biological action of X-rays", Journal Cancer Res. 11, 324 (1927).

CRONHEIM, G., und P. GÜNTHER: „Die Energieausbeute bei der Zersetzung von Chloroform durch Röntgenstrahlen und der Mechanismus dieser und ähnlicher Röntgenreaktionen", Zeitschr. Physikal. Chemie Band 9, 201 (1930).

CROWTHER, J. A.: „Some considerations relative to the action of X-rays on tissue cells", Proc. Royal Society 96, 207 (1924).

CROWTHER, J. A.: „The action of X-Rays on Colpidium colpoda", Proc. Royal Soc., B. 100, 390 (1926).

CROWTHER, J. A.: „A theory of the action of X-rays on living cells", Proc. Camb. Phil. Soc. 23, 284 (1927).

CROWTHER, J. A.: „An analysis of some observations on the actions of X-rays on Drosophila eggs", Brit. Journal Radiol. 23, 292 (1927).

CURIE, P.: „Sur l'étude des courbes de probabilité relatives à l'action des rayons X sur les bacilles", C. R. Acad. Sci. 188, 202 (1929).

DOGNON, A.: „La mesure et l'action biologique des rayons X de différentes longueurs d'onde", Journ. Radiol. Electrol. 10, 145 (1926) et 10, 210 (1926).

DOGNON, A.: „Action de la température sur la radiosensibilité de l'oeuf d'Ascaris", C. R. Soc. Biol. 94, 466 (1926).

DOGNON, A.: „Les notions récentes sur le mécanisme d'action des radiations Intervention des quanta dans les réactions biologiques", Rev. d'Actinol. 6, 577 (1930).

DOGNON, A., et J. C. TSANG: „Le coefficient de température de l'action des rayons ultraviolets sur l'oeuf d'Ascaris", C. R. Soc. Biol. 98, 22 (1928).

DUANE, W., et O. SCHEUER: „Recherches sur la décomposition de l'eau par les rayons alpha", Le Radium 10, 33 (1913).

FAILLA, G., and P. S. HENSHAW: „The relative biological effectiveness of X-Rays and gamma-rays", Radiology 17, 1 (1931).

FRICKE, H., und ST. MORSE: „Die Verwendung der Oxydation einer verdünnten Ferrosulfatlösung als Eichungsmaß der Röntgenstrahlendosis", Strahlentherapie 26, 757 (1927).

FRICKE, H., and ST. MORSE: „The chemical action of roentgenrays on dilute ferrosulphate solutions as a measure of dose", Amer. Journ. Roentgenol. 18, 430 (1927).

FRICKE, H., and B. W. PETERSON: „Action of Roentgen-Rays on solutions of oxyhemoglobin in water", Amer. Journ. Roentgenol. 17, 611 (1927).

FRICKE, H., und B. W. PETERSEN: „Chemische, kolloidale und biologische Wirkungen von Röntgenstrahlen verschiedener Wellenlänge in ihrem Verhältnis zur Ionisation der Luft", I. Strahlentherapie 26, 329 (1927).

FRICKE, H., and ST. MORSE: „The action of X-rays on ferrous sulphate solutions", Phil. Mag. 7, 129 (1929).

GATES, F. L.: „A study of the bactericidal action of ultraviolet light. III. The absorption of ultra violet light by Bacteria", Journ. Gen. Physiol. 14, 31 (1930).

GLOCKER, R.: „Das Grundgesetz der physikalischen Wirkung von Röntgenstrahlen und seine Beziehung zum biologischen Effekt", Strahlentherapie 26, 147 (1927).

GLOCKER, R.: „Die Wirkung der Röntgenstrahlen auf die Zelle als physikalisches Problem", Festschr. Techn. Hochsch. Stuttgart, Berlin 1929.

GOODSELL, S. F.: „The relation between X-rays intensity and the frequency of deficiency in the maize endosperm", Anat. Rec. 47 (1930).

GOODSPEED, T. H.: „The effects of X-rays and radium on the species of the genus Nicotiana", Journ. Herd. 20 (1929).

GÜNTHER, P., H. D. VON DER HORST und G. CRONHEIM: „Die Einwirkung von Röntgenstrahlen auf Chloroform und ähnliche Verbindungen", Zeitschr. Elektrochem. 34, 616 (1928).

GÜNTHER, P., L. LEPIN und K. ANDREEW: „Der Zerfall des festen Bariumazids unter dem Einfluß von Röntgenstrahlen", Zeitschr. Elektrochem. 36, 219 (1930).

HOLTHUSEN, H.: „Über die Dessauersche Punktwärmehypothese", Strahlentherapie 19, 285 (1925).

HOLTHUSEN, H.: „Der Grundvorgang der biologischen Strahlenwirkung", Strahlentherapie 25, 157 (1927).

HOLTHUSEN, H., und R. BRAUN: „Einfluß der Quantengröße auf die biologische Wirkung verschiedener Röntgenstrahlenqualitäten", Strahlentherapie 34 (1929).

HOLWECK, F.: „Essai d'interprétation énergétique de l'action des rayons X de l'aluminium sur les microbes", C. R. Acad. Sci. 186, 1318 (1928).

HOLWECK, F.: „Production de rayons X monochromatiques de grande longueur d'onde. Action quantique sur les microbes", C. R. Acad. Sci. 188, 197 (1929).

HOLWECK, F., et A. LACASSAGNE: „Etude de la radiosensibilité du Bacillus prodigiosus aux rayons X mous", C. R. Soc. Biol. 100, 1101 (1929).

HOLWECK, F., et A. LACASSAGNE: „Sur le mécanisme de l'action cytocaustique des radiations", C. R. Soc. Biol. 103, 766 (1930).

HOLWECK, et A. LACASSAGNE: „Action sur les levures des rayons X mous (K du fer)", C. R. Soc. Biol. 103, 60 (1930).

HOLWECK, F., et A. LACASSAGNE: „Action des rayons alpha sur Polytoma uvella. Détermination des „cibles" correspondant aux principales lésions observées", C. R. Soc. Biol. 107, 812 (1931).

HOLWECK, F., et A. LACASSAGNE: „Essai d'interprétation quantique des diverses lésions produites dans les cellules par les radiations", C. R. Soc. Biol. 107, 814 (1931).

HUSSEY, R. G., and W. R. THOMPSON: „The effect of radiation from radium emanation on solutions of trypsin", Journ. Gen. Physiol. 5, 647 (1923).

HUSSEY, R. G., and W. R. THOMPSON: „The effect of radiations from radium emanation on pepsin in solution", Journ. Gen. Physiol. 6, 1 (1923).

HUSSEY, R. G., and W. R. THOMPSON: „The influence of temperature upon the rate of radiochemical inactivation of solutions of pepsin by beta radiation", Journ. Gen. Physiol. 9, 315 (1926).

HUSSEY, R. G., and W. R. THOMPSON: „The influence of variation of the thickness of the absorbing layer of solutions of pepsin upon the rate of radiochemical inactivation of the enzyme", Journ. Gen. Physiol. 9, 309 (1926).

Hussey, R. G., and W. R. Thompson: „The effect of ultraviolet radiation on pepsin in solution“, Journ. Gen. Physiol. 9, 217 (1926).

Hussey, R. G., and W. R. Thompson: „The effect of radiations from radium emanation on solutions of invertase“, Journ. Gen. Physiol. 9, 211 (1926).

Hussey, R. G., W. R. Thompson and E. T. Calhoun: „The influence of X-rays on the development of Drosophila larvae“, Science 66, 65 (1927).

Lacassagne, A.: „Action des rayons K de l'Aluminium sur quelques microbes“, C. R. Acad. Sci. 186, 1316 (1928).

Lacassagne, A.: „Action des rayons X de grande longueur d'onde sur les microbes, Etablissement de statistiques précises de la mortalité des bactéries irradiées“, C. R. Acad. Sci. 188, 200 (1929).

Lacassagne, A.: „Différence de l'action biologique provoquée dans les levures par diverses radiations“, C. R. Acad. Sci. 190, 524 (1930).

Lacassagne, A., et F. Holweck: „Sur la radiosensibilité de la levure Saccharomyces ellipsoideus“, C. R. Soc. Biol. 104, 1221 (1930).

Lacassagne, A., et F. Holweck: „Les qualités qu'offre Polytoma uvella pour l'étude de la radiosensibilité cellulaire“, C. R. Soc. Biol. 107, 120 (1931).

Langendorff, H., und M. Langendorff: „Strahlenbiologische Untersuchungen an den Keimzellen des Seeigels“, Strahlentherapie 40, 97 (1931).

Liechti, A.: „Über den Zeitfaktor der biologischen Strahlenwirkung“, Strahlentherapie 33, 1 (1929).

Mallet, L.: „Le rayonnement ultraviolet des milieux aqueux et organiques soumis aux rayons gamma“, Archives d'Electricité Médic. 37, 77 (1929).

Morgulis, S.: „Studies on the inactivation of catalase“, Journ. Biol. Chem. 86, 75 (1930).

Mottram, J. C.: „The survival curves of cells under radiation“, Journ. Cancer Res. 11, 130 (1927).

Packard, C.: „The relation of wavelength to the death rate of Drosophila eggs“, Journ. Cancer Res. 13 (1929).

Packard, C.: „The relation between division rate and radiosensivity of cells“, Journ. Cancer Res. 14, 359 (1930).

Quimby, E. H., and H. R. Downes: „A chemical method for the measurement of quantity of radiation“, Radiology 14, 468 (1930).

Rahn, O.: „The size of bacteria as the cause of the logarithmic order of death“, Journ. Gen. Physiol. 13, 179 (1929).

Rahn, O.: „The non-logarithmic order of death of some bacteria“, Journ. Gen. Physiol. 13, 395 (1929).

Rahn, O.: „The order of death of organisms larger than bacteria“, Jounr. Gen. Physiol. 14, 315 (1931).

Redfield, A. C., and E. M. Bright: „Haemolytic action of radium emanation“, American Journ. Physiol. 65, 312 (1923).

Redfield, A. C., and E. M. Bright: „The physiological action of ionizing radiations“ American Journ. Physiol. 68, 62 (1924).

Risse, O.: „Über die Röntgenphotolyse des Hydroperoxyds“, Zeitschr. Physikal. Chemie A 140, 133 (1929).

Risse, O.: „Einige Bemerkungen zum Mechanismus chemischer Röntgenreaktionen in wässeriger Lösung“, Strahlentherapie 34, 578 (1929).

Roffo, A. H., und L. M. Correa: „Über den Vorgang der Cholesterinzerstörung in vitro durch die Röntgenstrahlen“, Strahlentherapie 33, 537 (1929).

Roffo, A. H., und L. M. Correa: „Über die Zersetzung des Cholesterins durch die Röntgenstrahlen in vitro“, Fortschr. Geb. Röntgenstr. 39, 882 (1929).

Roffo, A. H, und L. M. Correa: „Über eine chemische Reaktion der Röntgenstrahlen", Strahlentherapie 36, 528 (1930).

Rothstein, K.: „The inactivation of trypsin by Roentgen-rays of different hardnesses", American Journ. Roentgenol. 18, 528 (1927).

Rubinstein, D. L.: „Untersuchungen über Röntgensensibilisierung", Strahlentherapie 34, 414 (1929).

Schinz, H. R., und A. Zuppinger: „Probleme der allgemeinen Strahlenbiologie (Untersuchungen an Ascaris)", Klin. Wschr. 7, 1070 (1928).

Simon, S.: „Action comparée des rayons X et des rayons gamma sur la stérilisation des femelles de Drosophila melanogaster", Le Cancer 7, 229 (1930).

Stenström, W.: „Effect of Roentgen-radiation on certain chemical compounds: (A) Tyrosine and Cystine, (B) Cholesterol, (C) Acetylene and Propan", Radiology 13, 437 (1928).

Stenström, W., and A. Lohmann: „Effect of Roentgen-radiation on solutions of tyrosine and cystine", Journ. Biol. Chem. 79, 673 (1929).

Stenström, W., and A. Lohmann: „Colour change produced by Roentgen-rays in sole aqueous solutions", Radiology 16, 322 (1931).

Stenström, W., and A. Lohmann: „Effect of Roentgen-rays on solutions of tyrosine, phenol and tryptophane", Radiology 17, 432 (1931).

Strangeways, T. S. P., and H. E. H. Oakley: „The immediate changes observed in tissue cells after exposure to soft X-rays while growing in vitro", Proc. Royal Soc. B 95, 373 (1923).

Swann, W. F. G., and C. del Rosario: „The mecanism of the process of cell destruction under bombardment of alpha particle radiation", Journ. Franklin Inst. 210, 778 (1930).

Swann, W. F. G., and C. del Rosario: „The effect of radioactive radiations upon Euglena", Journ. Franklin Inst. 211, 303 (1931).

Thompson, W. R., and R. Hussey: „The effect of ultra-violet radiation on amylase in solution", Journ. Gen. Physiol. 15, 9 (1931).

Trillat, J. J.: „Recherches sur l'action bactéricyde des rayons X", Journal Chim. Physique 25, 484 (1928).

Whiting, P. W.: „X-rays and parasitic wasps", Journ. Hered. 20 (1929).

Wyckoff, R. W. G.: „The killing of certain bacteria by X-rays", Journ. Exper. Med. 52, 435 (1930).

Wyckoff, R. W. G.: „The killing of colon bacilli by X-rays of different wave length", Journ. Exper. Med. 52, 769 (1930).

Wyckoff, R. W. G., and L. E. Baker: „The action of Roentgen-rays upon Eder's solution", Amer. Journ. Roentgenol. 22, 551 (1929).

Wyckoff, R. W. G., and B. J. Luyet: „The effects of X-rays, cathode and ultra-violet rays on yeast", Radiology 17, 1171 (1931).

Wyckoff, R. W. G., and T. M. Rivers: „The effect of cathode rays upon certain bacteria", Journ. Exper. Med. 51, 921 (1930).

Wyckoff, R. W. G., and T. M. Rivers: „Effects of cathode rays upon certain bacteria", Proc. Soc. Exper. Biol. Med. 27, 312 (1930).

Zuppinger, A.: „Radiobiologische Untersuchungen an Ascariseiern", Strahlentherapie 28, 639 (1928).

§ 8. Energiewanderungen und Diffusionen.

Die Theorie, die mit dem Wahrscheinlichkeitsmodell des Wirkungs-volumens (wirklicher, aber unbekannter formaler Trefferbereich τ mal Wahrscheinlichkeit p) operiert, kann von sich aus über diesen Treffer-bezirk nichts aussagen. Er ist eine nur aus der Erfahrung zu ent-nehmende Größe. Die ursprüngliche Theorie nahm dies auch an und schloß aus den Zahlenverhältnissen, daß die biologischen Moleküle dafür in erster Linie in Frage kommen und aus biologischen Erfahrungen, daß unter ihnen besonders Eiweißmoleküle wichtig sein dürften.

Die Treffertheorie selbst erhält für das $v = p\,\tau$ Beträge, die im Ver-gleich zur biologischen Gegebenheit oft viel zu groß sind, d. h. also viel größer als der biologisch empfindliche Bereich, etwa das gentragende Chromomer. Das heißt also: Wenn das Energiedepot in einem auch evtl. beträchtlich größeren Gebiet gesetzt wurde, als das eigentliche primäre Reaktionsgebiet (also größer als das Gen-Molekül), so kommt die Wirkung doch zustande und das bedeutet: Wir müssen schließen, daß die deponierte Energie *wandern* kann — evtl. auf Strecken, die viele Moleküldurchmesser groß sind.

Im biologischen Gebiet wurde dieser Schluß zuerst 1935 von TIMO-FÉEFF-RESSOVSKY, ZIMMER und DELBRÜCK bei ihren Untersuchungen von Genmutationen durch Bestrahlungen gezogen. Im Chromomer, das erbtragend ist (Gen) und das fast sicher ein Molekül ist, wird durch einen Treffer eine Änderung (Atomgruppierung, Spaltung einer Bindung etwa zwischen Aminosäuren) herbeigeführt. Diese Änderung erfolgt, obwohl das Molekül nur etwa ein Tausendstel des Volumens hat, das die theoretische Ermittlung des Wirkungsvolums (formaler Treffer-bereich) ergibt. (Ermittelt aus der Depotdichte, d. h. Anzahl der Depots pro Kubikzentimeter und der Dosis.) Später wurden analoge Befunde auch bei rein physikalischen Vorgängen erhoben und es ist zweckmäßig, diese zuerst kurz zu erwähnen, weil hier die Vorgänge leichter verständ-lich sind.

Die Leitfähigkeit der Metalle (etwa eines Kupferdrahtes) rührt daher, daß die äußersten Elektronen bei der dichten Packung der Atome (durch die gegenseitigen Feldeinflüsse) nicht mehr an ihre Atomkerne gebunden erscheinen, sondern, praktisch frei, durch jede elektromotorische Kraft bewegt werden. In den Jahren 1937 wurde zuerst von RIEHL an Kristall-phosphoren festgestellt, daß die Lumineszenz (die stets von spurenweise vorhandenen Verunreinigungen — z. B. Spuren von Cu in Zinksulfid-kristallen — ausgeht) auch dann eintritt, wenn nicht etwa nur die Fremdatome, sondern auch die Zink- oder Schwefelionen Energie über-nehmen. Wird z. B. ein α-Strahl im Kristallverband absorbiert, so wird fast die ganze absorbierte Energie als Fluoreszenz ausgestrahlt, obwohl die wenigen Cu-Atome nur einen sehr kleinen Bruchteil davon absorbierten. Der überwiegende Teil der Energie muß also von den Zink- und Schwefelionen aufgenommen und zu den Kupferatomen transportiert worden sein. Es gibt noch einige solche Vorgänge in Kristallphosphoren, bei denen die Depots von den Kristallatomen zu den etwa im Verhältnis 1 : 10000 vorhandenen Fremdatomen geleitet werden, und es gibt analoge Löschungsvorgänge der Phosphoreszenz, die auf Distanz wirken.

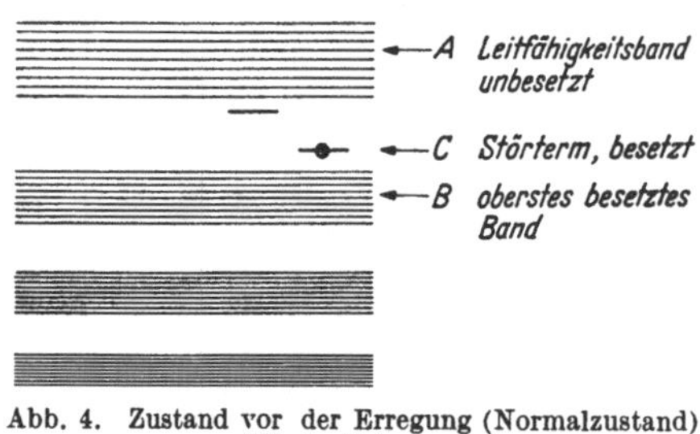

Abb. 4. Zustand vor der Erregung (Normalzustand) Bänder-Schema.

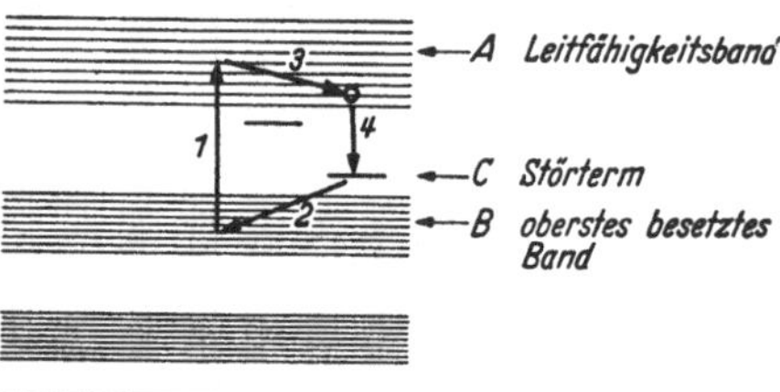

Abb. 5. Zustand nach der Erregung und nach dem Herunterfallen des Elektrons aus dem Störterm C auf die bei der Erregung frei gewordene Stelle im Band B (nach RIEHL, ROMPE, TIMOFÉEFF und ZIMMER).

Dabei muß die Energie etwa 100 Å weit wandern — etwa die 20fache Größe der Gitterkonstante (des Netzabstandes). Die quantenmechanische Deutung erfolgte durch SCHÖN und RIEHL (1938—1940). Sie besteht darin, daß ähnlich, wie bei Metallen, auch hier im periodisch aufgebauten Gittersystem, äußere Elektronen nicht mehr ihrem Atom, sondern dem Gitterverband angehören. Infolge der quantenmechanischen Wechselwirkung zwischen den regelmäßig angeordneten gleichartigen Gitterbausteinen spalten die Energieterme der Atome bzw. der Ionen in mehr oder weniger breite Energiebereiche (Energiebänder) auf und gleichzeitig verlieren die Elektronen, die diese Terme besetzen, nach Maßgabe der Breite dieser Bänder, ihre Lokalisierbarkeit. Bei den inneren Schalen der Elektronenhülle ist die Termverbreiterung vernachlässigbar klein, nicht dagegen bei den Termen der Valenzelektronen und bei den im Grundzustand nicht besetzten höheren Termen. Die Valenzelektronen finden sich vereinigt im „Valenzband", wo sie, trotz ihrer Beweglichkeit durch den Kristall, in Isolatoren keine Leitfähigkeit bewirken, da hier das Valenzband infolge des Pauliprinzips — es dürfen in einem System keine Elektronen in den ihren Zustand bestimmenden vier Quantenzahlen übereinstimmen — mit Elektronen vollständig aufgefüllt ist. Oberhalb des Valenzbandes befindet sich das aus dem ersten nicht besetzten Term hervorgegangene „Leitfähigkeitsband". Die Linien der Bänder (Abb. 4 u. 5) deuten die „Terme", die Energie-Niveaus an — ähnlich wie man die Energieniveaus der Atomelektronen darzustellen pflegt, nur daß jetzt die Elektronen gleichen

Zustandes der verschiedenen Atome in Bändern vereinigt gedacht werden. Diese Modelldarstellung hat sich für die Isolatoren- und Halbleitertheorie bewährt. Je breiter das Band, desto weniger eng ist ein Elektron mit dem Einzelatom verbunden, desto mehr ist es für die Wechselwirkungen im Kristallverband disponiert.

Durch passende Energieaufnahmen, etwa durch Bestrahlung, können Elektronen in höhere Bänder „gehoben" werden. Der Rückgang findet in einem ganz reinen Kristall ohne Lichtemission statt. Ist aber ein Fremdatom vorhanden, dessen Schalen ja eine andere Stufenfolge von Niveaus bilden, so kann es einen „Störterm" zwischen dem höchsten besetzten Band und dem Leitfähigkeitsband geben, der ein Elektron enthält. Wenn jetzt durch Anregung ein Elektron in das Leitfähigkeitsband gehoben wird, so kann das „Loch" im besetzten Band vom Störterm aus besetzt werden. Das Elektron im Leitfähigkeitsverband ist beweglich (Leitfähigkeit!) und füllt direkt oder über Diffusionszwischenstufen aus dem Leitfähigkeitsband das Loch im Störterm. Dieser letztere Vorgang bedeutet die Ausstrahlung des Lumineszens-Photons[1]. Das Heben von Elektronen in das Leitfähigkeitsband bedeutet, daß der Kristall leitfähig wird und eben dies tritt bei Bestrahlung des Kristalls auch ein. In diesem Bande findet das Elektron kein Hindernis für seine Wanderung und sein Fallen auf das unbesetzte Niveau der Störung ist der wahrscheinlichste Vorgang. Der Vorgang heißt *elektronische* Energiewanderung.

Ein anderer Vorgang der Energiewanderung wurde von SCHEIBE und seinen Mitarb. ab 1938 gefunden und untersucht. Er spielt sich entlang von Farbstoffmolekülketten ab (besonders an Pseudo-Isocyanin-Chlorid), die sich fadenförmig bei bestimmten Konzentrationen — Größenordnung bis 10^6 Moleküle — bilden. Bei der Polymerisation zeigen sie Resonanzfluoreszenz, d. h. sie emittieren die gleiche (schmale) Bande, die sie auch absorbieren. Die Energiefortleitung macht sich hierbei dadurch bemerkbar, daß es genügt, ein Molekül oder einige Moleküle von bestimmten Arten hinzuzufügen, um die Fluoreszens zu verringern. Das Fremdmolekül „schluckt" die Energie — die evtl. über Zehntausende von Farbmolekülen zu ihm gelangt. Bei Anregung durch polarisiertes Licht ergeben sich im Lumineszenzlicht gleichfalls Polarisationserscheinungen, aus denen ebenfalls auf Energiewanderung geschlossen werden muß.

Dieser Vorgang ist von Z. und F. PERRIN, MÖGLICH, ROMPE und TIMOFÉEFF-RESSOVSKY 1942 und eingehend von FÖRSTER 1946 als eine unscharfe Resonanzfortleitung von identischen Oszillatoren — wobei beträchtliche Gruppen von Molekülen zusammenwirken — gedeutet

---

[1] Korpuskuläre Analogie: Im Falle des ZnS als Beispiel bedeutet das: Ein Elektron ist vom S^{--} zum Zn^{++} übergegangen; es entstand ein S^- und ein Zn^+.

worden. Es gibt noch andere derartige Vorgänge in der Physik. *Grundsätzlich können innerhalb eines „Systems" irgendwie gekoppelter Elemente solche Möglichkeiten auf verschiedene Weise gegeben sein, denn Kopplung bedeutet ja allgemein, daß für Energieübergänge in Wechselwirkung Wege zur Verfügung stehen.* Außer diesen eigentlichen Energiewanderungen gibt es natürlich Möglichkeiten durch Wanderungen von angeregten oder ionisierten Atomen oder Molekülen — also Diffusionsaustauch mit Energietransport.

Die Frage ist nun, ob und in wieweit die Fortleitung der Bestrahlungs-Energiedepots im *biologischen* Milieu, wie etwa in dem oben erwähnten Fall der Genmutation durch Treffer außerhalb des Genmoleküls, mit Hilfe der physikalischen Erfahrungen gedeutet werden kann. Dieses Milieu ist ja im Vergleich zum rein physikalischen sehr viel komplizierter und vor allem nicht stationär, sondern dynamisch im „Fließgleichgewicht" also in fortdauerndem Wandel begriffen. Daher ist es nicht erstaunlich, daß trotz vieler Bemühungen die Energiewanderung nach „Treffern" in biologischen Objekten bei weitem noch nicht geklärt ist. Denn offensichtlich würde etwa die im Leben ablaufende Bildung, Umbildung, Zerstörung von Molekülketten, etwa Polypeptidketten, die Energiewanderung der deponierten Energie beeinflussen, wenn ein Vorgang, wie er in der von Scheibe studierten Polymerisation aufgefunden wurde, stattfände. So etwas könnte vielleicht bei der Unwirksammachung von Viren durch Bestrahlung vorliegen. Viren sind Nukleoproteide, deren Nucleinsäuregruppen vielleicht oberflächlich am langgestreckten Eiweißkörper parallel stehen, so daß, ähnlich den Farbstoffketten Scheibes Dipolresonanz die Energie ausbreiten könnte. Vielleicht gibt es in Eiweißketten selbst derartige zur Energiewanderung geeignete Strukturen. Versuche, wie die von Bucher und Kaspers, ferner von Szent-Györgyi, Heidt, Riel haben es wahrscheinlich gemacht. Die Vorstellungen über Energieleitung sind indessen noch nicht endgültig geklärt und die Deutungen werden noch nicht durch alle Versuchsergebnisse gestützt. Wichtig ist besonders die erwähnte Möglichkeit von *Energie-Niveau-Bändern bei Eiweißen.* Sie ist 1949 durch eine Arbeit von M. G. Evans und J. Gergely aus Anlaß der Veröffentlichungen von A. Szent-Györgyi, K. Wirtz und anderen Autoren diskutiert worden mit dem Ergebnis, daß die Möglichkeit einer Elektronen-Bandenstruktur und schwacher Vermehrung seiner Stabilität bejaht wird, so daß also auch in Eiweiß-Strukturen Elektronen beweglich sein, somit wandern, Anregungen und chemische Wirkungen weiter leiten können.

Schon von W. Caspari ist (1924 und später) auf die *Diffusion* von Partikeln hingewiesen worden, die im Anschluß an Destruktionen durch Energiedepots eintreten können und Wirkungen in Entfernungen vom

„Trefferort" herbeiführen. Das ist sicher eine allgemeine Erscheinung nach Bestrahlungen, nach CASPARI (Nekrohormonhypothese) Ursache von Allgemeinwirkungen der Bestrahlung. Im Zusammenhang mit den Energiewanderungen in gekoppelten Systemen, den Energieleitungen wurde auch dieser konvektiven Ausbreitung von Stoffpartikeln mit verändertem Zustand viel Aufmerksamkeit geschenkt und insbesondere der Energietransport in Lösungen studiert. FRICKE u. Mitarb. (von 1927 ab) und andere Autoren dachten dabei an eine „Aktivierung" der Wassermoleküle. ZIMMER und seine Mitarb. (1944 u. f.) zeigten, daß die Vorgänge auch bei anderen Lösungsmitteln eintreten, so daß kaum ein Zweifel daran besteht, daß es sich um Konvektionsfolgen von Reaktionsprodukten handelt, also um Diffusionsprozesse. Die quantitative Auswertung der Vorgänge, insbesondere ihrer Abhängigkeit von den Depotdichten (Ionisationsdichten) etwa durch Vergleich von α- und Photoneneinstrahlung wurde von verschiedenen Autoren (STENSTRÖM, FRICKE, SOMMERMEIER, ZIMMER, MINDER, JORDAN, TIMOFÉEFF-RESSOVSKY und deren Mitarb.) unternommen.

„Indirekte" Wirkungen anderer Art (s. dieses Kap. Seite 9), Depots der Energie im Milieu, etwa im Lösungsmittel (Wasser mit O_2-Gehalt), sind erst seit den letzten Jahren Gegenstand des eingehenden Studiums. Wenn z. B., wie angenommen wird, im Anschluß an ein Depot das Radikal HO_2 und das Molekül H_2O_2 gebildet wird (auf irgendeinem Wege, s. Kap. 4, § 4), so kann es durch Diffusion an ein sehr nahes biologisches Elementarobjekt gelangen und dort sekundär die Testreaktion bewirken. Wir stellten uns gleich im Anfang unserer quantenbiologischen Studien auch diese Frage. In der dritten Mitteilung „Über einige Wirkungen von Strahlen"[1] veröffentlichte unser Mitarbeiter ALEXANDER JANITZKY die in dieser Richtung von ihm angestellten Versuche. Schon früher (1908 u. f.) hatten JAFFÉ, etwas später (1912) RIJL flüssige Dielektrika wie Hexan, Petroläther, Äthyläther mit γ-Photonen bestrahlt und allerdings sehr kleine Veränderungen ihres geringen Leitvermögens beobachtet. Aber die Diskussion und Nachprüfung durch I. SCHRÖDER (1909) und durch I. FASSBÄNDER (1915) ergaben, daß die schwachen Effekte von den Elektroden und von Verunreinigungen herrühren.

JANITZKY prüfte den Einfluß intensiver Röntgenbestrahlung auf einen starken ($CuSO_4$) und einen schwachen ($NaOOCCH_3$ Natriumacetat) Elektrolyten mit einer empfindlichen Anordnung (unter Vermeidung der bisherigen Fehlerquellen) und fand keine merkbare Ionisierung durch die absorbierte Strahlung. Er deutete das Ergebnis dahin, daß die vielleicht zustande kommenden Dissoziationen sogleich rekombiniert werden. Auch Glycerinzusatz (LIESEGANG) zur evtl. Konservierung von Ionen im Dispersat ergab keinen Effekt.

____
[1] Z. Physik **20**, H. 5 (1923).

Janitzky benutzte dabei sorgfältig von jeder Beimengung befreites, reines Wasser, das durch Destillation *frei von gelösten Gasen war.* Das negative Ergebnis veranlaßte uns noch mehr, zuerst die primären Depots zu studieren. Später erst ergab sich, daß bei Röntgenbestrahlung aktivierte Gruppen und zwar Radikale (H, OH) und Moleküle wie H_2O_2 sich nur bei Anwesenheit von gelöstem Sauerstoff bilden. Aber, das ist beim Wassergehalt organischer Gebilde immer der Fall. Jetzt weiß man von der Bedeutung der sog. „indirekten" Treffer und verfolgt diese offensichtlich sehr aussichtsreiche Forschungsrichtung. Die Depottheorie wird davon nicht berührt; es treten aber Überlegungen der Diffusionstheorie, der Verweilzeit aktivierter Zustände, der chemischen Kinetik hinzu, die uns an verschiedenen Stellen dieses Buches, besonders in Kap. 3 B, § 3 und im 4. Kapitel beschäftigen, wo auch die Rolle der kleinen Depots, der reversiblen Vorgänge und andere neuerdings beachtete Momente berücksichtigt werden.

Literatur.

Bemerkung zur Literatur über Energieleitung.

Referat mit zahlreichen Literaturnachweisen im Fiat-Bericht (Naturforsch. und Medizin in Deutschland 1939—1946) Bd. 21, von B. Rajewsky und Michael Schön, erstattet von M. Schön über „Energiewanderung in Molekülkomplexen und Struktureinheiten". Ferner aus letzter Zeit:

Evans, M. G., and I. Gergely: A discussion of possibility of bands of energy lavels in proteins. Electronic interaction in non-banded systems. Biochim. Biophysica Acta 3, 188—197, No 2.

Wirtz, K.: Wasserstoffbindung, Struktur und Energietransport bei Proteinen. Z. Naturforsch. No 3/4, 2b, 94—98 (1947).

Szent-Györgyi, A.: The chemistry of muscular contraction. Acad. Press New York 1947.

§ 9. Photosynthese.

Wenig mehr als ein Jahr nach dem geschilderten ersten quantenbiologischen Unternehmen, also noch vor den im § 6 erwähnten Arbeiten von W. Heitler und F. London, fanden Otto Warburg und sein Mitarbeiter E. Negelein (1923) im Kaiser-Wilhelm-Institut für Biologie in Dahlem einen biologischen Tatbestand, der zur quantenbiologischen Deutung zwang und der inzwischen durch vielfache Bemühung als Quantenvorgang gesichert wurde, ohne bisher ganz aufgeklärt zu werden. Während der erste quantenbiologische Schritt von der überwiegend *destruktiven* Wirkung absorbierter Strahlen ausging, war es hierbei die Synthese der Kohlehydrate des Pflanzenkörpers, also sein *Aufbau* unter entscheidender Mitwirkung der Photonen, die „Photosynthese". Warburg u. Mitarb. maßen damals bei grünen Zellen (der

Alge Chlorella) die eingestrahlte Lichtenergie (mit großem Flächen-
bolometer), den Gaswechsel, O_2 = Bildung, CO_2 = Verbrauch mano
metrisch mit Hilfe ihrer unterschiedlichen Wasserlöslichkeit. Bei den
ersten Versuchen wurde die gesamte Lichtenergie absorbiert, der At-
mungseinfluß war damals noch nicht kompensiert. Das Ergebnis war:
Verwandlung der absorbierten Strahlenenergie in erheblichem Ausmaß
in chemische Energie, wobei die *Zahl*, nicht die Art der absorbierten
Licht-Quanten den Ertrag bestimmte. Es wirkte, mit anderen Worten,
rotes Licht wie violettes, trotz des Energie-Unterschiedes. Das „rote"
Quant genügte, die Überschußenergie stärkerer Photonen trugen zum
gemessenen Resultat nichts bei.

Inzwischen ist als weiteres großes Hilfsmittel zur Klärung dieses
Fundamental-Prozesses der Biologie die Benutzung radioaktiver Iso-
tope von O und C gekommen. Mit O^{18} (schwerem O) in CO_2 bewiesen
RUBEN, KAMEN, HASSID und PERAULT, daß dieser Sauerstoff nicht in
dem als Reduktionsprodukt der Photosynthese Entstehenden auftritt
und wählten (ebenso wie VAN NIEL) ein Reaktionsschema, nach welchem
bei der Bestrahlung im Wasser H-Atome gelockert werden[1] und durch
sie die CO_2-Reaktion stattfindet

$$O{=}C{=}O + 4\,H \rightarrow OH{-}\overset{\displaystyle H}{\underset{\displaystyle H}{\overset{|}{\underset{|}{C}}}}{-}OH \quad \text{(Formaldehydhydrat)}$$

wobei unentschieden bleibt, ob die H zunächst an Zwischenglieder,
Wasserstoffdonatoren und erst von da stufenweise mit CO_2 zur Reaktion
gelangen. Dieselben Autoren benutzten radioaktiven Kohlenstoff mit dem
Ergebnis, daß das von der Pflanze aufgenommene CO_2 beim Kochen
vom Wasser extrahiert wird und machten es wahrscheinlich, daß CO_2
mit Hilfe eines Katalysators an einem Molekularkomplex vom Molekulargewicht etwa 1000 gebunden wird. Dieses Molekulargewicht entspricht etwa dem Chlorophyll. Die Zahl der CO_2-Moleküle ist der Zahl
der Chlorophyll-Moleküle etwa gleich. Mit Cyaniden läßt sich die katalytische Bindung vergiften.

Weitere erhebliche Fortschritte wurden in letzter Zeit in der Meß-
technik gegenüber den ursprünglichen Versuchen gemacht, mit dem
Ziel, die Quantenausbeute festzustellen. Hier waren gegen die erste
WARBURGsche Arbeit von verschiedenen Seiten Einwände erhoben
worden (so von JAMES FRANK und H. GAFFRON, R. EMERSON, E. RABI-
NOVITSCH). In neueren Untersuchungsreihen, die O. WARBURG z. T. mit
DEAN BURK durchführte und über die er abschließend in seinem Kopen-
hagener Vortrag (6. Mai 1952) berichtete, konnte er zeigen, daß die

---

[1] Schematisch: $2\,H_2O + \text{Strahlenenergie} \rightarrow O_2 + 4\,H$.

abweichenden Ergebnisse von veränderter Versuchsanordnung stammten. Außer der grundsätzlichen Bestätigung des ersten Ergebnisses ergeben sich weitere wichtige Befunde. Danach ist der heutige Stand des Problems der folgende:

Der Quantenbedarf der Photosynthese bei Absorption durch Chlorophyll ist innerhalb des sichtbaren Spektralgebietes unabhängig von der Energie des Einzelquants also unabhängig von der Wellenlänge. Dabei ist Quantenbedarf $Q = \dfrac{\text{Anzahl der Quanten in Molen}}{\text{Entwickelter Sauerstoff in Molen}}$; es sind also L (Loschmidtzahl $6{,}025 \cdot 10^{23}$) Quanten als 1 Mol Quanten eingeführt.

Folglich ist die Energieausbeute, der energetische Wirkungsgrad

$$W = \frac{\text{Gewonnene chemische Energie}}{\text{Absorbierte Lichtenergie}} \quad \text{abhängig von } \lambda$$

und für langwelliges (rotes) Licht höher als für Licht kleinerer Wellenlänge.

Einer 100 % Energieausbeute im Rot würde ein Quantenbedarf von 2,66 entsprechen und die thermodynamische Grenze darstellen. Durch systematische Annäherung der Versuchsbedingungen an die Kulturbedingungen der Alge Chlorella wurde schließlich 1951 erreicht, daß der Quantenbedarf im Mittel auf 2,85 absank, was einer Energieausbeute von 93 % im Rot entsprach. Die Vorgänge sind in hohem Grad vom stofflich-energetischen Milieu (p_H, Gasdruck, Temperatur u. a.) abhängig.

Bei diesen Versuchen wurde u. a. die Zellatmung kompensiert, die Zelldichte war beschränkt, die Licht-Absorption wurde besonders sorgsam gemessen, die Zellen wurden nicht verdunkelt, so daß die Alge in den Meßgefäßen während der Bestimmung des Wirkungsgrades weiterwuchs. Die Meßzeiten betrugen mehrere (bis zu 7) Stunden. Der Wert $Q = 2{,}85$ ist nicht ganzzahlig. Der Grund hierfür liegt darin, daß der Aufbauvorgang der Kohlehydrate nicht einfach in der Quantenabsorption des Lichtes besteht, sondern komplizierter ist. Der Quantenbetrag des roten Lichtes (Größenordnung 1 eV) reicht nicht aus, um CO_2 zu reduzieren. Der Überschuß an Energie bei Photonen höherer Frequenz wirkt, wie die Versuche zeigten, nicht mit; er geht also in Wärme über. Es muß also, um die Reduktion zu bewirken, noch vorhandene chemische Energie (und zwar etwa der doppelte Betrag dessen, was die „roten" Photonen liefern) herangezogen werden. Das wiederum bedeutet: die Photosynthese entzieht der Zelle mehr Energie, als sie ihr durch Lichtabsorption zuführt. Der Sachverhalt weist auf die Komplikation des Vorganges hin. Durch gemeinsame Versuche kamen WARBURG und BURK zu folgendem Lösungsvorschlag:

Die Photosynthese ist ein *zwei*phasiger Prozeß. Eine Phase ist die Lichtreaktion mit CO_2-Reduktion unter O_2-Entwicklung, die andere eine Dunkelreaktion: O_2-Rückreaktion und CO_2-Entwicklung. Der zweite Vorgang macht den ersten nicht ganz, sondern nur zum Teil rückgängig. Bei andauernder Belichtung überlagern sich die beiden Prozesse. Die Trennung (je 3 min hell und dunkel) erlaubt die Einzelmessung. Sie ergibt, daß der Überschuß der Lichtreaktion (1. Phase) gegenüber der Rückreaktion der Gewinn der Photosynthese ist und daß hierauf der Wirkungsgrad der Gesamtreaktion beruht. Für den Quantenbedarf kommt hiernach nahezu der Wert 1 heraus, d. h. ein Mol O_2 wird von 1 Mol Quanten entwickelt. Bei rotem Licht werden, durch Absorption von 42000 cal Lichtenergie unter Heranziehung der chemischen Energievorräte 112000 cal zum Aufbau der Kohlehydrate verwendet. Wenn in der Lichtphase 1 Mol Quanten 1 Mol O_2 entwickelt und dann in der Dunkelphase $^2/_3$ Mol O_2 zurückreagieren, so ist der Quantenbedarf $Q = 3$ nach obiger Definition.

Ist die Rückreaktion geringer (65% statt $66^2/_3$%), so kommt $Q = 2,85$, der beste von den Autoren erreichte Wert. Der thermodynamische Grenzwert beträgt $Q = 2,6$. Der Widerspruch des Quantenbedarfs erklärt sich somit, daß energetisch im ganzen mehrere Quanten (etwa 3) für eine Reduktion nötig sind, daß aber primär 1 Mol Quanten 1 Mol Sauerstoff entwickelt.

Wenn diese Erklärung sich bewährt, so fallen manche Schwierigkeiten, die zu zahlreichen Deutungsversuchen führten, hinweg oder werden erleichtert, darunter die Probleme der Energieleitung, die für Zusammenwirken vieler Quanten an einem Prozeß nötig wäre und die u. a. zur Hypothese einer „Photosynthetischen Einheit" (EMERSON und ARNOLD, GAFFRON und WOHL u. a.) geführt haben, nach der *ein* reagierendes CO_2 auf 2500 Chlorophyllmoleküle kommt. Ein solches Zusammenwirken der Anregungsenergie von 2500 Chlorophyll-Molekülen mit einem CO_2-Molekül ist sowohl leitungsmäßig wie zeitmäßig sehr unwahrscheinlich und liegt nach WARBURGs Ergebnissen nicht vor.

Wäre somit, wenn sich das Ergebnis der WARBURGschen Arbeiten bestätigt und erweitern ließe, ein erheblicher Fortschritt in der quantenbiologischen Deutung eines der wichtigsten biologischen Grundvorgänge errungen, so bleibt dennoch vieles bei diesem Prozeß, der sich der Wiederholung in vitro bisher immer entzog, zu klären. Daß er bei verschiedenen Objekten nicht in gleicher Weise verläuft, ist wohl sicher. Daß dabei Fermentwirkungen entscheidend mitspielen, gleichfalls. Durch „Fermentgifte" ist das mehrfach nachgewiesen.

Es lag nahe, die körnigen Strukturelemente im Stroma der Chloroplasten heranzuziehen, die 1862 von SACHS zuerst beschrieben wurden, und nach langjährigem Meinungsaustausch durch HEITZ u. a. (ab 1936) neuerdings durch STRUGGER (1951) in Bestand und Struktur klargestellt wurden. Sie werden als „Grana" (SCHIMPER-MEYER) bezeichnet. Mit grünem Grana von Spinatblättern haben 1944 O. WARBURG und

W. Lüttgens festgestellt, daß sie imstande sind, bei Belichtung Chinon unter O_2-Entwicklung zu Hydrochinon zu reduzieren.

$$2\ \text{Chinon} + 2\ H_2O = 2\ \text{Hydrochinon} + \text{ein}\ O_2 - 52\,000\ \text{Cal.}$$

Diese Reaktion ist wellenlängenabhängig, die Ausbeute ist im Gegensatz zur Photosynthese bei Chlorella nur etwa 1% der Lichtenergie. Im Intervall von $\lambda = 3660$ bis $\lambda = 6440$ Å zeigt sich die Ausbeute mit der Energie der Einzelquanten steigend, also bei $\lambda = 3360$ größer als bei $\lambda = 6440$ Å. Es ist demnach ein sehr verschiedener Prozeß.

Die Photosynthese ist ein empfindlicher, noch lange nicht durchschauter Vorgang. Zu seiner Klärung sind in den letzten 20 Jahren die experimentellen Bedingungen mannigfach verändert worden. So durch Fluoreszensuntersuchungen, da ein kleiner Teil des absorbierten Lichtes als Fluoreszenslicht emittiert wird. Das Phänomen ist ein Indicator für Änderungen der Reaktionen (Kautzky; Wassink, Vermeulen, Renan und Katz; Franck, French und Puck; Franck und Hertzfeld). Die Deutung ist umstritten. Ferner wurden interessante Versuche durch Anwendung von kurzen „Lichtblitzen" ($\sim 10^{-5}$ sec) in verschiedenen Intervallen durchgeführt. Auf die weiteren Einzelheiten einzugehen ist an dieser Stelle zur Zeit, da alles weitere im Fluß ist, nicht geboten. Es handelt sich um ein komplexes Problem von größter Tragweite, und es ist sicher, daß es sich um quantenbiologische Vorgänge handelt.

§ 10. Allgemeine Bemerkung über die Wirkung absorbierter Licht-, Ultraviolett- und Korpuskelstrahlung.

Es scheint zweckmäßig, auf einen prinzipiellen Unterschied der benutzten „Strahlungen" und ihrer Wirkung, dem wir im Gang dieser Darlegungen oft begegnen, im Zusammenhang kurz einzugehen.

Bei allen Strahlen-Arten wird die quantenbiologische Betrachtungsweise, also die Vorstellung verteilter, nach den Gesetzen der Statistik zu behandelnder Einzeldepots von Energie an stofflichen Einheiten zugrunde gelegt und angenommen, daß sich an diese Depots („physikalische Treffer") direkt oder auch indirekt (durch stoffliche oder energetische Weitergabe) die biologische Elementarwirkung anschließe. Aber: Bei *sichtbarem Licht und Ultraviolett* sind es die Photonen selbst, die in einem Vorgang absorbiert die Depots oder physikalischen Treffer stellen. Bei *stärkeren Photonen* (Röntgenstrahlen aller Energien) dagegen entstehen bei der Absorption Photo- und Compton-Elektronen und diese erst setzen bei ihrer Wanderung durch das Milieu die diskreten Depots (physikalischen Treffer), durch die sie ihre Energie stufenweise verlieren. Hierdurch kommen die komplizierenden Überlegungen herein, die sich mit dem *räumlichen Verhältnis* der Depotverteilung (Depotabstände, Depotdichte, in der Literatur ungenau „Ionisierungsdichte" genannt) zu den Wirkungsbereichen, den Größen der biologischen Primärgebilde, an denen die Wirkung geprüft wird, befassen (s. Kap. 2., § 3).

Bei α-*Strahlen* (Heliumkernen mit 2 positiven Elementarladungen) und bei *Protonen*, die bei Zusammenstößen mit den überall eindringenden

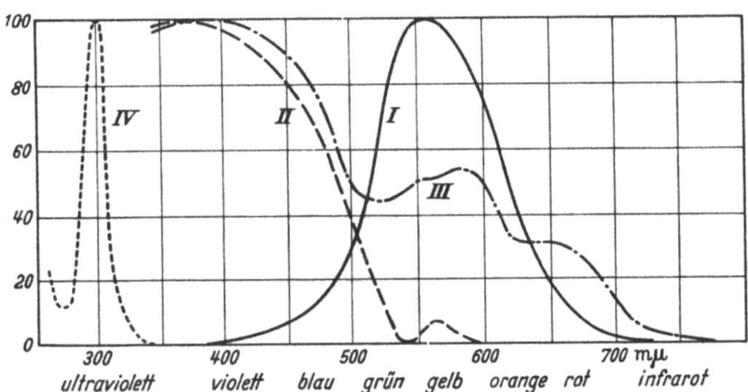

Abb. 6. *Kurve I:* Empfindlichkeitsgang des menschlichen Auges mit der Wellenlänge. *Kurve II:* Bromsilberempfindlichkeit. *Kurve III:* Sensibilisierte Emulsion. *Kurve IV:* Pigmentation der Haut.

(also nicht etwa durch Bleiwände abzuschirmenden) Neutronen erscheinen und Wasserstoffkerne mit einer positiven Elementarladung sind, ist der Vorgang im Grunde der gleiche wie bei Elektronen. Jedoch ist die Korpuskelmasse von α und H^+-Teilchen mehrere tausendmal größer, daher sind ihre Bahnen gestreckter (weniger zickzackförmig) wie die der Elektronen und die Depotdichten ihres Abbaues größer. Bei schnellen Elektronen und bei α- und Protonenstrahlen treten außerdem aus den Depotstellen sekundäre Elektronen (δ-Strahlen) aus, die selbst wieder durch Depotverluste abgebaut werden.

Der Unterschied zwischen Absorption *schwacher* Photonen ($h\,\nu$ im Gebiet des Sichtbaren und „nahen" UV) und korpuskularer Depotabsorption (α, Elektronen, Protonen) liegt darin, daß die Energiestufen dieser Photonen zu energetischen Baustufen der absorbierenden Moleküle in Korrespondenz stehen, die Vorgänge also resonanzartig, besser gesagt, überwiegend *selektiv* sind. Selektiv sind die Absorptionen in den sensiblen Stoffen der Stäbchen und Zäpfchen der Retina, selektiv auch diejenigen der UV-Absorber des Integumentes. Bei den UV-Absorptionen der Haut mit anschließenden Reaktionen gab es einen frühen Hinweis durch die Empfindlichkeitsversuche von HAUSSER und VAHLE (1921, vgl. Abb. 6), die zwei Empfindlichkeitsmaxima der menschlichen

Haut im nahen und im kurzwelligen UV feststellten. Beim Stäbchen und Zäpfchensehen ist durch neuere Arbeiten (s. Kap. 1, § 11) die Quantenabsorption festgestellt und quantitativ bis zur Ermittlung der Quantenzahl für die Reizschwelle entwickelt. Bei Licht- und UV handelt es sich um Quanten von etwa 1,7 bis 6 eV (8000 bis 2000 Å). Ein sehr deutliches Beispiel für diesen selektiven Charakter zeigen die Kurven der Abb. 7 u. 8. Letztere zeigt den Absorptionsgang des Tabakmosaikvirus und seiner Komponenten an aromatischen Aminosäuren.

Die Abb. 7, die sowohl für bactericide Wirkung wie für Pigmentierung das ausgeprägte Maximum bei 3000 Å zeigt, legt den Gedanken nahe, daß es sich in beiden Fällen um gleich oder ähnlich gebaute absorbierende Empfänger (Eiweißmoleküle) handelt. Im § 9 dieses Kapitels (Photosynthese) wurden Absorptionen im sichtbaren Spektrum behandelt. Wasser und Eiweiß absorbieren in diesem Wellenlängengebiet nicht.

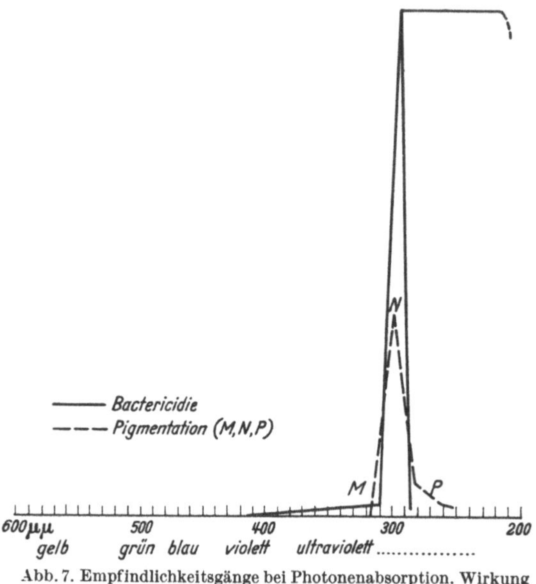

Abb. 7. Empfindlichkeitsgänge bei Photonenabsorption. Wirkung der Wellenlänge auf Bactericidie und Pigmentation.

Die Absorption durch Makromoleküle, besonders Proteine und Proteide im „nahen" UV (um 3000 Å) rührt von „chromophoren" Gruppen her, die spezielle, wenig stabile, also für eine schwache Photonenabsorption passende Elektronenanordnungen haben. Wenn viele solche Gruppen im Molekül auftreten (Folgen von konjugierten Doppelbindungen, von aromatischen Ringen), wird die Bindung der Elektronen weiter geschwächt, sie verlieren ihre eindeutige Zuordnung und das Absorptionsspektrum rückt ins sichtbare Gebiet, wie z. B. bei der Chlorophyll-Absorption (vgl. Paragraph 9).

Dagegen ist die Absorption starker Photonen im biologischen Milieu niemals, die der korpuskularen Strahlen in der Regel nicht selektiv. Zwar ist der Fall, daß etwa ein Abbau-Depot eines „langsamen" Elektrons gerade eine „passende" Energie hat, sicher möglich. Aber im allgemeinen liegt er nicht vor. Es besteht ein breites „Spektrum" von Depots und ein großer Teil der „physikalischen Treffer" ist destruktiv, da sie die Energietoleranz der Quantenstruktur an den Absorptionsstellen überschreiten. Das wurde in den §§ 4, 5, 7 dieses Kapitels behandelt.

Als Sonderfall ist wichtig, daß Wasser erst unterhalb 2000 Å (sog. Schumann-Violett) zu absorbieren beginnt (also bei Photonen von > 6 eV Energie an). Enthält das Wasser gelösten Sauerstoff, dann wird durch genügend starke Depots (meist ≫ 6 eV) eine „Aktivierung" des Wassers auftreten, die zu indirekten Wirkungen führen kann. Die Entstehung von HO erfordert etwa 20 eV, liegt also erheblich über Aktivierungsenergie und Destruktionsgrenze der meisten biologischen Elementareinheiten.

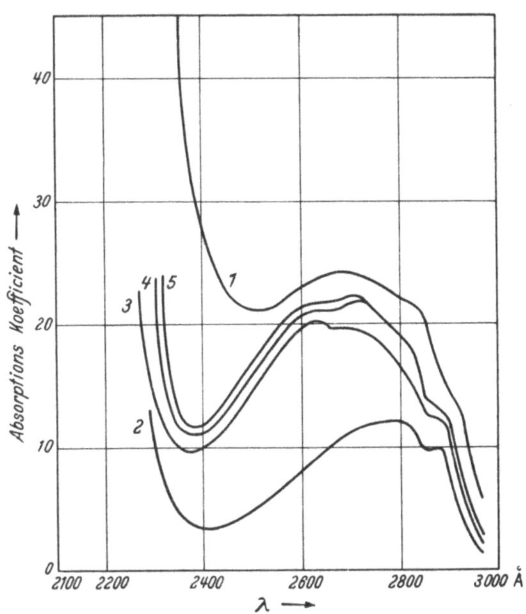

Abb. 8. *1* Tabakmosaikvirus 2,25 %, *2* Tryptophan 4,5 %, *3* Tryptophan, Hefenucleinsäure + 3,8 % Tyrosin, *4* wie *3* zusätzlich 6% Phenylalalin (nach SOMMERMEYER).

Tabelle 1.

	λ in Å	eV
Sichtbares Licht. . . .	8000 — 4000 rot — violett	1,5 bis 3
Nahes UV	4000 — 2900	3 bis 4,6
Schumann UV	bis 2000 Å	bis 6,2
Röntgenstrahlen. . . .	von UV bis unbegrenzt	unbegrenzt
γ-Strahlen	∼ 60 — 6 X	∼ 2 · 10⁵ bis ∼ 2 MeV
Röntgenstrahlen erzeugt mit 20000 V	bis 0,6 Å	2 · 10⁴ eV
100000 V	bis 0,12 Å	10⁵ eV
1000000 V	bis 0,012 Å	10⁶ eV
Elektronen		z. Z. bis 100 MeV
α-Strahlen		von etwa 5 — etwa 8 MeV
Rückstoßprotonen durch rasche Neutronen . .		4 bis 14 MeV

eV Elektronenvolt   MeV Mega-Elektronenvolt $= 10^6$ eV
Å Ångströmeinheit $= 10^{-8}$ cm $= 10^{-4}\mu$ X $= 10^{-3}$ Å $= 10^{-11}$ cm.

§ 11. Quantenbiologie des Sehens.

Etwa 11 Jahre nach den ersten quantenbiologischen Vorschlägen, im Jahre 1932, zeigten R. B. Barnes und M. Czerny, daß es sich beim Dämmerungssehen durch die Stäbchen der Retina um einen gequantelten Vorgang handelt. Sie bewiesen es, gründend auf der schon bekannten Tatsache, daß sehr geringe Energie-Absorptionen an den stäbchenförmigen Nervenenden bereits eine Lichtempfindung hervorrufen, durch die Feststellung, daß an dieser Schwelle *statistische Schwankungen* (nach Art der Brownschen Bewegung oder des elektronischen Schroteffektes) stattfinden. Eben diese Schwankungen bei genau eingehaltenen Versuchsbedingungen führen zum Schluß auf den gequanteten Charakter der Absorptionsdepots.

Die hohe Empfindlichkeit der (farbenfreien) durch die Stäbchen vermittelten Lichtwahrnehmung war damals schon ziemlich lange bekannt (Helmholtz, 1888). Die Arbeiten von Barnes und Czerny wurden 1942 durch S. Hecht, S. Shlaer und M. H. Pirenne mit kurzen Lichtstößen, sog. Lichtblitzen (10^{-3} sec) weitergeführt, deren *Intensität* variiert wurde. Die Abhängigkeit: Empfindung als Funktion der Intensität ergibt dann die Unterlage für statistische Auswertung wie in dem eingangs besprochenen Gedankengang (der in Kap. 2 formal behandelt wird) und liefert auch den Schwellenwert. Dafür wird $n = 5$ bis $n = 7$ als Depotzahl (Trefferzahl) ermittelt. Es lag nahe, den Sehstoff der Stäbchen, den Sehpurpur selbst heranzuziehen, der ein Absorptionsmaximum bei 5100 Å hat und dessen Absorptionsspektrum mit dem Spektrum übereinstimmt, das bei Dämmerungssehen gegeben ist. Unter Dämmerungssehen ist die durch sehr schwache ($< 0,25$ Lux) Lichtintensität erzeugte farblose Empfindung mit verminderter Sehschärfe gemeint. Das Empfindungsmaximum liegt auch hier bei etwa 5000 Å. Es zeigte sich, daß die im Sehpurpur selbst (nicht auf dem Wege zu ihm) absorbierte Schwellenergie in der gleichen Größenordnung liegt. Meurer und Esper (Bonn) führten neuerdings für die Rolle des Sehpurpurs das Modell eines kristallinen Halbleiters ein, das einen inneren Photostrom mit Gleichrichtereffekt als Deutung zuläßt (Physikertagung Innsbruck 1953).

In nachfolgenden Untersuchungen (Peyron und Piatier, Friedrich und Schreiber, M. H. Pirenne, van der Velden) wurden diese Ergebnisse bestätigt und ergänzt durch die Feststellung, daß die Quantenzahl für den Schwellenwert mit dem Einstrahlungswinkel der Lichtblitze wächst und der Charakter der Kurve mit wachsendem Winkel vom Typ der Dreitrefferkurve zu höheren ($n = 5$ und darüber) übergeht. Das wiederum führte zu histologischen und physiologischen Konsequenzen hinsichtlich der Gruppierung von Stäbchen zu Gruppen mit gemeinsamer

Nervenleitung. Auf eine solche Gruppe bezogen scheinen drei Depots für die Schwellenempfindung zu genügen und die Dosisabhängigkeit dem dritten SOMMERMEYERschen Fall (s. Kap. 2, § 8) zu entsprechen. Das heißt zugleich: *ein* photochemisch wirksames Depot auf ein Stäbchen liefert schon einen Beitrag.

Beim Tageslicht- und Farbensehen ist die Analyse wesentlich komplizierter, zumal der älteren YOUNG-HELMHOLTZschen Drei-Komponententheorie die psychophysisch überlegene HERINGsche Vier-Komponententheorie gegenüber steht. PASCUAL JORDAN hat in einer ideenreichen und scharfsinnigen Arbeit die erstere (z. T. auf Grund der Arbeiten von v. STUDNITZ) quantenphysikalisch analysiert, mit dem Ergebnis, daß beim Zapfensehen die Empfindung proportional ist der auf einem Flächenelement der Retina deponierten und von den drei Gruppen (Rot-Gelb-Violett-Zäpfchen) photochemisch ausgenutzten Quanten.

Zweites Kapitel.

Formalismus der quantenbiologischen Depot-(= Treffer) Theorie.

§ 1. Ansätze.

Die oben (Kap. 1 § 4) dargelegte Modellvorstellung von N biologischen Elementareinheiten (etwa „biologischen Molekülen") in einem Kubikzentimeter, von denen in der Zeiteinheit je ein durch den Einstrahlungskoeffizient σ bestimmter Anteil dN bei der Bestrahlung „Treffer" d. h. Energiedepots (durch Geschwindigkeitsverluste der Elektronen) in Zufallsverteilung erfährt, führte zum Ansatz

$$dN = N_0\, \sigma\, dt \qquad (1\,\mathrm{a})$$

woraus für die Zahl der nach der Zeit t *noch nicht* getroffenen („überlebenden" oder Rest-) Elementargebilde N_r wegen des Minuszeichens

$$N_r = N_0\, e^{-\sigma t} \qquad (1\,\mathrm{b})$$

folgt. Der Verlauf von (1 b)

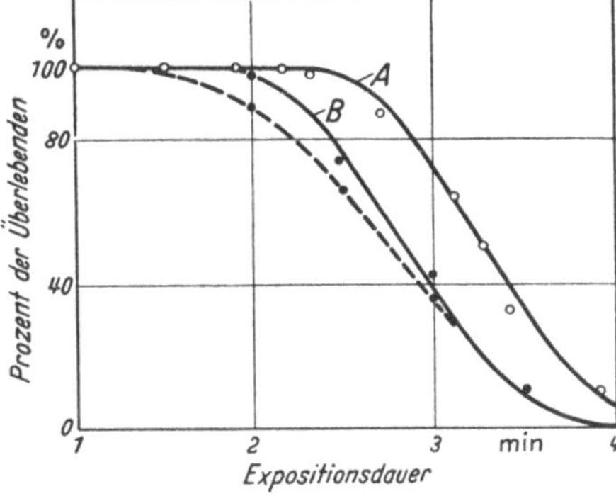

Abb. 9. Überlebenskurve bei Colpidium Colpoda nach CROWTHER. Die markierten Kurven sind experimentell.

ist durch die „Überlebenskurven" (Abb. 9) graphisch wiedergegeben. Folglich ist die Zahl der nach t einmal oder beliebig oft getroffenen

$$N_t = N_0 - N_r = N_0 \left(1 - e^{-\sigma t}\right) \qquad (1\,\mathrm{c})$$

Der Verlauf N_t wird „Schädigungs-'' oder Absterbekurve genannt
(Abb. 10). Die Unterscheidung der Gleichungen (1 b) und (1 c) betrifft
also: N_r bedeutet die verschonten „überlebenden'' oder *Rest*teilchen,
N_t (später nach Einführung der Trefferzahl $m : N_i$) die Zahl der veränderten „abgetöteten''.

Da alle weiteren Überlegungen der Quantenbiologie diese Grund-
ansätze enthalten, sei noch besonders auf folgenden Umstand hingewiesen:
Der biologische Variabilitätsfaktor, d. h. die verschiedene Empfindlichkeit der biologischen Elementareinheiten (im Ausgangsmodell wurde auf

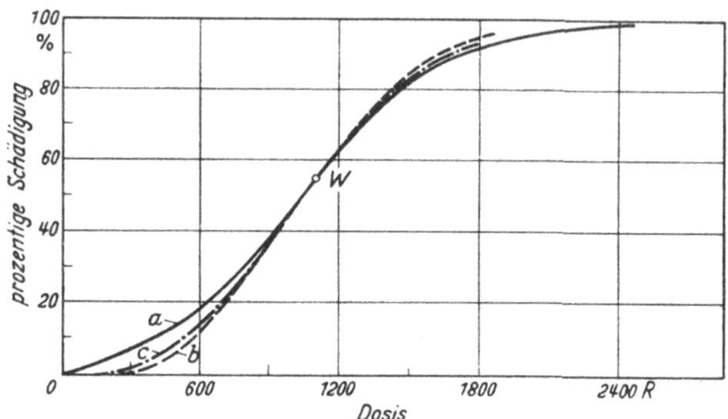

Abb. 10. Schädigungskurve nach ZUPPINGER.

„biologische Moleküle'' geschlossen, was sich in großem Umfang bewährt
hat), ist bei diesen Ansätzen absichtlich zurückgestellt. Diese Vereinfachung ist weniger grob, als es zunächst erscheinen mag. Die späteren
Verfeinerungen der Theorie durch Einführung der biologischen Empfindlichkeitsvariation hat in der Tat gezeigt, daß die Verläufe der „Ab-
tötungs''- und „Überlebenskurven'' der biologischen Einheiten weniger
verändert werden, als man vermutete. Der Grund ist leicht einzusehen:
Es sei q_m eine Grenzenergie, die eine biologische Einheit — also etwa ein
Eiweißmolekül — ertragen kann, ohne eine „Zerstörung'' oder sonstige
wichtige Änderung zu erleiden (Elementare Toleranzgrenze). Wenn für
die Größe q der einzelnen Energiedepots (deren Mittelwert im Gas bei
30 eV liegt) gilt

$$q > q_m \qquad\qquad (1\,\mathrm{d})$$

so kann eine biologische Empfindlichkeitsvariation keine Rolle spielen.
Die Trefferenergie reicht dann eben aus, auch die weniger empfindlichen
*Elementar*einheiten zu ändern. Dieser Zusammenhang, der in den Diskussionen der Anfangszeit deutlich herausgehoben wurde, hat in der
experimentellen Erfahrung vielfache Bestätigung gefunden. Depots von
etwa 30 eV sind meistens groß gegenüber der Toleranzgrenze des getroffenen *Elementar*objekts. Hier ist freilich die bereits im 1. Kapitel,

§ 7 gemachte Einschränkung zu beachten: Man weiß nicht, ob die Absorptionsdepots in Flüssigkeiten und im biologischen Milieu um den hohen Mittelwert von etwa 30 eV verteilt sind, den man aus Messungen im Gasraum gemessen hat. Die Übertragung der Ergebnisse des Abbaues von starken Photonen und Korpuskularstrahlen, speziell Elektronen vom Gas auf andere Aggregatzustände ist in den ersten Jahren der Quantenbiologie mit zu wenig Kritik erfolgt. Wahrscheinlich liegt der Mittelwert tiefer. Es bleibt richtig, daß für viele Depots und Objekte die obige Ungleichung besteht. Aber den unterschwelligen, also nicht destruktiv oder doch stark ändernd wirkenden Depots muß Rechnung getragen werden. Wir kommen auf diese Frage im 4. Kapitel zurück. Dagegen machten sich biologische Unterschiede in der Auswirkung auf die höheren biologischen Einheiten — also etwa in der Reaktion verschiedener Bakterien, Keimlinge, Samen — mehrfach geltend. Es ist also stets zu unterscheiden, ob man es mit Reaktionen der Elementareinheiten wie etwa der Eiweißmoleküle oder mit den sekundären von Kompensationsvorgängen beeinflußten Reaktionen komplexer Einheiten, darum auch mit vom Zeitfaktor (Erholung) und anderen Faktoren abhängigen Vorgängen zu tun hat.

Während der Bestrahlung ist jederzeit eine solche Situation, daß genau zum m-ten Male getroffene Teilchen N_m nach Zeit t so viele vorhanden sind, als im Augenblick t aus den $(m-1)$mal getroffenen durch weitere Treffer hervorgehen, aber noch nicht durch einen folgenden, in die Gruppe der $(m+1)$mal getroffenen übergegangen sind. Hierfür gilt, wenn zur Zeit $t = 0$ noch nicht bestrahlt war

$$N_m = N_0\, e^{-\sigma t}\, \frac{(\sigma t)^m}{m!}. \tag{2}$$

Als besonders wichtig hat sich die von meinen Mitarbeitern BLAU und ALTENBURGER abgeleitete Gleichung herausgestellt, die aussagt, wie viele Teilchen *wenigstens* m mal (also $i \geqq m$ mal) getroffen wurden:

$$N_i = \underset{>m}{N_m} = N_0\left[1 - e^{-\sigma t}\left\{1 + \sigma t + \frac{(\sigma t)^2}{2!} + \frac{(\sigma t)^3}{3!} + \cdots \frac{(\sigma t)^{m-1}}{(m-1)!}\right\}\right]. \tag{3}$$

Wenn nämlich zur Herbeiführung einer Schädigung 2, 3 ... m-Treffer nötig sind, so werden die folgenden, also die $(m+1)$ten $(m+2)$ten usw. nichts mehr ausrichten, da der Erfolg, oft Zerstörung, bereits vorliegt.

Der Gang der Schädigungskurven für mehrere Werte von m ist in der Abb. 11 u. 12 wiedergegeben. Man nennt die Kurve gewöhnlich „Eintreffer", „Zweitreffer" usw. -Kurven, obwohl die Beziehung nicht ganz stimmt. Sie ist indessen so weit richtig, wie die Zahl 1, 2 ... m den für diese Schädigung notwendigen *mindesten* Aufwand aussagt und damit einen Hinweis auf biologische Eigenschaften (Empfindlichkeit) gibt. Anders ausgedrückt: Das Teilchen ist geschädigt, wenn es *mindestens* m mal getroffen wurde. Man erkennt die S-förmige Verflachung der Kurven mit wachsendem m. Die Kurven geben den Prozentsatz der geschädigten Teilchen als Funktion von $\sigma\, t$, sind also Schädigungskurven.

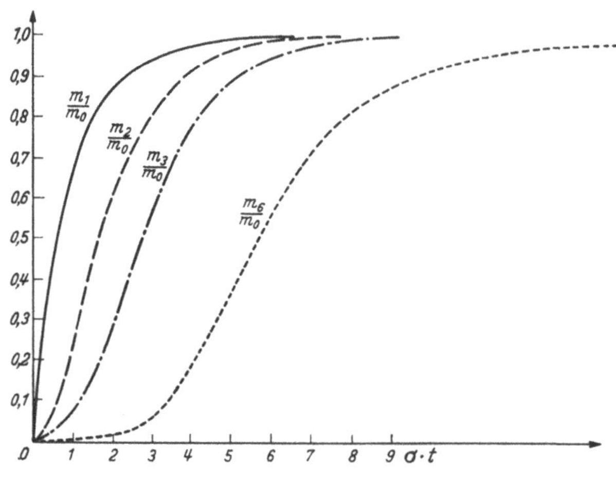

Abb. 11. Ein- und Mehrtreffer-Kurven.

§ 2. Auswertung der Kurven 1.

Es sei experimentell, an einem geeigneten Material — sagen wir z. B. Bacterium coli — eine Schädigungskurve aufgenommen. Sie wird zunächst daraufhin geprüft, ob bei passender Wahl des Abszissenmaßstabes (experimentell wird man bei konstanten Bestrahlungsbedingungen meist t als Abszisse variieren) die experimentelle Kurve mit einer der Kurven der Abb. 11 übereinstimmt. In unserem Beispiel (Bact. coli) würde die empirische Kurve mit der theoretischen Eintrefferkurve sich zur Deckung bringen lassen. Analysen dieser Art sind vorerst auf eine beschränkte Zahl solcher „Poissonkurven", wie man die N_i-Kurven auch nennt, beschränkt. Kurven von mehr als 6 Treffern sind aus den schon oben angedeuteten Gründen nicht mehr eindeutig, weil andere Einflüsse — wie komplexe Konstitution der Einheit, biologische Empfindlichkeit, damit Raum- und Zeitfaktoren — eine ähnliche Streckung des Kurvenganges herbeiführen, wie Steigerung der Trefferzahl m.

Ist auf diese Weise m gewonnen oder doch wahrscheinlich gemacht, so ist die Frage nach dem Faktor σ, dem Einstrahlungskoeffizient (dem Maße des *in der Zeiteinheit* pro Volumeinheit wirksamen Anteils der absorbierten Energie) folgendermaßen zu beantworten:

Differenziert man die Gl. (3)

$$q = \frac{N_i}{N_0} = 1 - e^{-\sigma t}\left\{1 + \sigma t + \frac{(\sigma t)^2}{2!} + \cdots \frac{(\sigma t)^{m-1}}{(m-1)!}\right\}, \qquad (3\,\mathrm{b})$$

so bedeutet die Ableitung nach der Zeit t

$$q' = \frac{dq}{dt} = \left(\frac{N_i}{N_0}\right)' = -\sigma e^{-\sigma t}\frac{(\sigma t)^{m-1}}{(m-1)!} \qquad (4\,\mathrm{a})$$

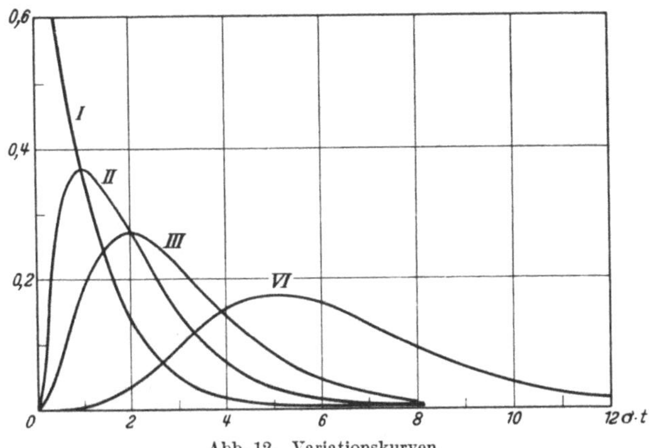

Abb. 12. Variationskurven.

die Geschwindigkeit der Tötung oder Schädigung durch die Energiedepots (eine sog. Variationskurve, vgl. Abb. 12).

Differenziert man ein zweites Mal nach der Zeit, bildet also

$$q'' = \frac{d^2 q}{dt^2} = \left(\frac{N_i}{N_0}\right)''$$

und setzt das Ergebnis $= 0$, so ergeben sich die Wendepunkte w der ursprünglichen Kurven.

$$\frac{d^2 q}{dt^2} = \left(\frac{N_i}{N_0}\right)'' = \sigma^2 e^{-\sigma t}\frac{(\sigma t)^{m-2}}{(m-2)!}\,[\sigma t - m + 1] = 0. \qquad (4\,\mathrm{b})$$

Dies wird erfüllt durch

$$\sigma t_w = m - 1 \qquad (5)$$

gültig für den Wendepunkt oder

$$\sigma = \frac{m-1}{t_w}. \qquad (5)$$

Der Vergleich dieses Ergebnisses mit den Variationskurven zeigt das ohne weiteres, weil ja für diese der Wendepunkt die Maxima

$$(\sigma t)_{max} = m - 1 = (\sigma t)_w \qquad (5\,\mathrm{a})$$

bedeutet. Aus einer empirischen Variationskurve lassen sich die Maxima ersehen. Man kann nun bestimmen, welchem Abszissenwert σt

diese Lage (des Variationsmaximums) entspricht. Dazu kann man die dritte Ableitung der Gleichung für q benutzen also bilden

$$\frac{d^3 q}{dt^3} = \left(\frac{N_i}{N_0}\right)''' =$$

$$-\sigma^3 e^{-\sigma t} \frac{(\sigma t)^{m-3}}{(m-3)!} \left[(\sigma t)^2 - 2(m-1)\sigma t + (m-1)(m-2)\right] = 0 \quad (6a)$$

und hieraus

$$(\sigma t)_{var} = (m-1) \pm \sqrt{m-1} . \quad (6b)$$

Auf diese Weise sind σt mit m für verschiedene t miteinander verknüpft und so ist es möglich, σ zu ermitteln. Diese Methode wurde von Madame SKLODOWSKA-CURIE 1929 angegeben.

Andere Methoden zur Auswertung experimenteller Kurven werden unter § 4 dieses Kapitels besprochen. Wir behandeln vorher

§ 3. Die Einführung eines formalen Volumens (Trefferbereiches) durch CROWTHER.

In dem ursprünglichen Ansatz Gl. (1) und den folgenden war der „Einstrahlungskoeffizient" σ der formale Repräsentant des Änderungsvorgangs pro Zeiteinheit. Das Produkt σt bei konstanten Einstrahlungskoeffizienten bildete als unabhängige Variable die Abszisse der bisherigen graphischen Darstellungen.

Dieses σt kann ersetzt werden durch das Produkt VD, wobei D „Dosis" die Anzahl der Energiedepots im Kubikzentimeter bedeutet, damit die darin absorbierte Energie und V das zunächst unbekannte Volum derjenigen biologischen Wirkungseinheit, *deren Reaktion beobachtet wird* — also etwa einer Zelle oder eines Keimlings oder was immer als beobachtbares Elementarobjekt des Depots in Frage kommt, jedenfalls ein kleines Gebilde. Der Vorteil, der dadurch erzielt wird, besteht darin, daß nunmehr dieses Elementarvolum in den Gleichungen auftritt und evtl. aus ihnen ermittelt werden kann.

Als Nachteil wird zunächst in Kauf genommen, daß die Zeit t formal in den Gleichungen verschwindet. Sie steckt in D, der Dosis, d. h. also in der gesamten Depotzahl, die bei einer Bestrahlung dem Objekt pro Kubikzentimeter zugeführt wird. Damit ist zunächst unerkennbar gemacht, ob die Schädigung zeitabhängig ist, ob also eine langdauernde Einwirkung mit geringerer Energiezufuhr anders wirke als eine kurzzeitige mit hoher Energiezufuhr. Die „Dosis" D ist ja in diesem Ansatz („Depots pro Kubikzentimer") die gleiche, wenn das Produkt I (Depots pro Kubikzentimer und pro Sekunde = Intensität) mit t den gleichen Wert hat.

In den neuen Gleichungen tritt jetzt statt σt das Produkt VD auf. Sonst bleibt alles unverändert. Wir haben also:

$$N_r = N_0\, e^{-VD} \quad\text{statt}\quad N_r = N_0\, e^{-\sigma t} \quad\text{(Überlebensfunktion)} \quad (1'\mathrm{b})$$

$$N_t = N_0 - N_R = N_0\, (1 - e^{VD}) \quad\text{statt}\quad N_t = N_0\, (1 - e^{\sigma t}) \quad (1'\mathrm{c})$$

für die Zahl der nach Verabfolgung von Dosis D wenigstens einmal getroffenen, ferner

$$N_m = N_0\, e^{-VD}\, \frac{(VD)^m}{m!} \quad\text{statt}\quad N_m = N_0\, e^{-\sigma t}\, \frac{(\sigma t)^m}{m!} \qquad (2)$$

für die nach Dosis D genau m mal getroffenen, und statt der ursprünglichen Blau-Altenburger-Gleichung für die wenigstens m mal ($i \geqq m$) getroffenen Teilchen

$$N_i = N_0\left[1 - e^{-VD}\left\{1 + VD + \frac{(VD)^2}{2!} + \cdots \frac{(VD)^{m-1}}{(m-1)!}\right\}\right]. \qquad (3')$$

Das kann (ebenso hätte es mit der σt-Schreibweise geschehen können) abgekürzt durch die Summenformel

$$N_i = N_0\, e^{-VD} \sum_{k=0}^{k=m-1} \frac{(VD)^k}{k!} \qquad (3'\mathrm{a})$$

ausgedrückt werden.

Der Vollständigkeit halber sei hier erwähnt, daß die numerische Auswertung mit Hilfe der Γ-Funktion (Gamma-Funktion) geschehen kann. Man setzt

$$\Gamma_x(n) = \int_0^x e^{-x} x^{m-1}\, dx\,; \qquad \Gamma(n) = \int_0^\infty e^{-x} x^{m-1}\, dx$$

und schreibt

$$N_i = N_0\, \frac{\Gamma VD\,(m)}{\Gamma(m)}.$$

Die Ausrechnung ist aber mühsam. — Leichter ist die numerische Berechnung mit Hilfe der Thorndike-Tafel (Abb. 13).

Vergleicht man die beiden Exponenten $\sigma t = VD = VJt$, so zeigt sich, daß der Einstrahlungskoeffizient σ gleichbedeutend ist mit dem Energiebetrag J, der in einer Volumeinheit (1 cm³) *pro Sekunde* zur Wirkung kommt.

$$\sigma = VJ. \qquad (4)$$

Was aber ist hier die „biologische Einheit"? Wenn man experimentiert, hat man es mit Molekülen, Viren, Zellen, Bakterien, Eiern, Sporen, Samen zu tun. An ihnen stellen sich Veränderungen ein, die ausgezählt werden. Offenbar aber läßt sich nicht behaupten, daß *diese* Einheiten identisch sind mit denen, die getroffen werden müssen, damit ein Erfolg eintritt. Sonst wäre etwa bei Bestrahlung eines relativ großen Objekts wie Bohnenkeimlinge, Hefezellen und anderer jedes Depot in deren Volum als gleichberechtigt, als wirksamer Treffer zu betrachten. Das

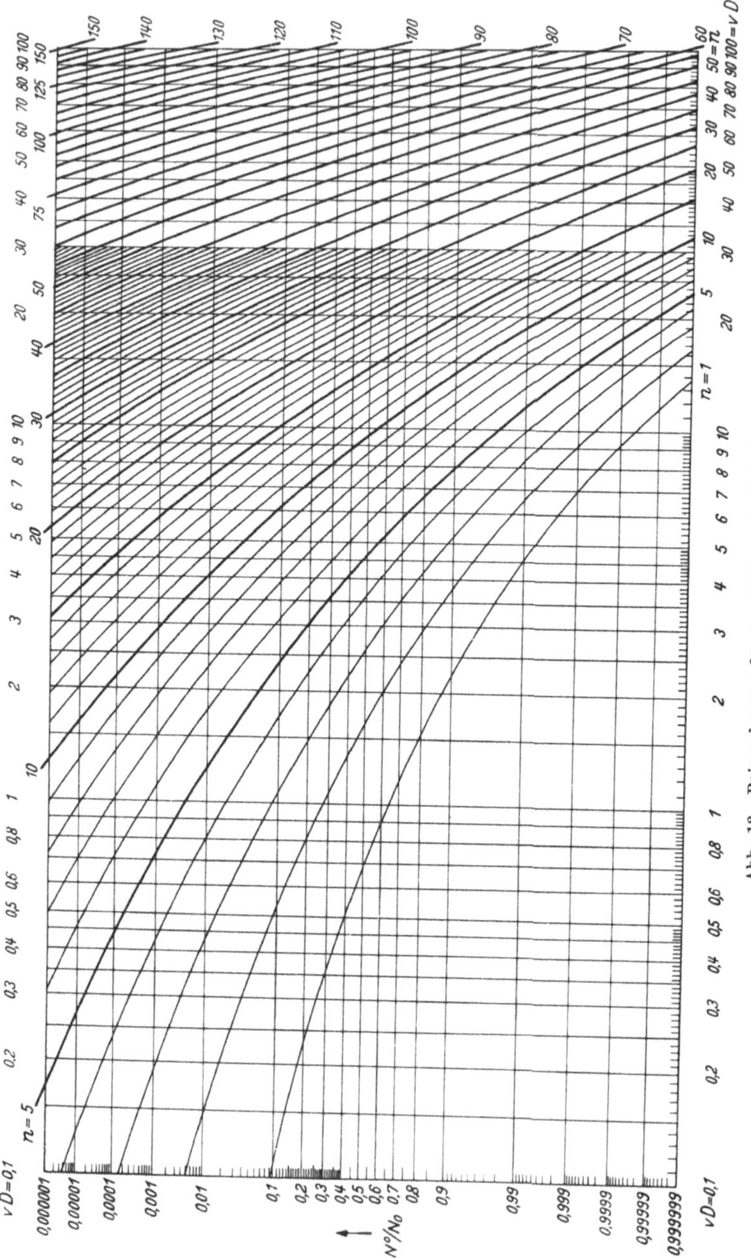

Abb. 13. Poissonkurven für verschiedene Trefferzahlen n

aber ist ausgeschlossen, weil die Einzelenergie dafür zu klein ist. Abgesehen von den „biologischen Molekülen", bei denen man vermuten darf, daß ihr Volum ungefähr mit dem „kritischen Volum" übereinstimmt, wird es nicht gleichgültig sein, ob ein Depot etwa im Plasma oder im Kern oder in Initialzellen nächst dem Vegetativpunkt oder in der Schale stattfindet.

Was das Experiment liefert, ist der Gang von $\frac{N}{N_0}$ als Funktion der Dosis, also der absorbierten Energie, wobei $\frac{N}{N_0}$ gewöhnlich in Prozenten aufgetragen wird.

Zunächst hat man daraus eine Kurve gewonnen und muß ermitteln, welcher Art sie ist (Eintreffer, Zweitreffer usw.), also die Größe m. Dann aber sollte daraus auf ein *Wirkungsvolum* geschlossen werden, eine *kritische Zone innerhalb der biologischen Einheit V*, die beobachtet wird. Wir bezeichnen diese kritische Zone, in der jedes Energie-Depot ein eigentlicher Treffer ist, mit v (kleines v) und müssen die Serie unserer Gleichungen abermals umschreiben. Die Blau-Altenburger-Gleichung für überlebende Teilchen heißt nunmehr:

$$N = N_0 \, e^{-vD}\left(1 + v\,D + \frac{(vD)^2}{2!} + \cdots \frac{(vD)^{m-1}}{(m-1)!}\right) \qquad (3''\mathrm{a})$$

oder

$$N = N_0 \, e^{-vD} \sum_{k=0}^{m-1} \frac{(vD)^k}{k!} \; . \qquad (3''\mathrm{b})$$

Dieses durch v bezeichnete, zunächst formal (in die Gleichung) eingeführte Volum heißt: „formaler Trefferbereich"; es hat zugleich den Sinn eines *aufzusuchenden* Wirkungsvolumens im Gegensatz zu V, dem Volum der biologischen Einheit, deren Reaktion beobachtet wird.

§ 4. Auswertung der Kurven 2.

Wir kehren nunmehr zur Auswertung der Kurven zurück.

Die „Geschwindigkeitsfunktion" (4a) heißt jetzt:

$$q' = \frac{dq}{dD} = \frac{d\,\frac{N_i}{N_0}}{dD} = -\,v\,e^{-vD}\,\frac{(vD)^{m-1}}{(m-1)!} \qquad (4'\mathrm{a})$$

für die Wendepunkte wird wieder die zweite Ableitung $= 0$ gesetzt.

$$q'' = \frac{d^2\,\frac{N_i}{N_0}}{dD^2} = v^2 e^{-vD}\,\frac{(vD)^{m-2}}{(m-1)!}\,[v\,D - m + 1] = 0$$

mit dem Ergebnis

$$v\,D_w = m - 1 \quad \text{oder} \quad D_w = \frac{m-1}{v} \;;\; v = \frac{m-1}{D} \tag{5'}$$

ebenso geht aus der dritten Ableitung

$$v\,D_{var} = (m-1) \pm \sqrt{m-1} \tag{6'a}$$

hervor.

In völliger Übereinstimmung mit den früheren Ausführungen.

Wenn die Zahl der nötigen Treffer m groß genug ist — etwa 15 bis 20 — kann man, gleichfalls nach Madame SKLODOWSKA-CURIE, mit der STIRLINGschen Formel für $m!$ vereinfacht rechnen. Es ist angenähert

$$m! = m^m\,e^{-m}\sqrt{2\,m\,\pi}\,.$$

Für den Wendepunkt der Schädigungskurve galt

$$\frac{d\,\dfrac{N_i}{N_0}}{d\,D} - = v\,e^{-v\,D}\,\frac{(v\,D)^{m-1}}{(m-1)!} \quad \text{mit}\ v\,D_w = m-1\,.$$

Man bildet mit

$$D\,v = \frac{m-1}{v} \cdots D_w\,\frac{d\,\dfrac{N}{N_0}}{d\,D} = \frac{m-1}{v}\,(-v)\,e^{-v\,D}\,\frac{(v\,D)^{m-1}}{(m-1)!}\,,$$

setzt $v\,D_w = m - 1$ ein und erhält

$$D_w = (m-1)^{m-1}\,e^{-(m-1)} \cdot \frac{1}{(m-2)!}\,.$$

Was mit der STIRLINGschen Formel unter Vernachlässigung der Differenz $(m-1)! - (m-2)!$ zu dem Ergebnis führt

$$D_w\,\frac{d\,\dfrac{N}{N_0}}{d\,D} \approx - \sqrt{\frac{m-1}{2\,\pi}}\,.$$

Aber diese Annäherung kommt kaum in Frage, da Vieltrefferkurven mit 15 und mehr Treffern ohnehin, wenn sie experimentell zur Diskussion stehen, kaum mehr analysierbar sind.

Es ist klar, daß auch diese Gleichungen sämtlich in der ursprünglichen Form mit dem Einstrahlungskoeffizienten und der Zeit geschrieben werden können, durch Ersatz von D durch t und von v durch σ.

§ 5. Weitere Verfahren zur Auswertung der experimentell erhaltenen Kurven.

Die Analyse der experimentellen Ergebnisse beginnt meist mit der Aufzeichnung der „Schädigungskurven" oder „Überlebenskurven" oder der Variationskurven. Dabei ist es oft praktischer, statt der Zeit t oder der Bestrahlungsdosis D einen etwas abgeänderten Abszissenmaßstab anzuwenden, wie das zuerst von GLOCKER 1932 vorgeschlagen wurde. Er wählte dafür eine relative Dosis: die auf die Halbwertsdosis (bzw. Halbwertzeit) bezogene Dosis. Halbwerte (Schichten, -Zeiten, -Dosen) sind experimentell zugänglich. Die „Volldosis" bleibt bei Exponentialverlaufen stets unbestimmt. Bekanntlich gilt für die Beziehung Wirkungskoeffizient zum Wirkungshalbwert Zeit, Dosis, Dicke usw. bei dem

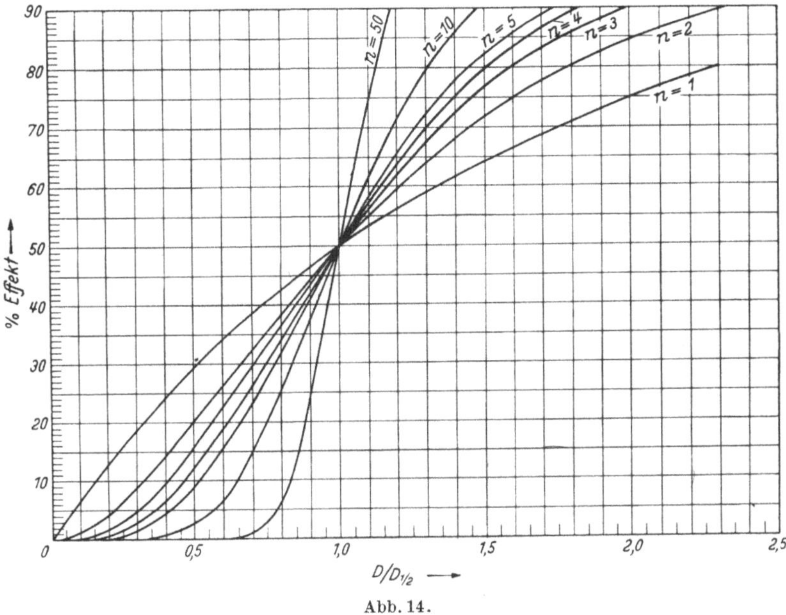

Abb. 14.

die Einwirkung 50% der Objekte verändert hat

$$W_{1/2} = \frac{0,69}{\sigma},\tag{7}$$

wo σ der Einwirkungskoeffizient ist.

Dieser Zusammenhang ergibt sich unmittelbar aus dem Ansatz

$$\left. \begin{aligned} W_{1/2} &= W e^{-\sigma t_{1/2}} = W e^{-v D_{1/2}} \\ \frac{W}{W_{1/2}} &= 2 = e^{\sigma t_{1/2}} = e^{v D_{1/2}} \end{aligned} \right\} \begin{aligned} \sigma\, t_{1/2} \log e &= \log 2 \\ v\, D_{1/2} \log e &= \log 2 \end{aligned} \tag{7}$$

$$t_{1/2} = \frac{0,3103}{0,434} \cdot \frac{1}{\sigma} = \frac{0,69}{\sigma} \qquad D_{1/2} = \frac{0,69}{v}.$$

Trägt man linear $\dfrac{D}{D_{1/2}}$ als Abszisse und die Wirkung als Ordinate auf, so entsteht die Kurvenschar Abb. 14.

Trägt man die Wirkung logarithmisch auf, so entsteht die Abb. 15.
*Praktisch wird wohl meist so verfahren, daß man sich Blätter mit den
eingezeichneten theoretischen Trefferkurven* vorbereitet (in der Regel genügen die Kurven $m = 1, = 2, = 3, = 4, = 5$), so wie abgebildet, d. h.

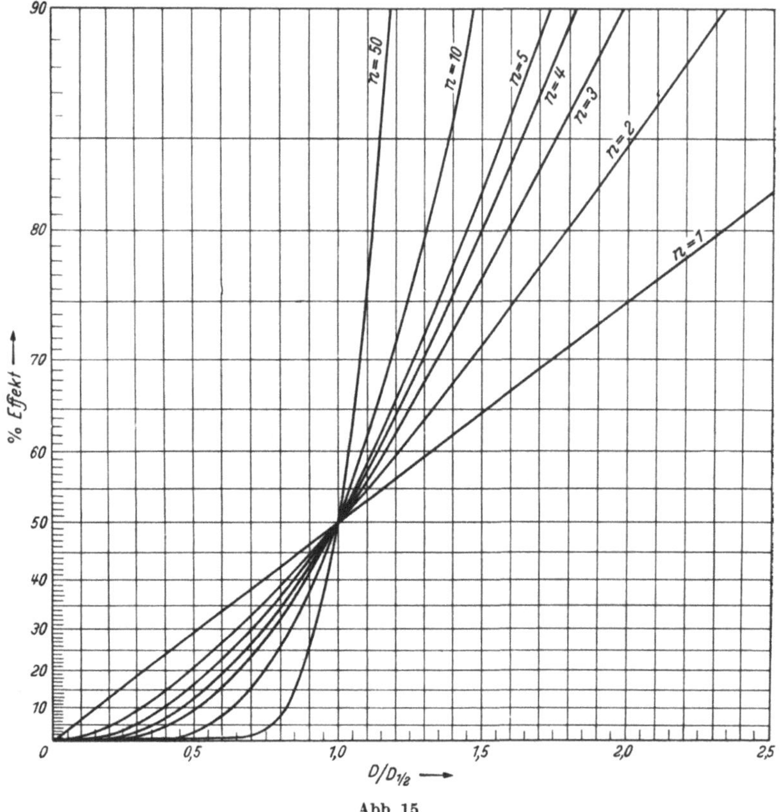

Abb. 15.

mit einem Schnittpunkt aller Kurven für die Halbwertsdosis oder
-Zeit, da ja $D_{1/2}$ bzw. $t_{1/2}$ als Einheit gewählt ist (Effekt 50%). In
diese Blätter werden die Auszählungsresultate aus dem Experiment
eingetragen. Damit ist die Trefferzahl-Bestimmung (m=Bestimmung)
oft möglich. Man sieht aber an den Abbildungen, daß etwa wohl die
Lage der empirischen Kurve zwischen $m = 4$ und $m = 5$ noch unterscheidbar sein kann, aber bei höheren Kurven (etwa $m = 9$ und $m = 10$)
keine sichere Deutung mehr erreichbar ist.

Einige weitere analytische Verfahren zur Bestimmung von m und D
(bzw. m und t) wurden noch veröffentlicht. Eines, von GLOCKER (1932)

gefundenes (später von FURCH mathematisch begründetes) Verfahren benutzt die (leicht zu ermittelnde) Halbwertsdosis $D_{1/2}$ und die (oft nicht leicht zu ermittelnde) Wendepunktsdosis D_w.

Das Verfahren gilt für Mehrtrefferkurven. Es gilt

$$v\,D = m - 1 \quad \text{(wie oben)} \tag{5}$$

ferner

$$v\,D_{1/2} = m - \frac{1}{2} \tag{8}$$

daraus ergibt sich

$$v = \frac{2}{3}\,(D_{1/2} - D_w) \tag{9a}$$

$$m = \frac{D_{1/2} - \dfrac{1}{3}\,D_w}{D_{1/2} - D_w}\,. \tag{9b}$$

Besser ist es, die Wendepunkte nicht heranzuziehen, da ihre Lage bei den Experimentalkurven nicht leicht genau genug angegeben werden kann. Ein von P. JORDAN 1938 (Abb. 16) angegebenes Verfahren benutzt die Wendepunktsdosis nicht, vielmehr nur die Halbwertsdosis und die Tangente bei $D_{1/2}$. Unter Übergehung der Ableitung ist hier das Ergebnis angegeben.

$$v = \left(m - \frac{1}{3}\right) D_{1/2}. \tag{10}$$

Gelingt es also, graphisch durch die Lage der Meßpunkte m zu sichern, so ist für den formalen Trefferbereich nur noch die Halbwertsdosis nötig.

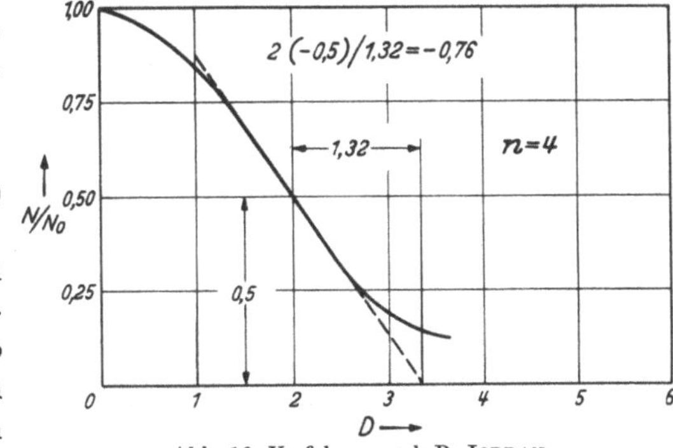

Abb. 16. Verfahren nach P. JORDAN.

Um m analytisch festzustellen, dient die Beziehung

$$D_{1/2} \cdot \frac{d\,\dfrac{N}{N_0}}{dD} = -\left(m - \frac{1}{3}\right)\frac{e^{-\left(m-\frac{1}{3}\right)}}{(m-1)!} = f(m)\,. \tag{11}$$

Die rechte Seite $f(m)$ ergibt

$f(m)$	$= 0,53$	$0,66$	$0,76$	$0,89$	$0,97$
für m	$= 2$	3	4	5	6

Ist m recht groß, so kann man die Approximation mit der Stirling-Gleichung wählen, wie oben erwähnt. Der Fall ist aber selten. Der Fehler der Stirling-Approximation wird erst bei $m > 7$ klein genug.

Praktisch wird man im allgemeinen so vorgehen: Auf einem, zweckmäßig halblogarythmischen Raster, sind die theoretischen Trefferkurven eingetragen ($m = 1, 2, 3, 4, \ldots$) und zwar mit $D_{1/2}$ oder $t_{1/2}$ als Abszisseneinheit. Die experimentellen Werte von $\dfrac{N}{N_0}$, die zu analysieren sind, werden ebenfalls als zur Halbwertsdosis (oder -Zeit) relative Dosis $\dfrac{D}{D_{1/2}}$ eingetragen. Dabei stellt sich oft das Charakteristikum m heraus (der empirisch gefundene Gang schmiegt sich einer der Kurven am besten an). Gelingt dies, so ist der „formale Trefferbereich" v nach der Gl. (10) gegeben. Gelingt es nicht befriedigend, so kann man versuchen, m mit Hilfe der Wendepunktsdosis, wie dargelegt, zu bestimmen.

In den Fällen, wo das Versuchsergebnis sich der Eintrefferkurve anschmiegt (was häufiger der Fall ist, als man ursprünglich erwartete, s. Kap. 1) ist die Auswertung natürlich einfach.

Aus (1''b) $N = N_0\, e^{-vD}$ ergibt sich $|v| = \dfrac{\log \dfrac{N}{N_0}}{0{,}4343\,D}$; ($\log e = 0{,}4343$) (11)

Dieser einfache Zusammenhang ist nicht nur in den Fällen gegeben, wo das Reaktionsobjekt selbst ein biologisches Molekül ist — d. h. also, wo V (Volum der biologischen *beobachteten* Reaktionseinheit) mit v (dem formalen Trefferbereich) übereinstimmt, wie bei Viren, Genen, Phagen, Eiweißlösungen, sondern es treten die Eintrefferkurven (wie im Kap. 1 erwähnt) auch auf, wenn in der beobachtbaren biologischen Einheit (V) eine einzige Stelle (v), etwa ein „steuerndes" Molekül durch einen Treffer geschädigt, die Reaktion des ganzen Gebildes (V) herbeiführt. So etwa bei Bacterium coli — aber auch, wie wir gesehen haben, bei manchen Keimlingen und Samen. Wir werden davon noch öfter zu sprechen haben. Dieser Zusammenhang, daß bei relativ großen biologischen Einheiten (großes V) Eintreffer-Schädigungskurven gefunden werden, deren v (formaler Trefferbereich) sehr klein gegen V ist, gab auch zur Aufstellung der „Verstärkerhypothese" von P. Jordan Veranlassung.

§ 6. Versuche zur weiteren Anpassung des Formalismus an komplexe biologische Objekte.

Wir kommen noch einmal zurück auf den Ersatz (vgl. oben Gl. (4) und die daran geknüpfte Überlegung) des Einstrahlungskoeffizienten σ durch das Produkt einer pro Sekunde in der Volumeinheit wirksam deponierten Energie Z mit dem Volumen der in Frage kommenden beobachtbaren „biologischen Einheit" V.

In der ursprünglichen Fassung war bei Gegenüberstellung der Depotzahl pro Kubikzentimeter mit den im Kubikzentimeter enthaltenen biologischen Wirkungseinheiten auf Grund der (Poissonschen) Gesetzmäßigkeit der großen Zahl als Voraussetzung eines statistischen Ablaufs geschlossen worden, daß die biologischen Moleküle als primäre Objekte in Frage kommen. Nun wurde durch die Einführung des Volums die biologische Wirkungseinheit selbst in Frage gestellt. Der Gewinn dieser Änderung besteht in der Möglichkeit, evtl. aus empirischen Kurven Schlüsse auf dieses Volum und damit auf die biologische Wirkungseinheit selbst zu ziehen.

Das führt zu gewissen Konsequenzen und zu Komplikationen. Die zur *Beobachtung* kommenden biologischen Einheiten sind offenbar oft viel größere Gebilde (etwa bei Samen, Keimlingen) — wir bezeichneten ihr Volum mit V — als die eigentlichen Zonen der primären Trefferwirkung, denen die „formalen Trefferbereiche" v zugeschrieben wurden. In der Tat liefern ja auch die Auswertungen der Schädigungs- (oder der Überlebens-)Kurven meist diese letzteren Volumina $v \ll V$. Die bisher in diesem Kapitel erläuterten Analysen sind alle unter der Voraussetzung gemacht, daß die beobachtbaren biologischen Einheiten (V) je *einen* solchen formalen Trefferbereich v haben, der je nach seiner Art einen oder mehrere Treffer zu seiner Änderung benötigt.

Aber diese Einschränkung befriedigt noch nicht. Es ist zu untersuchen, wie die Funktion aussieht, wenn in einer beobachtbaren biologischen Einheit (V) zwei oder mehrere — allgemein z — primäre Trefferwirkungszonen (formale Trefferbereiche) v vorhanden sind — also anschaulich z. B. mehrere lebenswichtige nach Jordan „steuernde" Moleküle in einem Kern. Liegt dieser Fall vor, so wäre wieder zu unterscheiden: Tritt die Schädigung ein, wenn von diesen z Mikrozentren (wahrscheinlich Molekülen) alle oder ein Teil oder nur eines die zu *seiner* Schädigung nötigen Treffer erhalten hat ?

Der mathematische Apparat wird unter diesen Annahmen kompliziert und die Analyse experimenteller Kurven mit seiner Hilfe ist im allgemeinen wenig befriedigend. Es sind darum im Nachfolgenden nur die wichtigsten Ansätze und Ergebnisse dieses erweiterten Formalismus angeführt.

Wir schreiben statt der Blau-Altenburger-Überlebens-Gleichung (3″a) und (3″b) für überlebende Teilchen wieder die Form (3′) für die Teilchenzahl N_i an, die $i \geqq m$ Treffer erhalten haben (Absterbekurve) mit v, dem formalen Trefferbereich [vgl. (1b) und (1c)]

$$q = \frac{N_i}{N_0} = 1 - e^{vD}\left(1 + vD + \frac{(vD)^2}{2!} + \cdots \frac{(vD)^{m-1}}{(m-1)!}\right)$$

oder verkürzt geschrieben

$$q = 1 - e^{-vD}\sum_{k=0}^{m-1}\frac{(vD)^k}{k!} . \tag{12}$$

Wir setzen zur Vereinfachung

$$e^{-vD}\sum_{k=0}^{m-1}\frac{(vD)^k}{k!} = A \quad \text{also} \quad q = \frac{N_i}{N_0} = 1 - A\,.$$

Enthält jede biologische Einheit z „formale Trefferbereiche“, jedes vom Volumen v, die als gleich empfindlich angenommen werden und folglich alle m Treffer benötigen, so ergibt sich

$$q = \frac{N_i}{N_0} = (1 - A)^z \tag{13}$$

Es sei etwa eine Kultur gleicher Einzeller gegeben, deren Kerne je z empfindliche Mikrozonen v enthalten, wobei jede dieser Zonen mindestens m Treffer erleiden muß. Dieses Beispiel würde nach (13) mit (12) berechnet werden können, vorausgesetzt, daß wirklich alle biologischen Einheiten (V) gleichviel ($= z$) formale Trefferbereiche (v) mit gleicher biologischer Empfindlichkeit (m Treffer mindestens) besäßen und daß alle Mikrozonen (formale Bereiche) „getötet“ werden müssen. Das sind bereits so eng definierte Grenzen, daß man kaum erwarten kann, sie im biologischen Objekt verwirklicht zu sehen. Auch in einer guten Kultur sind örtliche und zeitliche Unterschiede der einzelnen Individuen vorhanden. Wird aber dennoch die Analyse an Hand der mit dem Exponenten z versehenen theoretischen Abläufe durchgeführt (indem man sie in der oben geschilderten Weise auf Rasterpapier aufzeichnet und die empirischen Kurvenpunkte einträgt), so ergibt ein Vergleich mit den einfachen (also nicht mit z potenzierten Mehrtrefferkurven), daß es praktisch unmöglich ist, zu entscheiden, ob man es mit einer Z Kurve (also mit z Mikrozonen) oder mit einer *einfachen* ($z = 1$) Blau-Altenburger-Kurve (für Mehrtreffer) zu tun hat. Die Kurven liegen zu dicht beieinander. So z. B. ist die Kurve $Z = 4$, $m = 2$ nahezu die gleiche wie $Z = 1$, $m = 5$; oder $Z = 4$, $m = 5$ gleichlaufend mit $Z = 1$, $m = 12$ usw.

Der verdienstvolle von GLOCKER zuerst durchgeführte Versuch gelangte noch nicht zum praktisch fruchtbaren Ergebnis.

Dasselbe gilt für den weiteren Versuch, die Annahme analytisch zu verfolgen, daß von den Z Mikrozonen nicht alle, sondern nur eine, oder einige Z' (mit $Z' < Z$) geschädigt werden müssen. Diese, insbesondere von DÄNZER untersuchte Erweiterung führt gleichfalls vorerst kaum zur praktischen Nutzung. Sie könnten nur dann nützlich werden, wenn auf andere Weise — etwa wie in der Arbeit von SOMMERMEYER (1941) — auf die Anzahl z geschlossen werden kann und die $Z = 1$ Raster nicht in Frage kommen.

Das Ergebnis dieser Überlegungen ist also eine gewisse Beschränkung der Anwendbarkeit der formalen Trefferanalyse. Während sie bei eigentlichen Elementareinheiten (biologische Moleküle in Lösungen, Gene, Phagen, Viren, auch Chromosomen) sich fast ausnahmslos anwenden läßt — und hierbei Eintrefferkurven den experimentellen Ablauf gut wiedergeben, während weiter Einzellerreaktionen wie solche von Bakterien gleichfalls durch Ein- und Mehrtrefferkurven gut dargestellt werden, verlaufen oft die Reaktionen der mehrzelligen biologischen Einheiten nach Mehrtrefferkurven und werden mit wachsender Komplikation dieser Gebilde mehr und mehr unbestimmbar. Das aber war zu erwarten. Wenn man von der Physik, Chemie (und Mathematik) her in biologische Zustände und Abläufe mit einer bestimmten Methode eindringt, so wird man voranschreitend in immer kompliziertere Verhältnisse kommen und die Schwierigkeiten werden (besonders bei der analytisch-theoretischen Behandlung) ungeheuer wachsen, den Fortschritt verlangsamen, bis neue Wege gefunden werden.

Aber es ist schon sehr viel gewonnen, wenn wir über die Wirkungsweise in den einfacheren biologischen Gebilden Klarheit bekommen. Und hier sind die Resultate besser, als man im Beginn zu hoffen wagte. In das prinzipielle Geschehen nach Strahlenabsorption ist viel Klarheit gekommen und diese Klarheit hat, wie wir sehen werden, reichen Nutzen gebracht.

§7. Einige Hilfsmittel. Notiz über die Dosiseinheit.

Bei der praktischen Durchführung von Durchrechnungen der Versuchsresultate sind noch einige Hilfsmittel verfügbar, von denen folgende wichtig sind.

Die Definition der Dosis als auf den Raum bezogene absorbierte Energie wird manchmal zweckmäßig in Form der sog. Dosisleistung, also pro Sekunde, angewendet und auf das den biologischen Zwecken angepaßte Volum $\mu^3 = 10^{-9}$ mm$^3 = 10^{-12}$ cm^3 bezogen, also

$$\text{Dosisleistung pro } \mu^3 = \frac{\text{Energie — abs.}}{\text{Zeit} \cdot \text{Volum}} \cdot$$

Nun ist in der Röntgenologie als Einheit das r (Röntgen, s. unten) eingeführt. Sie ist definiert als Ionisation (Arbeit der Paarerzeugung) bei 760 mm Hg und 0° C in 1 cm^3 Luft = 1 Elektrostatischen Einheit (e.s.E.). Umgerechnet auf erg bedeutet 1 r $\sim$ 84 erg/g Luft.

Da nun 1 e.s.E. = $2{,}08 \cdot 10^9$ e/cm^3 in Luft sind, so bewirkt die Übertragung dieser Definition auf biologisches Milieu, daß eine Annahme über die darin erzeugte Anzahl Elementarladungen gemacht werden muß. Man wählt die Überlegung: Würde auch hier, wie in der Luft, der Abbau der Energie über Ionisation gehen, so müßte man wegen der Dichte der

Luft $\sim \dfrac{1}{800}$ g/cm^3 und der ungefähren Dichte des biologischen Milieus

~ 1 annehmen, daß die Ionisationen darin 800mal häufiger eintreten. Das bedeutet $1\,\mathrm{r} = 800 \cdot 2,08 \cdot 10^9 = 1,664 \cdot 10^{12}\,\dfrac{\text{Ionen}}{\text{cm}^3}$.

Bezieht man sich auf $1\,\mu^3$, so ist

$$1\,\mathrm{r} = 1,66\,\frac{\text{Ionen}}{\mu^3}\,.$$

Dabei wurde aber etwas zu summarisch verfahren. Berücksichtigung der stofflichen Konstitution ergibt (Näheres bei D. E. LEA) einen etwas höheren (vermutlichen) Wert, der jetzt meist zugrunde gelegt wird

$$1\,\mathrm{r} = 1,9\,\frac{\text{Ionen}}{\mu^3}\ \text{für } \alpha\text{-Strahlen}$$

$$1\,\mathrm{r} = 1,7\,\frac{\text{Ionen}}{\mu^3}\ \text{für } X \text{ und } \gamma\text{-Strahlen}\,.$$

Für rasche Neutronen läßt sich eine solche generelle Annäherung nicht angeben, weil man nicht weiß, wie weit man bei den anderen Strahlenarten die Wandeffekte der Meßkammern vernachlässigen darf. Man hilft sich durch Beziehung der Ionisation in einer bestimmten Meßkammer auf die Ionisation in der gleichen Kammer bei Röntgenstrahlen.

Notiz über die Dosiseinheit r.

Als Definition der Röntgen-Einheit r ist auf dem V. Internationalen Röntgenkongreß 1937 vereinbart:

Ein Röntgen (r) ist diejenige Menge (d. h. Energiebetrag) Röntgen- oder γ-Strahlen, die durch ihre Korpuskularemission (sek. Elektronenstrahlen) in 0,001293 g Luft (d. i. Masse der in 1 cm³ bei 0° C und 760 mm Hg enthaltenen trockenen Luft) soviele Ionen beider Vorzeichen erzeugt, daß damit die Elektrizitätsmenge 1 e. s. E. (elektrostatische Einheit) $2,1 \cdot 10^9$ $(2,08 \cdot 10^9)$ Einheitsladungen transportiert wird.

Das bedeutet also: Wenn die Strahlenenergie in 1 cm³ trockener Luft (N.D.T., d. h. Normal Druck und Temperatur) absorbiert wird, so entstehen rund 2,1 Milliarden Ionenpaare. Wird diese Überlegung auf Gewebe oder auf Wasser übertragen, so kann das nur dadurch vollzogen werden, daß man statt der Ionenpaare (die sich in Geweben oder Flüssigkeiten nicht messen lassen) von absorbierter Energie spricht. Diese kann man abschätzen. Die Abschätzungen gehen auseinander. Doch genügt für die Gewinnung einer Anschauung, daß bei Absorption von 1 r in 1 g Gewebe etwa 84—93 erg absorbiert sind. Man nennt (speziell in der angelsächsischen Literatur) die auf Energie bezogene Einheitsdosis rep (roentgen-energie-physical).

Da auch das erg als Einheit der Energie unanschaulich ist, kann man daran denken, daß $4,2 \cdot 10^7\,\text{erg} = 1\,\text{cal} = 4,2\,\text{Wattsec} = 2,64 \cdot 10^{19}\,\text{eV}$ sind[1].

---

[1] Ergänzungsvorschläge für Dosisbezeichnungen, besonders bei hohen Spannungen (rad (?) für 100 Erg/g bei $> 3\,\mathrm{MV}$) u. A. sind zur Zeit in Diskussion.

Rund 100 erg würden also 1 g Wasser oder Gewebe um etwa 2 Zehntausendstel Celsiusgrade erwärmen. Also auch die größten Dosen, die sofortigen Tod herbeiführen (s. Kap. 4, § 5) bringen keine in Betracht kommende Gesamterwärmung zustande. (Folgerung hieraus s. Kap. 1, § 4.)

§ 8. Depotverteilung und wirksamer Bereich.

1. In Arbeiten von P. Jordan, K. Sommermeyer, K. Fano u. a. ist dem Zusammenhang zwischen räumlichem Energieabbau durch Depots und biologischer Reaktion des Tests besondere Aufmerksamkeit gewidmet worden. Der „Strahl" (α-, β-, Protonen-, Photo- oder Comptonelektron) setzt die Energiedepots entlang seinem Zickzackweg im dichten biologischen Milieu in gewissen Abständen. Unter Depotdichte („Ionisierungsdichte") versteht man die Anzahl Depots pro Längeneinheit seines Wegs. Die ganze Überlegung beruht auf den Erfahrungen mit der Wilsonkammer, also im Gasraum, und die Übertragung auf das festflüssige biologische Milieu ist mit einiger Reserve zu beurteilen. Da aber eine unmittelbare Messung darin nicht möglich ist, wird dieser Weg mit Recht versucht; die Folgerungen, die sich ergeben, lassen sich wenigstens einigermaßen nachprüfen. Das Behelfsmäßige dieser Modellbildung an Hand von Erfahrungen im Gasraum geht aber schon aus der Überlegung hervor, daß die etwa 800fach dichtere Stoffpackung die Bedingungen für Ionisation und Anregung erheblich und in nicht leicht zu überblickender Weise ändert. — Die Depotdichte (Ionisationsdichte, spezifische Ionisation) ist durch ihre Definition umgekehrt proportional dem Depotabstand.

Von der Wilsonkammer weiß man, daß in Gasen die mittleren Depotgrößen durch rasche Elektronen bei 32,5 bis 33 eV liegen, bei α-Strahlen etwa bei 35 eV, wobei die Anregungen (also kleineren) und die „Ionisationen" (d. h. Depots deren Energie ausreicht, ein Elektron außer Reichweite des Kernfeldes zu bringen) miteinander gerechnet sind. (Die Anregungsdepots sind in H_2 etwa doppelt so zahlreich wie die Ionisationsdepots). Die Reichweite der unregelmäßigen Elektronenbahnen und der mehr geradlinigen α-Strahlen im biolog. Milieu werden aus den Erfahrungen im Gasraum einfach durch Division mit der Dichte hergenommen (weil der Aufbau der Moleküle aus z. T. gleichen Atomen — N, H, O — besteht, wobei Effekte durch die etwa 800fach dichtere Packung unberücksichtigt bleiben. Je größer die Depotdichten, desto geringer die Reichweite (oder der Halbwert der Reichweite). Erfahrungen der Wilsonkammer zeigen, daß die Depotdichte („spezifische Ionisation") mit *Verlangsamung* des erzeugenden Strahls (α, Elektron), also gegen Ende seiner Bahn beträchtlich anwächst[1].

---

[1] Vergl. Kap. 1, § 5.

Wenn auch z. Z. nichts anderes übrig bleibt, als mit der modellhaften Übertragung der Ereignisse in der Wilsonkammer auf biologisches Milieu versuchsweise zu operieren, so muß doch auch daran gedacht werden, daß die „Packung" des komplexen organischen Substrats die Abbaubedingungen der Einstrahlungsenergie ändert. Bei einem Metall (Cu, Hg oder einem anderen) ist im Gaszustand das Atom ein diskretes Objekt, das seine eigene Struktur hat; seine Elektronenschalen sind sozusagen in seinem eigenen Besitz und durch definierte Potentialstufen befestigt. Im Verbande aber, also in einem Kupferdraht oder in flüssigem Hg gehören die „Leitfähigkeitselektronen" dem einzelnen Atom nicht mehr selber an. Ähnliches gilt für Kristallformationen und biologische Makromoleküle sind einigermaßen kristallähnlich. Ein O- oder N-Atom in einer Amino- oder Säuregruppe eines Eiweißmoleküls hat in seiner äußeren Schalenkonfiguration andere Energiestufen als dasselbe Atom in O_2 oder N_2 des Gases in der Wilsonkammer. Dazu kommt noch der Elektrolyt- und Kolloidcharakter des Milieus und sein Gehalt an anderen, z. T. schwereren Atomarten. Das sollte Änderungen in der Abbauweise des eindringenden Strahls bedeuten, etwa in der Änderung der Depotgrößen, die vermutlich um einen *wesentlich kleineren Mittelwert* als etwa 30 eV ein reiches Spektrum bilden, wie auch in dem Verhältnis zwischen Anregungen und denjenigen Depots, die vermöge ihrer Größe im Gasraum zu einer feststellbaren Ionisation führen. Man kann vermuten, daß im biologischen Gewebe kleine Anregungsdepots von wenigen Elektronenvolt überwiegen und der Mittelwert eher bei 10 eV oder darunter als bei > 30 eV liegt.

2. Setzt man sich über diese Bedenken hinweg, dann kann man folgende Überlegungen anstellen: Die Wilsonkammer zeigt, daß die von dem eindringenden Strahl bei der Ionisation von getroffenen Gasmolekülen herausgeschleuderten Elektronen (sekundäre = δ Elektronen) selbst manchmal genügend Energie haben, weitere Ionisationen (sekundäre Ionisationen) herbeizuführen, freilich nur auf sehr kleine Distanz. (Im biologischen Milieu wohl meist Anregungen.) Bei geringer primärer Ionisationsdichte in der Wilsonkammer sieht man so Ionenhäufchen, bei großer Dichte treten die Häufchen zu einer Ionisationssäule zusammen.

Im Gas der Wilsonkammer treten durch die δ-Strahlung etwa pro Primärionisation drei Ionenpaare auf. Lassen sich in einer guten Wilsonaufnahme die Ionenpaare auszählen, so gibt die Division durch 3 und die Beziehung auf 1 cm Länge die „primäre Ionisationsdichte". Bei der (hier problematischen) Übertragung auf biologisches Milieu wird in der Literatur die gesamte Energie des eindringenden Strahls (α, Elektron) durch $3 \cdot 35 = 105$, bzw. $3 \cdot 32,5 = 97,5$ dividiert, um die Gesamtzahl der primären Ionisationen zu erhalten. Durch Division dieser Zahl durch die Reichweite läßt sich die mittlere Ionisationsdichte abschätzen. Um eine Anschauung zu geben, welche Schlüsse für biologisches Gewebe von Dichte = 1 dabei herauskommen, folgen hier einige Zahlen aus den Arbeiten von LEA, BETHE und HEITLER. Die Tabelle 2 ist ergänzt durch — gleichfalls aus LEA entnommene — Angaben über Protonen. Bei den durch die Entwicklung der Kernforschung immer aktueller werdenden Schädigungen durch Neutronen ist zu berücksichtigen, daß deren biologische Wirkung auf Rückstoßprotonen zurückzuführen ist. Die Neutronengefahr ist erheblich (z. B. Erblindungsfälle bei USA-Kernforschern)

Tabelle 2.

Energie des Primärstrahls in eV	Reichweite in $\mu = 10^{-4}$ cm ca.	mittlere spezifische Ionisation pro μ	mittlerer primärer Depotabstand μ
Elektronen			
1000 eV	0,05	190	0,005
10000 eV	2,5	40	0,025
100000 eV	140	7	0,14
5000000 = 5 MeV	2,5 cm	2	0,5
20 MeV	8,8 „	2,3	0,44
100 MeV	30,4 „	3,3	0,3
α-Strahlen			
2 MeV	10	1900	$5 \cdot 10^{-4}$
6 MeV	47	1200	$8 \cdot 10^{-4}$
10 MeV	108	800	$1,25 \cdot 10^{-3}$
Protonen (Rückstoß von Neutron.)			
2 MeV	73	260	$3,8 \cdot 10^{-3}$
6 MeV	436	117	$8,6 \cdot 10^{-3}$
10 MeV	1211	78,5	$12,75 \cdot 10^{-3}$

und macht durch die nötigen Schutzmaßnahmen die Einrichtung und den Betrieb der Kernverwandlungsanlagen teuer und umständlich. Die Rückstoßprotonen haben bei gleicher Anfangsenergie etwa 10fach größere Reichweite. Die Neutronen selbst als ungeladene Teilchen können nicht durch die üblichen Schutzstoffe abgehalten werden. Wo sie im Gewebe hinkommen, entstehen Protonen, da Wasserstoff überall vorhanden ist.

Aus dem Vorangegangenen läßt sich schließen, daß zwar die Zahlen selbst, also Anzahl, Mittelwerte, Verteilung der Depots problematisch sind, aber doch *Vergleiche* zwischen den verschiedenen Bestrahlungsbedingungen erlauben. Mit anderen Worten: Wenn auch die „Ionisationsdichte", die Abstände u. a. fragwürdig sind, so wird schon stimmen, daß die Dichte der primären Depots bei α-Strahlen ungefähr so viel größer ist als die bei Elektronen, wie die Tabellen angeben. Das ist der Grund, warum die Untersuchungen, wie sie besonders von PASCUAL JORDAN und SOMMERMEYER angestellt worden sind, Beachtung verdienen. Sie bestehen wesentlich im Vergleich der räumlichen Depotverteilung mit dem was man als strahlenempfindliches Volum (Kap. 2, § 6) bezeichnet.

Einige grobschematische Skizzen mögen das Verständnis erleichtern.

1. Es mag zunächst sein[1], daß die Distanz d der primären *wirksamen* Depots groß ist gegenüber dem Weg des „Strahls" im strahlenempfindlichen Volumen (das z. B. ein Eiweißmolekül sein kann), der also bei einem sphärischen Objekt $= 2\,\varrho$ wäre (Abb. 17).

Abb. 17. Depotabstände groß gegen Objektdurchmesser.

In dem Worte „wirksam" ist enthalten, daß die Wirkungswahrscheinlichkeit p schon berücksichtigt ist. Deshalb gilt für die Bedingung $d \gg 2\,\varrho$ (ϱ Radius): Hierbei hat eine Änderung des Abstandes (damit der Depotdichte) keinen Einfluß. Denn die Wirkung, die ein Depot zu einem biologischen Treffer macht, kommt zustande, wenn das Depot im Test erfolgt. Das gibt Eintrefferkurven, wie man sie bei Drosophila-Mutationen findet.

2. Ist aber (Abb. 18) die Distanz d des Depots gegenüber dem Weg im empfindlichen Volum klein, $d \ll 2\,\varrho$, dann tritt P. JORDANs *Sättigungsfaktor* auf. Es sind mehr Depots zur Verfügung als zur Änderung des Tests nötig

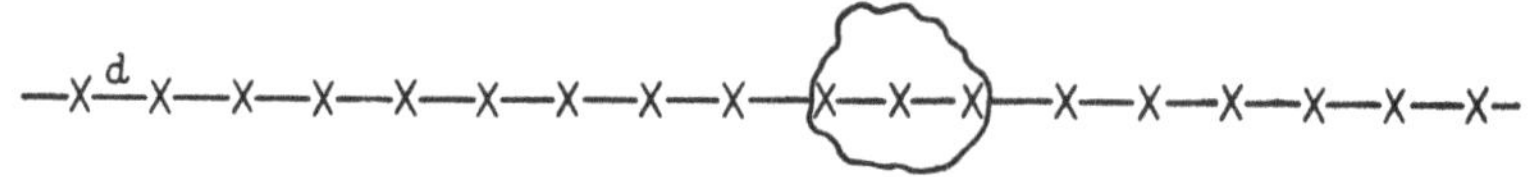

Abb. 18. Depotabstände klein gegen Objektdurchmesser.

sind. Die Dosen (auch Halbwertsdosen) wachsen über den Effekt hinaus, die Effektkurven (z. B. Abtötungskurven) sind nicht mehr exponentiell, sondern flach, da sozusagen Dosisverschwendung in bereits geänderten Objekten stattfindet. Als Beispiel hierfür mag die Bakterientötung von B. coli mit sehr weichen Röntgenstrahlen, auch die Inaktivierung von Viren dienen. Es sind Eintrefferfälle, aber die Objekte erhalten überschüssige Treffer.

3. Es kommt vor, daß bei wenig empfindlichen Objekten, z. B. bei Algen, Hefe, Sporen, die Wirkung durch viele gleichzeitig gesetzte Depots, also durch Depothäufung zustande kommt. Dann wird eine

---

[1] Vergl. Kap. 1, § 7.

Wirkungskurve mit wachsender Dosis steiler werden, also die Halbwertdosis (im Gegensatz zu 2) mit steigender Strahlungs*intensität* abnehmen. Das nannte P. JORDAN, der diese Zusammenhänge zuerst klärte, *Konzentrationseffekt*.

4. Es kann der dritte Fall gegeben sein (also Notwendigkeit vieler Depots wegen der Unempfindlichkeit der Objekte), jedoch mit der biologischen Variante, daß die Wirkungen sich auch zeitlich addieren, speichern. Dann gibt eine längere Bestrahlung grundsätzlich, was im Fall 3 eine intensivere leistet; außerdem aber wird der Kurvencharakter mit wachsender Bestrahlungszeit sich vom Vieltreffertyp (sehr verflachter *S*-Kurve) zu einer weniger flachen verändern; denn es werden mit fortschreitender Bestrahlung immer weniger (zusätzliche) Treffer nötig, um den Effekt herbeizuführen. Also notwendige Dosis und notwendige Trefferzahl nehmen mit fortschreitender Bestrahlung ab, die Effektkurve wird steiler. Beispiel hierfür ist die Schädigung von Bohnenkeimlingen durch Röntgenstrahlung.

Alle diese Überlegungen haben zur Voraussetzung, daß die Depots stark sind und nicht etwa wie UV-Absorptionen von einer Größenordnung, die selektiv zum Absorber, also spezifisch ist. Die „starken" Depots bedeuten in den Fällen 1 und 2 Überschreitung der energetischen Toleranz des biologischen Tests, wie das bereits dargelegt wurde.

5. Für die 4 Fälle läßt sich ein Formalismus aufstellen, um mehr quantitative Schlüsse auf die strahlenempfindlichen Volumen und die sog. Wirkungswahrscheinlichkeit zu ziehen.

Bezeichnen wir, wie früher, die Wirkungswahrscheinlichkeit des einzelnen Depots mit p, die Dosis mit D, mit α den Teil (der Dosis), der im Mittel im strahlempfindlichen Volum wirkt, als αD das Wirksame der Dosis oder die Anzahl der wirksamen Depots, v das Volum, und mit r_{pr} die pro Volumeinheit erzeugten Depots („primären Ionisationen"), so gilt für Fall 1

$$\alpha D = p \cdot v \cdot r_{pr}.$$

Dagegen muß man bei Fall 2 unterscheiden, ob der Strahl von außen eindringt oder im Objekt entsteht. Es gilt mit N_1 als Anzahl der Strahlen (α, Elektronen), die senkrecht pro Flächeneinheit eintreten, q Querschnitt der Fläche, d mittlerem Abstand der wirksamen Depots für von außen kommende Strahlen:

$$\alpha D = N_1 q = dq \cdot r_{pr} \qquad \text{ebenso}$$

für innerhalb entstehende:

$$\alpha D = N_2 \cdot q \cdot R = dq\, r_{pr},$$

wobei N_2 sinngemäß die Zahl der im Volum entstehenden Strahlen und R deren Reichweite ist.

Natürlich kann hierauf der in diesem Kapitel dargelegte Exponentialformalismus angewendet werden. Das liefert den Sättigungsfaktor S.

$$S = \frac{p^{\frac{2\varrho}{d}}}{1 - e^{-\frac{p \cdot 2\varrho}{d}}} \cdot$$

Die folgende Kurve (nach SOMMERMEYER und P. JORDAN) zeigt den Sättigungsfaktor (als Maß der überschüssigen Depots) nach obiger Gleichung als Funktion von $p^{\frac{2\varrho}{d}}$ nach SOMMERMEYER.

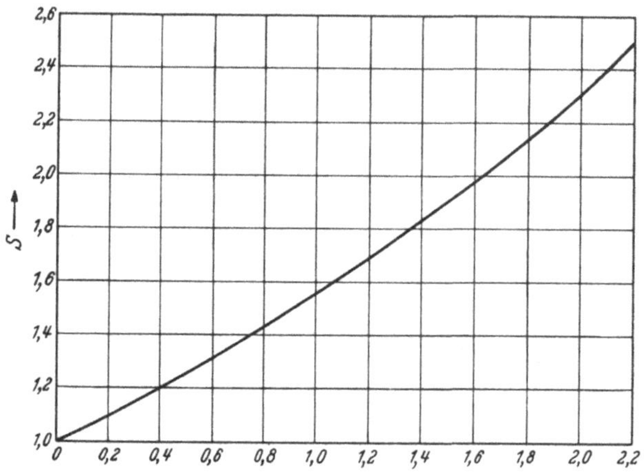

Abb. 19. Sättigungseffekt nach SOMMERMEYER.

Damit ist die „Trefferanalyse" so weit geführt, daß man ihre Grenze bemerkt. Gutes experimentelles Erfahrungsmaterial aus dem einfachsten anorganischen Bereich (Wilsonkammer, Gasraum) wird auf kompliziertes biologisches Substrat mit starken Vereinfachungen übertragen. Es treten einige nicht unwichtige Zusammenhänge immerhin zutage, aber es ist Vorsicht bei den Deutungen geboten. Im Anhang dieses Buches werden wir auf den Wert und die Grenze formaler physikalisch-mathematischer Analysen in der Biologie zurückkommen.

Der Formalismus ist in den Werken von TIMOFÉEFF-RESSOWSKY und K. G. ZIMMER (Trefferprinzip in der Biologie) und D. E. LEA (Actions of Radiations on Living Cells) sehr ausführlich dargestellt. Im ersteren sehr viele Beispiele in graphischer Darstellung.

Die Originalarbeiten der Anfangszeit sind in dem Literaturverzeichnis des 1. Kapitels aufgeführt.

Drittes Kapitel.

Quantenbiologie in der Genetik.

A. Experimentelle und cytologische Genetik.

§ 1. Anfang.

Wie erwähnt, ist ein besonders erfolgreiches Anwendungsgebiet der quantentheoretischen Analyse die Genetik. Einige Jahre nach unseren ersten Publikationen kamen Genetiker des bekannten damaligen Kaiser-Wilhelm-Institutes von Berlin-Buch zu uns nach Frankfurt — vor allem Timoféeff-Ressovsky.

Von uns ging B. Rajewsky nach Buch, um die grundlegenden Überlegungen an Ort und Stelle zu besprechen und bei dem Anfangsstadium der dortigen Arbeiten zu helfen. In einem späteren Zeitpunkt hat der zu früh verstorbene E. Wilhelmy aus dem Frankfurter Institut sich an den Arbeiten beteiligt. Anfangs galt es, die leitenden Gedanken und Vorstellungen der neuen „Quantenbiologie" darzulegen, so daß sie für genetische Experimente die Grundlage bilden konnten.

Die Genetik hat bei ihrem schnellen Fortschritt in den letzten Jahrzehnten eigene Methoden und eine ganz besondere „Fachsprache" entwickelt, die Schwierigkeiten verursachen kann, wenn man von den exakten Naturwissenschaften her in sie einzudringen sucht. Es gibt mehrere gute einführende Werke. Dennoch scheint es geraten, auch hier vorbereitende Erläuterungen zu geben, die besonders dem Physiker ermöglichen sollen, das für seine Aufgaben in der Genetik Wichtige zu sehen und dem Biologen die Verständigung mit dem Physiker erleichtern. Wir werden dabei auf Zusammenhänge treffen, die von ganz allgemeiner quantenbiologischer Bedeutung sind.

§ 2. Bemerkung über biologische Objekte.

Zunächst sei darauf hingewiesen, daß Gestaltungen und Geschehnisse des Lebens, also Lebensäußerungen oft zweckmäßig als Wechselwirkung zwischen „Umwelt" und „Anlage" betrachtet werden können. Umwelt bedeutet hier alles, was an stofflichem und energetischem Einfluß — als Austausch oder Steuerung — „von außen" wirkt. Das Wort „Anlage" bedeutet das Besondere der biologischen Objekte. Die Lebewesen aller Stufen haben nämlich mehr als die anorganischen Systeme *Eigenart, die sich durchsetzt*; sie tragen „Substanzcharakter". Bei ihnen gilt in gewissem Grade der alte Satz von den substantiellen Körpern, daß ihr Wirken aus ihrem Wesen (ihrer Beschaffenheit, ihrem Sosein, Quidditas) hervorgeht (operari sequitur esse). Was aus einem unbelebten Gebilde wird, hängt entscheidend von den äußeren Einflüssen ab (z. B.

beim Wandel der Aggregatzustände des Wassers). Aber aus einem belebten System — etwa einem Samen, einem Keim, einer Eizelle — kann, wenn sie nicht gerade aus dem Leben herausfällt, nur gerade das werden, was ihrem eigenen Wesen entspricht. Die Gesamtheit all dieser wesenseigentümlichen wirksamen und in der Tiefe unbekannten Momente ihres Eigenseins, die sich im individuellen Leben und in der Generationenfolge durchzusetzen trachten, nennen wir „Anlage".

§ 3. Genetischer Grundgedanke.

Die Biologie behält beide Grundfaktoren des Wechselwirkungsspieles im Auge. Die Physiologie achtet vielfach besonders auf die Umweltfaktoren, die Genetik ist auf die Anlagen des biologischen Systems, die Zusammenhänge zwischen stofflicher und energetischer Struktur (also der Morphologie und dem Geschehen, der Dynamik, der daraus zu verstehenden Morphogenese) bedacht.

Was sich nun hierbei in den letzten Jahrzehnten herausstellte, ist die Tatsache, daß dieses „Sich-Durchsetzen" der biologischen Systeme, dieser Komplex von Anlagefaktoren, die bewirken, daß gerade *diese* Pflanze, dieses Tier entsteht, lebt, sich fortpflanzt, daß die „Eigenart" (der substantielle, beharrende Zug in Form und im Geschehen) oft an lokale Steuerungszentren geknüpft ist, die man experimentell erfassen und beeinflussen kann. Mit anderen Worten: Die uralte, durch alle Jahrhunderte diskutierte Frage nach dem verborgenen „Prinzip" aller Lebewesen, das bewirkt, daß sie sich weiterzeugen, daß sie sich innerhalb ihrer Gattung und Art entfalten, daß sie dabei deutliche Ähnlichkeiten, Merkmale von Generation zu Generation vererben, daß in Same und Ei Bauplan und Bauleitung des Abkömmlings potentiell vorgebildet sind — ist z. T. beantwortet. Die Antwort lautet: Es gibt tatsächlich erforschbare mikroskopische *Gebilde in den Zellen*, an welche eine Steuerung solcher Vorgänge z. T. geknüpft ist. Man kann diese winzigen Zentren experimentell beeinflussen und damit die Erbanlage ändern. Es geschieht am besten durch „Treffer", d. h. durch Energiedepots von der Art, wie sie besprochen wurden. Und die Folgen gehorchen den Kurven (und zwar meist den Eintrefferkurven), die bei den Bestrahlungen nach den statistischen Gesetzen vorausgesagt wurden und bestätigt worden sind.

Eine Einschränkung ist sofort zu machen. Das Eingreifen, dessen Folgen im *Erbgang* sich durch Auftreten neuer erblicher Eigenschaften zeigen, gestattet bis jetzt nur, einige hunderte Merkmale zu verändern: So Blütenfarben, Augenfarben, Borsten von Insekten, Augenform. Flügel. Über die physikalischen Vorgänge der Vererbung etwa geistiger, charakterlicher, ästhetischer Anlagen, die ja auch eine unbestreitbare Tatsache ist, wissen wir noch wenig. Die Vermutung wird diskutiert, daß hierbei Plasmaänderungen eine Rolle spielen.

Andererseits steht dieser Einschränkung ein großer erweiternder Aspekt gegenüber: Seit CH. ROB. DARWINs Arbeit (1859) „Über den Ursprung der Arten durch natürliche Zuchtwahl" war die Diskussion über die Frage der Auslese im Lebenskampf nie mehr zur Ruhe gekommen, die nach DARWIN dafür verantwortlich sei, daß kleine, immer auftretende, wie er glaubte, erbliche Unterschiede in den Eigenschaften der Lebewesen ihren Trägern gegenüber anderen dann Überlegenheit und damit Weiterbestehen und Fortpflanzung verleihen, wenn diese Merkmale im Daseinskampf nützlich sind. Diese natürliche Auslese des Lebenstüchtigeren soll durch Häufung während Jahrtausenden die evolutionäre Entwicklung bestimmen. Diese grundsätzliche Konzeption ist im Darwinismus das fundamentale Gesetz der Entwicklungsgeschichte als Stammesgeschichte der Organismen. Stark gestützt durch die vergleichende Morphologie, die Tiergeographie, die vergleichende Bionomie vermochte DARWINs Lehre allein zwar die Ausmerzung minder lebensfähiger Variationen, noch nicht aber die Entstehung irgendwelcher im Erbgut übertragbarer Variationen, darunter auch der günstigen zu erklären. Die naheliegenden extremen Verallgemeinerungen, die sich daran schlossen, wie der Monophyletismus, der alle Lebewesen (oder doch alle Tiere bzw. Pflanzen) aus einer (je aus einer) Urform hervorgehen lassen will, brauchen uns hier nicht zu beschäftigen.

§ 4. Züchtungs-Genetik und Chromosomenforschung.

Die Wiederentdeckung der MENDELschen *Züchtungsforschung* (GREGOR MENDEL, Augustinerabt in Brünn 1822—1884) durch CORRENS, DE VRIES und TSCHERMAK im Jahre 1900, an die sich die *experimentierende* züchtende *Genetik* anschloß und die *Zellforschung*, die seit WILHELM ROUX (1883), FLEMMING, STRASBURGER, O. HERTWIG, WEISSMAN, NÄGELI, BOVERI u. a. sich gewaltig entfaltete und in die Chromosomenforschung als wichtiges Spezialgebiet führte, lieferten die Voraussetzungen zur endgültigen Sicherung des DARWINschen Gedankens. Zwar nicht, wie DARWIN nach dem Wissen seiner Zeit annehmen mußte, kleine Variationen, die (zufällig genannt, da man ihre Ursachen nicht kannte) ohne scharfe Grenze in irgendwelchen Nachkommen auftreten, sind erblich. *Aber es gibt erbliche Variationen.* Sie sind nicht stetig, sondern sprunghaft, ähnlich den Quantelungen der Energie und sie sind lokalisiert in stofflich-energetischen Trägern innerhalb der biologischen Zellen. Sie tragen Erbgut, soweit es erforschbar ist. Die Lokalisationen sind bekannt. Der Bestandteil der Erbmasse, der im Zellkern, in dessen färbbarem Kerngerüst, den Chromosomen (das ist der erste und für uns wichtigste Anteil) getragen wird, heißt *Genom*. Ein zweiter, der Forschung schwer zugänglicher aber nach den neueren Ergebnissen auch wichtiger, sitzt im Zellplasma und wird als *Plasmon* bezeichnet. Eine dritte Art der erbtragenden Bestandteile sind die Plastiden der grünen Pflanzen. Mit diesen Erbgutträgern hat sich die Quantenbiologie noch nicht befaßt. Sie untersuchte vielmehr bisher nur das Genom.

§ 5. Kernteilung und Chromosomen.

Bei der Teilung der Zellen, sowohl der zum Organdienst ausdifferenzierten somatischen Zellen, wie bei derjenigen der geschlechtlichen Keim-(Fortpflanzungs-) Zellen erscheint ein färbbares konstantes Gerüst von Fäden oder Stäbchen, die nach der vollendeten Teilung meist wieder unsichtbar werden und als Chromosomen ($\chi\varrho\tilde{\omega}\mu\alpha$ = Farbe. $\sigma\tilde{\omega}\mu\alpha$ = Körper) bezeichnet werden. Sie tragen das Genom, d. h. einen ganzen Codex von Steuerungen für das Entstehen, die Durchbildung. Verbindung von Zellen und Organen, Eigenschaften und Abläufen. Im Genom einer befruchteten Eizelle ist sicher eine Art Bauplan und eine Art Bauleitung des entstehenden Lebewesens enthalten. So wenig unterschiedlich der Anblick, auch der mikroskopische, dieser Zellen verschiedener Tierarten erscheinen mag, so sind sie doch so verschieden wie die Tierarten selbst. Was werden soll, das „Substantielle", was sich, sind die Voraussetzungen der Umwelt nicht feindlich, durchsetzt, das ist schon potentiell und mit großer Macht als „Erbmasse" darin.

Die so oft dargestellten Vorgänge bei der Mitose, der sog. indirekten Zellteilung, können hier nicht wiederholt werden. Sie sind mit großem Aufwand und Scharfsinn in den letzten achtzig Jahren erforscht worden. Wichtig ist, den Unterschied gegenwärtig zu halten, der die gewöhnliche „Mitose" (von $\mu\iota\tauo\varsigma$ = Schlinge), das ist die zum Wachstum gehörige Zellvermehrung durch Teilung, von *dem* Ablauf bei *Keim*zellen (Geschlechtszellen) scheidet, die vor der Befruchtung eine Reduktion ihres Chromosomenbestandes (durch Unterbleiben der Längsspaltung oder „Äquationsteilung" der Chromosomen, die bei der gewöhnlichen Teilungsvermehrung stattfindet) erleiden. Diese Reduktions- oder Reife-Teilung der Keimzellen wird Meiose (von $\mu\varepsilon\iota\delta\omega$ = mindern, verkleinern) genannt. Infolgedessen haben zwar die gewöhnlichen (somatischen oder Körper-) Zellen einen durch Längsteilung entstandenen doppelten Chromosomensatz, sind „*diploid*", so daß jede Zelle bei ihrer Teilung je einen Satz an die beiden Nachkommen abgibt. Aber die reifen Keimzellen sind „*haploid*", haben jede nur einen Chromosomensatz. Die Befruchtung erfolgt durch Vereinigung der väterlichen und mütterlichen Keimzelle, wobei folglich je die Hälfte des Erbgutes, soweit es in den Chromosomen getragen ist, dem neuen Individuum von Vater- und Mutterzelle übergeben wird. Die einander entsprechenden Chromosomen der beiden Sätze heißen *homolog*. Es bilden sich also z. B. bei Drosophila (Taufliege) aus zwei Sätzen zu 4 Chromosomen nun 4 Paare von Homologen.

Was tragen nun diese Chromosomen genannten stäbchenartigen färbbaren Gebilde in den Zellkernen ?

§ 6. Kopplung von Erbfaktoren.

Jedes der Chromosomen, deren Zahl und Gestalt für eine Tier- oder Pflanzenart immer dieselbe bleibt, ist ein Träger von vielen Erbanlagen, ein Verband von solchen. Die Verbundenheit der Erbfaktoren, ihre Kopplung, kann sehr fest sein, aber auch locker. Es gibt viele Abstufungen in dieser Festigkeit der Verknüpfung von Erbmerkmalen, so daß manche in den folgenden Generationen nur gemeinsam auftreten, andere loser gekoppelte, auseinandergerissen werden können. Manche Erbmerkmale sind geschlechtsgebunden. Die Keimzellen enthalten, neben dem gewöhnlichen, in Paaren auftretenden Chromosomen (Autosomen) noch geschlechtsbestimmende Chromosomen (mit X und Y bezeichnet, sog. Genosomen). Manche Merkmale sind an diese Geschlechtschromosomen gekoppelt, werden nur oder bevorzugt mit ihnen gemeinsam vererbt. (Oft genanntes Beispiel: Bluter-Krankheit, Hämophilie[1].) Dadurch werden sie der Beobachtung mehr zugänglich und boten die erste Bestätigung dafür, daß bestimmte Erbfaktoren an ganz bestimmte Chromosomen gebunden sind. So wurde u. a. gefunden, daß der Erbgang der Augenfarbe der „Taufliege" (drosophila — des ergiebigsten zoologischen Objektes für Genforschung) an Geschlechtschromosome geknüpft ist.

Jetzt weiß man allgemein, daß diese „Koppelungen" genannten Verknüpfungen ihren Grund darin haben, daß sie von Bestandteilen (Chromomeren, $\mu\acute{\varepsilon}\varrho o\varsigma$ = Teil) des gleichen Chromosomes getragen werden. Das Bändchen oder Stäbchen eines Chromosomes enthält linear die stofflichen Erbfaktoren tragenden Mikrogruppen aneinandergereiht, und es ist gebräuchlich, das lokal gebundene Erbgut, das von einem Chromomer getragen wird, Gen zu nennen. Wir antezipieren hier ein wichtiges Ergebnis der quantenbiologischen Trefferanalyse, indem wir hinzufügen, daß es sich dabei meist oder immer um *biologische Makromoleküle handelt*, denen ein bestimmter Ort (locus) im Chromosom zukommt. Die Konsequenz daraus ist diese Idealisierung: Eine vollständige topographische Karte aufzustellen über die Lagen (loci) aller

---

[1] Die Erbanlage der Hämophilie ist im Geschlechtschromosom X lokalisiert, aber rezessiv gegenüber der Norm. Ein (männlicher) Bluter hat das belastete X-Chromosom in den Keimzellen. Da der männliche Satz nur ein X-Chromosom hat, so erben seine Söhne, bei einer in dieser Beziehung erbgesunden Mutter ihr X-Chromosom mütterlicherseits, sind damit intakt. Die Töchter erben je ein X-Chromosom mütterlicherseits und vom Vater, letzteres trägt *rezessiv* die Belastung. Folglich ist der Phänotypus der Töchter in dieser Beziehung normal, sie tragen jedoch in der Hälfte der X-Chromosomen die Belastung. Bei der Folgegeneration wird in den männlichen Nachkommen, da die männliche Keimzelle kein X-Chromosom überträgt, die Krankheit auftreten müssen, bei Töchtern (zwei X) nicht.

Gene in allen Chromosomen, um damit einen vollständigen Erbplan zu erhalten. Bei verschiedenen pflanzlichen und tierischen Arten ist das in beträchtlichem Ausmaß gelungen, besonders bei der Taufliege, wo die Karte heute einen Ortskatalog vieler Hunderter von Erbmerkmalen und ihren Kopplungen enthält. Die Drosophila hat in ihren somatischen Zellen einen Satz von 4 Chromosomenpaaren. Das gibt bereits ein riesiges Variationsfeld der Erbmerkmale. Der Mensch hat 24 Chromosomenpaare (*Autosomen*), also 48 Chromosomen in 24 Gruppen zu je zwei Homologen, wenn wir die X, X und X, Y-Gruppe der *Gonosomen* zunächst beiseite lassen. Die Keimzellen haben wegen der meiotischen (Reduktions-) Teilung stets nur einen Satz, sie sind haploid ($\dot{\alpha}\pi\lambda o\tilde{v}\varsigma$ = einfach) im Gegensatz zu den diploiden ($\delta\iota\pi\lambda o\tilde{v}\varsigma$ = doppelt) Körperzellen. Zellen mit einem haploiden Satz, Keimzellen, heißen auch sinnvoll Gameten ($\gamma\alpha\mu\acute{\epsilon}\tau\eta\varsigma$ = Gatte). Die Generation, deren Keimverschmelzung (der männlichen und weiblichen Gameten) im Anfang steht, heißen Parenten P, die Nachfolge-Generationen werden mit Filialgenerationen $F_1, F_2 \ldots$ usw. bezeichnet.

§ 7. Manifestierung des Erbgutes. — Mendelsche Regeln.

Erbanlagen werden erst in diesen Filialgenerationen manifest, wenn sie sich in der Erscheinung des Nachkommen durchsetzen (dominant). Aber sie können auch verborgen (rezessiv) weitergetragen werden. Zum Rückschluß auf die Erbanlage ist oft das Beobachten an mehreren Folgen von Generationen notwendig. Und die Ordnung, aus der die Schlüsse gezogen werden können, ist die von MENDEL selbst an seinen Erbsenkulturen zuerst entdeckte: Im Grunde sind es die Gesetze des Zufalls. Der Schlüssel für die Übereinstimmung zwischen der experimentellen Züchtungs-Genetik und der cytologischen Chromosomenforschung besteht darin, daß die Mendel-Ordnungen der Erscheinungsmerkmale aus den Mendel-Ordnungen der von den Chromosomen getragenen Erbfaktoren stammen.

MENDEL hat durch Kreuzung zwischen je einem reinen Parenten von zwei reinen Stämmen (Rassen, Spielarten — evtl. auch Arten) „Bastarde" oder „Hybriden" gezüchtet. Nehmen wir statt seiner Erbsenkulturen die noch geeignetere Mirabilis Jalapa, die japanische Wunderblume, die von CORRENS später benutzt wurde, so ergibt sich folgendes: Ihre beiden Spielarten, sonst untereinander gleich, unterscheiden sich durch rote und weiße Blüten. Nach der Kreuzung entsteht F_1 (Tochtergeneration 1). Ihre Exemplare blühen rosa, sind „intermediäre" Bastarde oder Hybriden. Kreuzt man Exemplare von F_1, so ergeben sich in F_2 $^1/_4$ aller Pflanzen rot, $^1/_4$ weiß und $^2/_4$ rosa. Wenn nun nur rote F_2 oder nur weiße F_2 unter sich gekreuzt werden, so gibt es rein rote F_3 bzw.

rein weiße F_3. Werden aber aus F_2 die rosa blühenden Exemplare untereinander gekreuzt, so gibt es unter ihnen in F_3 wieder die Aufteilung $^1/_4$, $^1/_4$, $^2/_4$ und so geht es weiter. Die Wunderblume ist ein Beispiel mit gleichbegünstigten Merkmalen.

Häufiger aber ist der Fall, daß eines der Merkmale *dominiert*. Das gibt einseitige Hybriden. Nimmt man statt der Wunderblume mit MENDEL rot- und weißblühende Erbsen als Parenten, so ergibt die F_1-Generation nur rotblühende Exemplare, weil rot über weiß in diesem Falle *dominiert*. Daß aber das Erbmerkmal „weiß" nicht untergegangen ist, sondern sich nur verbirgt, (*rezessiv* weiter existiert), zeigt die nächste Hybridengeneration F_2. Es erscheinen $^1/_4$ weißblühende Pflanzen. Der Rest, $^3/_4$ blüht zwar rot, aber verhält sich in der Folge verschieden. Es erweisen sich bei der weiteren Folge nur $^1/_4$ der F_2 als rein rot, die $^2/_4$ sind nur dominant rot gewesen und spalten in F_3 wieder nach dem Schema 1 : 2 : 1 auf. Es ist also kein wesentlicher Unterschied gegenüber dem ersten Beispiel. Die Hälfte der Folgegenerationen bei der Inzucht-Weiterkreuzung erweist sich als *Bastarde, d. h. als Träger gemischter Erbanlage*, je $^1/_4$ als Träger der reinen Anlage, die als rot oder weiß in Erscheinung tritt. Die Dominanz verhüllt also in einer Generation nur die gemischte Anlage. Das aber ist die Äußerung reiner Zufallsverteilung. Wenn R und W (Rot und Weiß) als Erbgut bei der Befruchtung übergeben werden, dann ist es gleich wahrscheinlich, daß in den Nachkommen ebenso oft RR, RW, WR, WW vorkommen; zur Verifizierung muß nur die Kreuzung an genügend vielen Exemplaren erfolgen. RW und WR ist dieselbe Kombination. So trifft auf diese $^1/_2$ aller Fälle zu.

Das ganze zeigt, und MENDEL erkannte das auch, daß die Anlage-Einheiten, Erbfaktoren oder Gene, verharren oder wie MENDEL, der ja vor der Entfaltung der Cytologie (Zellenforschung) lebte, sagt, daß die Keimzellen erbrein bleiben. Im Phänotypus (Erscheinungstypus) tritt Mischung der *Erscheinung* ein, wenn kein Erbfaktor dominiert. Aber die Erbfaktoren selbst bleiben rein.

Das zeigt aber auch, wie umständlich die Methoden der experimentell-züchtenden Genetik sind, die erst auf Grund der Beobachtung von mehreren Generationen den Faktorenbestand von Parenten feststellen kann. Diese Komplikation wird ungeheuerlich, wenn die Kreuzungen zwischen Gameten erfolgten, die in mehreren Erbfaktoren verschieden sind, so daß Polyhybride entstehen. MENDEL hat die soeben in Beispielen erläuterte Erfahrung in die Regeln von der Reinheit der Erbfaktoren, von der Dominanz und von der Aufspaltung gefaßt und für die Polyhybride, d. h. also Nachkommen von in mehr als einem Faktor verschiedenen Eltern die Regel gefunden, daß die Faktoren unabhängig voneinander „mendeln". Das ist aber nur bei nichtgekoppelten Faktoren zutreffend. In diesen Fällen kommt eine reine kombinatorische Zufallsverteilung in den Folgegenerationen heraus. Durch den vielbenutzten Trick der Rückkreuzung mit reinrassigen Eltern läßt sich die Gültigkeit der MENDELschen Regeln beweisen und auf den Erbbestand eines Bastards schließen.

§ 8. Mutationen.

Die Erfahrung zeigte, daß auch in einer reinrassigen Kultur, spontan, d. h. ohne *erkennbaren* äußeren Anlaß, plötzliche Änderungen eines Erscheinungsmerkmals auftreten, die sich als erblich erwiesen. Um unser Beispiel zu benutzen, es zeigte sich, daß in seit Generationen rein weiß blühenden Pflanzenkulturen plötzlich eine rotblühende Pflanze auftritt, die mit ihren weißen Schwestern gekreuzt, nach MENDELs Regeln *ihr* (verändertes) Erbgut weitergibt. Man nennt dieses nicht sehr häufige Ereignis *spontane Mutation*. Diese *nicht* stetig-langsame Änderung ist an Stelle der DARWINschen stetigen Zufallsvariationen zu setzen, die nicht vererbt werden. Dann aber gilt die DARWINsche Grundregel: Ist diese sprunghafte *erbliche* Änderung (die also in den das Erbe tragenden Zellbestandteilen [in den Beispielen: im Genom] zuerst unbemerkt geschehen sein muß, damit sie dann im Merkbaren, etwa als Farbänderung eines Individuums erscheint), dem Träger schädlich, so geht er in seiner Entwicklung, oder in seinem Lebenskampf unter oder verliert seine Fortpflanzungsfähigkeit. Ist sie aber für die Individuen förderlich, so setzen sich diese im Leben durch, werden in der natürlichen Auslese bevorzugt.

Was aber ist eine Mutation, speziell eine solche im Genom, an Chromosomen oder in der Feinstruktur der Chromosomen, ihren Genen, d. h. eben Erbmerkmalen tragenden Chromomeren?

Die Untersuchung dieser Frage wurde möglich, als es gelang, die *Mutationen experimentell herbeizuführen* oder mit anderen Worten, die natürliche kleine Mutationsrate stark zu steigern und auf diesen Zuwachs, die „*induzierten*" Mutationen die *quantenbiologische Depot-Theorie* anzuwenden. Das lieferte die Grundlagen für die Erforschung der Gene selbst, also ihrer Natur (sie sind wahrscheinlich alle biologische Makromoleküle) und des Mechanismus der Mutation; und diese Forschungswege müssen ja durchschritten werden, wenn man das Geheimnis der Anlage (s. § 2 dies. Kap.) einer lebenden Einheit, ihres Erbbestandes lüften will.

B. Methoden und Ergebnisse.

§ 1. Erbmerkmale gebunden an Träger.

Die insbesondere von H. I. MULLER und seiner Schule, aber auch von vielen anderen Autoren an der Taufliege durchgeführten Analysen ergaben mit Sicherheit: In den Zellkernen des Keimganges (den

Fortpflanzungs- oder Geschlechtszellen) sind Gene, d. h. Erbmerkmale an stoffliche Träger gebunden. Diese Träger, Teile der Chromosomen, darum Chromomeren ($\mu\acute{\epsilon}\varrho o\varsigma$ = Teil) genannt, sind perlschnurartig linear in fester Ordnung zu den einzelnen Chromosomen verbunden. Jede Art hat ihren charakteristischen Chromosomensatz. Die in einem Chromosomenband enthaltenen (und darin körperlich verbunden) Chromomeren bewirken *Kopplung* zwischen den von ihnen getragenen Genen (Erbanlagen). Erweist sich im Erbgang diese Kopplung — d. h. das *gemeinsame* Auftreten oder Verschwinden von Merkmalen — so ist dies das Zeichen, daß sie demselben Chromosom angehörten. Es gelang durch eine ganz riesige mühsame Experimentalarbeit durch Jahrzehnte hindurch mit Hilfe der Kreuzungsmethode, genetische Chromosomenkarten aufzustellen. Auf ihnen sind linear die sichergestellten Gene in einer bestimmten Ordnung und einem bestimmten Abstandsmaß aufgetragen. Das Maß ist auf den Faktorenaustausch aufgebaut und wird weiter unten genannt.

Eine große Erleichterung wurde der züchterischen Forschungsrichtung (die wie erwähnt durch Generationen Kreuzungsergebnisse beobachten muß, um aus Erscheinungstypus auf Genotypus zu schließen) durch die Ergebnisse der Zytologie zuteil, die in den Speicheldrüsen der Zweiflügler (Dipteren = Fliegen) Riesenchromosomen fand, an denen die Chromomeren mikroskopisch unterscheidbar sind, so daß infolgedessen (aus dem diploiden Satz) ihr Zustand, also Vorhandensein und Verbundenheit der Chromomeren direkt festgestellt werden konnte. Die Ergebnisse bestätigten und ergänzten die vorher gewonnenen züchtungsgenetischen Vorstellungen über die Lage, Ordnung, Distanz, Regelmäßigkeit — und deren Störungen durch Mutationen (z. B. Brüche der Chromosomen, "crossing over"= Vorgänge u. a.).

Die Kopplung, die Gene durch die stoffliche Verbindung der sie tragenden Chromomeren besitzen, erwies sich als um so stärker, je näher die Chromomeren in einem Chromosom beieinander liegen. Genauer gesagt: Bei der "crossing over" genannten Austausch-Verlagerung homologer Chromosomen brechen Chromosomen und verknüpfen sich Bruchstücke. Dabei zeigt sich, daß der Bruch und die Neuverbindung (wie es ja einleuchtend ist) Gene um so häufiger voneinander trennt, je weiter entfernt sie in ihrem Chromosom lagern. Dadurch erhielt die Genetik in der Anzahl der Austausche *ein Maß für die Entfernungen* der Gene in einem Chromosom. Es ist ja klar, daß die an den entgegengesetzten Enden liegenden Chromomeren bei *jedem* Bruch, die in der Mitte liegenden nur durch jene Brüche getrennt werden können, die zwischen ihnen hindurchgehen.

Daß sich Erbmerkmale durch „lange Zeiten" erhalten, daß sogar ihre Gesamtheit, der ganze Typus einer Spielart, Rasse, Klasse „lange",

d. h. durch viele Generationen (F_1 ...... bis F_n) hindurch dieselbe bleibt, ist besonders wichtig. Freilich ist das nun eine Aussage, die in mehreren Hinweisen präzisiert werden muß. Es gibt Lebewesen, deren Generationswechsel Stunden beansprucht, andere, die Jahrzehnte brauchen (gewisse Insekten — große Säugetiere). Man muß die Urteile „lang" und „kurz" auf die *Eigenzeiten* des Generationswechsels der betreffenden Art beziehen. Wichtiger noch ist die Ergänzung, daß die Stabilität der einzelnen Erbfaktoren und ihrer Verbundenheit sehr verschieden ist. Das so oft zitierte Beispiel „Habsburger Lippe", eines „Allels" (Erbvariante), dessen Erscheinungsmerkmal sich durch viele Jahrhunderte auf den Portraits verfolgen läßt, erweist damit eine Merkmalstabilität. Man würde also schließen, daß die stofflich-energetische Struktur im Genom, die dieses veränderte Erbmerkmal (Allel) trägt und das Erscheinungsmerkmal hervorbringt, verharrte, also davon keine Mutation, keine sprunghafte Änderung eintrat.

Es ist deshalb zu unterscheiden zwischen der „Gesamtmutabilität", d. h. der Rate der Gesamtheit aller bisher feststellbaren Mutationen pro Generationswechsel eines biologischen Objekts und der Einzelrate bestimmter Mutationen. Letztere schwankt stark, was bedeutet, daß die Chromomeren unterschiedlich stabil sind. Um eine rohe Vorstellung zu geben, sei erwähnt, daß es sich bei der *Gesamtrate* (von Drosophila und anderen gebräuchlichen Objekten) um die Größenordnung ein Prozent pro Generation handeln kann — also unter 100 Individuen der Filialgeneration etwa eines *irgendeine* sprunghafte Änderung *eines* Erbfaktors aufweist. (Sehr viele dieser Sprünge sind klein, kaum von Bedeutung). Die *einzelnen* bestimmten Mutationen dagegen werden pro Generation bei etwa einem tausendstel Prozent der F-Generation oder noch seltener gefunden.

Was tritt nun als sprunghafte Änderung auf? Der Sprung kann ein Chromomer betreffen, das hierdurch aus seiner Lage kommt oder deformiert wird. Man spricht dann von *Genmutation* oder *Punktmutation*. Es ist zu unterscheiden, ob eine Körperzelle oder eine Keimzelle von der Mutation betroffen wird. Im ersteren Fall einer „somatischen Mutation" tragen die durch *Mitose* aus ihr hervorgehenden Organzellen das veränderte Merkmal. Zum Beispiel vermutete man, daß bei malignen Tumoren, etwa einem Carcinom eine solche somatische Mutation (beim Carcinom von Epithel-Zellen) vorliegt. Durch mitotische Teilung *wächst* die ursprüngliche Schädigung, es entsteht eine wachsende Kolonie dieser veränderten Epithelzellen, die entartet sind und die organotypische Funktion der normalen Epithelzellen nicht mehr ausüben. Aber die Änderung betrifft nur die von den mutierten Epithelzellen durch mitotische *Teilung* abstammenden Zellen.

Dagegen kann eine Mutation, die eine Keimzelle betrifft, auf das *ganze entstehende Individuum* wirken. Denn die befruchtete Keimzelle wurde ja von den haploiden Eltern-Zellen, den Gameten ($\gamma\alpha\mu\acute{\varepsilon}\tau\eta\varsigma$ = Gatte), die bei der Befruchtung zusammentraten, gebildet, so daß die *befruchtete* Eizelle diploid ist (zwei konjugierte Chromosomensätze hat, von denen je ein Chromosom mit einem des anderen übereinstimmt), also zwei homologe Sätze hat. Hier muß eine Mutation auf *alle* Zellen des aus der befruchteten Zelle entstehenden Individuums vererbt werden. Alle haben diese Abweichung. Das ist der Grund, warum man sie evtl. in den Riesenchromosomen der Schleimzellen — diesen ausdifferenzierten diploiden Sätzen — feststellen kann.

Die Mutationsveränderung an einem Chromomer einer Keimzelle bedeutet, daß es mit dem homologen Chromomer des anderen Satzes nicht mehr übereinstimmt. Man spricht von Allelen ($\acute{\alpha}\lambda\lambda\acute{\eta}\lambda o\nu$ = gegenseitig) und meint damit, daß in unserem Falle das veränderte Gen „heterozygot" — andersartig — als sein korrespondierender Faktor im anderen Chromosomensatz geworden ist. Das kann in verschiedener Weise der Fall sein. Man spricht dann von multiplen Allelen.

Diese erste Art der Mutation, die *Genmutation* spielt eine große Rolle in der Genetik. Der Formalismus der quantenbiologischen Depot-Theorie läßt sich auf sie anwenden.

Aber die Mutation kann auch den Zusammenhang des ganzen perl-schnurartig gebauten Chromosoms betreffen. Man spricht von *Chromosomenmutationen*, wenn Brüche in dem Chromosomenband eintreten, die zu Umgruppierungen führen können. Das wieder bedeutet Änderung der Kopplungen und diese lassen sich züchterisch erfassen. Auch hierauf wurde die Depotanalyse angewendet. Dagegen wurde die dritte Art, Herabsetzung (durch Zerstörung, Delektion) oder die seltene Erhöhung der Chromosomenzahl meines Wissens bis jetzt nicht als Material formaler Trefferanalyse herangezogen. Sie heißt Genom-Mutation und wird im folgenden nicht weiter behandelt (vergl. § 3).

Die Mutationsmöglichkeiten sind überaus zahlreich. Es gibt solche, die kaum merkbare Änderungen von den Vorfahren zeigen, andere sind drastischer. Die große Mehrzahl ist schädlich, oft letal: das erzeugte Individuum also erbkrank, evtl. lebensunfähig. Prinzipiell ist möglich, daß sie zu Evolutionen im DARWINschen Sinne dienen können.

Daraus geht bereits ein von den früheren Betrachtungen abweichender Zug der Mutationsanalyse hervor: Es handelt sich wohl häufig, *aber nicht immer* um destruktive Wirkungen der absorbierten Energiedepots. Da auch Rückmutationen vorkommen, also sprunghafte Wiederherstellung von Erbfaktoren, so können diese in solchen Fällen nicht völlig untergegangen sein.

Wir verzichten in diesem Buch darauf, die sehr komplizierte Züchtungstechnik und ihre Bezeichnungsweise (in den Chromosomenkarten und dem Katalog der mannigfaltigen Mutationsereignisse) auch die damit verknüpfte Fachsprache genauer darzulegen. Denn hierüber belehren Abhandlungen und einige Werke (wie das von TIMOFÉEFF-RESSOVSKY und ZIMMER über „Das Trefferprinzip in der Biologie") den, der sich selbst mit diesen Versuchen befaßt. Das Ziel dieses Buches erfordert nur die Prüfung der Probleme und Ergebnisse im Lichte der quantenbiologischen Gedankengänge.

Wir sahen, daß der Begriff „Gen" mehrere wichtige Bedeutungen hat. Ein Gen ist eine Einheit, insofern als es bei Spaltungen nicht selbst gespalten wird (Spaltungseinheit); es ist lokalisiert (örtliche Einheit), es wird als Erbanlage getragen von einem Atom*verband* von etwa 10^3 bis 10^4 Atomen, also von einer Stoffeinheit, wahrscheinlich einem „biologischen Molekül", und es erweist sich als Mutationseinheit, d. h. auf das Gen bezieht sich die sprunghafte „Punktmutation". Diese Sonderstellung der Gene erlaubt die quantenbiologische Analyse.

Aber man darf sich durch diese prägnante Stellung nicht verführen lassen, darüber hinaus Änderungen sozusagen algebraisch als Summe von isolierten Sprüngen, als ein Mosaik sich vorzustellen. Es bleibt auch das Gen *in* der Ganzheitsordnung der Lebenden, im System. Die Gene sind unter sich verknüpft, voneinander nicht unabhängig. Das erweist sich nicht nur in den Merkmalen der Filialgenerationen, sondern auch beispielsweise an der Tatsache, daß die Mutationsrate einer Einzelmutation abhängig ist von vorausgegangenen Mutationen anderer Gene. Das Genom hat *Systemcharakter* und das einzelne Gen gehört dem System an, steht im System in Wechselwirkung dessen, was BERTALANFFY „Fließgleichgewicht" nennt. Das ist auch der Grund für die große Anzahl der letal verlaufenden Mutationen. Das komplexe Geschehen ist *in seiner Fülle* der exakten, hier quantenbiologischen Analyse noch bei weitem nicht zugänglich, weil zu vieles ineinandergreift. Zu der Wechselbeziehung der einzelnen, gut unterscheidbaren Gene untereinander kommt die Beteiligung des Plasmas. Zwar besteht hier stark der Eindruck, daß es das Wirkungsfeld des Genoms ist, vom Genom gesteuert, geprägt wird, daß die Gene selbst darauf katalysatorartig wirken oder von ihnen katalysatorartige Stoffe ausgehen, also eine organisatorische Wirkung (SPEMANN) ausüben. Aber es ist *möglich*, daß vom Plasma selbst, nicht nur sekundär durch seine ihm auferlegte Formung, auch gewisse Erbwirkungen ausgehen, so, daß sie nicht in Abhängigkeit vom Zellkern-Chromosomensatz sondern in Selbständigkeit bestehen. Bei Hefen und Infusorien sprechen vielleicht einige Beobachtungen für eine solche Deutung, bei gewissen Pflanzen scheint das „Plasmon" wirklich neben dem Genom zu bestehen.

Diese Vorbehalte sind zu machen, wenn man den quantenbiologischen Formalismus auf die Genetik anwendet. Die heutige physikalisch-mathematische Analyse kann nur durch Isolierung von „Funktionen"

Einzelabhängigkeiten zwischen solchen Variabeln erforschen, die man durch einfache Merkmale auswählen kann. „Absterbekurven", „Überlebenskurven" sind Darstellungen derartiger Funktionsabläufe. Denn in der Kultur etwa von B. coli ist zu sehen, welche Individuen vermehrungsfähig sind und welche „abgestorben" sind — es sind einfache Kennzeichen, günstige Variabeln vorhanden. Und ebenso ist die unabhängige Variable, die Energie-Depotzahl, greifbar. Wo, wie im Falle der Punktmutationen solche klare Beziehungen im Vordergrund des Naturablaufes stehen, bietet das physikalisch-mathematische Verfahren ein hervorragendes Forschungsmittel, ist also quantenbiologische Analyse am Platz. Denn hier überwiegt eine einzelne *funktionale Abhängigkeit* bei der Bestimmung des *Ereignisses*. Wo die Ereignisse aber von vielen Variabeln zugleich und mit Gewicht von etwa gleicher Größenordnung bewirkt sind, da wird der mathematisch-logische Apparat zu schwerfällig. Darum experimentiert ja auch der Chemiker viel mehr, als er rechnet — obwohl im Prinzip die Reaktionen berechenbar sind. Wir begnügen uns hier mit dieser Bemerkung über den Umfang der Anwendbarkeit der quantenbiologischen Analyse und kommen am Schluß des Buches auf diese wichtige Frage zurück.

§ 2. Die experimentellen Befunde bei Gen-Mutationen.

Zunächst sind die experimentellen Befunde, die in fast unglaublich mühevollen Versuchen (hauptsächlich durch verschiedene Arten von Kreuzungen) erhoben worden sind, in ihren Grundzügen wiederzugeben. Wir beginnen mit den Ergebnissen der Gen- oder Punktmutationen.

1. Alle Strahlen, mit deren Hilfe genügende Energiedepots in den Objekten erzeugt werden können, erhöhen die Mutationsraten beträchtlich. Das sind, wie früher, die Elektronendepots im Anschluß an Photonenabsorption (Röntgen, γ). Ferner Elektronen selbst (β-Strahlung oder Kathodenstrahlen durch Lenardfenster), α-Strahlen, Neutronen über den Weg der Rückstoßprotonen. Da im physikalischen Experiment in Gasen die Depots als Ionisierungen gemessen werden können, kann man auch sagen, daß alle Strahlen, die (direkt oder indirekt) in Gasen ionisieren (also in Depots ihre Energie abbauen), zur „Induktion" von Mutationen sich eignen. Mißt man die absorbierte Energie ionometrisch, so erweist sich für alle Strahlenarten (scheinbare Ausnahme Neutronen) die Erhöhung der natürlichen Mutationsrate (= die induzierte Mutationsrate) dosisproportional, also proportional der Ionisierung, die im Gas entstanden wäre, wenn die Absorption darin stattgefunden hätte. (Konstanter Koeffizient der induzierten Mutation.)

2. Diese Einwirkung ist allgemein. In allen Objekten, die herangezogen wurden, können alle bekannten Mutationen, die auch spontan vorkommen, durch Bestrahlung herbeigeführt werden.

3. Die Mutationen sind — wie oben erwähnt — vielfach, nicht immer, für die Nachkommen tödlich oder schädigend. Rückmutationen kommen vor. In einigen Fällen ist sogar die induzierte Rückmutation häufiger.

4. Es ist als sicher anzunehmen, daß die mutationserzeugende Wirkung *überwiegend* eine direkte ist, also im allgemeinen nicht über irgendwelche, etwa das Gewebe umstimmende Einflüsse geschieht. Nachwirkung konnte nie festgestellt werden und die Änderung der Mutabilität tritt an strahlengeschützten Orten nicht ein. Mit anderen Worten: Die Depots wirken im Chromomer selbst oder in dessen unmittelbarer Umgebung.

Ganz besonders gestützt wird dieses Ergebnis dadurch, daß mit stark absorbierbaren Strahlen (sehr weichen Röntgenstrahlen, sog. Grenzstrahlen), Kathodenstrahlung, UV-Photonen, die Wirkungsorte oft nicht erreicht werden und die Mutationen auch bei beträchtlichen absorbierten Energien ausbleiben.

5. Die mutationsauslösende Wirkung der Depots ist praktisch unabhängig von vielen Fremdeinflüssen wie Temperatur, Narkotiken, Vorbehandlung mit Oestron u. dgl.

6. Absorptionserhöhende Mittel (Imprägnierung der Objekte mit Schwermetallen) erhöhen bei pflanzlichen und tierischen Objekten die induzierte Rate.

7. Das Entwicklungsstadium der bestrahlten Zellen ist hinsichtlich der induzierten Mutationsrate von Einfluß, und zwar ist das Reifestadium empfindlicher. Der Unterschied ist gering hinsichtlich der *autosomalen* Letalfaktoren, ferner bei nicht letalen Mutationen, aber es ist groß bei geschlechtsgebundenen (gonosomalen) Letalfaktoren.

8. Die Mutationsraten der verschiedenen *Chromosomen* zeigten sich bei Drosophila als proportional ihrer zytologischen Länge. Also müssen ihre Abschnitte gleich mutabel sein.

9. Die wie bei allen statistischen Untersuchungen auftretende Streuung (erst bei sehr großem statistischen Material bestimmbar) bleibt in normalen Grenzen.

Aus diesen Feststellungen (die hier nach dem Buch von TIMOFÉEFF-ZIMMER dargestellt sind), geht hervor, daß man bei gegebenen Versuchsbedingungen die Mutationsraten hinreichend genau im Experiment reproduzieren kann, wenn die Dosen ionometrisch gemessen werden und nicht extrem weiche Strahlung benutzt wird.

Des weiteren ergaben die Versuche:

10. Die induzierten Raten sind bei gegebener Dosis unabhängig von der Zeitdauer der Bestrahlung — also davon, ob die gleiche Dosis in

kürzerer Frist mit stärkerer Intensität oder in längerer Frist mit geringerer Intensität appliziert wird (unabhängig vom „Zeitfaktor").

11a. Diese Proportionalität mit der Dosis ist unabhängig von der Strahlenart (weiche, harte Röntgenstrahlung, γ-Strahlung, β-Strahlung). Die Wirkung ist dieselbe, wenn ionometrisch gleich gemessen wird.

11b. Nicht mehr· gilt diese Unabhängigkeit bei stark absorbierten Korpuskular-Strahlen, das ist bei solchen, deren Energiedepots extrem dicht beieinanderliegen: α-Strahlen und Rückstoßprotonen bei Neutronenbestrahlung. Hier bleibt naturgemäß die Wirkung gegenüber den anderen Strahlen zurück, weil viele Depots in den schon getroffenen und veränderten Wirkungsvolumen zustande kommen. (P. JORDANs „Sättigungsfaktor", Kap. 2, § 8.)

12. Die Analyse der experimentellen Ergebnisse bei induzierten Mutationen ergibt — nach den im Kap. 2 angegebenen Verfahren Eintrefferkurven ($m = 1$). Die Mutation erfordert also ein einziges Energiedepot. Damit scheidet die Frage einer Abhängigkeit von der Wellenlänge bei Röntgen- und γ-Photonen aus. Auch die früher diskutierte Möglichkeit, daß Ionenhäufchen die Mutationen herbeiführten, ist durch die Analyse der Versuchsergebnisse verneint.

13. Die formale Behandlung des experimentellen Materials, insbesondere die Berechnung des formalen Trefferbereiches v (vgl. Kap. 2) führt zum Ergebnis, daß die Wahrscheinlichkeit der Wirkung, d. h. die Depotausbeute nahe $= 1$ ist, daß die biologische Elementareinheit (die nicht notwendig mit v übereinstimmen muß, sondern evtl. größer anzunehmen ist) die Größenordnung eines nicht besonders großen biologischen Moleküls hat (etwa 500—10000 Atome). (Diese Überlegung wird besonders gestützt durch die Trefferverluste bei α-Strahlen und Rückstoßprotonen.)

Die vorstehende Zusammenstellung stellt die Hauptergebnisse der Analyse von Gen- oder Punktmutationen dar, soweit sie durch die angewendete experimentell-genetische Kreuzungsanalyse bis etwa 1947 erfaßt worden sind. Die späteren Ergebnisse folgen.

Zu den Genkatalogen sind Kataloge der natürlichen Mutationen hinzugekommen, die nicht nur die Art, sondern auch nähere Angaben, wie solche über Häufigkeit, Reversibilität der sprunghaften Änderung enthalten, und eine besondere Fach-Chiffren-Sprache entwickeln ließen. Und es hat sich ergeben, daß die induzierten, also meist durch Strahlung erzeugten Mutationen den natürlichen entsprechen, auch hinsichtlich der Raten. Die Einwirkung besteht also darin, daß alle auch natürlich vorkommenden Mutationen proportional der Dosis häufiger auftreten. Das Versuchsmaterial wird viel besser ausgenutzt, weil die Mutationsrate mit der Dosis steigt.

§ 3. Befunde bei Chromosomen-Mutationen. Aberrationen. Rolle der indirekten Wirkung.

Der primäre Vorgang bei *Chromosomenmutationen* scheint stets ein Chromosomen*bruch* zu sein. Die Erfahrung hat weiter ergeben, daß Lebensfähigkeit der so veränderten Anlage nur besteht, wenn diese auf zwei Chromosomenbrüche zurückgeht. Als man dies noch nicht erkannt hatte, war die Deutung der Effektkurven als Zweitrefferkurven naheliegend. Aber sie befriedigte nicht genügend das Postulat der Übereinstimmung zwischen Experimentalmaterial und Formalismus.

Die Untersuchungsmethoden sind die schon dargelegten: Systematisch experimentierende Kreuzungsgenetik und zytologische mikroskopische Analyse der Riesenchromosomen. Man muß im Experiment sich auf bestimmte Teilaufgaben einstellen; etwa die Übergänge zwischen dem ersten und zweiten oder dem zweiten und dritten Chromosom der Taufliege. Es handelt sich immer um Umgruppierungen mit der Folge veränderter Kopplungen. Die Ergebnisse und Deutungen sind schwierig und noch nicht weit fortgeschritten. Die Lage etwa um 1946 war die folgende:

1. Während bei den Gen-Mutationen ein exponentieller, das bedeutet im Anfang dosisproportionaler Verlauf der Wirkung als Funktion der Dosis stattfindet, ergibt sich bei Chromosomenmutationen bei Drosophila ein Effekt, der dem Quadrat der Dosis D *angenähert* proportional ist. Das entspricht der elementaren Wahrscheinlichkeitsregel, daß die Merkmale-Gesamtwahrscheinlichkeit zweier gleicher Kollektive dem Quadrat der Merkmals-Wahrscheinlichkeit des einzelnen Kollektives entspricht. (Es sind ja zwei Brüche erforderlich.) Aber die Regel ist nicht genau erfüllt. Der Effekt E ist etwas kleiner, etwa

$$E = \text{konst } D^{1,65}.$$

Das ist bei der Komplikation des gesamten Ablaufs bis zum experimentell kontrollierbaren Resultat plausibel.

2. Bei bestimmten botanischen Objekten gelingt es, die einzelnen Chromosomenbrüche festzustellen. Dabei zeigt sich, daß die Effektkurve Eintreffercharakter hat (dosisproportionaler Anfangsverlauf). Dieser Befund wurde auch indirekt in anderen Versuchen bestätigt. Man ist zu dem Schluß berechtigt, daß ein Chromosomenbruch von einem Treffer herbeigeführt wird.

Die Deutung der experimentellen Resultate ist durch Zellvorgänge erschwert. Sind z. B. durch zwei Treffer zwei Brüche gegeben, also die allgemeine Voraussetzung für weitere Beobachtung der Folgen erfüllt, so gilt trotzdem, daß auch hier Letalfälle (mit wachsender Dosis relativ häufiger) auftreten, die natürlich aus den Effekten herausfallen, d. h. die Kurven deformieren, so daß sie formal schwer deutbar werden.

3. Dem Einfluß des Zellgeschehens ist es auch zuzuschreiben, daß die Wirkungen im Gegensatz zu den Genmutationen zeitabhängig sind, in dem Sinne, daß bei gleicher Dosis große Intensität und kurze Dauer der Strahlung stärker wirkt als geringe Intensität und lange Einwirkungszeit. Das mag mit einer beschränkten Rekombinationszeit der Bruchstücke, in anderen Fällen mit der Reife der Geschlechtszellen zusammenhängen. Hier spielen also biologische Variationen mit.

4. Ungeklärt war die Frage des Einflusses der Wellenlänge, die ja für die Dichte der Energiedepots (Anzahl der Depots pro Weglängeneinheit) maßgebend ist. Die Rückstoßprotonen schneller Neutronen geben besonders große Depotdichten und man hat auffallenderweise hierbei Eintrefferkurven festgestellt. Es gibt hier mehrere noch nicht genügend erforschte und darum noch widersprechend anmutende Befunde, so bei den Effektkurven von Tradescantia.

In den letzten Jahren sind die Bestrahlungswirkungen an den *Chromosomen* selbst, besonders unter Verwendung pflanzlichen Materials (Tradescantia) beachtet worden, so sehr, daß sie als Teste der quantenbiologischen Analyse fast an die erste Stelle getreten sind. Und zwar wurde weniger der mühsame genetische Weg, als vielmehr die direkte mikroskopische Beobachtung der Keimzelle gewählt. Seitdem K. SAX 1938 die Zierpflanze Tradescantia in die Genetik einführte, benutzt man den Umstand, daß ihre Chromosomen in der Metaphase (Bildung der Äquitorialplatte) und Anaphase (Auseinandergehen, Doppelsternbildung) voneinander getrennt und vom Plasma gut unterscheidbar im Mikroskop gesehen werden, um die nach Strahlenabsorption auftretenden Abweichungen, die sog. *Aberrationen* zu studieren. In besonders großem Umfang geschah dies von D. E. LEA und D. G. CATCHESIDE in den Jahren 1942—1945. Im Hauptwerk von LEA (Action of Radiations on Living Cells. 1947) sind diese Forschungen und ihre quantenbiologische Auswertung ausführlich dargestellt. Ein guter Bericht daraus findet sich in K. SOMMERMEYERs „Quantenphysik der Strahlenwirkung in Biologie und Medizin" 1952. Im nachfolgenden sind nur die wesentlichen Züge dieser Forschung, die Ergebnisse der quantentheoretischen Analyse und die Weiterführung durch andere Autoren bis zur Gegenwart kurz dargestellt.

Die Mitose im Pollenkorn der Tradescantia folgt einer Reduktionsteilung, hat einen einfachen (haploiden, s. oben) Chromosomensatz und führt zur Bildung eines generativen und eines vegetativen Kerns. In geeignetes Milieu gebracht, entwickelt sich aus dem Pollenkorn der Pollenschlauch, in dessen *Innern* der generative Kern eine zweite Mitose (Schlauchmitose) durchmacht. Bei der Kornmitose muß die Strahlung durch eine Wand hindurchtreten (Vorabsorption, evtl.

Schutz), bei der Schlauchmitose ist die Schlauchwand sehr dünn und ihre Absorption verhältnismäßig unerheblich. Es ist wichtig, die Bestrahlung am Ruhekern oder noch besser in der Prophase vorzunehmen. Dann sieht man mikroskopisch die Veränderung an denjenigen Chromosomen, die sich gerade in Meta- oder Ana-Stellung (im Augenblick der Untersuchung) befinden.

Natürlich muß auch hier der Ablauf der Untersuchungseingriffe dem Lebensrhythmus des Objekts angepaßt werden.

Man sieht dann: Einfachbrüche, d. h. Bruch eines Chromatidfadens, Doppelbrüche durch beide Fäden; Verlagerungen (Translocationen) durch Austausch der Stücke innerhalb desselben oder zwischen zwei Chromosomen; Verlust von Bruchstücken mit Verkürzung des Fadens; Umkehr eines Bruchstücks. Dazu kommt, was man nicht sieht, die Verheilung (Restitution) eines gebrochenen oder, was wahrscheinlicher ist, nur *an*gebrochenen (nicht vollständig abgebrochenen) Fadens.

Im Gefolge dieser „Aberrationen" tritt eine Mannigfaltigkeit der Erscheinungen auf, die wir hier nicht verfolgen. Sie können in Leas Werk oder, z. T. in dem von Sommermeyer gefunden werden. Die Ergebnisse bestätigen die oben angeführten vier Schlüsse und zeigen einige weitere Einzelheiten.

Zunächst ergab auch Tradescantia die Dosisproportionalität ohne Zeitfaktor sowohl für einfache wie für Doppelbrüche bei *korpuskularen* Strahlen und dieser Befund weist wie vorher auf den $m = 1$-Typ.

Für einen Austausch müssen zwei Brüche vorliegen. Nach den Wahrscheinlichkeitsgesetzen muß also der Anstieg quadratisch sein, was bei Röntgenstrahlen zutrifft. Aber es kommt bei α-Strahlen und Rückstoßprotonen auch zu $m = 1$-Kurven, was bedeutet, daß ein α- oder Protondurchgang genügt, beide Brüche herbeizuführen und daß der Austausch nur bei benachbarten Brüchen stattfindet. Bei nicht benachbarten Brüchen kommt es wahrscheinlich oft zur Verheilung (Restitution). Lea und Catcheside schreiben den Chromatidfäden eine Eigenbewegung zu, die zur Berührung führen kann und damit in der *nächsten* Nachbarschaft zur Verlagerung. Im Fall der größeren Distanz aber kommt es nicht zur Berührung, sondern es kann Restitution erfolgen.

Ein weiterer Befund betrifft den Zeitfaktor bei *Röntgenbestrahlung*. Im Gegensatz zur α- und Protonenbestrahlung nimmt die Ausbeute an Austauschfällen *ab*, wenn die Dosen protrahiert (zeitlich gedehnt) werden. Die Deutung besteht in der Überlegung, daß Austausch nicht mehr stattfinden kann, wenn der Bruch (etwa 4 min) Zeit hatte, durch Restitution zu heilen. Durch Zeitdehnung der Röntgenbestrahlung wird die Wahrscheinlichkeit des dichtbenachbarten zweimaligen Brechens innerhalb der Restitutionszeit geringer.

Aber durch Verlagerungsaustausch und Selbstheilung verschwinden keineswegs alle Brüche.

Die rechnerische Verfolgung dieser Tatsache führte LEA und CATCHESIDE zum Schluß, daß nur bis zu einer Distanz von $1\,\mu$ genügende Wahrscheinlichkeit für Austauschkombinationen besteht und zu dem weiteren, daß die Größe der Energiedepots darüber entscheidet, ob überhaupt Restitution oder Austauschkombination noch möglich ist. Zu große Depots zerstören für beide Möglichkeiten die biologische Disposition. Darum zeigt sich auch Abhängigkeit der Vorgänge von der Art der benutzten Strahlung. Es treten Konzentrationseffekte auf; die Depotdichte spielt eine merkliche Rolle (α, Protonen und Endverläufe der Elektronen), und zwar ergibt die Abschätzung für die wirksame Bahnstrecke dichter Depots etwa $0,25\,\mu$.

Die letzte Entwicklung hat gezeigt, daß diese Deutungen der Ergänzung bedürfen. Bei LEA und CATCHESIDE gab ja die Anwendung der Depottheorie die Grundzüge der Erscheinungen, aber ohne genügende Berücksichtigung der Milieubeteiligung, der „indirekten" Wirkungen, denen man in den letzten 10 Jahren immer mehr Beachtung schenkt und die im 4. Kap. dieses Buches im Zusammenhang besprochen werden (Ein Hinweis darauf wurde in Kap. 1, § 4, gegeben.)

Es handelt sich dabei nicht um Versagen der quantenbiologischen Theorie. Die diskontinuierlichen, statistisch zu behandelnden Abbau-Depots der absorbierten Strahlenenergie bleiben bestehen. Aber diese Depots finden nicht nur an biologischen Einheiten, wie Makromolekülen statt, sondern auch im Milieu, vornehmlich im Wasser des Eigengehaltes oder der Umgebung. Und auch diese Depots können wirksam werden, wenn die Teilchen genügend nahe sind, um während der Verweilzeit des vom Depot aktivierten Zustandes an eine reaktionsfähige biologische Elementareinheit zu gelangen. Weil die indirekte Wirkung gerade bei den pflanzlichen Chromosomenbrüchen eine große Rolle spielt, wird ihr Anteil vor der generellen Behandlung im 4. Kap. nachfolgend erläutert.

Die Anwendung der Depottheorie der direkten Wirkung lieferte die Grundzüge, aber in einigen Einzelheiten entsprach das Experiment nicht der Rechnung. Solche Widersprüche fanden (1947) I. P. KOTVAL und L. H. GRAY bei dem Vergleich der Wirkungen von α-Strahlen und schnellen Rückstoßprotonen. I. M. THODAY und I. READ (1947), ferner D. HAYDEN und L. SMITH (1947) hatten mit anderem Material (Aberrationen bei Vicia faba bzw. Samen) gefunden, daß Sauerstoffmangel die Wirkung der Bestrahlung herabsetzt. Dieser Einfluß wurde nun Gegenstand eifriger Bemühungen. Die Objekte wurden in *Gaskammern* der Röntgenstrahlung ausgesetzt, so daß sie in Gasen verschiedener Art, bei verschiedenem Druck, auch im Vakuum bestrahlt werden konnten.

N. H. Giles jr. und H. P. Riley (1949—1950) fanden dabei: N_2, He, Ar-Atmosphäre reduzierten die Zahl der Aberrationen gegenüber einer O_2 enthaltenden; jedoch tritt die Wirkung nur ein, wenn diese Atmosphäre *während* der Bestrahlung besteht.

Die Ursache der Förderung der Aberrationen durch Sauerstoff konnte in einer Hinderung der Selbstheilung (Restitution) bestehen. Aber die Versuche zeigten, daß die Brüche selbst, und zwar indirekt begünstigt werden. Bei Tradescantia beträgt die Zeit vom Bruch bis zur Restitution etwas über 4 min. Man gab kurzzeitig (1 min) eine Dosis von 300 r in Sauerstoffatmosphäre oder in sauerstofffreier Atmosphäre und konnte dabei sofort nach der Bestrahlungsminute das O_2 rasch entfernen oder einführen. Bestrahlung ohne Präsenz von O_2, aber mit sofortiger Sauerstoffzufuhr nach der Bestrahlungsminute ergab keine Wirkung auf den Selbstheilungsprozeß. Diese und modifizierte Versuche entschieden: Das O_2 wirkt *nur während der Bestrahlung selbst*, und zwar *auf die Brüche, nicht auf die Restitutionen.* Der Sauerstoff diffundiert rasch in die Zellen hinein (und bei Entfernung heraus), die Wirkung tritt sofort ein. Vor- oder Nacheinwirkung der Gase findet nicht statt. Die Vermehrung der Aberrationen steigt mit dem Prozentgehalt an O_2. Die Wirkung ist also vom O_2-Gehalt in den Zellen abhängig. Die Autoren deuten es so, daß mit diesem Sauerstoff in der Kernsubstanz, und zwar im Wassergehalt (in dem O_2 gelöst ist), aktivierte Bestandteile, vornehmlich H_2O_2 gebildet werden (die H_2O_2-Deutung wird besonders von Thoday und Read vertreten). Die Wirkung ist also indirekt, chemisch gedeutet — „chemische Treffer" —, die Rajewsky schon früh als sicher zu erwartende Wirkungskomponente vorausgesehen hat. Hinsichtlich der Effekte in bestrahltem Wasser, die in Kap. 4, § 9, 10 eingehender besprochen sind, sei hier erwähnt, daß H_2O_2-Bildung durch Röntgenbestrahlung nur nachgewiesen werden konnte, wenn das Wasser gelösten Sauerstoff enthält. Das aber ist im Wassergehalt der Zelle bestimmt der Fall, wenn Sauerstoff in der Atmosphäre der Pflanze vorhanden ist. Dieser allgemeine Befund der H_2O_2-Erstehung stützt ebenso wie eine Reihe später (Kap. 4) zu besprechende Befunde, die Vorstellung von den indirekten chemischen Trefferwirkungen bei Tradescantia-Chromosomen-Dislokationen.

Aber: Man konstatierte auch stets bei diesen Versuchen, daß es sich nur um eine *Vermehrung* der Brüche handelt. Ihre Anzahl geht zurück (bis auf etwa 20%, wenn man den Sauerstoff sorgfältig vertreibt), wird aber nie Null. Neben den indirekt wirkenden Depots gibt es direkt im biologischen Test wirkende, wie man ja auch erwarten muß. Die Natur hat viel mehr „et — et" (sowohl — als auch)-Fälle in ihren Beständen als „aut — aut" (entweder — oder), die soviel Diskussion verursachen.

Soviel zunächst über die experimentellen Ergebnisse bei Gen- und Chromosomenmutationen. Wir beachten besonders die Tatsache: Während bei den früher behandelten Fällen die „Treffer“ meist Schädigungen bedeuteten (daher Namen wie „Überlebenskurve“), also die Energie von im Mittel 30 eV[1] das biologische Elementarsystem, in dem sie wirkt, so beeinflußte, daß die experimentell erfaßbare biologische Einheit destruiert war, haben wir hier den neuen Befund, daß die Energiedepots oft nicht zerstören, sondern eine Umstimmung, Umlagerung, Umgruppierung herbeiführen. Es muß also in solchen Fällen gefolgert werden: Bezeichnen wir wieder die Toleranzenergie (die maximale Depotgröße, die ohne Zerstörung der biologischen Elementareinheit aufgenommen werden kann) (wie in Gl. (1 d), Kap. 2) mit q_m, die Energie der Depots mit q, so gilt nicht mehr $q > q_m$, sondern

$$q < q_m \cdot$$

Ein wichtiger, wenn auch angesichts der Ganzheitlichkeit biologischer Systeme zu erwartender Befund der letzten Zeit ist die sog. *pleiotropische Genwirkung*[2]. Darunter versteht man die Tatsache, daß eine an sich lokale Gen-Änderung übergreifen und weitere Änderungen nach sich ziehen kann. Als Beispiel mag das „Albino Gen“ vieler Säuger dienen, das weiße Bedeckung, rötliche Augen trägt. Es handelt sich dabei um das Nichtzustandekommen von Pigment. Kompliziertere Fälle (z. B. Mehlmotte, Ephestia, E. CASPARI 1933; Drosophila, BREHME und DEMEREC 1942) wurden im Laufe der Jahre festgestellt, die zeigen, daß bei einer Anzahl von Mutanten ein Syndrom verschiedener Folgeaffekte auftritt, also ein allgemeineres Geschehen sich anschließt mit Komplikationen dominanten und rezessiven Charakters, wobei auch Vitalität und Fruchtbarkeit in die Wirkungssphäre einbezogen werden. Es sind also Ereignisse, die zwar quantenbiologischen Ursprung haben, aber in weiterer Verlauf das Thema dieses Buches überschreiten.

C. Quantenbiologische Analyse der Gen-Mutationen.

§ 1. Ausgang.

Von den im Vorangegangenen gewonnenen Resultaten der Anwendung der formalen Treffertheorie (Kap. 2) auf Gen- und Chromosomen-Mutationen seien folgende nochmals hervorgehoben:

1. Die Gen- und die Chromosomenmutationen schließen an den Eintreffer-Vorgang an. Die Größe des formalen Trefferbereichs weist auf

---

[1] Man beachte aber, daß dieser aus den Anfangszeiten der Quantenbiologie übernommene Mittelwert wahrscheinlich zu hoch ist. Vgl. Kap. 1, § 7 und Kap. 4.

[2] Zusammenfassender Bericht von E. CASPARI mit wohl vollständigem Literaturverzeichnis in Evolution (Lancaster, Pa.) **6,** Nr. 1 (1952).

organische Moleküle, allenfalls auf Micellen oder Micellenteile als elementare biologische Wirkungsorte hin.

2. Die Energiedepots zerstören nicht, wie bei den früher besprochenen Vorgängen, die biologische Elementareinheit (besser: sie tun es nicht immer). Vielmehr ändern sie deren Lage, Struktur, Verbundenheit. Es gilt nicht mehr $q > q_m$, sondern

$$q_m > q.$$

Da die Größe der Depots q dieselbe ist, wie bei den früher besprochenen Wirkungen, muß geschlossen werden, daß die hier gegebenen biologischen Struktureinheiten, die Chromomeren oder Gruppen von ihnen (bei den Chromosomenmutationen) eine größere Energietoleranz besitzen, also energetisch „solider" gebaut sind als die Objekte, mit denen (s. Kap. 1) die Absterbekurven gewonnen wurden. Das ist auch durchaus plausibel. Nehmen wir bei den gewöhnlichen Schädigungseffekten an, was sicher oft der Wirklichkeit entspricht, der primäre biologische Wirkungsort sei ein wichtiges Eiweißmolekül im Kern einer Organzelle, so wissen wir von ihm, daß es von begrenzter natürlicher Lebensdauer ist, ständig bei Umbildung, Dissimilation oder Aufbau in Katalysator-Wechselwirkung steht, all dies im gegebenen Energiemilieu, das beim Menschen etwa $37°\,C = 310°\,K$ bedeutet. Die Dauer unveränderten Bestehens eines solchen Moleküls ist gering gegen die Persistenz eines Chromomers, des Trägers eines stabilen Erbfaktors, der viele Generationen lang beim Menschen durch Jahrhunderte und länger verharrt.

Wir müssen also schließen, daß die Keim-Chromomeren eine stärkere Quantenstruktur haben, als etwa gewöhnliches Plasma-Eiweiß. Die in den ersten Kapiteln besprochene Relation $\dfrac{n\,h}{k\,T}$ als reziprokes Maß der Erwartungswahrscheinlichkeit dafür, daß der „thermodynamische Ansturm" des Milieus mit seiner Maxwellverteilung die Potentialhügel des molekularen Quantenbaues übersteigt, ist für ein somatisches Eiweißmolekül niedriger als für ein Chromomer, das wahrscheinlich gleichfalls ein Proteid ist. Der Gedanke liegt nahe, bei der Verfestigung des Quantengerüstes an die Rolle der Nucleinsäure zu denken. Vielleicht wird man aus der Erfahrung der geringeren Resistenz der somatischen Zellen (man denke an die rasche Zerstörung mancher normaler und insbesondere pathologischer Gewebszellen bei Röntgentherapie) gegenüber den Chromosomen der Geschlechtszellen schließen müssen, daß die vorangehende Meiose die Festigkeit der Quantenbauten stärkt. (Verschiedener Gehalt an Nucleinsäure?)

3. Die spontanen und induzierten Mutationen entsprechen einander. Es treten (soweit die Feststellungen erkennen lassen) die gleichen Änderungen im gleichen Häufigkeitsverhältnis auf. Es dürfte sich also um denselben Grundvorgang handeln.

§ 2. Sind „spontane" Mutationen induziert?

Diese Übereinstimmung der spontanen mit den strahleninduzierten Mutationen legt die Vermutung nahe, daß auch die als spontan bezeichneten strahleninduziert seien, und zwar von Radioaktivität und kosmischen Strahlen (so z. B. EUGSTER-HESS, 1940). Daß diese Strahlen Mutationen herbeiführen müssen, steht natürlich außer Zweifel. Doch erweist die Nachrechnung, daß nur etwa ein Promille der tatsächlich beobachteten natürlichen Mutationen so erklärt werden könnte. Dagegen ließ sich eventuell der Einwand erheben, daß Komponenten der sehr komplexen kosmischen Strahlung der genauen Messung noch entgehen (die Intensität der kosmischen Strahlung wurde tatsächlich anfangs unterschätzt). Aber nach einer Arbeit von RAJEWSKY und TIMOFÉEFF-RESSOVSKY scheint der geringe Einfluß der durch kosmische Strahlung induzierten Strahlung wohl gesichert. Sie brachten die Objekte in Absorptionskästen, die so dimensioniert waren, daß die kosmische Strahlung (durch Sekundärstrahlung, Schauerbildung) maximal verstärkt und in andere, in denen sie durch Abschirmung auf ein Minimum geschwächt war. Beides ergab gegenüber Kontrollen keine eindeutige Änderung der Raten, also keinen die Fehlergrenzen der Messung erreichenden Einfuß der kosmischen Strahlung und natürlichen Radioaktivität der Luft und der Apparatteile. *Die Spontanmutation müßte danach also eine andere Ursache haben.*

§ 3. Ursachen der Spontanmutation.

Als solche Ursache kommt das Energiemilieu selbst in Frage. Die gegebene Temperatur bedeutet, daß im großen biologischen Molekül die vorhandenen inneren Bewegungsfreiheitsgrade in schwankender Verteilung der Geschwindigkeiten aktiviert sind. Sieht man zunächst von den Impulsen aus dem Milieu, die Maxwellverteilung haben, ab und betrachtet die Mutation als eine sprunghafte *monomolekuläre* Reaktion, also als ein Umspringen in einen anderen möglichen Schwingungszustand der Atome und Gruppen, so setzt ein solches Umspringen voraus, daß die Festigkeit der ursprünglichen Ordnung überwunden wird. Das heißt, es muß eine Potentialschwelle von der Energie Q, eben diese quantenhafte dynamische Strukturgröße, von der im ersten Kapitel, § 6 die Rede war, im Laufe der statistischen Energieschwankungen überwunden werden. Der Ausdruck für die Wahrscheinlichkeit, daß dies geschieht, ist, wie schon im ersten Kapitel erwähnt, durch

$$W = e^{-\frac{Q}{kT}} \tag{2}$$

charakterisiert.

Die chemische Kinetik gibt für die Reaktionsgeschwindigkeit in diesem Falle den Ausdruck von SVANTE ARRHENIUS für die Reaktionsgeschwindigkeit $C = Z\,W$

$$C = Z\,e^{-\dfrac{Q}{kT}}. \tag{3}$$

Darin bedeutet Z die Fluktuationszahl der Energieverteilung. Ist die Barriere oder Schwelle (für die wir, da sie gequantelt ist, auch $n\,h$ statt Q schreiben könnten) hoch, so kann die Umgruppierung — die monomolekulare Reaktion, als die wir die Mutation behandeln — nur selten oder praktisch nie zustande kommen. Bei den stets in Umbildung befindlichen somatischen Molekülen des Stoffwechsels im allgemeinen Sinne, kann die Schwelle nicht hoch sein. Sonst würde der rasche Ablauf der Dissimilationen und Assimilationen in Wechselwirkung nicht vor sich gehen können. Aber die Tatsache der Strukturbeharrung der Chromosomen und Chromomeren in den Keimzellen durch Jahrhunderte zeigt, daß Q für eine solche, „Mutation" genannte Reaktion groß sein muß. Es handelt sich nun darum, ob man Q berechnen kann, um damit einen wichtigen Einblick in die Struktur der erbtragenden Elementargebilde zu erhalten.

Für den Fall des Menschen ist das Energiemilieu 37° C = 310° K. Es entspricht dem ein Wert von kT als Mittelwert des Energiebetrags pro Freiheitsgrad von $\sim 0{,}04$ eV. Um diesen Mittelwert liegt die Maxwellverteilung. Die Stabilität der Chromomeren verlangt also, daß $Q \gg 0{,}04$ eV beim Menschen ist.

Der reziproke Wert von C ist die Erwartungswahrscheinlichkeit des Überspringens der Potentialschwelle Q, ausgedrückt durch die Größenordnung der Zeit, nach der die Mutation eintreten wird.

$$\frac{1}{C} = t = \frac{1}{Z}\,e^{\dfrac{Q}{kT}}. \tag{4}$$

Die Schwierigkeit liegt darin, daß die Zahl Z nur geschätzt werden kann. Sie wird von verschiedenen Autoren mit 10^{12} bis 10^{14} angenommen, als eine Frequenz also, die bei kleinen Molekülen mehr bei 10^{13} oder 10^{14} liegen dürfte, bei den hier in Frage kommenden großen biologischen Molekülen eher bei 10^{12} oder sogar darunter. Folglich ist in Gl. (4) die Größe $\dfrac{1}{Z}$ eine Schwingungsdauer. Wir bezeichnen sie mit τ. Dann erhält man für verschiedene Werte des Verhältnisses $\dfrac{Q}{kT}$ als Abszisse die Zeiten, aus denen ersichtlich ist, wie eine verhältnismäßig kleine relative Erhöhung von Q gegen das Energiemilieu kT das Molekül gegen Umgruppierungen schützt. Einige Zahlenwerte finden sich in der Tabelle (Abb. 20 u. Tabelle 3).

Tabelle 3.

$\dfrac{Q}{kT}$		30	40	50	60
$a = -12$ {	$\log t =$	1,029	5,372	9,715	14,058
	$t =$	12,36	$2,355 \cdot 10^5$	$5,188 \cdot 10^9$	$1,137 \cdot 10^{14}$
$a = -13$ {	$\log t =$	0,029	4,372	8,715	13,058
	$t =$	1,236	$2,355 \cdot 10^4$	$5,188 \cdot 10^8$	$1,137 \cdot 10^{13}$
$a = -14$ {	$\log t =$	1,029	3,372	7,715	12,058
	$t =$	0,1236	2,355	$5,188 \cdot 10^7$	$1,137 \cdot 10^{12}$

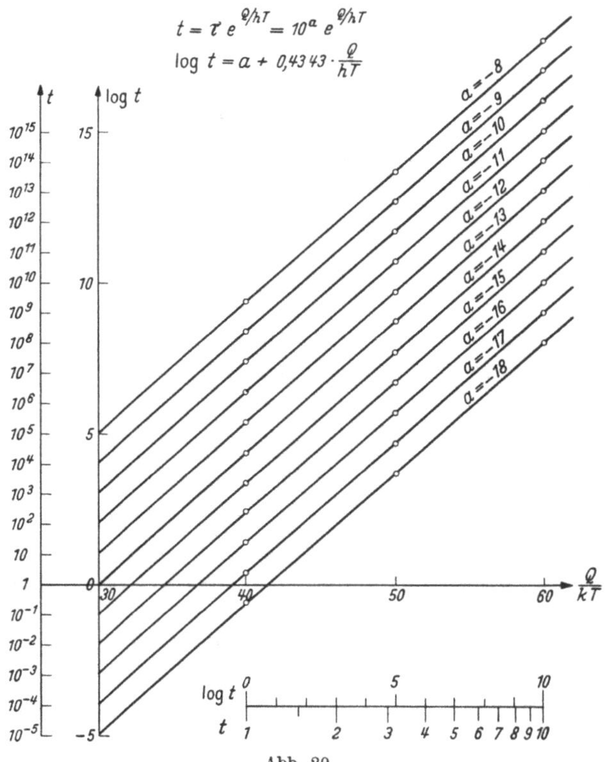

Abb. 20.

Wenn t für Mutationen, etwa bei Drosophila, einigermaßen bekannt ist, könnte man auf Q schließen, wenn Z bzw. τ genügend bekannt wären. Denn aus

$$t = \tau\, e^{\frac{Q}{kT}} \tag{4b}$$

folgt

$$Q = kT \ln \frac{t}{\tau}. \tag{5}$$

Die Ausrechnung befriedigt nicht, da zuverlässig nur mit der experimentell feststellbaren Halbwertzeit $t_{1/2}$ gerechnet werden kann. Wir setzen deshalb besser (mit TIMOFÉEFF-RESSOVSKY und ZIMMER) für die mutierte Anzahl N die allgemeine Übergangsgleichung an

$$N = N_0 \, e^{-Ct}, \tag{6}$$

die nur zur Voraussetzung hat, daß die „Reaktionsgeschwindigkeit" C während des Ablaufs konstant bleibt. Für $\dfrac{N}{N_0} = \dfrac{1}{2}$ ergibt sich (wie in Kap. 2)

$$t_{1/2} = \frac{0,69}{C} = 0,69 \, \tau \, e^{\frac{Q}{kT}} \text{ sec.} \tag{7}$$

Zweckmäßigerweise wählt man für die Boltzmann-Konstante den Wert in eV/grad

$$k = 0,86 \cdot 10^{-4} \, \frac{\text{eV}}{\text{grad}} \tag{8}$$

und erhält die Größenordnung von Q

$$Q \sim 1,4 \, \text{eV}.$$

Für Drosophila hat man wohl Zimmertemperatur einzusetzen, also nicht $310°$ K, sondern etwa $290°$ K, folglich statt $0,04$ eV als kT etwa $0,038$ eV und erhält so für

$$\frac{Q}{kT} = \frac{1,4}{0,038} \sim 37 \, .$$

Diese Berechnung ist von den genannten Autoren angestellt für eine „mittlere" Mutation unter Annahme von 1500 Genen pro Chromosom und etwa 20 Allelen pro Gen. Die zugrunde liegenden Versuche waren sog. $C \, B$-Kreuzungen.

Die große Unsicherheit der Frequenz Z (bzw. der Schwingungsdauer τ) läßt nach einem anderen Verfahren suchen, um die Potentialschwelle Q, die Beständigkeit bzw. die Aktivierungsenergie des Chromomers, des Genträgers zu schätzen. Folgendes Verfahren ist von den gleichen Autoren eingeschlagen worden.

§ 4. Temperaturabhängigkeit. Deutung.

Wenn es sich bei den spontanen Mutationen um monomolekulare sprungartige Umgruppierungen aus den Schwankungen des durch kT gekennzeichneten Energiemilieus handelt, so muß die Mutationsrate temperaturabhängig sein. Das ist auch durch viele Versuche festgestellt.

Dann kann man das Verhältnis der Mutationsraten, also der Reaktionsgeschwindigkeiten bilden, etwa für T und $(T+10)\,°K$. Wir benutzen Gl.(3).

$$\frac{C_{T+10}}{C_T} = r = \frac{Z\,e^{-\frac{Q}{k(T+10)}}}{Z\,e^{-\frac{Q}{kT}}} = e^{-\frac{Q}{kT^2-10kT}}\,.$$

Da wir $10\,kT$ gegen kT^2 vernachlässigen können, erhalten wir

$$|r| \approx e^{\frac{10\,Q}{k\,T^2}} \tag{9}$$

woraus folgt

$$Q \approx 0{,}1\,kT^2 \ln r\,. \tag{10}$$

Daraus berechnen die Autoren die Höhe der Potentialschwelle und damit des notwendigen Aufwandes (Aktivierungsenergie) zur Herbeiführung der Mutation auf 1,38 eV. Also würde $\dfrac{Q}{kT} = \dfrac{1{,}38}{0{,}038} \sim 36{,}4$ sein.

Das würde bei $Z = 10^{12}$ eine Erwartungszeit für die Mutation von $10^4\,$sec betragen, also nicht ganz 3 Std. Obwohl es sich um „mittlere" Mutation (wie oben definiert) bei Drosophila handelt und bei einer zweiten Versuchsserie um eine bestimmte häufige Rückmutation (mit dem Ergebnis 1,26 bzw. 1,12 eV), so erscheinen die Werte von Q doch zu klein. Sie entspräche der Energie eines Photons im sichtbaren Spektrum. Möglicherweise muß Z geringer, näher an 10^{11} angenommen werden. Vielleicht ist es nicht hinreichend, die monomolekulare Beziehung unverändert zu benutzen. Die Chromomeren sind ja nicht getrennt, sondern im Chromosom verbunden.

Doch schon dieser erste Versuch, die experimentellen Ergebnisse nach der quantenbiologischen Treffermethode verbunden mit dem Formalismus der chemischen Kinetik anzuwenden, führt zu bemerkenswerten Ergebnissen. Prinzipiell ist jedenfalls schon jetzt klar, daß die mutierenden Chromomeren der Gameten eine Struktur „haben" oder wohl richtiger „tragen", die quantenmäßig besonders stabil ist und dadurch von anderen biologischen Elementareinheiten ausgezeichnet sind. Es zeigt sich z. B., daß bei $Z \sim 10^{12}$ und einem Verhältnis $\dfrac{Q}{kT} \sim 50$ die Erwartungswahrscheinlichkeit der Mutation zwischen Jahrhunderten und Jahrtausenden liegt, also die große Stabilität von Erbfaktoren erklären könnte. Ich sage hier ausdrücklich eine Struktur *im* Chromomer, denn offenbar hat diese biologische Einheit noch andere gequantelte Strukturkomponenten, vermöge deren sie am Stoffwechsel teilnimmt und in den vorbereitenden Stadien ihren Phasenwandel vollzieht. *Somit bietet sich die Aufgabe an, zu untersuchen, worin dieser stabile Quantenbau in solchen Chromomeren physiko-chemisch bestehen mag*, ob etwa eine besondere Kombination mit Nucleinsäure in seinem energetischen Gerüstbau, eine Art Skelet im Molekül, erst durch diesen beträchtlichen Aufwand von Aktivierungsenergie umgebaut werden kann; auch fest ist gegenüber den überall vorhandenen Katalysatoren. Jedenfalls liegt ein eindringlicher Hinweis dafür vor, wie quantenphysikalisch die charakteristische Eigenschaft der „lebenden" Mikroeinheiten, sich selbst in ihrer Eigenart durchzusetzen, verstanden werden kann. Hier liegt eine große Aufgabe für die weitere quantenbiologische Analyse auf Grund besseren empirischen Materials.

§ 5. Zusammenfassung der quantenbiologisch-reaktions-kinetischen Analyse.

Fassen wir die Ergebnisse dieser quantenbiologisch-reaktionskinetischen Analyse zusammen, so ergibt sich folgendes:

1. Die Gen-Mutationen oder Punktmutationen, spontane wie induzierte, sind besondere Einzelreaktionen wahrscheinlich großer biologischer Moleküle (vielleicht aber weniger wahrscheinlich Micellen oder Teile von ihnen), die große Aktivierungsenergie erfordern.

2. Diese Reaktionen bedeuten einen sprunghaften Umbau eines auffallend stabilen (mit hohen Potentialschwellen geschützten) Gerüstbaues dieser Erbfaktoren tragenden Moleküle.

3. Die spontane Mutationsrate ist eine Schwankungserscheinung, deren Häufigkeit (Wahrscheinlichkeit) annähernd mit $e^{-\frac{Q}{kT}}$ proportional, also temperaturabhängig ist.

4. Im Gegensatz zu den in den ersten Kapiteln behandelten überwiegend destruktiven Trefferwirkungen, die an die Ungleichung $q_m < q$ (Toleranzenergie kleiner als Depotenergie) geknüpft sind, gilt hier, wenn statt Zerstörung nur Umbau erfolgt, die Ungleichung $q_m > q$. Wir haben die Aktivierungsenergie mit Q bezeichnet. Es muß also gelten

$$q_m > q \geqq Q \qquad (11)$$

5. Die physiko-chemische Struktur, die so hohe Potentialwälle (Bindungskräfte) herbeiführt, ist noch nicht bekannt, hängt aber vielleicht mit dem Nucleinsäuregehalt dieser Moleküle zusammen.

Die Verfeinerung der jetzigen Theorie muß die rein monomolekulare Betrachtungsweise durch die Einflüsse des Verbandes (Chromosom als Micelle?) ergänzen, in welchem das mutierende Chromomer eine bestimmte Lokalisierung hat.

Ein reichhaltiges Verzeichnis der quantenbiologisch-genetischen Arbeiten bis etwa 1947 ist in dem oft zitierten (vgl. Vorwort unter Nr. 2) Werk von Timoféeff-Ressowsky und Zimmer enthalten. Im ganzen dürften gegen 1000 Publikationen zum Thema vorliegen.

Ein gutes Referat bis zum Jahre 1950, erstattet von U. Fano, Ernst Caspari und M. Demerec, findet sich in Medical Physics Vol. II v. Otto Glasser, Chicago Year Book Publishers Inc.

Weitere zusammenfassende Arbeiten mit Literaturangaben: A. H. Sparrow and B. A. Rubin „Survey of Biological Progress. Vol. II. 1952. Effects of Radiations on Biological Systems" Acad. Press D. G. Catcheside: Advances in Genetics. 2. 1948. Genetic Effects on Radiations. Acad. Press.

Die Literatur der letzten Zeit ist in den im Vorwort unter Nr. 6 aufgeführten Tagungsberichten zum großen Teil genannt.

Viertes Kapitel.

Neuere Ergebnisse und Probleme.

Nachdem einmal der Quantencharakter der chemischen Konfigurationen überhaupt (Heitler, London, Delbrück u. a.) und damit auch der biologischen Makromoleküle erkannt war, mußte erwartet werden, daß Bauformen und Vorgänge im lebenden Milieu energetisch gequantelte Strukturen aufweisen und daß somit für ihre Erforschung quantenphysikalische Methoden unentbehrlich sind. Nicht aber konnte man — und kann man jemals — erwarten, daß dieser Zug energetischen Stufenbaues und Austausches sich überall so einfach darbiete, wie etwa in den günstigen „Eintreffer"-Fällen der induzierten Mutationen der Genetik.

Im Gegenteil: Man weiß ja, daß Morphologie und Dynamik des Lebenden darum soviel komplizierter sind als die des Unbelebten, des rein Physikalischen, weil die organischen Bauelemente so viel mehr Seinsbestimmungen haben, die man nicht alle vernachlässigen darf und weil dadurch und durch die Umweltsbeziehungen so viel mehr bestimmende Ursachen am Gesamtablauf beteiligt sind. Auf diese prinzipielle Frage der Anwendung physikalischer und mathematischer Methoden in der biologischen Problematik soll im abschließenden Abschnitt dieses Buches eingegangen werden. Für die nachfolgend behandelten quantenbiologischen Fragen und für das ganze Gebiet überhaupt ergibt sich aus dem Gesagten, daß eine schematische Anwendung *eines* physikalisch-mathematischen Formalismus *allein* nicht oder nur selten zum befriedigenden Ergebnis führen kann, daß vielmehr in der Regel auch ihr bestes Ergebnis *Teil*ergebnis bleibt.

§ 1. Viren, Bakteriophagen, Bakterien.

1. Viren, Bakteriophagen.

Als 1921/22 der erste quantenbiologische Ansatz gemacht wurde, (1. Kap.), war das Problem der überwiegend destruktiven Wirkung von Röntgen- und γ-Strahlen in der Strahlentherapie im Brennpunkt des

Interesses. Als Teste für die experimentelle Nachprüfung der Depot-theorie („Treffertheorie") wurden, wie dargestellt, mit Vorliebe Bakterien herangezogen. Viren waren damals in ihren Wirkungen zwar aufgefunden, aber in ihrer Natur noch ganz rätselhaft. Ich erinnere mich, wie zur gleichen Zeit, da wir die ersten Stadien der Quantenbiologie durchschritten im kolloid-chemischen Nachbarinstitut im gleichen Bau der Frankfurter Universität (Theodor-Stern-Haus), BECHHOLD unter dem Einfluß der Entdeckung D'HERELLES die Methode der Ultrafiltration entwickelte. Erst in den letzten 25 Jahren ist man in die mit Viren und Phagen verbundene Problematik durch immer weiter verfeinerte Experimentierkunst tiefer eingedrungen, angetrieben durch die furchtbaren Verheerungen der Viruskrankheiten. Die Natur dieser Gebilde selbst ist noch nicht geklärt. Die beiden Kategorien „belebt" und „unbelebt", die unsere bisherige Erfahrung für die materiellen Gebilde als Einteilungsgrund lieferte, treffen nicht auf sie zu; sie haben Merkmale beider.

Jedenfalls sind es körperliche Einheitsgebilde von besonders geringer Erstreckung. Es ist gut, sich dies an einigen Beispielen anschaulich zu machen. In der Tab. 4 sind zur Orientierung Angaben von Zellen, Bakterien, Viren, Phagen, Makromolekülen zusammengestellt. Die erste Kolonne enthält das Molekulargewicht multipliziert mit 10^{-6} (um anschaulichere Größenordnungen der Zahlen zu erhalten). Das bedeutet

Tabelle 4.

	Vergleichszahlen der Molekulargewichte	Ungefähre Größenangabe
Leukocyten	170000000	9—12 μ Durchmesser
Erythrocyten		7,5 μ ,,
Bact. coli		1,5 μ ,,
Bacillus prodig.	170000	0,75 μ ,,
Ricketts-Virus (?) (Typhus) . .	11100	0,3 μ ,,
Variola (Pocken) Virus	1400	0,15 μ ,,
Rabies (Tollwut) Virus	800	0,125 μ ,,
Influentia Virus	700	0,12 μ ,,
Gene	33	0,125 · 0,02
Staphyloc.-Phage	300	0,07 μ Durchmesser
Tabakmosaik-Virus	17	0,04 μ ,,
Poliomyelitis-Virus	0,7	0,012 μ ,,
Maul- und Klauenseuche-Virus	0,4	0,01 μ ,,
Versch. Phagen und Viren . .	20—0,4	0,02—0,2 μ = 20—200 mμ
Hämoglobin	0,07	6 mμ
Eiweißmoleküle		
(sehr verschieden)	0,02—6,7	sehr verschieden
H$_2$ Moleküle	0,000 2	$\sim$ 1 Å[1]

Erläuterungen im Text.

---

[1] $\mu = 10^{-3}$ mm $= 10^{-4}$ cm $= 10^4$ Å; 1 Å $= 10^{-8}$ cm; 1 m$\mu = 10^{-3}\,\mu = 10^{-7}$ cm $= 10$ Å.

also das Teilchengewicht selbst, aber nicht mit der ganzen Loschmidtzahl ($6{,}06 \cdot 10^{23}$) multipliziert, sondern nur mit dem millionstel Teil dieser Zahl ($6{,}06 \cdot 10^{17}$). Die zweite Kolonne gibt Größen an. Da die Tabelle nur zur anschaulichen Orientierung dienen soll, ist auf die Gestalt der Partikel wenig Rücksicht genommen, obwohl es sich manchmal um Stäbchenformen handelt.

Durch die heutigen Hilfsmittel, Ultrafiltration, Ultrazentrifuge, Elektronenmikroskopie weiß man von manchen Viren und Phagen Einzelheiten. Ihre Größe erstreckt sich von derjenigen der kleinsten Bakterien bis herunter zu der Größenordnung biologischer Makromoleküle. Es gibt (z. B. bei einigen Pflanzenviren) nahezu Kugelformen bei etwa 20 mμ oder 200 Å Durchmesser. Tabakmosaikvirus dagegen erwies sich als stäbchenförmig mit etwa 150 mμ Länge und 15 mμ Breite der Stäbchen. Auch bei dem Tabaknekrosevirus wird aus Ultrafiltrationsresultaten auf eine längliche Figur geschlossen.

Die Kleinheit des Viruskörpers läßt die Säfte etwa einer erkrankten Pflanze nach der Filtration völlig klar erscheinen, weil die Teilchendimensionen kleiner sind als die Wellenlängen des sichtbaren Lichtes. IWANOWSKY fand 1892, daß solche Extrakte die (Tabakmosaik-)Krankheit weiter verbreiten, und das war die grundlegende, damals wenig beachtete Entdeckung. Um die Jahrhundertwende sprach der zweite Entdecker des Phänomens BEIJERINCK von einer lebenden ansteckenden Flüssigkeit. Als man die Körperchen selbst (etwa 20 Jahre später) allmählich fand, wurden wie früher bei Bakterien, die Lebensbedingungen untersucht.

Die wichtigsten Ergebnisse sind die folgenden:

Viren und Phagen vermehren sich nur innerhalb einer pflanzlichen oder tierischen Wirtszelle, die damit infiziert ist. Mit den heutigen Mitteln extrahiert und isoliert erweisen sich Viren und Phagen als Eiweißkörper; z. T. wohl Makromoleküle, manche lassen sich als „Parakristalle" konservieren, ohne an Infektionsfähigkeit viel einzubüßen. Gegen Milieu-Einflüsse (Temperatur, p_H-Konzentration, Bestrahlung) sind sie, bei großer Verschiedenheit untereinander, im allgemeinen resistenter als Bakterien. Die Bakteriophagen lassen sich als Viruskörper verstehen, die spezifisch zerstörend auf Bakterien wirken. Auch sie erweisen sich vielfach als Proteide, möglicherweise sind sie Makromoleküle. Für die Infektionswirkung diene als Beispiel, daß Verdünnungen im Verhältnis $1 : 10^{-10}$ etwa beim Tabakmosaikvirus ausreichen und daß Phagen noch in Mengen von 10^{-12} mg bactericid sein können. Gegenüber Zellen und auch Bakterien sind beide strukturarm. Die kleineren sind wahrscheinlich Nucleoproteinmoleküle, ähnlich Genen, in konservierbarem Zustand stabil, im Milieu davon stark abhängig. Große haben einige Ähnlichkeit mit Einzellern.

2. Schädigungsanalyse bei Viren und Phagen.

Die Methode, die bei Bestrahlungsschädigung von Bakterien zum Ziele führt, kann jetzt nicht mehr angewandt werden, da Viren sich nicht auf Nährböden kultivieren lassen, sondern sich nur in spezifischen Zellen vermehren. Bei Viren muß demnach ein Tropfen der Suspension in die Oberfläche (der Pflanze oder der tierischen Haut) eingerieben werden. Die — nach der Inkubationszeit — auftretenden fleckigen Läsionen sind ein Maß für die Anzahl der aktiven Viruspartikel der Suspension. Bei Phagen wird einer Virussuspension eine kleine Menge der Phagensuspension beigemengt. Da es sich um Bakteriophagen handelt, werden Nährböden verwendbar. Es zeigen sich im Feld der Bakterienflora Leerstellen, *Löcher*, da wo ein Bakteriophag in seinem Umkreis wirkte. Die „Lochkolonien" sind ein Maß der ursprünglich im Impfgemisch enthaltenen Phagen.

Die Ergebnisse zeigen, was aus der allgemeinen Widerstandsfähigkeit dieser Partikel zu erwarten war, daß sie höhere Dosen von Röntgenstrahlen brauchen als Bakterien. Sie sind in ihrer Empfindlichkeit mehr verwandt mit Dauersporen, die ja auch wesentlich höhere Dosen brauchen. Bezeichnet man mit D. E. Lea mit Inaktivierungsdosis bei „Eintreffer"-Verläufen diejenige absorbierte Energie, durch welche die Zahl der ungeschädigten Testobjekte auf den e-ten Teil gesunken ist, so haben diese Dosen die Größenordnungen von 10000 bis 1000000 r, während die Halbwertsdosen für Bakterien von der Größenordnung 1000 r sind.

Die Reaktionen verlaufen ganz ähnlich denjenigen bei Genmutationen: Eintrefferkurven mit einfach additivem Charakter, also ohne Zeitfaktor. Außer diesen, die Depottheorie bestätigenden Ergebnissen, liefern aber die Untersuchungen noch andere, z. T. ganz überraschende und wichtige Resultate. Wir verdanken sie u. a. vornehmlich Gowen und Lucas; D. E. Lea und dem Kreis seiner Mitarb., darunter besonders Salaman; ferner Wollman, Lacassagne, Holweck, Luria, Exner (vgl. Literaturverzeichnis).

Es ergab sich nämlich, daß ein Teil der Wirkungen notwendig indirekt, also primär im Milieu, nicht im Testpartikel stattfindet. Das zeigt sich einmal in der Abhängigkeit der Dosis (nicht des Ablaufs) von der Konzentration der Suspension und fast noch eindrucksvoller bei Immobilisierung des Milieus durch selbst minimale Gelatinezugabe. Mit steigender Zugabe wächst die erforderliche Inaktivierungsdosis bis zu einem Grenzwert, Gelatinezusatz erhöht sie auf das Fünffache — d. i. auf den Dosisbetrag, der bei völliger Ruhigstellung, also bei festem, wasserfreiem Virus nötig ist.

Diese indirekten Wirkungen bedeuten nicht etwa, daß die Vorgänge nicht mehr quantenmäßig zu verstehen sind; vielmehr geht aus ihnen hervor, daß die Depots des Energieabbaues primär nicht an die Testpartikel selbst, sondern an Partikel des Milieus abgegeben werden und von da auf irgendeine Weise an die Viren oder Bakteriophagen gelangen. Dazu ist notwendig, daß ein stofflicher oder energetischer Transport stattfindet und daß während seiner Dauer der durch das Depot veränderte Zustand erhalten bleibt. Die Unterdrückung durch Gelatinezusatz in der wäßrigen Lösung deutet auf Diffusionsvorgänge, von denen im ersten Kapitel § 8 gesprochen wurde. Die rechnerische Behandlung dieser indirekten Wirkungen ist dadurch erschwert, daß zu dem „Trefferformalismus" Ansätze aus der Diffusionstheorie oder den Energieleitungsergebnissen hinzukommen.

Deshalb haben sich die Autoren überwiegend mit der theoretischen Behandlung der direkten Wirkungen beschäftigt, die übrigbleiben, wenn die Mitwirkung des Milieus nach Möglichkeit ausgeschaltet wird. Eine eingehende Darstellung findet sich in dem bekannten Werk von D. E. Lea "Actions of Radiotions on Living Cells". K. Sommermeyer hat in seinem Buch „Quantenphysik der Strahlenwirkung in Biologie und Medizin" eine vereinfachte formale Auswertung durchgeführt. Die Ergebnisse stimmen überein.

Bei kleinen und mittleren Phagen und Viren (die man als Makromoleküle vom Charakter der Nucleoproteide, ähnlich wie die Chromomeren zu deuten geneigt ist), stimmt das nach Crowther (vgl. Kap. 2) ermittelte „strahlenempfindliche Volumen" mit dem wirklichen (mit kolloidchemischen Methoden gefundenen) überein. Hier wird also die ursprüngliche Theorie (daß „biologische" Makromoleküle die Stellen der biologischen Elementarwirkung absorbierter Energiedepots sind) unmittelbar bestätigt. Das ergab sich für Partikel von etwa 16 bis etwa 70 mμ Durchmesser. Dagegen ist bei dem gleichfalls untersuchten Kuhpockenvirus von etwa 200 mμ Durchmesser das durch den Formalismus aus den Resultaten errechnete strahlenempfindliche Volumen kleiner als das kolloidchemisch (oder eigentlich kolloidphysikalisch) ermittelte Volum — etwa ein Sechstel entsprechend einem Durchmesser von etwa 80 mμ; wenn man sphärische Gestalt zugrunde legt.

Nach der ursprünglichen Theorie (Kap. 1 u. 2) muß dann geschlossen werden: Das Partikel ist komplex, nicht ein einzelnes „biologisches Molekül", enthält aber einen entscheidenden Teil. Die Untersuchung mit dem Elektronenmikroskop zeigt beim Vaccine Virus (nach Lea) eine kernartige Innenstruktur von etwa diesem empfindlichen Volum. Bewährt sich dieses Resultat, so würde dadurch die ursprüngliche Theorie abermals gestützt.

Bei den stäbchenförmigen Partikeln steht z. Z. der Niederschrift noch nicht genügend Versuchsmaterial für abschließende Formalanalyse des „strahlenempfindlichen Bereiches" zur Verfügung.

Die Auswertung von Maßreihen an Viren und Phagen kann (z. T. im Anschluß an SOMMERMEYER) folgendermaßen geschehen.

Bei α-Strahlen sind die Distanzen δ zwischen den Energiedepots (Ionisierungen?) klein gegenüber der Durchquerungsstrecke im Partikel (nach LEA bei α-Strahlen von 4 MeV etwa 6,7 A = 0,67 mμ). Daher entfallen auf die Durchquerung etwa 30—100 Depots. Stimmt diese Vorstellung, dann muß jede Durchquerung das Objekt inaktivieren. Für kleinere Viren und Phagen ist häufig annähernde Kugelgestalt festgestellt. In diesem Fall ergibt sich unter Heranziehung des Kap. 2, inbesondere des § 7 ein Querschnitt für den Eintritt $q = \varrho^2\pi$, wo ϱ Radius des Partikels (bei Stäbchen, wie etwa Tabakmosaikvirus errechneten H. LANGENDORFF und K. SOMMERMEYER $q = d\,l\,\dfrac{\pi}{4}$, wo d Dicke, l Länge bedeutet).

Wird mit α-Teilchen bestrahlt, so wird deren Anfangsenergie nach dem Gedankengang: Ionisierung = Treffer beim Eindringen abgebaut und die Inaktivierungsdosis D_i ist zur Absorption gekommen, wenn $J = \dfrac{J_0}{e}$ geworden ist.

Der Absorptionsexponent $k\,x$ im Grundansatz

$$J = J_0\,e^{-k\,x} \quad \text{und} \quad \frac{J_0}{J} = e = e^{k\,x} \tag{1}$$

besteht in der „primären Ionisierung" r_p durch die α-Teilchen selbst, die im Abstande δ zwischen zwei Energiedepots erfolgt, multipliziert mit der Eintrittsfläche $\varrho^2\,\pi$ und mit einem Faktor $f > 1$, der die mitwirkenden Sekundärelektronen (δ-Strahlen) berücksichtigt[1]. Er wurde von LEA mit dem Wert 2,5 abgeschätzt. Daher

$$k\,x = r_p\,\delta\,f\,\varrho^2\,\pi \tag{2}$$

und für den Fall $\dfrac{J_0}{J} = e$ wird dem absoluten Werte nach

$$r_p\,\delta\,f\,\varrho^2\,\pi = 1 \;. \tag{3}$$

Nun kommen in Luft etwa 3 Ionenpaare auf eine primäre Ionisation (nach JORDAN), was in Annäherung aus den Wilsonkammeraufnahmen[1] hervorgeht.

Wir erhalten daher $r_p = 3\,r$.

Nach § 7, Kap. 2 entspricht aber 1 r bei α-Strahlen

$$1\,r = 1,9\,\frac{\text{Ionen}}{\mu^3}\;,$$

so daß schließlich das Ergebnis ist:

$$r_p = \frac{3}{1,9}\,r = 1,58\,r\;. \tag{4}$$

---

[1] Vgl. Kap. 1, § 5.

Aus Gleichung (3) entnehmen wir, als D_i in r_p

$$r_p = \frac{1}{\delta f \varrho^2 \pi} \quad \text{und mit (4)}$$

$$D_i = \frac{3}{1{,}9} \cdot \frac{1}{\delta f \pi \varrho^2}\, r = 1{,}58 \cdot \frac{1}{\delta f \pi \varrho^2}, \tag{5a}$$

so daß aus Dosismessung der r-Zahl Schlüsse gezogen werden können.

3. Diskussion.

Diese Ableitung enthält freilich Annahmen und Vereinfachungen, die nur eine angenäherte Geltung des Ergebnisses erwarten lassen. Es ist hier der Abbau der absorbierten Energie einfach als Ionisierung eingeführt. Man kann aber im biologischen Milieu, wie schon öfter bemerkt, darüber nichts experimentell feststellen, sondern überträgt die Ergebnisse im Gasraum (wie sie etwa die Wilsonkammer zeigt) auf dieses Milieu. Aber sicher sind die Vorgänge darin nicht dieselben; sicher sind hier Anregungen vor wirklichen Ionisationen bevorzugt, treten chemische Änderungen und Punktwärmen im engeren Sinne auf. Ferner ist der Depotabstand δ sicher nicht konstant. Die Vorstellung, aus der diese Ableitung hervorgeht, ist eine *Modell*vorstellung, wobei unter dem Wort Ionenbildung alle in Frage kommenden Prozesse des Energieabbaues durch Absorption einbegriffen sind.

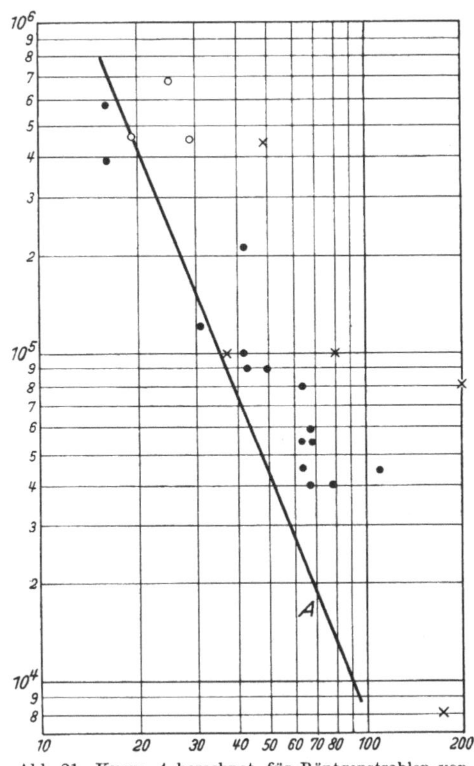

Abb. 21. Kurve A berechnet für Röntgenstrahlen von 0,15 Å und sphärische Körper. ● Phagen, ○ Pflanzenvirus, × animal. Virus.

Um so erfreulicher ist es, daß die numerische Auswertung mit $\delta = 6 \cdot 10^{-4}\,\mu$ (was α-Strahlen von 4 MeV als Mittelwert entspricht), $f = 2{,}5$ (s. oben)

$$D_i = \frac{3{,}38}{\varrho^2} \cdot 10^3\, r \tag{5b}$$

durch die Erfahrung gut bestätigt wird, innerhalb der Grenzen, die man bei derartigen biologischen Problemen erwarten muß.

Das Resultat: Strahlenempfindliches Volum gleich wirklichem Volum, d. h. wahrscheinlich molekularem Volum bei kleineren und mittleren Objekten und mit einem kernartigen Volum beim großen Kuhpockenvirus wurde schon oben erwähnt. Die Benutzung von Strahlen eignet sich gut zu solchen Feststellungen ($\delta < \varrho$).

Bei γ-Strahlen ist $\delta > \varrho$. Die Inaktivierungsdosis errechnet sich analog

$$D_i = r_p \cdot \frac{1}{v\,p} = \frac{3}{1{,}7} \cdot \frac{1}{v\,p} \cdot r,$$

wo p die in den vorangegangenen Kapiteln eingeführte Wirkungswahrscheinlichkeit ist. D_i läßt sich experimentell ermitteln, daraus bei bekanntem Volum die Wirkungswahrscheinlichkeit p. Die Auswertungen ergeben, daß mit steigendem ϱ die Wirkungswahrscheinlichkeit abnimmt. Analoges gilt bei harten Röntgenstrahlen, also solange $\delta > \varrho$.

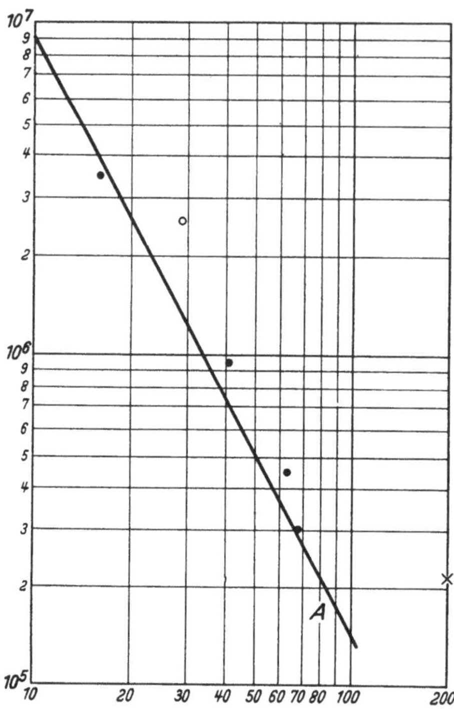

Abb. 22. Kurve A berechnet für α-Strahlen von 4 MeV. Sonst analog Abb. 21.

4. Schädigung der Bakterien, Viren und Phagen durch Ultraviolett-Quanten.

Während bei Röntgen- und γ-Photonen die Energiedepots im festflüssigen Milieu indirekt über Elektronenabbau zustande kommen und der Mittelwert ihrer Energie etwa von der Größenordnung ~ 10 eV sein dürfte, trägt ein Photon im sichtbaren Gebiet nur etwa 1—2 eV und im UV etwa 3—4 eV bei direkter Absorption des Photons.

Diese um eine Größenordnung verringerte Einwirkung macht verständlich, daß *sichtbares* Licht im allgemeinen bei analogen Bestrahlungsbedingungen keine Abtötungen oder Inaktivierungen herbeiführt. Die Oberflächen der lebenden Gebilde sind ihm ja ohnehin normal exponiert und sogar vielfach positiv auf Lichtabsorption angewiesen. Bei kurzwelligem UV ist die Depotgröße an einer Sehwelle. Sie *kann* zerstörend wirken,

während die oft viel stärkeren Elektronendepots nach Röntgen- und
γ-Strahlung es normalerweise tun. (Vgl. hierüber Kap. 1.)

Bei den Versuchen mit Eiweißlösungen (vgl. Kap. 4, § 3) sehen wir
Wirkungen der UV, die temperaturunabhängig sind, während die
schwächeren Depots temperaturabhängig sind. So wird auch das Resultat
der UV Abtötungsversuche an Bakterien, Viren und Phagen nicht über-
raschen. Es gibt zwar Abtötungen und Inaktivierungen, aber seltener.
Die Wirkungswahrscheinlichkeit pro Depot sinkt von 10^{-1} und 10^{-2} auf
10^{-3} bis 10^{-4}. Die Versuche, vielfach mit Bact. coli und Hg-Linie 2537 Å
gemacht, ergeben „Eintrefferkurven". Die Deutung der meisten Autoren
verlegt die wirksamen Absorptionen in die Nucleinsäuremoleküle bzw.
die Nucleoproteide. Es sind Photonenabsorptionen wie bei photochemischen Reaktionen.

5. Mutationen bei Bakterien, Viren, Phagen.

Die Erfolge der Chromosomenforschung führten in den letzten Jahren
dazu, deren Gedankengänge auf biologische Einheiten zu übertragen, die
weit primitiver gebaut sind, ja z. T. keine erkennbaren Zellkerne besitzen: auf Bakterien, Viren und Phagen. Und dies geschah mit bemer-
kenswertem Erfolg. Die Methode ist hier natürlich die Untersuchung der
Folgen in den Filialgenerationen.

Bei Bakterien wußte man von spontan auftretendem Farbwechsel,
Resistenzschwankungen gegen Phagen und gegen schädliche Stoffe wie
Antibiotica und Schwermetallsalze. Bei Viren sind es Variationen der
von ihnen bewirkten Schädigungen, bei Phagen Variationen in der Größe
des Bereiches von Bakterien, in denen sie sich entwickeln und in ihrer
Virulenz. So gibt es in einer geschädigten Kultur einige virusfeste
Bakterien, deren Festigkeit erblich ist, erbliche Festigkeit gegen Sulfon-
amide, gegen Antibiotica, erbliche Stoffwechseleigentümlichkeiten in
bezug auf den Nährboden. Bei Bakterien ist (1943) von LURIA und DEL-
BRÜCK festgestellt worden, daß sie spontan auftreten mit einer Rate von
etwa 10^{-8} pro Teilung.

Versuche, die Mutationsrate durch Bestrahlung zu beeinflussen, also
z. B. phagenresistente Varianten zu erzeugen, wurden mit UV und mit
Röntgenstrahlen angestellt. Das erste überraschende Ergebnis war, daß
die induzierten Mutationen erst nach einer *Latenzzeit* (Größenordnung
Stunden) manifest werden. Die Versuche sind erschwert durch die unvermeidlich gleichzeitig auftretenden Inaktivierungen. Deshalb arbeitete
man vorzugsweise mit verhältnismäßig strahlenresistenten Objekten,
wie Bact. coli.

Nachstehende Tabelle 5 gibt die Versuchsergebnisse von DEMEREC und
LATARJET (1946) wieder. Es handelt sich um die Mutation: Resistenz
gegen Phagen im Nährboden. Jedoch kommen die Objekte besser nicht

sogleich in die Phagen enthaltende Petrischale, sondern man läßt sie vorher mehrere (etwa 10—15) Teilungen durchlaufen. In der Tabelle bedeutet: „0 Punkt-Mutation" Aufbringung der Objekte unmittelbar nach der Bestrahlung auf den phagenhaltigen Nährboden, „Endpunkt-Mutation" Aufbringer nach 13 Teilungen.

Tabelle 5.

Dosis		Absorb. Energie pro Bakterie		Über-lebend %	0-Punkt-Mutation		Endpunkt-Mutation	
UV in erg. pro mm²	Röntgen-Strahlen r	UV erg	Röntgen-Strahlen erg		UV pro 10^8 Überl.	Röntg. Strahl. pro 10^8 Überl.	UV pro 10^8 Überl.	Röntg. Strahl. pro 10^8 Überl.
1130	$20 \cdot 000$	$3,4 \cdot 10^{-6}$	$1,48 \cdot 10^{-4}$	10	22	22	180	28
1750	$40 \cdot 000$	$5,2 \cdot 10^{-6}$	$2,96 \cdot 10^{-4}$	1	90	44	420	80
2300	$60 \cdot 000$	$6,9 \cdot 10^{-6}$	$4,44 \cdot 10^{-4}$	10^{-1}	400	66	800	140
2850	$80 \cdot 000$	$8,5 \cdot 10^{-6}$	$5,92 \cdot 10^{-4}$	10^{-2}	3000	88	1400	180
3550	$100 \cdot 000$	$10,8 \cdot 10^{-6}$	$7,4 \ \cdot 10^{-4}$	10^{-3}	45000	110	3300	200

Die Überlebenskurve nach Röntgenbestrahlung hat den Typ der Eintrefferkurve und die Mutationsrate ist dosisproportional, wie bei Punktmutationen der Gene. Bei UV-Bestrahlung ergeben sich schwer zu deutende Unregelmäßigkeiten. Die Überlebenskurve kann man als 3-Trefferkurve deuten. Aber die Mutationsrate selbst bei steigender Dosis zeigt nach anfänglichem Anstieg einen Abfall. Diese Anomalie (bei UV) trat auch bei Mutationen von Neurospora auf. Daß es aber auch möglicherweise Eintreffermutationen bei UV-Bestrahlung von Bakterien geben kann, zeigen Versuche von KAPLAN (1948) bei Farbumschlägen.

Die Verzögerung der Manifestation erweist, daß die manifeste Mutation Endform eines Entwicklungsvorganges ist, der sich durch mehrere Teilungen hindurch entfaltet, also etwa als ein Steuerungsvorgang, der zu einer bestimmten Umbildung führt und diese erst nach mehreren Generationen erreicht. Das ist eine überaus aufregende Möglichkeit, wenn man den Gedanken auf höhere Lebewesen überträgt. Es hat einen sehr starken Reiz, zu überlegen, daß möglicherweise eine Erbwandlung, in einer Generation in Gang gesetzt, erst nach mehreren Generationen manifest wird, und dann natürlich bei Lebewesen mit langsamem Generationswechsel als „spontan", sozusagen ursachelos erscheint. Nur weitere Erfahrung kann darüber Aufklärung bringen.

Für das Verständnis der abnormalen Dosisabhängigkeit der UV bestrahlten Bakterien ist wohl zunächst wichtig, an die Kleinheit und Oberflächlichkeit der Energiedepots bei UV Quantenabsorption zu denken. Die Erfordernis mehrerer Depots zur Herbeiführung der Mutation und die tödliche Wirkung der Depothäufungen treten in Konkurrenz. Die Situation ist nicht unverständlich, wenn auch keineswegs geklärt.

Die Versuche, durch Bestrahlung auch bei Viren und Phagen Mutationen zu induzieren, sind zwar sowohl im Wirt wie in vitro mehrfach angestellt worden, aber mit unklaren widerspruchsvollen Ergebnissen. Nach allem, was wir von der problematischen Stellung dieser Gebilde *zwischen* biologischem Makromolekül und selbständigem Lebewesen wissen, ist vielleicht doch die Anwendung des Begriffes „Mutation" und die Übertragung der damit verknüpften Vorstellungen und Erwartungen für die Reaktionsweise mit Vorbehalten zu versehen.

Mit Vorbehalten ähnlicher Art ist der Gedanke, die Tötung der Bakterien durch Absorptionsdepots von Strahlen genetisch zu deuten und daraus Berechnungen auf die Zahl der Gene in Bact. coli zu gründen (LEA), aufzunehmen.

Von einer Forschergruppe der Universität von Texas, USA (WYSS, STONE, CLARK, HAAS) wurden durch Vorbestrahlung des Nährbodens und nachträgliches Einbringen der Bakterien Mutationen erzeugt.

Diese neuere Auffassung von der möglichen Existenz eines genetischen mutationsfähigen Apparates in Bakterien hat einen Gedankengang aus der Anfangszeit der Quantenbiologie in besonderer Form wieder aktuell gemacht. In meinen ersten Arbeiten habe ich erwähnt, daß die Schädigung einer biologischen Elementareinheit, an die sich das weitere biologische Geschehen anschließt, ganz verschiedene Bedeutung hat, wenn diese Elementareinheit etwa ein wichtiger Bestandteil eines Zellkernes ist, als wenn es etwa als Molekül im Plasma von untergeordneter Bedeutung geschädigt werde. PASCUAL JORDAN hat diese Idee aufgegriffen und, wie in Kap. 1 dargelegt, als Verstärkertheorie ausgebaut. Auch er hat diesen Gedanken von steuernden Elementen im Zellkern und die Folgen ihrer Schädigung konsequent vertreten. Als man Mutationen bei Bakterien feststellte, lag es also nahe, die Tötung der Bakterien durch Bestrahlung (oft Eintreffervorgang) als letale somatische Mutation zu deuten. Die Tötung wird ja erst im Nährboden, also durch Ausbleiben der Filialgenerationen festgestellt und die treffertheoretische Analyse von Mutationen und Bakterientötung ergibt weitgehende Übereinstimmung im exponentiellen Verlauf und der Unabhängigkeit der Letaldosen von Zeitfaktor und Temperatur. Insbesondere D. E. LEA und sein Mitarbeiterkreis sind diesem Ideengang folgend mit freilich etwas willkürlichen Annahmen rechnerisch vorgedrungen — bis zur Abschätzung der Anzahl Gene im verwendeten Apparat bei Bact. coli und bei Vaccine Virus.

[Bemerkung zur Lit.: Werk von LEA. — Bericht von DELBRÜCK: Naturwiss. 34 (1947).]

6. Reaktivierungen.

Nicht jedes wirksame Energiedepot in einem biologischen elementaren Empfänger muß eine endgültige Veränderung herbeiführen. Es ist eine ganz allgemeine Erfahrung, daß es im belebten Milieu Kompensationsvorgänge gibt, Restitutionen, Regenerationen, vielfach sogar Hyperkompensationen gegen Schädigungen, die als „Reize" wirken. Bei den Energiedepots wird man sie besonders dann erwarten, wenn die Depotenergien die „Toleranzenergie" für eine Änderung nicht erheblich überschreiten (s. Kap. 1, § 7, ferner Kap. 2). Das wird bei dem breiten Energiespektrum der Depots im festflüssigen Verband gelegentlich nach Röntgenstrahlenabsorption (kleiner Energieverlust der Sekundärelektronen) eintreten können, es wird häufiger zu erwarten sein bei den gerade zureichenden direkten Photonenabsorptionen im UV. Eiweißmoleküle absorbieren bis etwa 3000 Å als langwelliger Grenze[1], also etwa 4 eV-Depots und reagieren von da ab auch. Es ist also von vornherein möglich, daß solche Reaktionen z. T. *reversible* Änderungen bringen. Das läßt sich nicht immer unmittelbar feststellen. Denn es ergibt bei der Messung nur einen geschwächten Befund der Schädigungszahlen, d. h. man kann die restituierten von den nicht getroffenen nicht unterscheiden. Die Feststellung ist aber möglich, wenn es Mittel gibt, die Restitution zu fördern.

Versuche und Beobachtungen dieser Art wurden wohl zuerst von DULBECCO (1950) an Phagen gemacht, die durch UV *inaktiviert* waren, aber durch Blaulicht reaktiviert wurden. Wenn die Inaktivierung durch X-Strahlen erfolgte, dann gelang die Reaktivierung nicht oder nur in Spuren. Die schädigenden Depots, deren Mittelwert bei etwa 10 bis 15 eV liegen mag, sind meistens größer als die der UV-Photonen ($\sim$ 4 eV) und ihre Schädigungen dann irreversibel.

Ferner gelang es, die UV-Schädigung auch durch vorsichtige Erwärmung teilweise zu beheben.

Insoweit besteht eine ferne Analogie mit Phosphorescenzerscheinungen. Wenn hierbei etwa nach UV-Absorption *Nachleuchten* auftritt, also die Erregung langsam zurückgeht (die Restitution verzögert ist), kann diese Zeit durch Wärme oder sichtbares Licht verkürzt werden, also die Restitution schneller herbeigeführt werden. Der Eingriff bedeutet in beiden Fällen mäßige Energiezufuhr zum Test und seinem Milieu.

Weiter trägt die Analogie aber nicht. Bei der Phosphorescenz, der verzögerten Rückkehr des Leuchtelektrons in den Grundzustand im bimolekularen Prozeß handelt es sich um Wiederherstellung des eindeutig wahrscheinlicheren Zustandes geringerer potentialer Energie. Das läßt sich bei der Restitution der Phagenaktivität noch nicht beurteilen. Nur so viel läßt sich sagen, daß bei der reversiblen Entaktivierung das Energieniveau *nur wenig gegen den aktiven Zustand verändert ist*.

Eine Besonderheit wurde dabei gefunden: Die Reaktivierung durch Wärme oder Blaulicht gelingt nur im unmittelbaren zeitlichen Anschluß

---

[1] Maxima bei 2970 Å und 2500 Å, entsprechen etwa 4,14 bzw. 4,16 eV.

an die UV-Schädigung. Wird eine Pause dazwischen geschaltet, dann fixiert sich der entaktivierte (geschädigte) Zustand, was vielleicht bedeutet, daß es der energetisch wahrscheinlichere ist.

Diese Erfahrungen mit Phagen wurden dann auf Bact. coli, Bierhefe, Penicillium, Streptomyc. u. a. angewandt und in bezug auf Blaulichtwirkung deutlich, in bezug auf Wärme schwankend wiedergefunden. (Arbeiten von KELNER, DULBECCO, LURIA, SCILLARD.)

In den letzten Tagen haben H. und M. LANGENDORFF und K. SOMMERMEYER (Z. Naturforsch. 8, 6 (1953)] die Sensibilisierung und Reaktivierung röntgenbestrahlter Bact. coli (Escherichia coli B) durch Wärme eingehend untersucht. Kurzdauernde Erwärmung vermindert die Strahlenwirkung so, daß die mittlere Letaldosis bis zur Hälfte absinken kann. Wärme*nach*behandlung bewirkt teilweise Reaktivierung. Durch Vorwärmung sensibilisierte Keime zeigen eine erhöhte Reaktivierungsrate. Sowohl für Röntgen- wie UV-Bestrahlung wächst die Reaktivierungsrate mit der Strahlenempfindlichkeit.

§ 2. Chemische Reaktionen im Anschluß an Absorptionsdepots. Aktivierung des Lösungsmittels. Indirekte Wirkungen.

1. Photochemie, Photodissoziation, Photosensibilisierung, fluoreszierende Lösungen.

Die *Photochemie* im eigentlichen Sinne, also die Erforschung der an Photonenabsorption sich direkt und indirekt anschließenden chemischen Prozesse umfaßt als ein wichtiges quantenbiologisches Spezialgebiet die *Photosynthese*, der ein besonderer Abschnitt (Kap. 1, § 9) gewidmet wurde. Wenn auch andere photochemische, allgemein (unter Einbeziehung von Corpuscularstrahlung) radiochemische Prozesse trotz vieler Bemühungen noch nicht befriedigende quantenbiologische Deutung gefunden haben, so ist doch eine Orientierung über sie geboten. Sie werden in Zukunft insbesondere in Verbindung mit Diffusionsfragen, Kolloidstudien und Erfahrungen der chemischen Kinetik wachsende Bedeutung gewinnen.

Übereinstimmung der Energie des absorbierten Photons, die mindestens gleich (oder etwas größer) sein muß, als die quantenhafte Bindung eines äußeren Elektrons im Atom oder Molekül ist erforderlich, um eigentliche photochemische Vorgänge einzuleiten. Der so bestimmte Schwellenwert der Photonenenergie kann durch den thermodynamischen Zustand der Objekte etwas verringert sein, weil ihre Energie (Maxwell-Verteilung) zur Photonenenergie sich addieren kann. Eine Komplikation, zugleich eine wichtige Erweiterung, bringt das Mitspielen von *Sensibilisatoren*, also von geringen Zusätzen anderer Stoffe, die entweder *katalytisch* — also ohne selbst bleibend verändert zu werden — oder als sog. *Acceptoren* wirken. Acceptoren nehmen den photochemisch veränderten *Stoff* auf; auch für Aufnahmen der Energie wird gelegentlich das Wort Acceptor gebraucht.

Man erinnert sich zweckmäßig an die meist herangezogenen Beispiele: Die Dissoziation von Cl_2 durch UV wird wesentlich gesteigert, wenn Wasserstoff anwesend ist. Er wirkt als *Acceptor*, bildet unter Aufnahme des Cl-*Atoms* Chlorwasserstoff. Diese Reaktion läßt sich noch durch Anwesenheit von Wasserdampf erhöhen, wobei dieser als *Katalysator* wirkt. Im Falle der O_3-Bildung ist der Sauerstoff gewissermaßen selbst Acceptor, wenn bei $\lambda < 2000$ Å O_2 dissoziiert wird, woraus durch Dreierstoß O_3 entsteht.

Das häufigst beobachtete Ereignis nach Photonenabsorption ist die *Photodissoziation*; nicht minder wichtig ist wohl die Photoanregung, bei der es vorkommt, daß die Anregung nicht nach 10^{-8} bis 10^{-9} sec zurückgeht, sondern metastabile Zustände auftreten mit (etwa 100fach und mehr) größerer Verweilzeit, wie sie z. B. bei Hg beobachtet werden.

Photodissoziationen wie bei Cl_2 können nicht durch den minimalen Photonenimpuls[1] herbeigeführt werden. In dem Modell, das man im Anschluß an FRANCK-CONDON als Veranschaulichung und rechnerischen Ausgang benutzt, kommen die zur Dissoziation führenden Schwingungen des Moleküls indirekt zustande, weil nach der hv-Absorption ein Elektronensprung in der gemeinsamen Elektronenhülle des ganzen Moleküls erfolgt. Dieser Elektronensprung führt aus dem Grundzustand heraus in einen angeregten Zustand gestörten Gleichgewichts der das Molekül zusammenhaltenden und der abstoßenden Innenkräfte und damit zum Aufsuchen eines neuen Gleichgewichts über molekulare Schwingungsvorgänge. Diese erst führen zur Dissoziation, wenn die Schwingungsenergie größer ist als die Dissoziationsarbeit.

Die weitere Verfolgung des Modells gibt Auskünfte über Banden und Kontinua der Spektren in hinreichender Annäherung jedoch nur für zweiatomige Moleküle. In der Biologie hat man es mit vielatomigen zu tun, die sehr viele Schwingungsmöglichkeiten besitzen. Dies und die aus der Packung hervorgehende Störung durch Nachbarmoleküle machen das Modell für quantitative Aussagen unanwendbar, obgleich der Grundvorgang im Prinzip derselbe bleibt. Erwähnt sei noch die Erscheinung der „Prädissoziation". Im einfachen beschriebenen Vorgang der Dissoziation eines zweiatomigen Moleküls ist nicht berücksichtigt, daß der Elektronensprung nach Aufnahme der Photonenenergie mit nachfolgender Umlagerung unter Schwingungen nicht der einzige mögliche Ablauf ist. Es kann auch strahlungsloser Übergang in einen anderen möglichen

---

[1] Impuls des Photons $p = \Delta \dfrac{hv}{c^2} \cdot c = \Delta \dfrac{hv}{c}$. Das ist weit weniger als der gaskinetische Impuls ($\Delta\, m\, v$).

Elektronenzustand eintreten, der seinerseits erst zur Dissoziation führt. Dieser Umweg tritt in Erscheinung, wenn die Summe der Energien des ersten Anregungszustandes (also Elektronenenergie + Schwingungs- + Rotationsenergie) größer ist als die Dissoziationsarbeit des anderen Zustandes.

Es gibt noch eine Gruppe von Phänomen im Anschluß von Photonenabsorption, die nicht durch das Franck-Condon-Modell zu deuten sind. Maleinsäure kann durch Licht in ihr „optisches Isomer" Fumarsäure übergehen, trotz der Kohlenstoffdoppelbildung, die eine Drehung im Normalzustand hindert.

Man deutet diesen Übergang als eine vorübergehende Verwandlung der Doppelbindung in eine einfache im Anschluß an den Elektronensprung. Während der Dauer der Anregung — also etwa 10^{-8} sec — soll die Drehung erfolgen.

Ein vielzitiertes Beispiel aus der Gasphysik gibt eine erste Vorstellung über *Photosensibilisierung*. Bestrahlt man Hg in Gasform mit der Hg-Dampflampe, so wird durch Absorption der Linie 2537 Å ein instabiler Anregungszustand herbeigeführt, der im allgemeinen wieder durch Ausstrahlung endet. Dieser instabile Anregungszustand liegt etwas über einem metastabilen Anregungszustand des Hg-Atomes. Ist dem Hg-Dampf H_2 beigegeben, so kommt es vor, daß statt dieser Ausstrahlung der Anregungsenergie Dissoziation des H_2 stattfindet, also

$$Hg + h\nu \rightarrow Hg^*;\ Hg^* + H_2 \rightarrow H + H + Hg.$$

Diese Reaktion[1] findet nun sehr viel stärker statt, wenn andere mehratomige Gase, z. B. N_2 beigegeben werden. Dann geht das angeregte Hg^* in den nahe darunter liegenden metastabilen Zustand über. Wegen der längeren Verweilzeit ist jetzt die Häufigkeit der Zusammenstöße zwischen Hg^* und H_2 wesentlich größer.

Das bekannteste Beispiel für Sensibilisierung ist das von dem Photochemiker H. W. Vogel im Jahre 1873 erfundene Verfahren, photographische Emulsionen für langwelliges sichtbares Licht empfindlich zu machen. Die Empfindlichkeit des Halogensilbers endet etwa bei > 4600 Å. Vogel lagerte den Halogensilberkörnern organische Farbstoffe an (Adsorptionsbindung nach E. König). Sie nehmen die Photonen auf und geben die Energie an das Halogensilber weiter. Das Silberhalogenid, als feine Kristallite in der Gelatine gelagert, hat durch Ag_2S-Beimischung Störstellen, die auf schwache Photonen reagieren. Dies sind die eigentlich lichtempfindlichen (innerer lichtelektrischer Effekt) Orte. Die gitterstörenden S^{--}-Ionen schwächen die Ionenbindung des Silberhalogenids, z. B. des AgBr, geben dessen Valenzelektron frei, so daß ein neutrales Br-Atom und ein S^--Ion bleibt. Das freigewordene Elektron lagert sich in nächster Nachbarschaft an ein $Ag^+ = $ Ion an.

---

[1] Der Stern * rechts oben am Symbol des Atoms bedeutet angeregter Zustand.

Dieses neutralisierte Ag-Atom ist der Keimträger des Bildes. Die Katalysatorwirkung der sensibilisierenden Farbstoffe ist damit gegeben. Die Silbersalze sind energetische Acceptoren.

Geht man von diesen Beispielen zu Systemen über, die biologischen Bedingungen näher stehen, so interessiert zunächst die *fluoreszierende* und die phosphoreszierende *Lösung*.

Fluorescenz als monomolekulare Reaktion klingt rasch, und zwar exponentiell ab, Phosphorescenz als bimolekulare langsam hyperbolisch. Viele organische Flüssigkeiten zeigen diese Erscheinungen. Die Deutung — zunächst bei Gasen — ist Rückkehr angeregter Zustände zum Grundzustand, wobei die Anregung meist, nicht immer, durch Photonenabsorption erfolgte. Reine Resonanzstrahlung bedeutet Emission der gleichen Wellenlänge, die auch absorbiert wurde. Gibt es energetische Zwischenstufen, so entstehen Resonanzspektren. Die ausgestrahlten Quanten sind bei reiner Resonanzstrahlung unverändert, sonst kleiner als die absorbierten. Die Differenz heißt STOCKEScher Sprung. „Antistockische" Linien ($h\nu$ der Em. $> h\nu$ der Abs.) kommen durch thermodynamische Energiezufuhr vor.

Bei Phosphorescenzen, wenn also die Emission von Photonen nach der Erregung, mit Verspätungen (bis zur Dauer von Wochen) stattfindet, wird angenommen, daß eine Elektronenleitung mitspielt, daß sich nämlich das Elektron vom Phosphorescenzzentrum entfernt hat und erst bei (u. U., wie tiefe Temperatur, stark) verzögerter Rückkehr den Grundzustand durch Emission dort wieder herstellt.

Die meisten Phosphore sind Fremdstoff-Phosphore, d. h., sie verdanken ihre Eigenschaft kleinsten Mengen Schwermetall, dem „Aktivator".

Auftreten der Fluorescenz bedeutet, daß die Anregungsenergie nicht auf andere Weise abgebaut wird.

Nun lassen sich photochemische Reaktionen durch organische fluorescierende Farbstoffe sensibilisieren, so durch Hämatoporphyrin, gewisse Chromophylle, Eosin. Solche Sensibilisatoren oxydieren Eiweißkörper und alipathische Amine bei Sauerstoff-Anwesenheit (Autooxydation). Bemerkenswert ist bei solchen Reaktionen die erzielbare hohe Quantenausbeute, d. h. das gute Verhältnis der umgesetzten Moleküle zu den absorbierten Photonen, das den Wert 1, also das Maximum, erreichen kann. Der zugrunde liegende Vorgang ist noch nicht geklärt, es ist wahrscheinlich, daß der Farbstoff nicht rein katalytisch sensibilisiert, sondern selbst, vorübergehend oder endgültig, verändert wird, sei es als Vermittler von H, O oder Elektronen, oder dadurch, daß er selbst mitreagiert.

Einzelheiten müssen in der Literatur nachgesehen werden[1]. Ihre Deutung kann vielleicht (nach FÖRSTER) durch Annahme metastabiler

---

[1] Vgl. TH. FÖRSTER: „Fluoreszenz organischer Verbindungen". Göttingen, 1951.

z. T. recht langdauernder Zustände nahe unterhalb des durch Photonenabsorption geschaffenen angeregten Zustandes, dessen Energie für die molekularen Umsetzungen verwendet wird, gedeutet werden.

2. Radiochemie. Gase, Lösungen, Aktivierung des sauerstoffhaltigen Wassers. Diffusion der aktivierten Partikel.

Es gibt eigentlich keinen prinzipiellen physikalischen Grund, die „photochemischen" Reaktionen von denjenigen Reaktionen zu unterscheiden, die sich nach Absorption von starken (Röntgen-, γ-)Photonen und insbesondere von Korpuskularstrahlen (Elektronen, α-Str., Protonen, Neutronen) ergeben. Das Einteilungsschema ist wohl mehr historisch entstanden. Aber zumeist werden die durch andere als sichtbare und UV-Strahlen hervorgerufene Wirkungen im Gegensatz zu den photochemischen etwas willkürlich als „*radiochemisch*" bezeichnet. Alle Erscheinungen, die „photochemisch" hervorgerufen werden, können prinzipiell auch durch die anderen „Strahlenarten" erzeugt werden. Es ist nur nötig, daß die Energiedepots des Absorptionsabbaues passen (für mehr selektive Reaktionen) oder doch hinreichen. Folgende wesentliche Erweiterung erfährt die Vorstellung, die man sich für die radiochemischen Wirkungen macht: bei Korpuskelstrahlung kann der Impuls auf das getroffene Elementarteilchen selbst einwirken und es zur Reaktion zwingen. Es bedarf nicht des Umwegs über das Franck-Condon-Modell, das bei UV und Lichtphotonen unentbehrlich war, um Dissoziationen erklärlich zu machen. Hierdurch wird eine veränderte Häufigkeit der einzelnen Reaktionstypen herbeigeführt.

Der große Gewinn, den die Experimente mit energiereichen Strahlen (so wollen wir der Kürze halber alle, außer den UV- und Lichtphotonen, nennen) brachten, besteht darin, daß sie die Aufmerksamkeit mehr auf die Mitwirkung des Milieus, speziell auch des Wassers als Lösungsmittel richteten.

Bei den Versuchen in Gasen wurde 1932 von I. T. TATE und P. P. SMITH die bekannte Tatsache betont, daß Abbauelektronen (Elektronen, die bei Absorption energiereicher Strahlen auftreten) nicht nur von positiv ionisierten Gasionen, sondern auch von neutralen Molekülen genügender *Elektronenaffinität* eingefangen und angelagert werden können. Die Tatsache selbst war schon lange bekannt, so etwa im Gebiet der Luftelektrizität.

Unter Elektronenaffinität versteht man bekanntlich die Fähigkeit von gewissen Atomen, trotz besetzter äußerer Schalen noch Elektronen einzulagern. Die elektronische Absättigung dieser Atome ist also nicht vollständig. Das gilt vor allem von den Halogenen und den Elementen der Sauerstoffgruppe. Da das Feld der Kernladung erst hierbei ganz abgeschirmt wird, bedeutet die Anlagerung des Elektrons Freistellung von Energie. So werden freigestellt bei Anlagerung eines e (Elektrons).

Tabelle 6.

F	Cl	Br	J	O	S	H
4,13	3,75	3,53	3,22	2,2	2,8	0,72

Die Beträge (eV) sind also z. T. von einer Größe, die zur Dissoziation eines Moleküls hinreicht, wie etwa zur Zerspaltung von $J_2 + e = J + J^-$. Man spricht bei den nicht-photoelektrischen chemischen Prozessen (analog zur Quantenausbeute) von Ionenausbeute und meint das Verhältnis der molekularen Änderungen zu den Ionen, die im Reaktionsgebiet gebildet wurden. So ist die Ausbeute bei Tyrosin-Zersetzung 0,1, d. h. auf 10 Ionen trifft eine Zersetzung. Bei der Verwandlung von Oxyhämoglobolin in Methämoglobin ist die Ausbeute 0,6.

In *Lösungen* sind von vielen Autoren in den letzten fünfundzwanzig Jahren Untersuchungen über die Wirkungen der Strahlen-Absorption angestellt worden, so von O. Risse, H. Fricke u. Mitarb., Lanning u. Lind, Duane u. Scheuer u. a. Eine ausführliche Darstellung und Diskussion der Ergebnisse bis etwa 1947 befindet sich in D. E. Lea: "Actions of Radiations on Living Cells"; seiner Darstellung wird im Nachstehenden teilweise gefolgt. Die neueste Entwicklung ist anschließend behandelt.

Die Mannigfaltigkeit und der vielfach widerspruchsvolle Charakter der Ergebnisse legt es nahe, das Problem vorher zu ordnen: Bei Bestrahlungen von Lösungen sind folgende Möglichkeiten gegeben: primäre Reaktion des Gelösten, primäre Reaktion des Lösungsmittels (also meist des Wassers), primäre Reaktion beider; sekundäre Wechselwirkungen der beiden aufeinander. Im allgemeinen hat man es zwar mit „Wasser" als Lösungsmittel zu tun, aber es gibt eine große Mannigfaltigkeit von gelösten Stoffen. Deshalb sei zuerst die *Reaktion des reinen* Wassers, also auch von gelösten Gasen (besonders O_2) befreiten Wassers besprochen:

An sich sind die Energiedepots z. T. stark genug, um Wassermoleküle zu dissoziieren. Aber die Bestrahlung mit Röntgenstrahlen in sauerstofffreiem reinem Wasser ergab keine Wasserstoff- oder Sauerstoff-Entwicklung. Dagegen erhielten Autoren bei massiver α- und β-Bestrahlung Gasbildung mit einer Ionenausbeute < 1.

Bildung von H_2O_2 durch Röntgenstrahlenabsorption wurde nur bei Anwesenheit von gelöstem Sauerstoff gefunden und sank mit abnehmendem Partialdruck des O_2. Wenn es in O_2-freiem Wasser nach sehr massiver Bestrahlung etwa mit α-Strahlen auftritt, so ist anzunehmen, daß sich unter dem Einfluß der starken Bestrahlung zuerst O_2 bildet und danach auch H_2O_2 entstehen kann. Ist O_2 vorhanden, dann kann sogleich H_2O_2 gebildet werden.

Nun hat man es im *biologischen Objekt niemals mit reinen* Lösungsmitteln zu tun. Gewebsflüssigkeiten enthalten stets gelösten Sauerstoff. Es ist also immer zu erwarten, daß eine „Aktivierung" des Milieus stattfindet. Nach Untersuchungen von I. WEISS (1944) kommt es im Anschluß an die Absorptionen zuerst zur Bildung von $H^+ + OH + e$ (e Elektron). Die Aufspaltung des Wassermoleküls erfordert 5 eV, d. i. 115 Kal. pro Mol. Das Elektron kann nur eine kleine *Strecke*, etwa 10 Å weit[1], diffundieren, mit einem H^+ ein H bilden oder es kann durch $H_2O + e \rightarrow H + OH^-$ gebildet werden. Wenn aber H^+, OH und OH^- vorhanden sind, so kann dadurch sowohl Oxydation wie Reduktion von gelösten Molekülen stattfinden, es kann H_2 und O_2, H_2O_2, HO_2, O_2^-, O_2^{--} entstehen.

Das Depot kann aber statt Ionisierung auch *Anregung* mit anschließendem *Zerfall* bewirken. Bei diesem Vorgang sind die beiden entstehenden Radikale H und OH dicht beieinander und die rasche Rekombination ist viel wahrscheinlicher. Damit läßt sich die sehr geringe Reaktion des reinen sauerstofffreien Wassers nach Absorption von Strahlen verstehen. Auch JANITZKYs Ergebnisse sind hierdurch bestätigt (s. Kap. 1, § 8). Um H_2 zu bekommen, müssen $H + H$-Zusammenstöße erfolgen, die durch die Rekombination unmöglich werden. Für O_2-Bildung muß zunächst $OH + OH \rightarrow H_2O + O$ und dann $O + O \rightarrow O_2$ stattfinden, was noch stärker verhindert wäre. Ist aber gelöster Sauerstoff vorhanden, dann kann es zu $H + O_2 \rightarrow HO_2$ und anschließend zu $2\,HO_2 \rightarrow H_2O_2 + O_2$ kommen, was mit einer Ausbeute 1 gemessen wurde. Da hierbei das H-Radikal durch O_2 beseitigt wird, ist die Wasser-Rekombination verringert.

Sind die Ergebnisse von I. WEISS zutreffend (und daß sie im wesentlichen richtig sind, kann angenommen werden), dann kann man von einem durch Absorption von Strahlen *aktivierten Wasser*, besser von einem *aktivierten Lösungsmilieu* sprechen, insofern es intermediäre reagible Teilchen beschränkter Lebensdauer enthält, und mannigfache indirekte Wirkungen auf die anderen Partner des ganzen Systems, auf darin gelöste und disperse Teilchen erwarten. Diese „indirekten" Effekte werden sich den direkten, lokalen „Treffern", also den sofort wirksamen Depots an zellgebundenen Bauelementen oder Individuen (also z. B. Chromosomen, Chromomeren, Kerneiweißmolekülen, Bakterien, Blutkörperchen, Viren) überlagern, ja in vielen Fällen sie stark überwiegen. Man muß suchen, die direkten Wirkungen von den indirekten zu trennen.

---

[1] Im Gas bis zu 10^{-4} cm. Vgl. Bilder der Wilsonkammer, Kap. 1, § 5. Man muß bedenken, daß der Diffusionsweg vielfach geknickt ist, also die Strecke (Entfernung vom Entstehungsort) klein gegen den Weg.

Dafür bietet sich zunächst die Methode der *Diffusionsanalyse* an. Die direkten „Trefferreaktionen" sind von Diffusion unabhängig, die indirekten müssen durch Variation der Diffusion (durch Temperatureinfluß, Zusatz von viscositätserhöhenden Komponenten[1]) beeinflußt werden. Auch durch Untersuchung der *Reaktions-Abhängigkeit von der Konzentration* einer Lösung läßt sich ein Maßstab gewinnen. So haben FRICKE und MORSE (1927 und 1929) Ferrosulfatlösung bestrahlt. Die Kurve zeigt die Zahl der unveränderten Moleküle in Abhängigkeit von der (sehr massiven bis $4 \cdot 10^4$ Röntgen) Dosis. Wäre es eine lokale „Trefferkurve" (wie in Kap. 1—3 behandelt), dann müßte sie einer Exponentialfunktion („Überlebenskurve") entsprechen. Aber sie verläuft *linear*. Das bedeutet: bei *abnehmender* Konzentration der überlebenden wird gleichwohl dosisproportional umgesetzt. Erst am Ende der Kurve (wenn die Zahl der „Überlebenden" verschwindet) wird die Kurve flach. Hier entscheidet der Gang der Kurve dahin, daß die Wirkung auf die $FeSO_4$ Moleküle indirekt zustande kommt, und zwar durch eine „Aktivierung" des Milieus, das in einer 0,8 norm. H_2SO_4-Lösung bestand, dem 10^{-4} m/l $FeSO_4$ zugesetzt waren. Später (1938) haben FRICKE, HART und SMITH eine Lösung von Ameisensäure im Intervall 1 r bis 10^3 r bestrahlt und denselben linearen Verlauf, also die Unabhängigkeit von der Konzentration festgestellt.

Wird eine Komponente zugesetzt, die mit dem „aktivierten Wasser", also den durch Energiedepots gebildeten reagiblen intermediären Körpern reagieren kann, so tritt diese Komponente als Konkurrent zu den gelösten und dispersen Bestandteilen auf. Deren „Ionenausbeute" sinkt. Das ist ein weiterer Beweis für indirekte Wirkung und kann ein weiteres Verfahren zur Trennung der *indirekten* von der *direkten* „Trefferwirkung" bilden. Dasselbe muß eintreten, wenn die Reaktionen selbst derartige „Schutzstoffe" bilden. Auch dann sinkt die Steilheit der Reaktionskurven.

In den sehr komplexen organischen Substraten pflanzlicher und tierischer Objekte, die vielfältige echte Lösungen, zugleich komplexe Kolloide bedeuten, sind mannigfaltige direkte und indirekte Reaktionen zu erwarten und die Klärung wird noch vieler Forscher Mühe auf lange Zeit hinaus beanspruchen. Hier sollen die wichtigsten einigermaßen gesicherten Ergebnisse berücksichtigt werden. Bei den indirekten Wirkungen, bei denen also das Lösungsmilieu, vornehmlich das Wasser durch „Treffer" aktiviert wird und das Depot durch H und OH-Radikale oder höhere Oxydationsstufen, wie H_2O_2 wie oben dargelegt, erst nach Diffusion an einen Acceptor, etwa ein gelöstes Molekül oder ein disperses

---

[1] Man vergleiche hierzu die in § 1 dieses Kapitels (Viren und Phagen) mitgeteilten Ergebnisse bei Zusatz von viskositätserhöhenden Stoffen wie Gelatine und § 4.

Teilchen (Eiweiß, Enzym usw.) gelangt und dort die beobachtbare Reaktion auslöst, ist die Frage nach der *räumlichen Verteilung* und der *Rekombination* wichtig. Eine ganze Anzahl Autoren, wie STENSTRÖM und LOHMANN (1928), V. E. KINSEY, FRICKE u. Mitarb. (1938), LANNING und LIND, LEA u. Mitarb., ORR und BUTLER (1935), W. M. DALE (1942), C. E. NURNBERGER (1937), E. BRODA (1943) haben mit mannigfachem Lösungsmaterial (Tryosin, Glutathion, Ameisensäure, Oxalsäure, Formaldehyd, Proteinen, Enzymen, wie Ribonuclease, Carboxypeptidase u. a., Ammoniumpersulphat usw.) experimentiert.

LEA[1] suchte auf Grund von Vorarbeiten von ZIMMER, JORDAN u. a. die Ergebnisse durch ein Modell der angenäherten Berechnung zugänglich zu machen. Das „ionisierende" Elektron oder der dichter „ionisierende" α-Strahl ist die Ursache, daß rings um ihn (durch + Ionen OH und durch $H^+ + e$ H-Radikale) entstehen und eine Art Säule um den Pfad des depotsetzenden („ionisierenden") Primärstrahls bilden. (Im Gasraum der Wilson-Kammer hat O. KLEMPERER 1927 eine α-Spur in H_2 bei etwa 70 mm Hg-Druck photographiert und daraus für Atmosphärendruck den Radius der von negativen Ionen gebildeten Säule auf $2 \cdot 10^{-3}$ cm berechnet). In der Modell-Säule LEAs werden achsennahe OH-, im äußeren Gebiet H-Radikale gebildet. Die Rückbildung — zunächst im gasfreien Wasser — durch Wiedervereinigung von H und OH ist eine „bimolekulare" Reaktion. Beide Partner der Wiedervereinigung sind von der „Depotdichte" des Primärstrahls abhängig (von der spezifischen, d. h. auf 1 cm Bahnlänge erfolgenden Depotzahl).

Wie soeben besprochen nimmt die Ionenausbeute bei geringer Konzentration ab. Die gradlinige Kurve knickt in flacheren Verlauf um. Das sollte nach LEAs Rechnung dazu führen, daß bei α-Strahlen wegen der häufigeren neutralisierenden Zusammenstöße der Knick früher erfolgen müßte, als bei Elektronenspuren (etwa im Anschluß an Röntgenbestrahlung).

LEA schätzt im Wasser den Radius r der Säule auf $1{,}5 \cdot 10^{-6}$ cm im Beginn. Mit einem angenommenen Diffusionskoeffizient $D \sim 2 \cdot 10^{-5}$ cm² sec^{-1} bei Zimmertemperatur wächst der Radius nach der Zeit t auf

$$r_t = \sqrt{4\,D\,t^2 + r^2}\,.$$

Die Durchführung der Rechnung berücksichtigt den Übergangszustand der Überlappung der sich durch Diffusion verbreitenden „Säulen", und gelangt zu Mittelwerten der Konzentration. Die Rechnung kann den starken Einfluß nicht berücksichtigen, der von den gelösten Stoffen auf das Verschwinden der Radikale ausgeht. Ohne sie würde die Halbwertszeit der Lebensdauer der Radikale als intermediärer Aktivationsstoffe bei α-Strahlen etwa $1{,}2 \cdot 10^{-9}$, bei Röntgenstrahlen etwa

---

[1] Die ersten einschlägigen Rechnungen sind von G. JAFFÉ (1913) gemacht.

$2 \cdot 10^{-7}$ sec (bei üblichen Versuchsbedingungen) betragen. Bei Anwesenheit gelöster Stoffe würde die — schon auffallend kurze — Halbwertszeit noch kürzer sein. Da vom Geschehen im Gasraum ausgegangen wird, ist nur von Ionisationen, nicht von den sicher häufigen Anregungen die Rede.

Die vielleicht etwas problematische Rechnung kann, da sie für biologische Verhältnisse nicht ohne weitere Annahmen verwertbar ist, hier weggelassen werden. Im Buch von LEA (s. Vorwort) ist sie ausgeführt.

Während diese rechnerischen Abschätzungen der räumlichen Verteilung zunächst noch wenig weiter zu führen scheinen, lassen die Erfahrungen andere Schlüsse zu. Für die „indirekten Wirkungen", also die Rolle des Lösungsmittels, haben wir die Kriterien der Wirkungsdiffusion, der Wirkungs-Unabhängigkeit von der Konzentration (in gewissen Grenzen) und der konkurrierenden Zusatzstoffe (auf die noch näher eingegangen werden muß) kennengelernt. Ganz deutlich tritt sie bei folgender Betrachtung hervor. Die absorbierte Strahlenenergie ist bei einem gegebenen Objekt den absorbierenden Massen proportional. Bei Versuchen mit Lösungen ist die Masse der Lösungsmittel überwiegend, damit die auf das Lösungsmittel entfallende Depotzahl der Abbauenergie. Der Fall liegt gegensätzlich zu eigentlich photochemischen, auf *selektiver* Absorption beruhenden Reaktionen mit folglich kleinen Ausbeuten. Tritt in verdünnten Lösungen eine Reaktion mit hoher Ionenausbeute ein, so läßt sich auf indirekte Wirkung schließen, um so eindeutiger, je mehr die Depotwahrscheinlichkeit in den gelösten Molekülen gegenüber derjenigen im Lösungsmittel verschwindet.

Ein sehr großer Teil der Reaktionen in wäßrigen Lösungen sind als Oxydationen oder Reduktionen zu verstehen. Einfache organische Substanzen ergeben CO_2 und Wasserstoff; Enzyme verlieren ihre Aktivität. Letztere verlieren sie auch bei Bestrahlung im trockenen Zustand, und zwar mit einer Ionenausbeute von etwa 1.

Bei Diskussion der Ionenausbeute bei wäßrigen Lösungen muß man überlegen, daß sie in der Regel < 1 sein muß, da ja viele Rekombinationen vor dem Zusammenstoß auftreten können. Andererseits können sich auch an die erste Reaktion Folgereaktionen anschließen, so daß die gefundenen Zahlen schwanken, am meisten innerhalb des Intervalles $0,1 - 2$. Die Rolle des H_2O_2 tritt oft zurück — so zeigt etwa die Reaktionskurve von KJO_3 keinen Zusammenhang mit H_2O_2.

Dagegen ist die Elektronenaffinität des OH-Radikals ($OH + e \rightarrow OH^- + 3,7$ eV) wahrscheinlich für die Zersetzung vieler organischer Verbindungen in wäßriger Lösung wichtig. Umgekehrt wirken organische Moleküle in genügender Konzentration durch Beseitigung von OH-Radikalen als „Schutzstoffe", als „konkurrierende" Partner gegenüber anderen Reaktionen. H-Radikale reagieren mit oxydierenden gelösten Bestandteilen wohl etwas weniger aktiv.

3. Neuere Ergebnisse über die Aktivierung des Lösungsmittels.

An den neueren Forschungen sind viele Autoren beteiligt; darunter seien der Arbeitskreis im Laboratorium Curie (Paris) und A. O. ALLEN und seine Mitarb. (Brookhaven National Laboratory, Upton, Long Island) hier erwähnt. ALLEN hat jüngst (1952) in "Radiation Chemistry" der Faraday Society ein Referat erstattet, das z. T. den folgenden Darlegungen zugrunde liegt. In diesem Buch kann nicht der ganze Forschungsbereich (Mechanismus der Wasserzerlegung, chemische Erscheinungen im bestrahlten reinen Wasser, in Lösungen verschiedener Art, die anschließende Radiolyse organischer Flüssigkeiten, die Reaktion reiner organischer Verbindungen mit all ihren Meßverfahren usw.) dargelegt werden. Es kann sich nur um Grundzüge handeln, soweit sie zum Thema der *Quanten*biologie in naher Beziehung stehen.

Zunächst stoßen wir wieder auf die Frage, wieweit die Erfahrungen des Energieabbaues von Strahlenenergie im Gasraum (Wilsonkammer) auf Flüssigkeiten und auf flüssigfeste organische Verbände übertragbar sind. Im Gasraum sieht man die Spuren der Ionenbildung, und die Depotgrößen, die sich um den Mittelwert von etwa 31 eV gruppieren, sind wenigstens bei Korpuskularstrahlung nicht sehr abhängig von der Art der vom Strahl getroffenen ionisierten Gasmoleküle.

Anders ist es natürlich mit Anregungsdepots, die im festflüssigen Verband die größere Bedeutung haben. Wie an anderer Stelle schon ausgeführt, hängen die Anregungsdepots vom Material und seinem Packungszustand ab. Es wird ein reiches Spektrum mit Bevorzugung geringerer Depotgrößen zu erwarten sein. Aber man weiß vorläufig wenig Quantitatives darüber. Man kann erwarten, daß bei der rund 800—1000 mal dichteren Packung[1] Anregung und Ionisierung ineinander übergehen wegen der Verbreitung der Banden auch höherer Anregungsstufen und, weil wohl der eigentliche Weggang des Elektrons, der zum Wesen der Ionisierung gehört, bei nicht sehr schnellen Elektronen kaum zustande kommt.

Aber die Unterscheidung zwischen Ionisationsvorgang und Anregungsvorgang kann zurückgestellt werden, bis man mehr davon weiß. In jedem Fall können sich, wenn die Energiedepots für die Aktivierung groß genug sind, die weiteren Ereignisse daran anschließen, können Radikale gebildet werden. Auch die Frage, ob im flüssigfesten Milieu die "cluster" (Häufchen) von Ionen gebildet werden, die man im Wilsonbild sieht, scheint nicht entscheidend, obwohl mit den 3er-Häufchen (JORDAN) auch bei quantenbiologischen Überlegungen schon gerechnet wurde (s. Kap. 1, §§ 1, 2).

---

[1] Die Messungen mit der Wilsonkammer sind meist in verdünnten Gasen gemacht.

Das wichtigste der neueren Ergebnisse ist, daß bei der Strahlenabsorption nicht nur Radikale H, OH und O_2H gebildet werden, sondern auch eine molekulare Zerlegung in (gasförmiges) H_2 und in H_2O_2 zugleich auftritt. Mit starken Photonen, d. h. γ-Strahlen und harten Röntgenstrahlen (geringe Depotdichte) ist die Ausbeute der molekularen Zerlegung etwa 0,6 pro 100 eV absorbierter Energie und wächst (z. B. bei α, p) mit größerer Depotdichte. Umgekehrt nimmt die Radikalbildung, die bei starken Photonen (geringer Depotdichte) etwa 3—5 Radikalpaare beträgt, mit der wachsenden Depotdichte ab.

Stets finden dabei Rückreaktionen, eingeleitet durch die freien Radikale statt, um so stärker, je mehr H_2 gelöst ist. Das führt zu der überraschenden Konsequenz, daß in einem geschlossenen Wasserbehälter ohne gasförmige Phase, bei dem also H_2 nicht entweichen kann, sich bei der Bestrahlung sogleich ein stationärer Zustand mit *geringer* Konzentration der Produkte ausbildet, weil die im Milieu verharrenden H_2-Moleküle die Rückreaktion fördern. Ist aber ein Gasraum vorhanden, in den der gebildete Wasserstoff entweichen kann, dann stoppt das im Milieu zurückbleibende H_2O_2 die Rückreaktion, und die Zerlegung des Wassers erreicht einen hohen Grad. Diese Ergebnisse werden bestätigt durch Zufuhr von H_2 vor der Bestrahlung, womit man die Wasserzerlegung vollständig abstoppen kann, während man sie durch Einführung von O_2 oder H_2O_2 vor der Bestrahlung steigern kann.

Viele Versuche sind mit Lösungen reduzierender Stoffe gemacht worden. (Jodide, Bromide, Nitrite, Arsenite, Selenite, Ferrocyanide), und zwar schon früh (1935) von FRICKE und HART. Es bleibt aber bei der gleichen H_2-Gasausbeute, auch bei Änderung der Konzentration, doch erschien (außer bei Jodiden und Bromiden) äquivalent zur H_2-Produktion oxydiertes Material. Das reduzierende Material wurde also von H_2O_2 quantitativ oxydiert. ALLEN denkt hier an eine mögliche Katalysatorrolle durch die vorhandenen Radikale.

Bei der molekularen Zerlegung denkt man an Reaktionen in kleinen Bezirken hoher Energiedichte längs der Spur des α oder p, die den Ionenhäufchen im Gas entsprechen und als Punktwärmen (hot spot) angesehen werden. Die Analogie führt zu einer Schätzung von 100 eV für eine „Punktwärme", von der etwa 6 dicht beieinander liegende Wassermoleküle zerlegt werden und vielleicht ein Radikalpaar gebildet wird. Davon wird zur Aktivierung nur ein Teil (etwa $1/_3$) gebraucht. Der größere Teil geht durch Stöße zweiter Art (strahlungslosen Rückgang) direkt in Wärme über. Der Begriff der Punktwärme (Kap. 1) ist auch hier Konzentration der Abbauenergie auf beschränktes Objekt, jetzt im Milieu statt im biologischen Objekt.

Geht ein Elektron von 100 eV Energie von einem Wassermolekül aus, so hätte es nach LEA eine Weglänge von etwa 30 Å und seine Bahn wird wegen der Zusammenstöße in einem engen Raum von vielleicht 10 Å Radius verlaufen[1]. Die 6 gebildeten OH-Radikale, die es erzeugt, liegen dicht an der Spur, die H-Radikale werden (s. oben bei LEA) weiter weggehen können, bevor sie eingefangen werden. Aber der Unterschied wird nicht so groß sein, wie LEA schätzte, *da die Einfangwahrscheinlichkeit des H durch flüssiges Wasser sehr groß ist.* Es kommt also zu einer beträchtlichen sofortigen Rekombination der Radikale, und zwar zu H_2 und H_2O_2 *und das ist die Deutung der Entstehung von Molekularzerlegung bei wachsender Depotdichte* durch die wachsende Nähe der Radikale, die zu größerer Rekombinationswahrscheinlichkeit zu H_2 und H_2O_2 führt.

Anders werden die Verhältnisse, wenn bei starken Photonen sehr schnelle Elektronen entstehen und die Depots weiter auseinanderrücken. Dann tritt die Radikalbildung in den Vordergrund, weil die Rekombination zu Molekülen weniger wahrscheinlich wird.

Bei der Übertragung der Ergebnisse auf das biologische Milieu muß man dessen komplexe Natur bedenken und in Rechnung setzen, daß fast jeder oxydationsfähige oder reduktionsfähige Stoff die Radikale zerstören muß. In einem Redox-System mag dabei Gleichgewicht zwischen Oxydation und Reduktion entstehen, so daß nur H_2 und H_2O_2 oder deren Folgeprodukte in äquivalenten Mengen entstehen.

Die Ausbeutebestimmungen von H_2 variieren noch stark, etwa zwischen 0,45 und 0,7 Molekülen pro 100 eV; die Ausbeute steigt bei α-Strahlen (Depotdichte groß) bis etwa 1,9 Moleküle pro 100 eV, wie nach dem Gesagten zu erwarten ist.

Wir schließen aus diesen Ergebnissen: Die Beteiligung des Lösungsmittels ist von vielen Faktoren abhängig. Physikalisch sicher von der Depotdichte. Chemisch von den Komponenten, die in der Lösung enthalten sind und von dem Vorhandensein eines Gasraumes für entweichenden Wasserstoff. Räumlich kommt für die „indirekte Wirkung" besonders ein kleines den biologischen Test umgebendes Volum stärker in Frage. In größeren Distanzen wirken nur die haltbaren Aktivationsprodukte (H_2, H_2O_2), kaum die Radikale H und OH.

Die folgenden Abschnitte zeigen uns, daß die Größe der biologischen Teste selbst im Lösungsmittel variabel ist (Solvatation), und daß die Testpartikel eines inneren Lösungsmittels meist sehr kleine Wege reinen Wassers haben. Es fehlt z. Z. an den quantenbiologischen Grundlagen. Es besteht noch keine quantitativ zuverlässige Kenntnis der Aktivierungsstufen im Lösungsmilieu. Es nützt noch nicht viel zu wissen, daß von den 10 Elektronen des Wassermoleküls 6 ein Ionisationspotential zwischen 12 und 17 eV haben. Es müßten die Anregungsstufen (die unterste entspricht der Quantenzahl $n = 3$ mit einem Bahnradius von 4,8 Å im klassischen BOHRschen Modell), die Energiebilanzen bei der

---

[1] Vgl. Fußnote des Kap., § 2.

Bildung der Radikale und Moleküle berücksichtigt werden können. Wahrscheinlich ist es für den gegenwärtigen noch sehr unbefriedigenden Zustand am zweckmäßigsten, daran zu denken, daß die Milieuaktivierungen im festflüssigen biologischen Substrat auf biologische Teste fast nur wirken, wenn sie in unmittelbarer Nähe der biologischen Teste selbst stattfinden, so daß die Depot*theorie* mit einer Berücksichtigung eben dieser Zone als Grenzschicht, die den „wirksamen Trefferbereich" vergrößern (und variabel machen) ihre Resultate behaupten und die meisten entstandenen Schwierigkeiten überwinden kann.

§ 3. Eiweißlösungen und andere Kolloide.

1. Versuche mit Eiweiß-Solen.

Zu den Überlegungen der ersten Jahre hat WILHELM CASPARI, damals Vorsteher der Krebsforschungsabteilung im PAUL EHRLICHschen Institut[1] als fast täglicher Diskussionspartner wesentlich beigetragen. Aus meinen Gesprächen mit ihm ging ein Arbeitsplan hervor, der in unserem Institut, unter ganz besonderer leitender Beteiligung B. RAJEWSKYs, zuerst von NAKASHIMA aufgenommen und von W. GENTNER und K. SCHWERIN erweitert durchgeführt (1926—1930) wurde.

Gemäß meiner Vermutung, daß als primäre biologische Orte der Einwirkung Makromoleküle, speziell Eiweißmoleküle bevorzugt in Betracht kommen, sollten sie unmittelbar der Strahlung ausgesetzt werden. Sorgfältig bereitete hochverdünnte Eiweißlösungen ($0{,}1$—$1^0/_{00}$) wurden unter bestimmten Bedingungen bestrahlt. Die in BROWNscher Bewegung in der Ultramikroskop-Zählkammer als Folge der Bestrahlung auftretenden Teilchen wurden als Test benutzt. Sie bilden sich als wachsende gut sichtbare Eiweißteilchen aus dem klaren Milieu, werden gezählt, fallen, wenn sie durch Zusammentreten größer geworden sind, durch Niederschlag heraus.

Die ultramikroskopische Methode war von SIEDENTOPF und von GALECKI (1910 und 1912) beschrieben. WELS und THIELE (1925) hatten mit ihr gezeigt, daß sich so Strahlenreaktionen bereits in den ersten Stadien verfolgen lassen und verbesserten die Apparatur. Für die Eiweißlösungen hatten wir die Hilfe des EHRLICHschen Instituts, wo E. STRAUSS die Eiweißkörper in hochfraktionierter und reiner Form für uns herstellte. Benutzt wurden Euglobuline, Pseudoglobuline, Globuline und Albumine in verschiedenen Konzentrationen; vorzugsweise wurden diese Konzentrationen so gewählt, daß bei den verschiedenen Strahlungsbedingungen jedesmal die Auszählung in der Zählkammer zuverlässig wurde. Die Technik des Verfahrens ist subtil: Quarzreagensröhrchen, Arbeiten im Thermostaten, Mikropipette zur Entnahme in gemessenen

---

[1] Offiziell: Staatsinstitut für experimentelle Therapie.

Abständen, viele Zählungen zur Mittelwertsbildung, Kontrollen ohne Bestrahlung sind erforderlich. Die Lösungen werden unmittelbar vor der Versuchsreihe mit mehrfach destilliertem Wasser angesetzt; bei den Globulinen mit dem nötigen Salzzusatz.

Die an diesen Plan geknüpfte Hoffnung war, statt des unendlich komplizierten Bildes der Gesamtschädigung bestrahlter Gewebe, das in vielen Hunderten von Abhandlungen beschrieben, gleichwohl kaum zu durchschauen war, Primärwirkung der Energiedepots selbst vor die Augen zu bekommen und die quantenbiologische Hypothese daran zu kontrollieren.

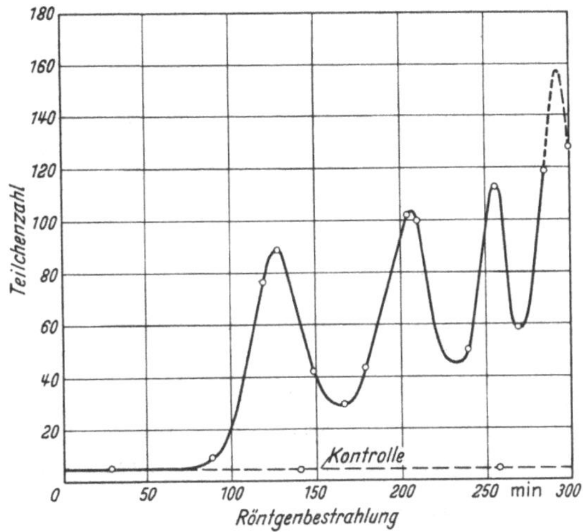

Abb. 23. Teilchenzahlen bei fortgesetzter Bestrahlung.

Die Reaktionsweise solcher Lösungen besteht in einem wenig geklärten Vorgang, den man mit „Denaturierung" der Eiweißmoleküle bezeichnet. Sie werden durch ihn zur Zusammenballung disponiert, wenn sie thermodynamisch sich nähern. Die Dispersität sinkt. Dieser Vorgang tritt auch bei vorsichtiger Erwärmung gut beobachtbar ein, und diesen Vorgang benutzte, nach unserem Plane, NAKASHIMA, da er nach Bestrahlung sich auch einstellt. Folgendes waren die ersten Ergebnisse:

Nach einer Latenzzeit, die Funktion der Dosis (der absorbierten Energie) ist, werden die Teilchen in BROWNscher Bewegung gut sichtbar, nehmen an Zahl zu bis zu einem *Maximum*. Dann werden sie seltener. was auf Ausflockung beruht, ihre Zahl erreicht ein *Minimum*; aber darin verharren sie nur wie in einer zweiten Latenzzeit. Die Zahl nimmt wieder zu, erreicht ein zweites Maximum und so fort: es entsteht ein rhythmischer Vorgang. Rhythmus, Amplituden, Dauer hängen von der Dosis ab. Die Erscheinung ist insoweit gleich, ob Wärme-Energie oder Strahlungsenergie zugeführt wird.

Die einzelnen Eiweißarten erweisen sich als verschieden empfindlich und zeigen den gleichen Reaktionstypus in verschieden starker Ausprägung. Für jede Art gibt es eine Konzentration der Lösung, die

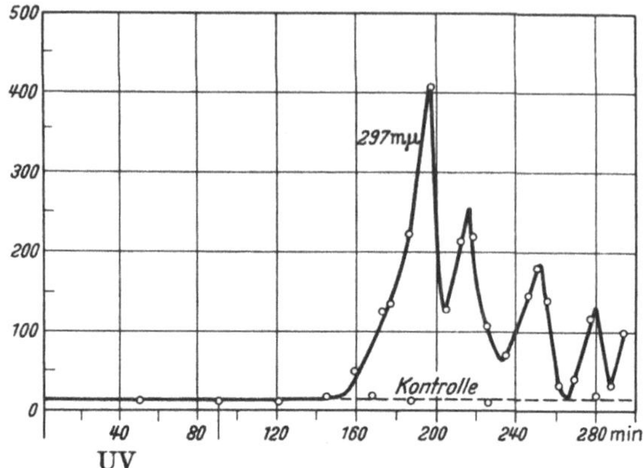

Abb. 24. Teilchenzahlen bei Bestrahlung im Beginn.

maximale Empfindlichkeit aufweist. Am besten eignete sich Paraglobulin für die Versuche.

Der typische Verlauf der Reaktion ist für Ultraviolett unterhalb $\lambda = 320$ mμ (bis 230 mμ) Röntgenstrahlen, Kathodenstrahlen und Wärme der gleiche und entspricht den Abb. 23 und 24. Die erstere zeigt den Gang

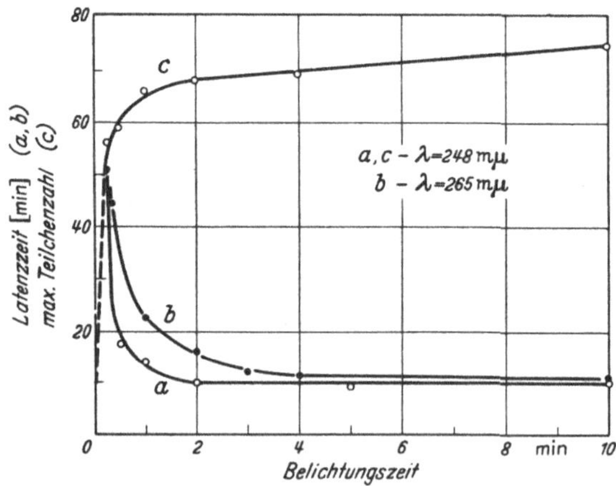

Abb. 25. Strahlungsintensität $a > b$.

der Teilchenzahlen bei fortgesetzter Bestrahlung. Die Amplituden wachsen und rücken näher zusammen. Die zweite zeigt den Verlauf bei einer Anfangsbestrahlung. Die Latenzzeit und die Abnahme der

Amplituden wird deutlich. (In der Ordinate sind jeweils die Summen von 10 Zählungen aufgetragen.) Die subjektiven Auszählungen wurden mit einer ultramikroskopischen Kinoapparatur kontrolliert und bestätigt.

Im einzelnen sind folgende Resultate bemerkenswert:

Bei Erwärmung nimmt die Latenzzeit mit der Temperatur ab.

Abb. 25 und 26 zeigen die Zusammenhänge zwischen Belichtungszeit (bei konstanter Intensität) und Latenzzeit bei zwei verschiedenen Intensitäten (a und b), und Wellenlängen im UV. Der Gang läßt sich durch die Gleichung

$$t_L = K \left(1 + \frac{1}{t_B}\right)$$

ausdrücken, wo t_L die Latenzzeit, t_B die Belichtungszeit bedeutet. Die Kurve 25c zeigt die Amplitudenhöhe als Funktion der Belichtungszeit

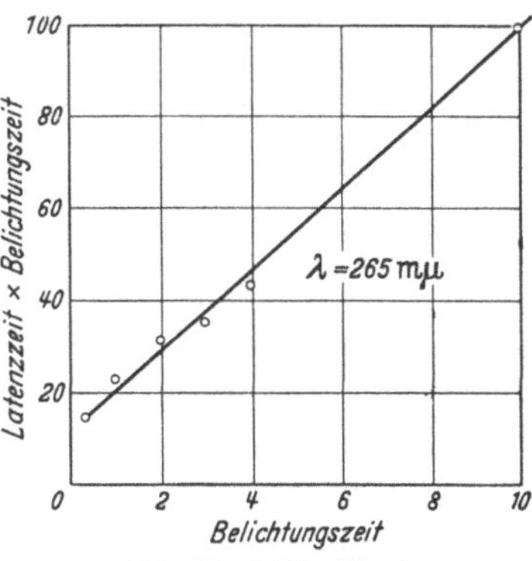

Abb. 26. Zeit in Minuten.

(Dosis). Sie ergibt, außer bei sehr kleinen Dosen, nur geringen Amplitudenanstieg mit der stärkeren Einwirkung.

Es ergab sich ferner, daß bei diesen UV-Reaktionen das BUNSEN-ROSCOEsche Gesetz über den photochemischen Umsatz, wonach dieser

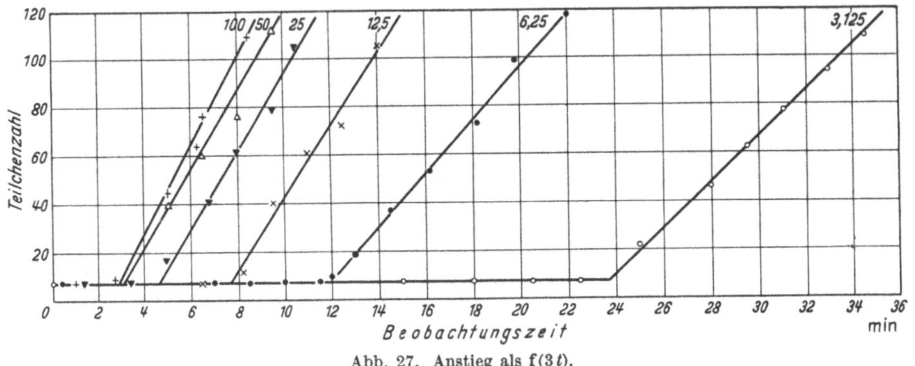

Abb. 27. Anstieg als f(3t).

der Lichtmenge $I\,t$ (Intensität mal Belichtungszeit) proportional ist, nicht gilt. Vielmehr ergab sich für UV

$$I\,t^{0,904} = \text{konst.}$$

Als Indikatoren des Ablaufes können verwendet werden: Latenzzeit, die in der Steilheit des Anstieges erkennbare Reaktionsgeschwindigkeit und der Vergleich der Momentanwerte, speziell der Amplituden. In Abb. 27

sind für verschiedene Belichtungen ($It = 3{,}125$ bis $It = 100$) die Anstiege vor dem ersten Maximum aufgetragen; die Abkürzung der Latenzzeit und die wachsende Steilheit der Reaktionskurve bei wachsendem It ist

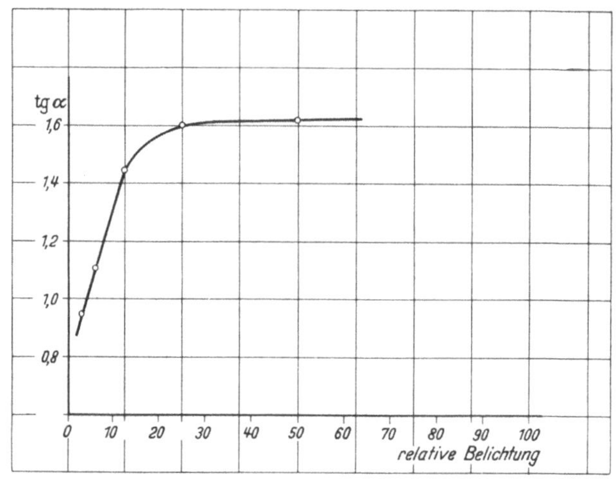

Abb. 28. Abhängigkeit der Steilheit des Teilchenanstiegs von der Belichtung.

erkennbar. Die Abb. 28 zeigt diese Steilheit als Funktion der Belichtung. Die Kurve steigt zuerst steil an, neigt aber zu einer „Sättigung" in dem Sinne, daß jenseits einer gewissen Belichtung die Reaktionsgeschwindigkeit nicht mehr merklich zunimmt. Diese Tatsache dürfte für die Beurteilung des eigentümlichen rhythmischen Verlaufs von Bedeutung sein.

Paraglobulin - Absorptionsmessungen in UV (Abb. 29) zeigten, daß die Strahlenempfindlichkeit dem Absorptionsverlauf entspricht. Die längeren UV-Linien (365 und 334 $m\mu$) sind bei den Versuchsbedingungen unwirksam. Unterhalb 320 $m\mu$ tritt der Effekt auf, mit einer kleineren Latenzzeit und flacherem Anstieg bei kürzeren Wellenlängen.

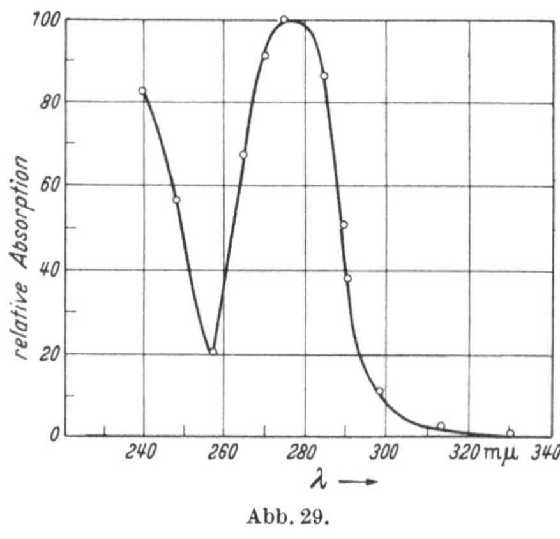

Abb. 29.

Die Eiweißbestrahlungen eignen sich zu einem „experimentum crucis" (nach Überlegungen von B. Rajewsky) über die Frage, ob die Energiedepots spezifische oder unspezifisch destruktive Wirkungen ausüben. SPIEGEL-ADOLF hat 1928 gezeigt, daß die Erwärmungsdenaturierung der Proteine teilweise reversibel, teilweise nicht reversibel ist, während die Bestrahlungsdenaturierung (wohl ganz überwiegend) irreversibel ist. Nach den Überlegungen des 1. und 2. Kapitels kommt es auf die Größe der Energiedepots im Vergleich zur Energietoleranz (oder Energieresistenz) des biologischen Mikroobjektes, hier des Eiweißmoleküls an. Dabei muß die Maxwellverteilung der Energie die bekannte

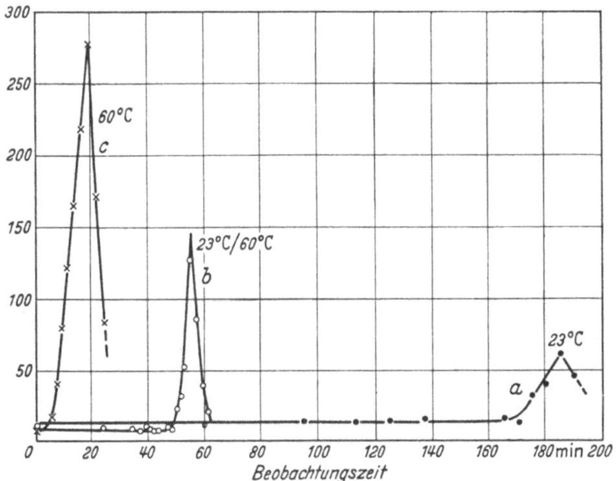

Abb. 30. Röntgenstrahlen bei verschiedener Temperatur.

Rolle spielen, so daß SPIEGEL-ADOLFs Beobachtung über die Einwirkung vorsichtiger Erwärmung erklärlich ist: Reversibilität oder Irreversibilität der „Denaturierung" wird davon abhängen, ob bei der Maxwellverteilung der Energie die ganze Struktur des Eiweißmoleküls oder vielleicht nur eine periphere Partie davon im Einzelfall betroffen wird.

In der ersten Publikation (1922) über die quantenhafte Einwirkung hatte ich eine Überschlagsrechnung darüber aufgestellt, wo etwa die Grenze zwischen einer spezifischen (etwa photochemischen) und einer unspezifischen Einwirkung auf das biologische Elementarobjekt liegen könne und schätzte als Grenzzone der Energie das kurzwellige UV-Gebiet. Bei höheren Energien sollte also der Vorgang unspezifisch sein.

Spezifische Absorptionsvorgänge, wie etwa UV-Photoabsorptionen, müssen temperaturunabhängig sein. Aber nicht spezifische, also etwa Elektronen-Energie-Depots, umfassen ein breites Spektrum. Es müssen kleine Depots von 1—2 eV oder noch geringere auftreten, aber auch größere, da der (den Erfahrungen mit Gasen analoge) Mittelwert vielleicht bei ∼ 10 eV liegt. Die größeren Depots zerstören auf alle Fälle, bei kleineren und kleinsten muß aber der Energiezustand des Objektes, d. h. die Maxwellverteilung an der „Denaturierung" mitwirken, also müssen die Reaktionen für diese temperaturabhängig sein.

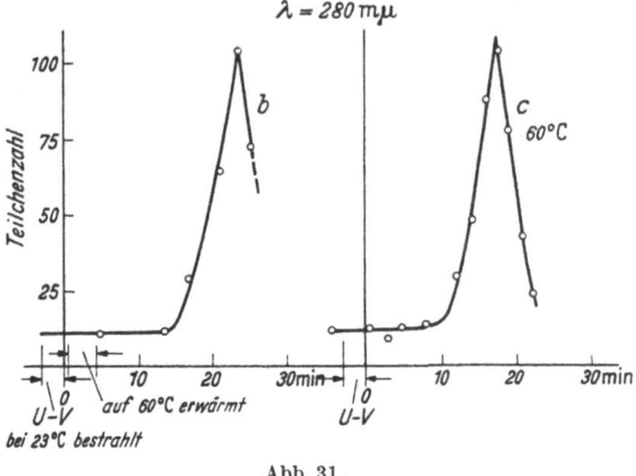

Abb. 31.

Das ergab sich nun in der Tat. Photoabsorptionen im kurzwelligen UV ergaben temperatur*un*abhängigen Verlauf der rhythmischen Reaktionen (solange nicht die Temperatur so gesteigert wird, daß sie selbst merklich beiträgt). Dagegen ergibt die Röntgenstrahleneinwirkung, daß der Verlauf temperaturabhängig ist. Die Abb. 30, 31 und 32 zeigen Wirkungen der Röntgenstrahlen bei verschiedener Temperatur mit Amplitudensteigerung und Latenzverkürzung, ferner UV-Einwirkung

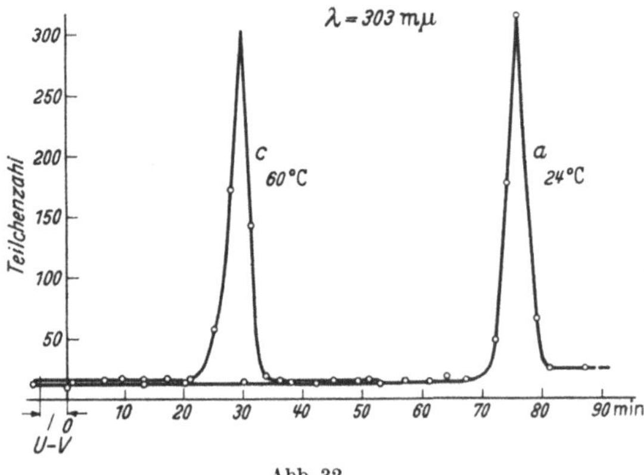

Abb. 32.

zweier Wellenlängen (bei Erwärmung nach Bestrahlung und bei Bestrahlung des schon erwärmten Milieus). Die Amplituden sind unverändert. Die Latenzzeiten müssen natürlich durch die häufigeren Begegnungen bei höherer Temperatur verkürzt werden.

In den anschließenden Abb. 33 und 34 ist die Temperaturabhängigkeit der UV- derjenigen der Röntgen-Wirkung gegenübergestellt. Die UV-Wirkung zeigt bis zur Coagulationstemperatur kaum eine, die Röntgenstrahlenwirkung eine starke Temperaturabhängigkeit. Soweit der Rajewsky-Versuch. Es ergibt sich eine weitgehende Bestätigung der ursprünglichen Vorstellungen. Wo selektive Absorptionen, also eine Übereinstimmung der energetischen Baustufen des biologischen Elementarobjektes mit dem Energie-Impakt gegeben ist, und das liegt bei kurz-

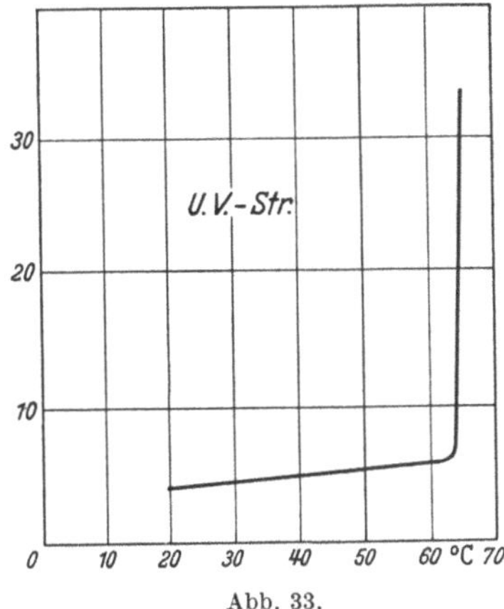

Abb. 33.

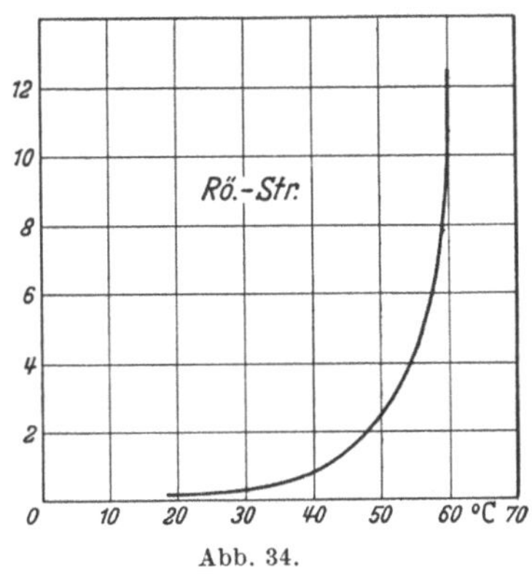

Abb. 34.

welligen UV-Absorptionen des Eiweißes vor, zeigen sie spezifische Reaktionen, die man als photochemisch bezeichnen kann. Wo ein Elektronendepot nach Röntgen- oder γ-Strahlung gegenüber diesen quantenhaften Baustufen groß ist, haben wir unspezifische, destruktive Prozesse. Sind die Depots an der Schwelle oder unterschwellig, dann können sie gleichwohl teilweise durch die Maxwellverteilung im Milieu spezifisch oder unspezifisch wirksam werden, stellen sich als temperaturabhängig heraus. Die Eiweißversuche bringen also die Entscheidung, daß abgesehen von den Fällen der korrespondierenden Energien (wie im UV unter 320 mμ) kurzwellige Strahlen (und Kathodenstrahlen) unspezifische destruktive Elementarprozesse an biologische Einheiten setzen, photochemische Prozesse finden in Fällen korrespondierender Energiestufen statt.

Daß bei den biologischen Reaktionen die Eiweißmoleküle eine Rolle spielen, geht aus folgender bei diesen Versuchen festgestellten Übereinstimmung hervor: HAUSSER und VAHLE haben bei Untersuchung der Erythembildung als Strahlenreaktion der menschlichen Haut dieselbe Selektivität (um 300 mμ und 254 mμ) und den analogen rhythmischen Verlauf festgestellt, den unsere Arbeiten beim Eiweißversuch ergaben.

Bedenkt man die Komplikation biologischer Abläufe, d. h. ihre Abhängigkeit von vielen Faktoren, so ist die Korrespondenz der Rhythmen mit den experimentell erzeugten Rhythmen der Eiweißversuche recht eindrucksvoll.

2. Versuche mit anderen Solen.

In einigen zu wenig beachteten Arbeiten (FERNAU 1927, BEAVOR and MULLER 1928, Kölner Dissertation SCHNITZLER 1931)[1] sind, einige Zeit nach unserer (NAKASHIMA, vgl. Literaturverzeichnis) ersten Veröffentlichung über die rhythmischen Reaktionen von Eiweiß-Suspensionen Versuche mit UV-Bestrahlung von Kolloiden mitgeteilt, die auch rhythmische Reaktionen zeigten. Später, vom Jahre 1936 an, haben I. A. GROWTHER und seine Mitarb. in einer Serie von Publikationen (vgl. Literaturverzeichnis) über rhythmische Reaktionen bestrahlter Graphit- und Metallsole berichtet. Sie benutzten zuerst Ferrohydroxyd-Sol, das sie mit Röntgenphotonen bestrahlten. Beobachtet wurde damit eine chemische Reaktion-Empfindlichkeitssteigerung gegen Elektrolyte in Abhängigkeit von der Dosis. Dann verließen sie diese Methode wegen ihrer Komplikation und Ungenauigkeit und gingen dazu über, feindisperse Graphit-(„Aquadag") und Metallsole in Leitfähigkeitswasser mit Röntgenphotonen zu bestrahlen und als Reaktion die elektrophoretische Beweglichkeit, zuerst mit einem Spalt-Ultramikroskop, sodann mit einem von P. WHITE und von LANE und WHITE (Literaturverzeichnis) ausgearbeiteten Verfahren zu messen, das auf 2 % genau reproduzierbare Werte liefert.

Die Teilchenbewegung wird durch das elektrokinetische Potential ζ in Abhängigkeit[2] von der Photonendosis charakterisiert und die so gewonnenen Kurven entsprechen den unseren so gut, wie es zu erwarten ist. Sie zeigen (Abb. 35 und 36) die Rhythmen, d. h. Ansteigen und Abnehmen der elektrophoretischen Beweglichkeit bei steigenden Dosen; besonders deutlich (fast geradlinige Anstiege und Rückgänge) bei den Versuchen mit Goldsolen, wobei die erforderliche Dosis ungefähr mit dem *Quadrat des Teilchenradius abnimmt.* Die Solen wurden so monodispers wie möglich bereitet (z. B. Radius = $2{,}47 \cdot 10^{-6}$ cm bei γ-Bestrahlung).

---

[1] Die — wohl nur als Dissertation (Univ. Köln 1931 unter Prof. WINTGEN) erschienene — Arbeit von A. SCHNITZLER bestätigt Ergebnisse von BEAVER und MULLER (1928) und zeigt bei UV bestrahlten Solen mit positiven und negativen Micellionen, Metallsolen und organischen Solen wellenförmige Schwankungen der Teilchenzahl, die gegenläufig zu den Schwankungen der Wanderungsgeschwindigkeit verlaufen.

[2] Für die Geschwindigkeit v der Teilchen wird die aus der HELMHOLTZ-SMOLUCHOWSKISCHEN Theorie hergeleitete Beziehung $v = \dfrac{2\,\delta\,\zeta}{3\,\eta} E$ gewöhnlich benutzt. (δ Dielektrische Konstante, η Viskosität, E Feldstärke.) Es ist also v prop. ζ. Entscheidend ist bei der Theorie der diffuse, abstreifbare Teil der Doppelschicht.

Die Versuche wurden mit möglichst homogenen Röntgenstrahlen und
mit γ-Strahlen (mit gleichem Ergebnis) durchgeführt. Der zunächst
auffallende Unterschied der Dosis bei ultramikroskopischen und elektrophoretischen Versuchen erklärt sich daraus, daß bei den ersteren die

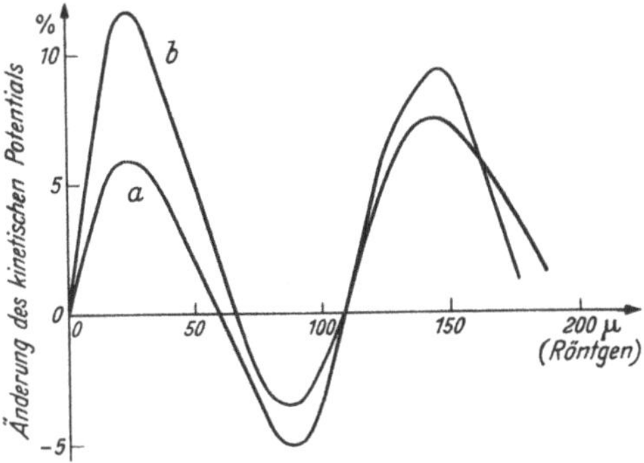

Abb. 35. Graphitdispersat 2 Sole a und b.

auftretenden einzelnen Teilchen, bei der Elektrophorese die gesamte
Lösung beobachtet wurde. Es handelt sich um indirekte Wirkungen,
d. h. das Milieu ist entscheidend beteiligt.

Bei Anwendung der härteren Molybdän K_α-Strahlung ($\lambda = 0{,}71 \cdot 10^{-8}$)
ist pro Volumeinheit der Lösung eine 1,58 mal größere Dosis nötig, als
bei Verwendung des weicheren Selen K_α-Strahlung ($\lambda = 1{,}104 \cdot 10^{-8}$).

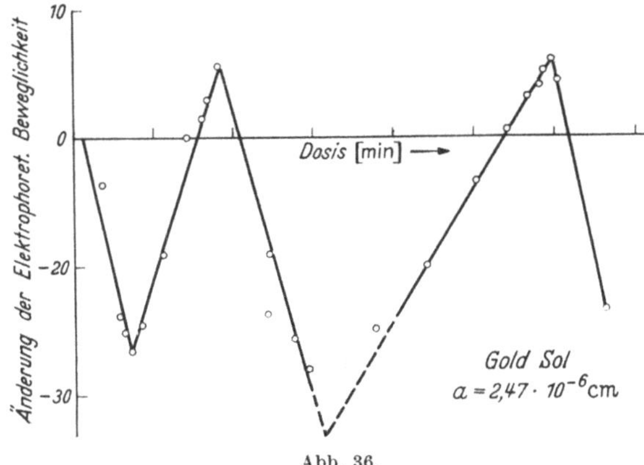

Abb. 36.

Bezeichnet man mit D_n die Dosis, die zur Erreichung eines n-ten
Maximums (oder Minimums) nötig ist, so gilt die Beziehung $\dfrac{D_n}{K^n} = \text{konst.}$,
für ein gegebenes Sol, wo K unabhängig von der Teilchengröße, der
Art der Sole und der angewandten Strahlungsart ist.

Ist a der Teilchenradius, so gilt ferner

$$\frac{a^2 D_n}{K^n} = \text{konst.}$$

Hierbei hat K einen Wert von 1,82. Zur Erläuterung dieser Beziehung sind 2 Tabellen aus der letzten (1940) CROWTHERschen Arbeit wiedergegeben.

Tabelle 7.

Bestrahlungsart	Ordnungszahl d. Max. oder Min.	D_n Röntg.	$\dfrac{D_n}{1,82^n}$
Mo K Strahlung	n		
Milieu Kolloider	1	8,4	4,61
Graphit	2	15,0	4,51
	3	26,5	4,44

Tabelle 8.

Radius a	D_n/K_n	$\dfrac{a^2 D_n}{K^n}$
$5,78 \cdot 10^{-6}$	0,73	$25 \cdot 10^{-12}$
$3,47 \cdot 10^{-6}$	1,86	$23 \cdot 10^{-12}$
$2,47 \cdot 10^{-6}$	5,39	$33 \cdot 10^{-12}$
Milieu		
Goldsol		

3. Diskussion der Bestrahlungs-Versuche mit Kolloiden.

Lassen sich weitere Schlüsse aus den Versuchen mit stark verdünnten Eiweißlösungen ziehen? Zunächst scheint das Hindernis zu bestehen, daß die Mitwirkung von Energiedepots im mehrfach destillierten (sog. Leitfähigkeits-)Wasser nicht ausgeschlossen werden kann, sondern sogar wahrscheinlich ist.

Aber gleichviel, ob die wirksamen Energiedepots im Eiweißmolekül selbst oder im Lösungsmittel stattfinden und durch Radikale, die in nächster Nähe des Tests gebildet werden, oder durch beständigere diffusible Moleküle von H_2O_2 aus etwas größerer Entfernung an den Test gelangen, gilt doch die statistische Auffassung, freilich im Fall der indirekten Wirkung durch kinetische Verlagerungen ergänzt.

Die durch Absorption der Energiedepots oder indirekt (nach § 2) denaturierten Makromoleküle stoßen durch die thermodynamische Bewegung mit nicht denaturierten zusammen (die Fälle, daß denaturierte untereinander zusammenstoßen, sind bei den Versuchsbedingungen zu vernachlässigen). Dabei tritt Coagulation ein, die schließlich in „BROWNscher Bewegung" beobachtet wird. Die Tangente $\dfrac{dN}{dt}$ zeigt die Geschwindigkeit der Reaktion im Endstadium. Aber die Reaktion nimmt bei einem Maximum ab, und zwar, trotzdem noch viele weitere Prozesse der Zusammenballung und des Sichtbarwerdens vorbereitet sind, wie die folgenden Wiederanstiege zeigen. Es muß also ein zweiter Prozeß in Gang gekommen sein, der die Coagulationen zeitlich mindert, ein antagonistischer Prozeß. Da die thermodynamischen Zusammenstöße notwendig weitergehen, muß geschlossen werden, daß sie nun meist nicht mehr zu Häufchenbildung führen.

Es gibt zwei naheliegende Möglichkeiten, dies zu erklären: Entweder wird der Prozeß, der die Coagulation zeitlich bremst, mit der „Denaturierung" zugleich eingeleitet, *oder* er wird erst durch die *Coagulations*ereignisse herbeigeführt. Ein solcher antagonistischer Prozeß ist ja durchaus plausibel, denn die Vorgänge der „Denaturierung" (Schaffung der Disposition zur Häufchenbildung) und der Coagulation selbst können schwerlich ohne Einfluß auf das Milieu bleiben.

Das lyophyle Dispersat ist mit einer Solvatationshülle umgeben, also gerichteten Wassermolekülen. Ein absorbiertes Energiedepot oder ein aktiviertes Teilchen aus dem Milieu wirkt am Test im letzteren Falle unvermeidlich an der Hülle, und zwar so, daß er coagulationsfähig wird. Die Coagulation durch Zusammenstöße ist eine Art „Heilung" der Störung, bedeutet ein neues Gleichgewicht, eine Art Absättigung, aber zugleich eine Dispersitätsänderung. Das ursprünglich monodisperse System wird polydispers. Welche Umstimmungen dabei im einzelnen vorliegen, ist eine noch zu klärende Frage. Es können etwa auch Spuren echter Lösung, etwa aus selbständigen Gruppen der Moleküle, vielleicht begleitet von örtlichen p_H-Schwankungen auftreten: jedenfalls durchläuft das ganze Dispersat eine Reihe von Stadien gestörter und veränderter Gleichgewichte.

Es sieht also so aus, als träfe der zweite Fall zu, d. h., als würde der antagonistische Vorgang wesentlich erst durch die Coagulationsereignisse selbst in Gang gesetzt. Dafür spricht auch der Verlauf der Reaktionskurven, die zeigen, daß der antagonistische, die Coagulationen mindernde Prozeß sich an die *Häufung* der auftretenden sichtbaren Teilchen anschließt.

Die Latenzzeiten, die zwischen Minuten und Stunden (je nach Dosierung) variieren, weisen darauf hin, daß vor dem Stadium des sichtbaren Zusammentretens ein im allgemeinen langes Vorstadium durchlaufen wird, das erwartet werden muß, weil vor Erreichung guter Sichtbarkeit und Zählbarkeit die Häufchen noch unter der Größe der deutlichen ultramikroskopischen Auflösung bleiben (von einigen $m\mu$, vielleicht 50 Å, bis etwa 100 $m\mu$, also 1000 Å). Ob die Wirkung direkt oder indirekt erfolgt, es ist mit ihr die Folge verbunden, daß sich am getroffenen Eiweißmolekül, und zwar vorzugsweise oberflächlich, eine Umgruppierung ausbildet. Es kommt in einen neuen Zustand, der es eben, weil weniger abgesättigt, coagulationsreif macht. Daß dieser Umbau selbst beträchtliche Zeit braucht, ist weniger wahrscheinlich, somit ist anzunehmen, daß die Latenzzeit überwiegend auf die sozusagen vormikroskopischen Coagulationen entfällt. Das bedeutet: Beim ersten Sichtbarwerden der Teilchen ist der Coagulationsvorgang schon lange im Gang. Die beobachtbare Phase liegt zwischen der kleinsten sichtbaren Häufung und dem Ausflocken (Niederschlagen).

Ist obige Annahme, daß die Coagulationen erheblich an der antagonistischen Wirkung beteiligt sind, richtig, dann beginnt diese zunächst unwahrnehmbar im Anschluß an die Häufchenbildung mit Umstimmung des Milieus über die Solvatationshülle, steigt zeitlich mit den Coagulationen, erreicht das Gleichgewicht von Wirkung und Gegenwirkung $\left(\dfrac{dN}{dt} = 0\right)$ in der Kurvenamplitude und überwiegt, so daß $\dfrac{dN}{dt}$ negativ wird, bis das erste Minimum erreicht wird. Coagulationen bedeuten, daß ein zuerst praktisch monodisperses System polydispers wird. Die Moleküle haben einen wasseraffinen und einen wasserunlöslichen Teil. (Kohlenwasserstoffreste sind hydrophob, sauerstoffhaltige hydrophil.) Aus *Spreitungs*versuchen neueren Datums weiß man von Deformationen Ent- und Umfaltungen durch H-Bindungen; d.h. auch physikalische Kräfte sind prinzipiell imstande (reversible und) irreversible Denaturierungen herbeizuführen. Wir können mit einiger Wahrscheinlichkeit schließen, daß die Häufchenbildung das lokale Milieu chemisch und physikalisch affiziert und es ist anzunehmen, daß dabei die Oberflächen eine Rolle spielen.

Mit der Blockierung der Häufchenbildung schwindet aber auch der antagonistische Faktor. Er bleibt also nicht, sondern besteht nur, wenn er durch Coagulationen immer neu erzeugt wird. Das legt den Gedanken nahe, daß er lokalisiert entsteht, also zunächst in der nächsten Umgebung einer Häufchenbildung auftritt, etwa bei der Wiederbildung der Solvatationshülle und von da *diffundiert*. Beim Niederschlagen scheiden die sichtbaren Teilchen aus, mit ihnen die Quellpunkte der antagonistischen Wirkung. Darum kehrt die Kurve abermals um, bis der antagonistische Faktor durch Häufchenbildung genügend erneuert wird.

Diese Hypothese wird durch die räumliche Überlegung erleichtert, daß bei 0,1—1⁰/₀₀ Lösungen in Leitfähigkeitswasser vor der Bestrahlung jedes Eiweißmolekül sozusagen isoliert in einem Milieu nächster Umgebung, also in einer Solvatationshülle, getrennt von den anderen ist. Die Vorstellung ist also, daß beim Zusammenstoß eines denaturierten Moleküls mit einem anderen aus dem Coagulationsvorgang eine lokale antagonistisch wirkende Umstimmung (etwa lokale p_H-Änderung, Entaktivierung der freien Radikale, des H_2O_2, damit Störung der Solvatationshülle) hervorgeht, die sich vom Entstehungsort unter *Abschwächung* ausbreitet und in einiger Entfernung unwirksam wird. Dafür spricht der starke Rückgang der Zeiten zwischen den Maxima (raschere Diffusion der Wirkung des antagonistischen Faktors mit der Folge der rascheren Abschwächung) bei höherer Temperatur.

Es wird bei dieser Überlegung auch klarer, daß die mit „Denaturierung" bezeichnete Umstellung des Eiweißmoleküls, die seine Zusammenballung bei Begegnungen disponiert, vielleicht nicht ein ganz einfacher Vorgang ist, auch dann nicht, wenn man sich auf irreversible Denaturierung beschränkt. Wenn massiv bestrahlt wird oder über 70° C erwärmt wird, ist die Tendenz der Häufchenbildung durchschlagend, der Antagonist kommt nicht mehr auf. Das ist begründet, weil nun, im Gegensatz zu unseren Versuchen, die Begegnung zwischen denaturierten Partnern (statt eines denaturierten mit nicht denaturierten) die Regel ist, aber es kann auch in Stufen der Strukturänderung und Coagulationstendenz selbst mitbegründet sein.

Das von CROWTHER u. Mitarb. benutzte Substrat ist (Metallsole) im Gegensatz zu unserem lyophob. Die Teilchen sind in ihrem Milieu gleichsinnig negativ geladen und ihr Zusammentreten hängt vom Verlust der Ladung ab. CROWTHER hat sich auf die Darstellung seiner Versuche beschränkt. Wir müssen wohl annehmen, daß die Energiedepots Ladungsverluste der Schwebeteilchen herbeiführen. Der Vorgang wird sich also in der Doppelschicht zwischen Dispersat und Lösungsmittel abspielen, so, daß Teilchen ihre Ladung verlieren und mit anderen (im allgemeinen geladenen) zusammentreten. Dabei bildet sich die Doppelschicht neu, aber wegen der veränderten Dispersität ist das Milieu verändert. Diese veränderte Restitution ist möglicherweise die Quelle der antagonistischen Wirkung, kann ein diffusibler Faktor sein, der sich dabei mit der Entfernung abschwächt. Die Umstimmung durch den Antagonisten erreicht ein Maximum, wenn die Teilchen grob genug geworden sind. Die Beweglichkeit hat das Minimum erreicht. Zugleich erlischt die Wirkung durch Ausscheiden der vergröberten Teilchen aus dem Coagulationsprozeß, so daß mit einer zeitlichen Verschiebung der Wiederanstieg beginnt.

Es liegt nahe, bei diesen in *zeitlichem* Rhythmus auftretenden Schwankungen an die räumlich-rhythmischen Niederschläge zu denken, die R. LIESEGANG entdeckt hat. Sie entstehen u. a., wenn auf eine Kaliumbichromat enthaltende Gelatineschicht ein Tropfen Silbernitratlösung fällt. Sie sind auch in der Natur, so in der Bänderung von Achaten zu finden. Diese Farbringe sind in der Morphogenese auch *zeitlich* rhythmisch. Einen klaren Zusammenhang mit den rhythmischen Phänomen nach Absorption von Strahlen kenne ich nicht. Auch LIESEGANG selbst, der damals Mitarbeiter unseres Instituts war, kam zu keiner schlüssigen Deutung.

Diese Diskussionsbemerkungen enthalten bereits Hinweise auf weitere experimentelle Möglichkeiten. Die Milieubeteiligung am Rythmus, die hierbei erwogen wurde, ist „indirekt", soll sich als zunächst lokale aber diffundierende Umstellungen im Anschluß an Coagulationen ergeben. Aber: es ist möglich — und unsere Versuche legen den Gedanken nahe — daß primär wirksame Depots unmittelbar im Milieu, also hier im Leitfähigkeitswasser oder in der Solvatationshülle stattfinden, so daß die Gesamtwirkungen ganz oder wohl meist teilweise auf solche primäre Veränderungen zurückzuführen wären. Wir diskutieren diese Forschungsrichtung im folgenden Abschnitt 4.

4. Elektrophoretische Analyse der Strahlen- und Schutzwirkungen.

Es ist sicher, daß die elektrophoretischen Methoden zur Aufklärung der Eiweißreaktionen (und allgemein: von Reaktionen biologischer Bauelemente) viel beitragen werden. In dieser Richtung sind insbesondere von Forschern der Hokkaido-Universität in Japan, in letzter Zeit von ENGELHARD in Göttingen mit der Apparatur von A. TISELIUS erfolgreiche Untersuchungen durchgeführt worden.

Kolloide Teilchen wandern, wenn sie Ladungen tragen, im elektrischen Feld mit Geschwindigkeiten, die denen der Ionen annähernd entsprechen, weil ihre vergrößerte Reibung und Wechselwirkung durch Mehrfachladung ausgeglichen sein kann. Entscheidend für die Bewegung (und andere Erscheinungen) ist die Doppelschicht an der Phasengrenze. Die Gesamtspannung (Galvani-Spannung) der Doppelschicht besteht aus einem festen und einem diffusen Teil, der seine Ursache in der Ionenatmosphäre des Lösungsmittels hat, die sich thermodynamisch bildet. Dieser diffuse Teil der Spannung, das sog. ζ-Potential, betrifft also eine bewegliche, im Wandern abstreifbare Schicht, während der feste Anteil der Galvani-Spannung die Teilchenbewegung mitmacht. Die Wanderungsgeschwindigkeit wächst mit der relativen Dielektrizitätskonstante gegenüber dem Lösungsmittel, dem ζ-Potential, der Feldstärke, und beträgt angenähert[1]

$$v = \frac{2}{3} \frac{\delta \zeta}{\eta} E,$$

wo δ Dielektrizitätskonstante, E elektrische Feldstärke, η Koeffizient der Flüssigkeitsreibung bedeutet.

Die Eiweißmoleküle haben durch ihre zahlreichen basischen und sauren Aminosäuren ionische Gruppen, neben einem beträchtlichen nicht ionogenen Bestand. Der erstere Bestand ist stark variabel, folglich ist auch der isoelektrische Punkt für jede Eiweißart verschieden, d. h., jedes Eiweiß zeigt sich bei einer anderen p_H-Ionenkonzentration des Lösungsmittels als nicht geladen, als „Suspensoid", und zwar nicht im neutralen Zustand des Lösungsmittels, sondern in leicht saurem Milieu, also einem für jedes Eiweiß verschiedenen H^+-Überschuß. Bei Durchschreiten dieses kritischen Punkts treten wichtige Änderungen im Verhalten ein, die man als Übergang vom „Emulsoid" in „Suspensoid" bezeichnen kann. Emulsoid bedeutet lyophilen, bei Wasser als Lösungsmittel hydrophilen Charakter; Emulsoide sind in Beziehung, im Austausch mit dem Lösungsmittel. Als Suspensoide sind es Schwebeteilchen ohne diese stofflich-energetische Verbindung. Biologisch ist dieser Übergang ein Gefahrenpunkt, zu dessen Vermeidung Regulatoren in den Organismen wirksam sind. Kolloides Eiweiß ist in saurer Lösung positiv, in alkalischer negativ geladen. Dazwischen also, in seinem isoelektrischen Punkt,

---

[1] Vgl. oben, Abschnitt 2, Fußnote.

wird es vom E-Felde nicht bewegt; es ist die Stelle der Umladung. Die Ladungen selbst haben in der Aufnahme von Ionen aus dem Ionenbestand des Lösungsmilieus an der Oberfläche (Adsorption) oder in der Abgabe (Abdissoziation) eine Quelle, die dynamisch von hoher Empfindlichkeit ist.

Durch die Arbeiten des Nobelpreisträgers A. TISELIUS (Upsala) wurde die elektrophoretische Analyse der Eiweiße mächtig gefördert. Wenn ein Gemisch von ihnen bei einem bestimmten p_H-Wert ins E-Feld gebracht wird, so wandern die Teilchen, wobei Richtung (Polarität) und Geschwindigkeit vom isoelektrischen Punkt jeder Komponente abhängig ist. Man kann sie so schonend quantitativ trennen. Das geschieht mit dem TISELIUSschen Apparat und ermöglicht sehr feine Reaktionsanalysen auf chemische und physikalische (z. B. Adsorptions-) Einflüsse und wurde nun zur Analyse der Strahlenwirkung herangezogen. Das Verfahren erlaubt, Eiweißarten, die mit der Ultrazentrifuge einheitlich auftreten, in Komponenten zu zerlegen, die sich durch verschiedenen isoelektrischen Punkt unterscheiden. So zerlegt die Tiselius-Analyse Serumglobulin in drei Komponenten α, β, γ mit den isoelektrischen Punkten $p_H = 5{,}06$; 5,12; 6,4, also im sauren Milieu.

M. WAKABAYASHI und F. KAWAMURA studierten mit dem Tiselius-Verfahren nach der „Diagonal-Schlieren-Methode" die Änderungen von menschlichem und tierischem Serum-Protein nach Absorption sehr hoher Röntgenstrahlendosen von 10^5—10^6 r (90 kV Spitzenspannung, 0,5 mm Al-Filter, 1650 r pro Minute). Die Temperatur wurde während der Bestrahlung niedrig gehalten (Temperaturangabe fehlt), so, daß keine Trübung und kein Niederschlag erfolgten. Sie stellten vergleichsweise Versuche mit UV an, wie sie vorher schon von B. D. DAVIS (1942) mit sehr großen Dosen gemacht worden waren und ebenso mit Erwärmung auf 56° C und 75° C.

Das Ergebnis war eine deutliche Verschiebung der Komponenten und zwar eine starke Abnahme des γ-Globulins zugunsten der β-Komponente nach starker Röntgenbestrahlung. Die Änderung steigt mit der Dosis exponentiell. Das deutet auf „Eintreffer"-Vorgang. Aus der Halbwertsdosis wird der Trefferbereich (s. Kap. 2) mit $5{,}1 \cdot 10^{-19}$ cm³ berechnet gegenüber der mit den üblichen Methoden für menschliches γ-Globulin ermittelten Größe von $2{,}1 \cdot 10^{-19}$ cm³. Der Unterschied entspricht etwa einer einmolekularen angelagerten Wasserschicht. Die Verff. deuten die Wirkung als Aktivierung der Tyrosingruppen.

Die Bestrahlung von Serumalbumin ergibt analoge Resultate und Deutung, auch im Sinne von Eintreffer-Reaktionen. Mit Annahme von angelagerten Wasserschichten stimmt auch hier das errechnete Treffervolum. Sehr starke Effekte gibt ausgiebige UV-Bestrahlung. Die Deutung ist Denaturierung über die SH-Gruppen bei Röntgenstrahlung aus der Analogie zur UV-Wirkung. Diese mehr spezifischen Wirkungen kontrastieren zu den Wärmewirkungen, die bei diesen Versuchen eine Gesamterniedrigung der Albuminfraktion liefern.

Die Verfasser sehen in ihren Ergebnissen eine Verfeinerung und Ausdehnung der Depottheorie und einen Beleg dafür, daß die Depots nach Röntgenbestrahlung *primäre biologische Treffer im durch Anlagerung von H_2O-Molekülen vergrößerten Molekül* sind, die es elektrophoretisch ändern, chemisch die Sulfhydril- und Tyrosingruppen frei machen und den freien Anteil der Ammoniumgruppen erhöhen. Schwankungserscheinungen, wie vorher geschildert, wurden nicht beobachtet.

H. ENGELHARD u. seine Mitarb. benutzen die Tiselius-Methode, um Bestrahlungswirkung und die in § 6 dieses Kapitels behandelte Schutzwirkung gegen Bestrahlungseinfluß zu untersuchen. (Referat auf der 11. Diskussionstagung der Medizinal-statistischen Arbeitsgemeinschaft, August 1952 in Norderney und persönliche Mitteilung.) Wie in § 6 näher dargelegt, sind Stoffe wie Cystein, Cystinamin, Histamin, Tyramin, Oxytyramin, wenn während der Bestrahlung anwesend, geeignet, „*indirekte*" Wirkungen der Bestrahlung zu verringern, indem sie die freien Radikale (oder aktivierten Moleküle) des Lösungsmittels unwirksam machen. Von ENGELHARD und Mitarbeitern wurden menschlichem und Rinderserum solche Schutzstoffe zugesetzt und die Veränderung der Komponenten (α, β, γ) unter ihrem Einfluß geprüft. Vgl. Abb. 37 bis 40.

Sie sind auch gezwungen, hohe Dosen zu benutzen (etwa die 100fache der bei Ganzbestrahlung (s. § 5) von Kleintieren tödlichen). Bei so hohen Dosen ist das „Milieu" sicher beteiligt. Es zeigt sich, daß durch Cysteinzusatz als Schutzstoff die elektrophoretische Wanderungsgeschwindigkeit beeinflußt wird, sowohl bei Röntgen- wie UV-Bestrahlung, vornehmlich durch Schutz der Globuline, die sich in „Verwischung" ihres elektrophoretischen Verhaltens zeigt, ohne daß der osmotische Druck (also die Teilchenzahl) sich ändert oder Aminosäuren abgespalten werden. Es muß sich also um Ladungsänderungen oder Größenänderungen (Strukturänderungen) handeln. Die Schutzwirkung gegen UV-Bestrahlung durch Zusatz von stark reduzierenden Substanzen wie Ascorbinsäure deutet auf eine *Oxydations*wirkung durch die Strahlung (HO_2, H_2O_2) hin.

Die Diskussion aller dieser Ergebnisse, unter Einbeziehung der in § 6 dargelegten, läßt einen endgültigen Schluß noch nicht zu. Vor allem besteht gegen die Deutung „indirekte Wirkung" die von ENGELHARD hervorgehobene Tatsache, daß bei kurzwelligen UV (etwa 2700 Å) zwar starke Reaktionen eintreten, aber wegen der sehr geringen Absorption im (proteinfreien) Serum kaum Radikale entstehen können. Diese geringe Absorption stammt überdies wesentlich vom Harnsäuregehalt. Setzt man Stoffe (z. B. das als Puffer benutzte Veronal) zu, die bei dieser Wellenlänge absorbieren, so tritt ebenfalls eine Schutzwirkung auf, da nun die Lösung selbst einen Teil der Strahlung absorbiert, sie aber nicht an das suspendierte Eiweiß weitergibt. Für direkte Wirkung spricht auch, daß die stark reagierenden Globuline diese Wellenlänge viel mehr absorbieren, als die weniger reagierenden Albumine. Ferner erweist sich bei diesen Versuchen das Ergebnis als unabhängig davon, ob das Serum mit O_2-, N_2- oder H_2-Gas gesättigt wurde — und das muß, wie wir sahen, auf indirekte Wirkungen Einfluß ausüben. Endlich ergibt die Rechnung der Wahrscheinlichkeitsverteilung der Depots in den Schwebeteilchen selbst, Übereinstimmung der Rechnung mit der Reaktion und zeigt auch das frühere Reagieren der größeren α- und β-Komponenten.

Man kann allerdings nicht unmittelbar von hier auf Röntgen-, α- und β-Wirkungen schließen. Aber die Bedeutung der primären Wirkungen wird durch die elektrophoretische Analyse gestützt, insbesondere, wenn man die höchst wichtige Grenzschicht der lyophilen Emulsoide dem Volum des Tests hinzurechnet. Hier gehen die Begriffe „direkt", also im biologischen Test und „indirekt", aus dem

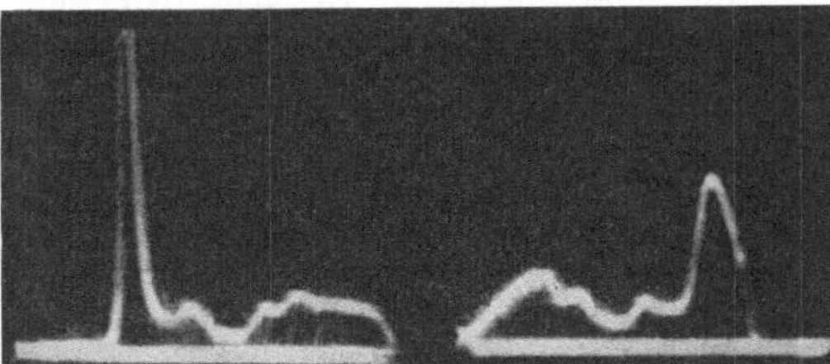

Abb. 37. Rinderserum in Glykokollpuffer, p_H 8,5; μ 0,15. Dialyse: 10 Tage. Serum 1 : 3,5 verd.

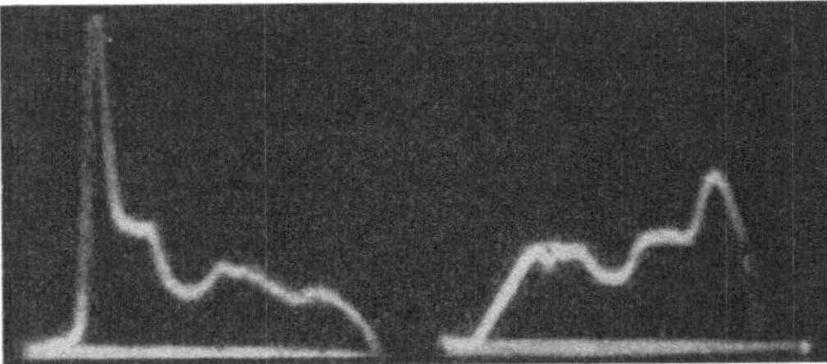

Abb. 38. Rinderserum in Glykokollpuffer, p_H 8,5; μ 0,15. Dialyse: 4 Tage. Serum 1 : 3,5 verd. $^1/_2$ Std. UV bestrahlt mit UV-Lampe S 300, in rotierendem Quarzglas unter Luftkühlung. Abstand: 10 cm: Lichteinstrahlung: $5,5 \cdot 10^{20}$ $h\nu$ 248—313.

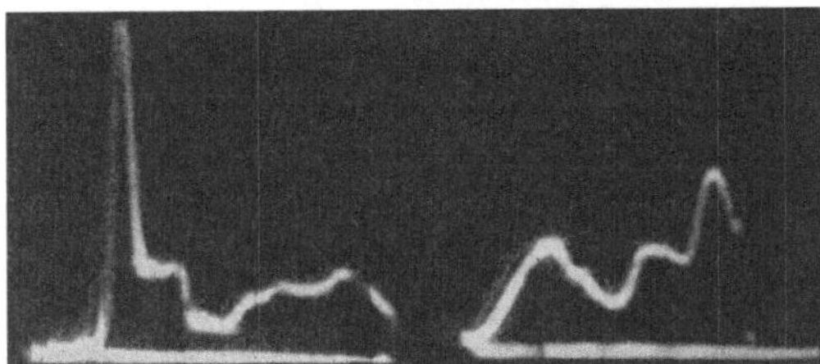

Abb. 39. Rinderserum in Glykokollpuffer, p_H 8,5; μ 0,15. Dialyse: 5 Tage, Serum 1 : 3,5 verd. Bestrahlt wie Serum Abb. 38, nach Zusatz von 0,1% Cystein.

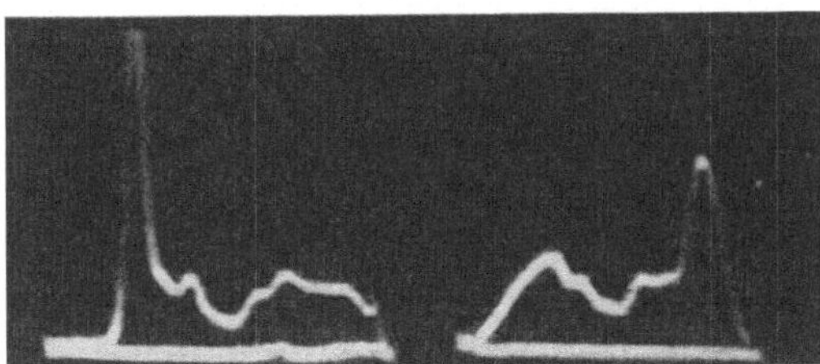

Abb. 40. Rinderserum in Glykokollpuffer, p_H 8,5; μ 0,15. Dialyse: 6 Tage, Serum 1 : 3,5 verd. Bestrahlt wie Serum Abb. 38, nach Zusatz von 0,1% Ascorbinsäure.

Lösungsmittel, ineinander über. In der diffusen Zone des ζ-Potentials sind eben beide Partner, Milieu und Teilchen beteiligt und es liegt nahe, diese Zone für Strahlen- und für Schutzeinwirkungen als besonders verantwortlich anzusehen. Hierbei könnten sich beide Betrachtungsweisen begegnen. Auch die *Schutzwirkung* ließe sich deuten als ein Vorgang, der wesentlich an dieser Zone spielt. Hierüber wird im § 6 dieses Kapitels berichtet.

Literatur zur Kolloidreaktion.

BEAVER, I. I., and R. H. MULLER: J. Amer. Chem. Soc. 50 (1928).

CROWTHER, LIEBMANN and LANE: Philosophic. Mag. ser. 7, 24, 654 (1937).

CROWTHER, LIEBMANN and MILLE: Brit. J. Radiol. 9 (1936).

CROWTHER, LIEBMANN u. JONES: Philosophic. Mag. ser. 7, 26, 120 (1938).

CROWTHER, LIEBMANN and JONES: Philosophic. Mag. ser. 7, 28, 64 (1939).

CROWTHER: Nature (Lond.) 1938, 569.

FERNAU, A.: Biochem. Z. 189, 172 (1927) (anschließend an Arbeiten von FERNAN u. WO. PAULI).

GENTNER u. SCHWERIN: Strahlenther. 37 (1930).

GENTNER u. SCHWERIN: Fortschr. Röntgenstr. 21, 193 (1930).

GENTNER u. SCHWERIN: Biochem. Z. 227, H. 4—6, (1936). (Zusammenfassung in: DESSAUER, 10 Jahre Forschung auf dem physikalisch-medizinischen Grenzgebiet. Leipzig: Georg Thieme 1931.)

GRAY, L. H., J. READ and H. LIEBMANN: Brit. J. Radiol. 14, 102 (1951).

LANE and WHITE: Philosophic. Mag. ser. 7, 23, 824 (1937).

NAKASHIMA, J.: Strahlenther. 24 (1926). „Einige Versuche zum Grundvorgang der biologischen Strahlenwirkung."

RAJEWSKY, B.: Strahlenther. 29 (1928). „Strahlenreaktion des Eiweißes und die Erythemwirkung."

SCHNITZLER, A.: Dissertation Köln 1930/31.

STRAUSS, E.: Ein Beitrag zur Kenntnis der Serumglobuline. Arbeiten des Staatsinst. f. exper. Therapie 1928.

WAKABAYASHI, MASARU and FUMIO KAWAMURA in Some Researches on Biophysics Edited by Y. Asami, Research Institute of Applied Electricity. Hokkaido University, Sapporo, Japan 1951.

WELS, P., u. A. THIELE: Pflügers Arch. 49 (1925).

WELS P.: Strahlenther. 90, 325 (1953).

§ 4. Neue Versuche über „indirekte" Wirkung durch Milieubeteiligung. Diffusionseinfluß. Tiefkühlung.

1. Versuche und Ergebnisse.

In den vorangegangenen Überlegungen stießen wir wiederholt auf Tatsachen, die dafür sprechen, daß ein mehr oder weniger großer Teil der *biologischen* Primärwirkungen nicht an der Stelle des absorbierten Energiedepots (also sozusagen des physikalischen Treffers), sondern in einer Entfernung davon stattfindet, deren Größe viele Molekulardurchmesser[1] betragen kann. So z. B. lernten wir bei den Inaktivierungen von Virus und Phagen die Wirkung von Glycerin als viscositätserhöhendem Mittel

---

[1] In wäßrigen Lösungen schätzungsweise 10^{-6} bis 10^{-5} cm.

kennen. Die Verringerung der Inaktivierung hierdurch legte nahe, eine stoffliche Diffusion des „physikalischen Acceptors", des Trägers der primären Veränderung anzunehmen, der sie an den biologischen Wirkungsort, hier das Virusmolekül, bringt. Auch die Abhängigkeit der Effekte von der Konzentration, der Verlauf der Reaktionskurven und anderes mehr sprechen dafür. Seit W. Caspari im Anfang der quantenbiologischen Forschungen auf die Rolle der Diffusion (Nekrohormontheorie) nachdrücklich hinwies, hat sich dieser Zusammenhang zwischen Energiedepots und Wirkung immer mehr als wichtig herausgestellt und die Frage der Energieleitung im Milieu ist dazugekommen.

Solche Überlegungen haben auch zu den aufsehenerregenden Versuchen geführt, die unabhängig voneinander A. C. Fabergé (1948/49/50) und B. Rajewsky u. Mitarb. (1950) veröffentlicht haben und die darauf hinauslaufen, die Wirkung der Bestrahlung in einem immobilisierten Milieu, nämlich in flüssiger Luft, zu studieren.

Fabergé benutzte Pollen des amerikanischen Zierstrauchs Tradescantia[1] und stellte fest, daß die Anzahl der Chromosomenbrüche (die sich in den Teilungsfiguren im Pollenschlauch beobachten läßt) durch Röntgenbestrahlung bei der Temperatur der flüssigen Luft auf $^1/_5$ derjenigen zurückgeht, die mit gleicher Dosis bei 25° C zustande kommen. Die „Bruchempfindlichkeit" scheint also auf $^1/_5$ herabgesetzt, doch ist der stärkste Abfall bereits bei 0° erreicht.

Andere Autoren (Thoday und Read 1947; Giles und Ralay 1949) bestrahlten dasselbe Objekt unter Abwesenheit von Sauerstoff bei Normaltemperatur mit dem gleichen Ergebnis, und der Gang zeigt Ähnlichkeit mit demjenigen der Erzeugung von H_2O_2 durch Bestrahlung von O_2-haltigem Wasser. Fabergé kombinierte nun beides: Kälte und Sauerstoffentzug. Bei Zimmertemperatur und bei −191° C wurden die Pollen in einem Stickstoffstrom oder einem Strom trockener Luft bestrahlt. Bei Zimmertemperatur reduzierte der Stickstoff die Bruchempfindlichkeit, bei der Tieftemperatur hatte der Stickstoff keinen merkbaren Einfluß. Die Testung erfolgte diesmal durch Keimung der Pollen zum Zweck der Mitosenkontrolle in den Schläuchen.

Rajewsky, Reinholz und Six haben reinstämmigen Samen von Acabidopsis Thaliana L. Heyn und Pollen von Lupinus Plyphyllus und Digitalis purpurea mit Röntgenstrahlen (180 kV, 2700 r/min und Gesamtdosen bis 600000 r) bei Zimmertemperatur und Temperatur flüssiger Luft bestrahlt, nachdem festgestellt war, daß die Temperaturerniedrigung allein ohne Bestrahlung keinen Einfluß auf spätere Keimung ausübt.

Sie schalteten also ebenfalls Diffusion- und Energieleitung aus, zugleich natürlich den Einfluß der gewöhnlichen thermodynamischen Bewegung. Die Reduktion der biologischen Wirkung durch „Stillstellung"

---

[1] vergl. Kap. 3 § 3 Seite 89.

war auch hier groß, sie betrug bis zu 80%. D. h. also: Ein kleinerer Teil der Schädigungen bleibt, ist unabhängig von Ausbreitungsvorgängen. In diesem Teil ist der physikalische „Treffer", d. h. das Energiedepot zugleich Ort einer biologischen Primärwirkung am Testobjekt selbst, ein biologischer „Treffer". Aber der größere Anteil der Schädigungen ist diffusionsabhängig, d. h. *nicht* am Testobjekt selbst, der Generativzone des Samenteilchens gesetzt. Der Depotträger (etwa ein H_2O_2-Molekül) gelangt nicht an die Samen, wenn er nicht diffundiert. Natürlich beginnt die Diffusion beim Auftauen und Wiedererwärmen auf Zimmertemperatur. Daraus muß man schließen, daß der Zustand der erhöhten Energie (in Form der chemischen Umwandlung, also z. B. im HO_2 oder H_2O_2) kurzlebig ist, sie wird durch andere, nicht auf den Testkörper wirkende Reaktion abgebaut (also etwa das HO_2 oder H_2O_2 auf andere Weise reduziert).

Daraus hat Six den Diffusionsweg abgeschätzt, der dem physikalischen Acceptor bei Normalbedingungen im Mittel zur Verfügung steht, bevor er seine Energie verliert — also das, was man Wirkungsbereich des physikalischen Acceptors nennen könnte, oder anders ausgedrückt, den Bereich (das Volum) innerhalb dessen ein solcher Treffer indirekt biologisch wirkt, wenn in diesem Bereich ein Testobjekt liegt. Es kommt auf 10^{-6} bis 10^{-3} cm Distanz, also ein bis zu 1000fachem Volum der biologischen Testeinheit.

2. Diskussion.

Damit ist im Grunde die Unterscheidung zwischen „primärer" und „sekundärer" Wirkung möglich, zugleich Rajewskys in diesem Buch mehrfach zitierter Hinweis auf „chemische Treffer" durch die Erfahrung gerechtfertigt. Die Depottheorie selbst bleibt unberührt. Denn sie hat die Diskontinuität des Energieabbaues (der Depots) an elementaren Einheiten zum Gegenstand und das bedeutet nicht notwendig, daß die Elementareinheit (der physikalische Acceptor selbst) zugleich biologisch verändert wird, was freilich zunächst als einfachste Annahme sich anbot und zu den einfachsten Modellen führt. Diese Annahme ist ja bestätigt. Aber neben ihr besteht die andere Möglichkeit: Verschiedenheit des physikalischen Acceptors vom biologischen primären Wirkungsort. Diese Möglichkeit besetzt bei den geschilderten Versuchen einen größeren Raum. Sie zwingt, das ursprüngliche Modell (Kap. 1) und den darauf aufgebauten Formalismus durch Diffusionsbetrachtungen zu erweitern.

Die Versuche sind mit biologischem Material im Ruhezustand gemacht. Man weiß seit den ersten Jahren der Röntgenologie, daß solches Material, wie Sporen, trockener Samen, Hefe, eine um Größenordnungen herabgesetzte Empfindlichkeit gegen Strahleneinwirkung (wie auch gegen andere Einflüsse, so die enorme Unterkühlung durch flüssige Luft) aufweist. Es ist also ein Material, das von den gewöhnlichen Bestrahlungsobjekten — also z. B. denen der Strahlentherapie — erheblich abweicht. Die ungemein massiven Dosen (bis 600 000 r, also bis etwa auf das 100 fache gegenüber den therapeutischen Dosen erhöht) sind durch die Resistenz des biologischen Tests erzwungen und sind so groß, daß sie im *Milieu* des Tests (der Umgebung der generativen Zone des Pollenkorns) auch dann, wenn die Aktivierungsenergie für die Bestandteile des Lösungsmittels (H, OH, HO$_2$) größer ist, als die Schädigungsenergie bei einem primären Depot im Test, bevorzugt wirksam sein können, also etwa, wie in der Arbeit RAJEWSKYs als möglich beispielsweise angedeutet, im Wassergehalt der Umgebung merklich H$_2$O$_2$ erzeugen können. So wichtig also die Ergebnisse sind, so dürfen sie nicht ohne weiteres auf nicht stillgestellte biologische Objekte übertragen werden, die weniger strahlenresistent sind und bei denen infolgedessen die Identität des physikalischen Acceptors mit dem primären biologischen Wirkungsort wahrscheinlicher ist. Ein Proteidmolekül (Chromomer, Virus, Enzym usw.) im dynamischen Wechselwirkungsfeld des „Fließgleichgewichtes", im Stoffwechselstrom ist etwas anderes in bezug auf Strahleneinwirkung als eine trockene Hefezelle oder Polle. Vorbehaltlich weiterer Erfahrung wird hier die „primäre" Reaktion gegenüber der sekundären mehr hervortreten als bei stillgestelltem Material und die Rolle der Diffusion weniger groß sein. Diese aktiven Objekte kann man auch nicht ohne Schädigung auf tiefe Temperaturen abkühlen.

Eine weitere, schon angedeutete Frage wird durch die ungemein interessanten Versuche mit tiefer Unterkühlung aufgeworfen: Um zu Testreaktionen zu gelangen, müssen die unterkühlten Objekte wie Samen, Pollen auf Normaltemperatur erwärmt, dann angefeuchtet und zur Keimung gebracht werden. Dabei wird die Diffusibilität wieder hergestellt, d. h. also die als Beispiel vermuteten H$_2$O$_2$-Moleküle haben die Bewegungsfreiheitsgrade zurückgewonnen. Aber trotzdem ist der Schädigungseffekt so gering. Das dürfte bedeuten: Nach kurzer Zeit, also schon während der Erwärmung, existieren die H$_2$O$_2$-Moleküle (oder andere aktivierte Gebilde wie freie Radikale) nicht mehr, sie werden zurückgebildet, bevor die Diffusibilität wieder hergestellt ist. D. h., man kommt zur Berücksichtigung einer *Verweilzeit* der Anregung, die von der Temperatur abhängig in der Größenordnung der Wanderungszeit des Trägers bis zur Begegnung liegen muß.

Nehmen wir die Diffusionsversuche durch Glycerin bei Viren hinzu, so eröffnet diese ganze Forschungsrichtung gute Aussichten für Klärung der Vorgänge.

Um aber die Verhältnisse mehr quantitativ auszudrücken, kann man den Quotienten $q = \dfrac{\text{Testempfindlichkeit}}{\text{Milieuempfindlichkeit}}$ (beispielsweise aktives

Eiweiß im Milieu Wasser) bilden. Zur weiteren Vereinfachung nehmen wir von beiden gleiches Volumanteil und gleichen Absorptionskoeffizienten an. Die Milieuempfindlichkeit des Wassers hängt, wenn wir an die früher (§§ 2 und 3) geschilderten Veränderungen denken, vom O_2-Gehalt ab; sie sei bei genügendem Gehalt an gelöstem Sauerstoff als konstant angenommen. Sie ist wohl verhältnismäßig gering, da der Energieaufwand für Bildung freier Radikale und aktivierter Moleküle groß ist. Die Empfindlichkeit aktiver Eiweißmoleküle ist verschieden, jedenfalls größer. Beträgt der Wert des Quotienten etwa 10, ist also die Inaktivierungsenergie etwa eines Enzyms $1/_{10}$ derjenigen der HO_2-Bildung, so genügen kleinere Depots und folglich kleinere Dosen für die Änderung der Teste, wobei man an das breite Energiespektrum des Depots denken muß. Das Lösungsmittel erhält auch nur die geringere Dosis und seine Mitwirkung kann zurücktreten, u. U. im festflüssigen Gewebeverband sogar vernachlässigt werden. Auch wenn der Volumanteil des Wassers im Elementargebilde etwa ebenso groß ist wie der des empfindlichen Makromoleküls, wird das nicht viel ausmachen. *Wir werden primäre Wirkungen haben.* Physikalischer und biologischer „Treffer" sind vereint im Makromolekül des Tests.

Nun der extreme Gegenfall: Wir lösen in einem großen Volum Wasser biologische Testgebilde, also z. B. Enzyme, so daß sie insgesamt ein kleines Volum gegenüber dem Volum des Testkörpers einnehmen (etwa $1^0/_{00}$ Lösung). Wir müssen (bei gleichen Absorptionskoeffizienten und der Modellvorstellung eines gleichverteilten Kontinuums der Depotenergie) das obige Verhältnis in Zähler und Nenner mit den betreffenden Volumen multiplizieren und erhalten $q = \dfrac{S_T \cdot v_T}{S_M \cdot v_M}$, wo S die Sensibilitäten, v die Volumina, die Indices T und M Test und Milieu bedeuten. Wenn $\dfrac{v_T}{v_M} \sim \dfrac{1}{1000}$ ist, so muß erwartet werden, daß bei $\dfrac{S_T}{S_M} = 10$ das Milieu entscheidend ist, die Wirkung indirekt ist. Wenn wir *stillgestelltes biologisches Material* von viel geringerer Sensibilität benutzen oder den Versuch in flüssiger-Luft-Temperatur vornehmen, so wird S_T klein; es werden etwa hundertfach höhere Dosen nötig, das Milieu wird hierdurch verändert, weil es auch mehr starke Depots in der vermehrten Dosis erhält und die indirekte Wirkung muß noch mehr die Überhand gewinnen. Aber die Volumverhältnisse sind bei solchen stillgestellten Objekten nicht wie bei Lösungen, sondern vielleicht 1:1 oder 1:2. Die reduzierten Sensibilitäten der biologischen Teste mögen eher geringer sein, als die Aktivierungsenergie des Wassers. Damit wird die Größenordnung des Verhältnisses $1/_5$ in den Versuchen verständlich. Diese sehr grobe Überlegung zeigt deutlich, daß die Verhältnisse der direkten und indirekten Wirkung von den Versuchen mit tiefen Temperaturen und Ruhezellen zwar sehr wichtig und aufschlußreich sind, aber nur sinngemäß (mutatis mutandis) auf Bestrahlung lebender Organismen übertragen werden können.

3. Konsequenzen.

Aus alten und diesen neueren Erfahrungen läßt sich ein Wahrscheinlichkeitsschluß ziehen: Immobilisiertes biologisches Material, wie trockene Sporen, Pollen, Hefen, ist um etwa zwei Zehnerpotenzen unempfindlicher als im allgemeinen biologisch aktives Material. *Aber auch bei diesem gibt es beträchtliche Resistenzen gegen Energieeinfluß.* Daß sich Gene durch so viele Generationen halten, daß die Dosen für induzierte Mutationen und Entaktivierungsdosen von Viren im allgemeinen groß sind, zeigt die Festigkeit ihres Quantenbaues, die Tiefe der „Potentialmulden“ ihrer Struktur.

Bei Mobilisierung des Materials, also etwa nach Durchfeuchtung und Wiederaufnahme des Stoffwechsels sind die Quantenstufen der Struktur, soweit sie aktiviert wird, sicher geringer.

In Fällen starker quantenmäßiger Bindungen können von den eingestrahlten Energiedepots nur die stärkeren eine Änderung herbeiführen, die schwächeren bleiben ohne Wirkung auf die biologische Testeinheit. Das bedeutet erhöhte Dosis, und von ihr wird auch das Milieu affiziert. Es erhält *auch* viele starke Depots. Dadurch wird die Beteiligung des Milieus, also die Möglichkeit indirekter Strahlenwirkung im Verhältnis zur direkten erhöht. *Es wird also Regel sein, daß bei Reaktionen energie-resistenter biologischer Objekte die indirekten, bei Reaktionen sensibler biologischer Teste die direkten „Treffer“ begünstigt sind.* Die Berücksichtigung der Diffusion, auch bei der formalen Behandlung, ist also besonders geboten, wenn es sich um Reaktionen wenig strahlenempfindlicher Teste handelt oder wenn, wie bei Versuchen mit Lösungen, das strahlenabsorbierende Volum des Lösungsmittels groß ist gegen das Volum des gelösten Tests.

Daraus geht aber hervor, daß bei induzierten Mutationen, Entaktivierungen von Viren und Phagen das Milieu beteiligt ist, wenn auch vielleicht nicht in dem Maße, wie etwa bei Bestrahlung von Pollen, Samen, Sporen bei der Temperatur der flüssigen Luft oder bei den im Kap. 3.B. § 3 besprochenen Aberrationen der Chromosomen. Der Charakter der „Eintreffer-Kurven“ bei Mutationsversuchen und Inaktivierungen als Exponentialkurven (von anfangs annähernd linearem Verlauf) weist zwar auf diesen Eintreffer-Charakter hin, ist aber allein kein Beweis dafür, daß das Depot am biologischen Wirkungsort selbst abgegeben wurde. Dafür müssen andere Kriterien zugezogen werden, wie die Konzentrationsabhängigkeit und die Viscositätsabhängigkeit.

Es ist schließlich zu bedenken, daß direkte „Treffer“ (wirksame Depots im biologischen Testobjekt) Volumeffekte sind, indirekte aber von der Diffusion stammen, also Oberflächeneffekte sind. Man sieht das sofort, wenn man sich etwa ein Globulinmolekül (kugelförmig) im Wassermilieu als Modell vorstellt. Das vermutete freie Radikal oder H_2O_2 muß von außen durch Diffusion herankommen. Nach Überlegungen und Rechnungen, wie sie von W. MINDER, K. SOMMERMEYER u. a. angestellt wurden (Volum $\frac{4}{3} r^3 \pi$, Oberfläche $4 r^2 \pi$, Diffusionsweg d etwa 10^{-5} cm) zeigen, daß die Wahrscheinlichkeit W dafür, daß ein aktiviertes Wassermolekül an die Oberfläche des Tests gelangt, annähernd gegeben ist durch

$$W \sim \frac{r}{d} e^{-k(d-r)},$$

wobei $\frac{1}{k} = w$, (w Diffusionsweg) also geschrieben werden kann

$$W \sim \frac{r}{d} e^{-\frac{1}{w}(d-r)} \quad \left.\begin{array}{l} d - r > w; \quad W \to 0 \\[2ex] d - r = w; \quad W \sim \dfrac{1}{e} \dfrac{r}{d} \\[2ex] d - r < w; \quad W \sim \dfrac{r}{d}, \end{array}\right.$$

woraus hervorgeht, daß nur sehr nahe an der Oberfläche des Tests aktivierte Wassermoleküle [$(d - r)$ sehr klein] merklich wirksam sind, d. h. also dichte Depots liefernde Strahlen (α, Neutronen) bevorzugt sind und die Wirkungen allgemein hohe Dosen erfordern. Man kann, alles abwägend, sagen, daß unter den gewöhnlichen biologischen Verhältnissen etwa der Röntgentherapie, Röntgendiagnostik, γ-Therapie die „direkte" Wirkung wichtig ist, daß die Mitwirkung des Milieus (wie etwa Radikale oder H_2O_2) eine größere Rolle spielt bei strahlenresistenterem biologischen Material (Virus, Chromomeren, Chromosomen, besonders bei ruhiggestelltem, wie trockene Samen, Pollen, Sporen) und im Experiment mit stark verdünntem Material.

Bei der Mehrzahl der bisherigen Anwendungsgebiete wird der am Schluß des § 2 gemachte Vorschlag, das „Wirkungsvolum" des biologischen Tests als etwas variabel und vergrößert durch Grenzschichtenbildung anzunehmen, genügen, um den Formalismus heuristisch weiter zu benutzen und mit den Tatsachen in Einklang zu erhalten.

Literatur.

FABERGÉ, A. C.: Genetics **33**, 609 (1948).
FABERGÉ, A. C.: Genetics **35**, 104/105 (1949).
FABERGÉ, A. C.: Abstr. Genetics Soc. Records, (1950).
FABERGÉ, A. C.: Genetics **35**, 663 (1950).
GILES and RILAY: Proc. Nat. Acad. Sci. USA **35**, 640/46 (1949).
RAJEWSKY, B.: Brit. J. Radiol. **25**, 298 (1952).
THODAY and READ: Nature (Lond.) **160**, 608 (1947).

§ 5. Tötungsanalyse nach Totalbestrahlung.

Gewissermaßen als Gegenstück zu den traditionellen Methoden der quantenbiologischen Studien, die auf die Einzelereignisse bei Strahlenabsorption zielen, wurden im Frankfurter Institut im Jahre 1940 neue Untersuchungen über Gesamtwirkungen aufgenommen. Wenn Menschen oder Tiere in emanationshaltiger Atmosphäre leben, Arbeiter in radioaktiven Gesteinen (Pechblende u.a. Uranerze, toriumhaltige Erze; Schneeberger Lungenkrebs) arbeiten, so erkranken sie unter typischen Symptomen und gehen oft daran zugrunde. Dieses Schicksal erreichte auch Forscher, Laboranten, Arbeiterinnen der Leuchtfarbenverarbeitung. Und schließlich: Welchen Tod stirbt ein Opfer der radioaktiven Vergiftung durch die Atomwaffe oder bei einem Unglück, einer Undichtigkeit in den „Piles", den Atommeilern, einem ungenügenden Schutz am Accelerator (Cyklotron, Betatron) ?

Sicher führt die Verfolgung solcher Fragen zum Schluß auf die Elementarereignisse zurück, also in die quantenbiologischen Grundfragen. Aber zunächst werden Beobachtungen an dem Gesamtindividuum, dem Tier angestellt, das Objekt wird einer *Total*bestrahlung statt einer lokalen unterworfen. Beobachtungen wie solche von Krebs (1940), Lamarque (1942), Ellinger (1941) u. a. bereiteten die Problemstellung vor.

Diese Richtung war in einem gewissen Sinn schon seit längerer Zeit eingeschlagen worden, und zwar zur Erforschung der Toleranzdosen bei *interner* Verabreichung radioaktiver Substanzen, den sog. „Radiumvergiftungen". Dabei wurde von Rajewsky und seinen Mitarbeitern u. a. auch der Nachweis der Carcinomerzeugung durch sehr kleine, aber lang andauernde Einwirkung gebracht (Erklärung des Schneeberger Lungencarcinoms). Das Gebiet der Strahlen-Berufsschädigung erschien in neuem Lichte. Wir können leider im begrenzten Rahmen unseres Themas auf dieses Kapitel nicht eingehen, obwohl das Gebiet auch für die Zukunft sehr wichtig ist.

Nunmehr wurde statt der internen Verabreichung die Totalbestrahlung systematisch so in Angriff genommen (B. Rajewsky und Mitarbeiter: A. und E. Schraub), daß weiße Mäuse in Emanationsluft Dosen von 0,5 r pro Tag bis $3 \cdot 10^5$ r pro Tag erhielten.

Bei sehr kleinen Dosisleistungen (= Dosis pro Zeiteinheit) und lang andauernder Einwirkung ergeben sich bekannte Schädigungen, speziell Auftreten von Carcinomen. Bei starker Dosisleistung tritt rascher Tod ein. Es handelte sich stets um Dauerbestrahlung.

Es zeigte sich, daß in einem breiten Dosisintervall eine Lebensdauer von etwa $3^1/_2$ Tagen auftritt, d. h. also: auch bei stärkerer Dosis innerhalb des Intervalles wird die Lebenszeit nicht wesentlich verkürzt.

Mit Röntgenstrahlen (DORNREICH und RAJEWSKY) wurde einmalig bestrahlt, und zwar im Bereich 1200 r bis 12000 r. Beobachtet wurde die Lebensdauer nach der Bestrahlung. Dabei stellte sich, wie die Abb. 41 zeigt, besonders auffallend heraus, was RAJEWSKY den 3,5 Tage-Effekt nannte. Im Intervall von 1200 r bis 12000 r trat der Tod nach 3,5 Tagen ein. D. h.: Mit der Dosis 1200 r ist eine Schädigung gesetzt, die nach 3,5 Tagen zum Ende führt, und selbst eine Verzehnfachung der Dosis beschleunigt das Ende nicht mehr. Bei weiterer Erhöhung erst sinkt die Überlebensdauer wieder ab. Auch bei Dauerbestrahlungen ließ sich dieser Effekt reproduzieren.

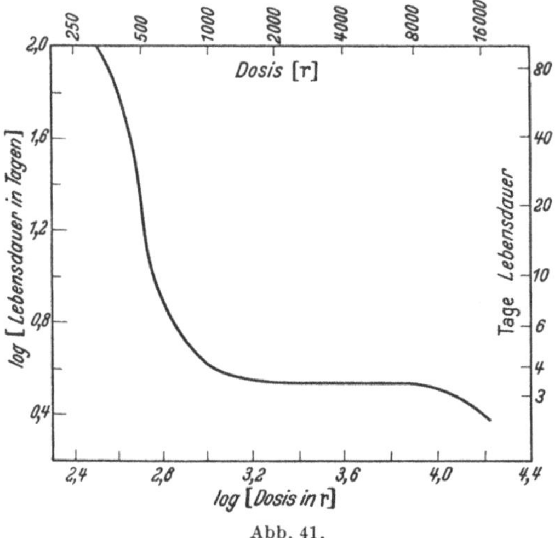

Abb. 41.

Die Ergebnisse wurden in den Jahren 1950/51 von mehreren Autoren wiederholt (BONET-MAURY und F. PATTI; insbesondere QUASTLER, LANTZEL, KELLER und OSBORNE; E. P. CRONKITE) und bestätigt. Diese und andere Arbeiten, vorwiegend von nordamerikanischen Autoren, untersuchten zugleich den Einfluß der Protrahierung (Verlängerung), Fraktionierung (Unterteilung), der Strahlenart, was die bekannten Erfahrungen bestätigten, etwa daß Protrahierung und Fraktionierung in Fällen, wo nicht rein additive Wirkungen zu erwarten sind, die Effekte mildern, daß die dichten und massiven α- und Neutronen-Depots undifferenzierter wirken als Elektronendepots bei Röntgenstrahlenabsorption. Nach Wiederinstandsetzung des Frankfurter Instituts konnten 1948/49 die Arbeiten in Frankfurt erneut aufgenommen werden, und zwar mit einer dort (RAJEWSKY, O. HEUSE) entwickelten, wohl einzigartigen Apparatur, die mit 15—51 kV Spitzenspannung der Röntgenröhre einen Strom bis zu 1,9 A (!) zuzuführen und damit bis zu 10^6 r (!) pro Minute zu erzeugen gestattet. Hiermit wurden 1952 die Versuche wiederholt, zur Sicherung der Homogenität in Form der Rotationsbestrahlung. Die folgende Abb. 42 zeigt den Verlauf jenseits des 3,5 Tage-Effektes bei steigenden Dosen. Die Lebensdauer sinkt rasch ab. Dann aber zwischen etwa 80000 und 120000 r gibt es wieder einen annähernd horizontalen Verlauf, vielleicht einen „60—100 Minuten-Effekt". Weitere Steigerung der Dosis führt zum sofortigen Tod. Die Überlebenszeiten wurden bei den längeren Lebensdauern von der Mitte der Bestrahlungszeit an gemessen; bei den ganz starken Dosisleistungen mit sofortigem Tod läßt sich das natürlich nicht mehr durchführen.

Von etwa 140000 r ab fällt die Lebenszeitkurve wieder steil ab, was auf der logarithmischen Darstellung der Abb. 43 zu sehen ist, die von 250—160000 r reicht.

Die Symptome des Absterbens sind für die Gruppen verschieden. Bei den kleineren Dosen bis etwa 30000 r kommt es zu bekannten

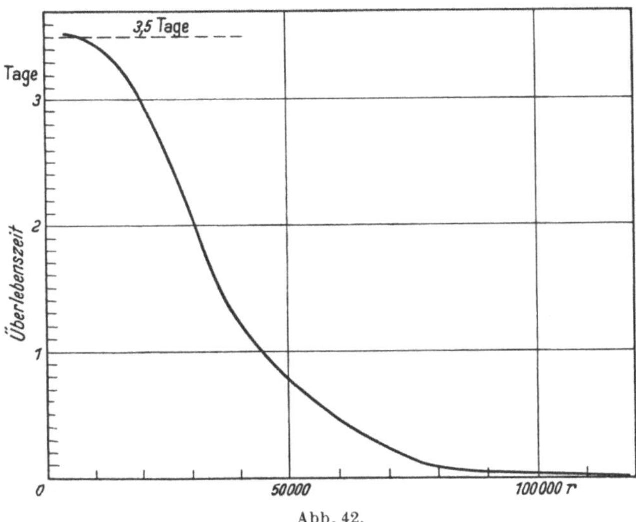

Abb. 42.

Schädigungskennzeichen: Struppiges Fell, Apathie, Nahrungsverweigerung, Blutveränderungen, Abmagerung, Tod. Bei den stärkeren Dosen von etwa 50000 bis etwa 100000 kommt es zuerst zu beschleunigter Atmung, gesträubtem Fell, Apathie, daranschließend zu Unruhe, tonisch-klonischen Krämpfen, die sich in kurzen Intervallen wiederholen mit Tod im Krampf. Symptomablauf ist wie Lebenszeit dosisabhängig, bis zum sofortigen Tod bei höchster Dosisleistung.

Die Verff. schließen mit Recht auf *verschiedene* Todesarten, machen jedoch darüber noch keine Aussagen.

Es liegt nahe, den sehr raschen Tod (eventuell in Sekundenzeit) bei den ungeheuren dem Tier gegebenen Dosen überwiegend auf eine drastische Milieuvergiftung durch Aktivierung des sauerstoffhaltigen Wassers (etwa HO_2 oder H_2O_2) in großem Ausmaß zu deuten[1].

---

[1] Man könnte auch an das plötzliche Zerstören aller Enzyme durch direkte und indirekte Wirkung denken, was den Verlust aller Steuerungen bedeutet, oder Abstoppen der Hormone u. a.

Schwieriger ist die sehr auffällige Stagnation des Kurvenverlaufs im 3,5 Tage-Effekt zu erklären. Hier ist mit etwa 1200 r eine Schädigung gesetzt, die nach einer biologischen Zeit zum Tode führt, wobei diese Zeit nicht abnimmt, wenn die Dosis bis zur zehnfachen erhöht wird. D. h. also: Eine lebenswichtige Komponente (Gewebsart) ist bei der unteren Grenze bereits *total*, d. h. mit Todeswirkung geschädigt, so daß sie nicht weiter geschädigt wird. Der Dosisüberschuß wirkt anderweitig. Diese Komponente ist so beschaffen, daß sie, nach 3,5 Tagen ausfallend, den Tod herbeiführt. Man kann hier an verschiedenes denken (z.B. Reticuloendothel?).Es wäre also eine sozusagen *spezifische Todesart* durch Ausfallen eines lebenswichtigen Organs oder Faktors in biologischer Zeit. Bei den stärkeren zum früheren Tode führenden Dosen und dem symptomreicheren Ende wird diese „spezifische" Schädigung auch gesetzt, aber zugleich in steigendem Maße Milieuaktivierung (beispielsweise H_1O_2 oder H_2O_2, vgl. dieses Kap. § 2), die von der *Enddosis* des 3,5 Tage-Effektes an (etwa 80000 r) so stark werden, daß sie *vor* der spezifischen Schädigung zum Tode führen und die Symptome (Atemnot usw., Krämpfe) verursachen.

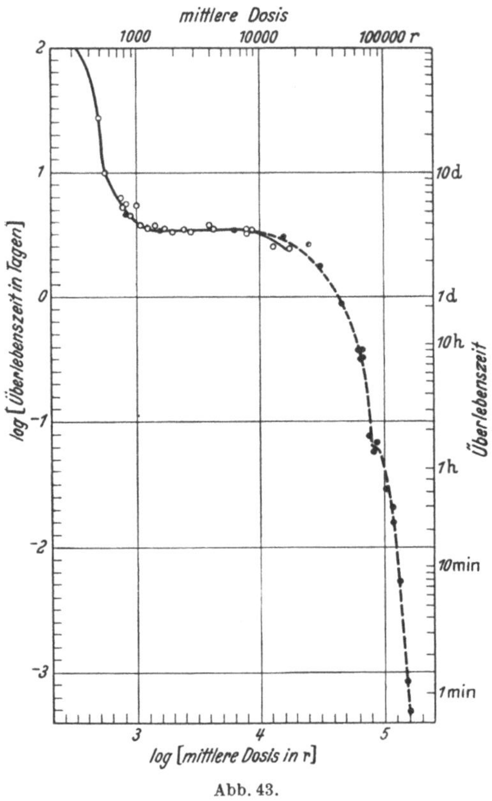

Abb. 43.

In letzter Zeit veröffentlichte die Frankfurter Forschergruppe eine interessante Weiterführung der Versuche durch Teilkörperbestrahlung.

Die Versuchstiere wurden zur Erzielung einer homogenen Dosisverteilung in einem langsam rotierenden Behälter bestrahlt. Mit dieser Anordnung wurden isolierte „Kopf"- und „Rumpf"-Bestrahlungen durchgeführt, wobei der nicht bestrahlte Körperteil durch absorbierende Metallzylinder abgeschirmt war.

Von jedem Versuchstier wurden in der Bestrahlungsanordnung Röntgenaufnahmen gemacht, um eine objektive Kontrolle des bestrahlten Körperteils zu erhalten.

Bei der Bestrahlung des Rumpfes allein (Kopf abgeschirmt) zeigte es sich, daß die Überlebenszeit im Dosisbereich von etwa 1200 r bis 12000 r praktisch mit der der Ganzkörperbestrahlung übereinstimmt (3,5 Tage-Effekt). Dagegen tritt im Bereich der Dosen von etwa 50000 r eine deutliche Abweichung von den bei Ganzkörperbestrahlungen festgestellten Überlebenszeiten auf. Auch bei den Rumpfbestrahlungen sind deutliche Symptome von seiten des Nervensystems, wie Reflexsteigerung, Zittern, leichtes Krämpfen der bestrahlten Extremitäten usw., zu sehen, die ebenfalls eine gewisse Dosisabhängigkeit, sowohl in bezug auf das zeitliche Auftreten, als auch in dem gesamten Erscheinungsbild, erkennen lassen. Jedoch sind die „Krämpfe", wie sie bei Ganzkörperbestrahlungen auftreten, nicht zu beobachten. Bei der Bestrahlung des Kopfes allein (Rumpf abgeschirmt) zeigt sich zwar etwa der gleiche Verlauf der Schädigungskurve wie bei der Ganzkörperbestrahlung, jedoch tritt hier, im Gegensatz zu den Rumpf- und Ganzkörperbestrahlungen, kein 3,5 Tage-Effekt, sondern ein 7 Tage-Effekt auf. Weiterhin sind die Krampfsymptome verstärkt. Sie setzen schon bei den Dosen von 25000 r ein. Die Krämpfe bedingen hier ein starkes, fast als Flattern zu bezeichnendes Springen der Tiere. Nach dem Einsetzen des Krampfes ist eine Wiederholung dieser zentralen Erregungserscheinungen bis zum Tode der Tiere, also bis zu 24, ja 48 Stunden zu beobachten. Das Eintreten des Todes bei diesen Tieren ist mit einer relativ großen Streuung behaftet.

Literatur.

BONET-MAURY, P., et F. PATTI: J. Rad. Electrol. **31**, 286 (1950).

BRUES, A. M.: Med. Phys. **2**, 778 (1950).

DREBLOW, W., u. A. KREBS: Fiat Bericht, Bd. 21 I, Strahlenschädigungen, S. 123 bis 167.

ELLINGER, F.: Radiology **49**, 238 (1947).

ELLINGER, F., and I. C. BARNETT: Radiology **54**, 90 (1950).

EVANS, T. C.: Influence of Quantity and Quality of Radiation on the Biologic Effect in „Symposium" on Radiobiology **1950**, S. 393.

HENSAW, P. S.: 3. Nat. Canc. Inst. 1944—1947.

HEUSE, O.: „Eine Röntgenröhre hoher Leistung ....". Frankf. Diss. 1951.

HEUSE, O.: Z. angew. Phys. **1953**, 10.

KREBS, A.: Naturwiss. **49**, 766 (1940).

KAHLAU, G., u. A. SCHRAUB: Fiat Bericht, Bd. 21 I, Strahlenschädigungen, S. 123 bis 167.

QUASTLER, H.: Studies on roentgen death in mice 1 u. 2. Amer. J. Roentgenol. **54**, 449 (1945).

QUASTLER, H., E. F. LANTZEL, M. E. KELLER and I. W. OSBORNE: Amer. J. Physiol. **164**, 546 (1951).

RAJEWSKY, B., A. SCHRAUB u. E. SCHRAUB: Naturwiss. **30**, 489 (1942); **30**, 733 (1942).

RAJEWSKY, B., u. A. SCHRAUB: Fiat Bericht, Bd. 21 I, Strahlenschädigungen, S. 123—167.
RAJEWSKY, B.: Strahlenther. 84, 21 (1951).
RAJEWSKY, B.: On the Establishment of Permissible Dose. Radiological Conference. Stockholm Sept. 1952
RAJEWSKY, B., O. HEUSE u. K. AURAND: Z. Naturforsch. 8 b, 137 (1950).
RAJEWSKY, B., A. AURAND u. O. HEUSE: Z. Naturforsch. 8 b, (1953).
SCHRAUB, A.: Fiat Bericht, Bd. 21 I, Strahlenschädigungen, S. 123—167.

§ 6. Indirekte Wirkung und Schutzwirkung.

1. Prinzip des Schutzes gegen indirekte Wirkung.

Wenn, wie wir in diesem Kapitel gesehen haben, ein Teil, in manchen Experimenten ein großer Teil der Strahlenwirkung am biologischen Test nicht auf Depots im Test selbst, sondern auf solche in seinem dicht benachbarten Milieu, im Lösungsmittel, vornehmlich im O_2-haltigen Wasser zurückzuführen ist, wobei H, OH, H_2O, H_2O_2 entstehen kann und p_H-Änderungen eintreten müssen, dann ergibt sich hieraus ein Schluß und eine Chance: Zusatz von Stoffen im Milieu, die selbst mit den genannten aktivierten Bestandteilen reagieren, muß gestatten, die Strahlenwirkung auf die Teste zu *steuern*, sie ganz oder teilweise abzufangen, also die biologischen Objekte selbst, etwa die Enzyme zu *schützen*. Das gilt nur für diese „indirekten", die Milieutreffer. Wo das biologische Objekt selbst primär getroffen wird, kann diese Art Schutz nicht eintreten. Wenn also diese „Protektoren", die beigegebenen Schutzstoffe, nicht *völlig* gegen Strahlenwirkung schützen — und das scheint nie der Fall zu sein — bleibt die Sicherheit oder Wahrscheinlichkeit der primären Depots erhalten.

Nachdem einmal von RISSE (1929), FRICKE (1927), MINDER (1939), DALE u. a. durch Kritik der formalen Theorie und ihrer Anwendung die Beteiligung des Milieus deutlich gemacht worden war, ließen sich eine Reihe von vorher unklaren Befunden erklären. So deutete FRICKE den Abfall der Konzentration einer Ferrosulfatlösung durch Oxydation bei Bestrahlung als Wirkung aktiver Wassermoleküle. Die Reaktion läuft bei genügender, aber nicht zu großer Konzentration linear mit der Dosis, aber *bei verringerter Konzentration bleibt sie gegen die Dosis zurück*. Diese Verringerung der Depotausbeute erklärt sich dann aus der Annahme der indirekten Wirkung leicht als Inaktivierung auf dem vergrößerten Diffusionsweg, den FRICKE daraus zu 10^{-6} cm abschätzte. Bei mehr als 15 % Lösungen spielen direkte Treffer mit. Es ist klar, daß dieses Experiment mit den gewöhnlichen biologischen Gegebenheiten nicht übereinstimmt.

Die Untersuchung der indirekten Wirkungen, die insbesondere von W. M. DALE (Manchester) u. Mitarb. (ab 1942) aufgenommen wurde, bietet der Forschung Erleichterungen gegenüber den Erklärungen der direkten im biologischen Test selbst (etwa einem Makromolekül, Enzym), weil man bei letzterem den Ablauf kaum kennt, aber mit Beimengungen zum Lösungsmittel sozusagen in vitro experimentieren kann, da man weiß, was man hinzufügt. Aus den Ergebnissen lassen sich dennoch Schlüsse auf das biologische Geschehen ziehen. Zwar die Zelle ist ein inhomogenes, schwer durchschaubares Gefüge. Aber sie hat einen durchschnittlichen Wassergehalt von 75% (im jugendlichen Gewebe ist er höher) und davon wird ein Teil die Rolle des Lösungsmittels übernehmen können.

2. Experimente über indirekte Wirkung.

Wir befassen uns zunächst mit den *Experimenten* über indirekte Wirkungen *bei Lösungen* und folgen dabei einem Bericht, den W. M. DALE selbst im „Symposium" 1950/51 gegeben hat.

Setzt man dem Sol, der wäßrigen kolloiden Lösung eines „Reaktors", (z. B. eines Enzyms oder anderen passenden Tests) der durch Bestrahlung indirekt inaktiviert wird, einen Stoff zu, der *auch* mit aktivierten Bestandteilen des Lösungsmittels reagiert (der also auch Reaktor ist), den wir Schutzstoff, „Protektor" nennen wollen, so teilt sich die Wirkung und man kann durch Variation des Stoffes und des Mischungsverhältnisses Schlüsse aus der Abschwächung der Wirkungen ziehen. Man kann den Test-Reaktor mehr oder weniger „schützen".

Bei dem bekannten Test: Inaktivierung von Enzymen, denkt man an die Möglichkeit, daß bei SH-Enzymen die Sulfhydryl-Gruppen für die Aktivität verantwortlich sind und die Bestrahlung die Entaktivierung durch Oxydation herbeiführt. Es gelang nämlich durch nachträgliches Hinzufügen von Glutation die Aktivität wieder herzustellen (BARROW).

Dagegen führt die Deutung der Strahlenwirkung bei d-Amino-Acid-Oxydase auf die Spaltung in zwei wichtige Komponenten: die prosthetische Gruppe: Alloxazin-Adenin-Dinucleotide einerseits und das spezifische Protein andererseits. DALE konnte den Strahlungseffekt auf jede der beiden Komponenten und auf beide zusammen prüfen, da beide reagieren und da sie nach getrennter Bestrahlung zusammengefügt, das ganze Enzym unter Addition ihrer Wirkungen bilden. Bei gleichem Gewicht der Partner scheint das Protein empfindlicher, aber bei Berücksichtigung der Begegnungshäufigkeit mit den Aktivationsradikalen (OH, HO_2 usw.) stellt sich die prosthetische Gruppe als empfindlicher heraus.

Diese Überlegung führte zu verschiedenen möglichen chemischen Vorgängen bei der Strahlenentaktivierung von Enzymen und zeigte, daß die Sensibilität von der Größe der Makromoleküle und dem Reaktionstypus abhängt. So zeigt die Entaktivierung von Carboxypeptidase eine „Depotausbeute" von 0,18, die 6mal größer ist als diejenige bei Ribonuclease, der kleinsten bisher gefundenen.

DALE untersuchte eine ganze Anzahl von Zusatzstoffen auf ihre Schutzwirkung für Carboxypeptidase (CP-Schutz) und für Dinucleotide (DN-Schutz). Hier einige Beispiele: (Siehe Tab. 9).

Das ergibt einen Schutzwirkungsbereich von 1:10000. Die stärkste Schutzwirkung zeigen *Protektoren mit einer schwefelhaltigen organischen Verbindung*. Dieses Ergebnis bekommt besonders Bedeutung durch die der Schwefelgruppen in Proteinen allgemein zukommende Rolle, durch den erhöhten Schwefelgehalt der Haut und die (weiter unten besprochene) Strahlenschutzwirkung von Cystein (50% Dosiserhöhung für letalen Ausgang im Mäuseversuch).

Tabelle 9.

Protektor	CP-Schutz	DN-Schutz
Thiourea	4,7	2,1
Dimethylthiourea	1,9	—
Glucose	0,79	0,21
Eialbumin . . .	0,24	0,21
Natriumoxalat .	$2 \cdot 10^{-3}$	—

Damit hat die Deutung der indirekten Wirkungen eine Stütze erhalten und es erweist sich, daß sie einen spezifischen Charakter hat. Auch die Desaminierungsreaktion ist spezifisch.

Ein weiteres Forschungsfeld der indirekten Wirkung bietet sich in der Nucleinsäure-Reaktion. Im embryonalen, allgemein im wenig differenzierten Gewebe spielt der Nucleinsäurestoffwechsel eine besondere Rolle.

EULER und HEVESY (1942) fanden im Jensen-Sarkom der Ratte mit Hilfe des radioaktiven Phosphorisotops P^{32} die Bildung der Desoxyribonucleinsäure unmittelbar nach Bestrahlung (1000 r) um 50% reduziert. Nach MITCHELL rührt dies von Lähmung der Bildung im Kern und Anhäufung von Ribonucleotiden im Plasma durch Verlust der Reduktionsfähigkeit durch die Strahlung her, also durch Störung einer steuernden Enzymwirkung.

Der Befund blieb nicht unbestritten (HOLMES 1949). HEVESY (1949) prüfte an der Speicherung des radioaktiven Isotops C^{14} die Strahlenwirkung auf die Bildung von Desoxyribonucleinsäure. Analoge Versuche mit P^{32}-Speicherung in den Phosphatiden der Leber und der Intestinal-Schleimhaut bestrahlter Mäuse gemacht, ergaben aber keine Strahlenreaktion. Auch das weist auf die Bedeutung des Nucleinsäure-Stoffwechsels hin.

Über diesen Stoffwechsel gibt es auch, gleichfalls wichtige, Untersuchungen in vitro. HOLLÄNDER, GREENSTEIN und TAYLOR (1947) benutzten Viscositätsänderungen als Testreaktion der Bestrahlungswirkung. Eine Lösung von Natrium-Thymus-Nucleat in 95% Alkohol in Anwesenheit von Salz schlägt sich nicht mehr nieder, ohne irgendeine nachweisbare Änderung ihrer chemischen Struktur oder Reaktionseigenschaften zu zeigen. DALE schließt auf eine physiko-chemische Strahlenwirkung, eine Vergrößerung des Moleküls, wobei die Viscosität durch ein ζ-Potential gesteuert wird (ζ = elektrokinetisches Potential im diffusen Teil der Grenzschicht)[1]. Es ist eine Wasser-Haftschicht an das Nucleinsäure-partikel angelagert, das hierdurch deformiert wird. Mit anderen Worten: Das Molekül ist hydrophiler geworden.

Solche Viscositätsversuche lenken die Aufmerksamkeit auf *Oberflächenvorgänge*. Es gibt Enzyme, die fest an Zelloberflächen haften, andere lassen sich leicht extrahieren. Sicher aber ist die Rolle der Oberflächen-Katalysatorvorgänge bedeutend. Auch die hämolytischen Wirkungen von Röntgenstrahlen auf Erythrocyten deuten auf Änderung ihrer Protein-Lipoid-Hülle.

DALE, dem wir in diesen Darlegungen folgten, fragt nun: Können diese soeben beschriebenen Phänomene sinngemäß auf lebende Zellen angewendet werden? Dazu ist ja nötig, daß im Innern des inhomogenen Zell-Baues die Enzyme oder andere gelöste Partikel die Wege zum Wirkungsort passieren können. Wenn sie dann auf dem Wege von Strahlen getroffen werden, ist das empfindliche ausgewogene Gleichgewicht der biologischen Reaktionen gestört. Man kann einwenden, daß die zahlreich anwesenden anderen strahlenempfindlichen gelösten Partikel im Gewebe ja völlige Schutzwirkung ausüben müßten. Aber die Schutzwirkung ist der Menge des Protektors nicht proportional, kann sogar bei dessen wachsender Konzentration kleiner werden. Außerdem: Man fand Stoffe, bei denen die Ionenausbeute der indirekten Wirkung auf 3 und mehr stieg, wenn die Konzentration des gelösten Stoffes erhöht wurde.

Ferner: Es entstehen mit dem Verschwinden der gelösten Teilchen durch Bestrahlung *neue* Produkte. Zwar das H_2O_2 spielt (nach DALE) die Rolle nicht, die ihm von französischen Autoren zugeschrieben wird. Es gibt strahlenempfindliche Substanzen, die auf H_2O_2 nicht reagieren und Beispiele, wo es nur wenig zum Effekt beiträgt. So wäre es kaum zu verstehen, daß bei H_2O_2-Anwesenheit nach Bestrahlung überall Katalase anzutreffen ist. Aber es bilden sich durch Bestrahlung andere Gifte; so NH_3 (aus Proteinen, Aminosäuren), H_2S (aus Cystein, Glutation), die toxisch auf biologische Objekte wirken können.

3. Schutzwirkungen im lebenden Organismus.

Im gleichen, oben mehrfach zitierten Werke (Symposium 1950/51) gab G. HEVESY, Stockholm, einen Bericht über das Thema der Schutzwirkung im Tierversuch, der einen erheblichen Teil der bisher erschienenen wohl etwa 200 Arbeiten erwähnt und bespricht. Es ist nicht möglich, so ausführlich über die in vollem Fluß befindlichen Laboratoriumsexperimente und Tierversuche zu berichten. Der nachfolgende kurze Bericht folgt z. T. den Ausführungen HEVESYs.

Strahlung wirkt mehr auf mitotische Prozesse als auf Atmung und Glykolyse. Man kann daraus schließen, daß die Bestrahlungswirkung

---

[1] Näheres in diesem Kap., § 3. Seite 134 und § 4 S. 140.

wesentlich den *Zellkern* betrifft. Das war von Anfang an erwartet worden (Dessauer, Jordan) und ist auch experimentell gesichert. Unter den Kernbestandteilen sind Desoxyribonucleoproteide (Molekular-Gewicht $> 10^6$), die einen großen Teil des Kernmaterials ausmachen, wohl die wichtigsten. Die Wirkung der Strahlung ist möglicherweise indirekt durch aktive Radikale vom Gewebswasser oder von anderen Gewebsbestandteilen.

Wenn ein Sarkom an einer Ratte bestrahlt, ein anderes am gleichen Tier abgeschirmt wurde, so zeigte sich der Abbau nicht nur in der Reduktion der Desoxyribonucleinsäure des bestrahlten sondern auch des unbestrahlten Tumors. Die Lebensdauer der Inaktivationsprodukte konnte auf etwa 1 Std. geschätzt werden.

Man suchte (bei Kaninchen) nach durch Strahlung entstandenen zirkulierenden Stoffen. (Wie früher W. Caspari.) Der Versuch war nahegelegt durch die Beobachtung, daß der Ersatz eines beträchtlichen Teils des Blutes eines nicht bestrahlten Kaninchens durch das eines bestrahlten (mit folgender Phosphatprobe) zur Bildung von Desoxyribonucleinsäure mit erniedrigtem Gehalt von P^{32} in den Nieren gegenüber den Kontrollen führt.

Versuche an menschlicher Haut: Zwei Stellen mit variabler abgeschirmter Distanz ergaben breitere Reaktionen, als bei Bestrahlung nur einer entstanden, und es ließ sich der Wirkungsbereich der hypothetischen Substanz, die den Effekt als indirekte Wirkung weiterträgt, auf 2 cm abschätzen.

Bacteriophag T_2 wird durch Thioglycolsäure geschützt. Diese oder Cystein, dem Nährboden des Propioni-Bact. pentosaceum zugesetzt, erniedrigt die Wachstumshemmung und erhöht den Überlebensanteil von Allium cepa-Wurzeln, die 500 r erhielten im Verhältnis 3:1.

Thiourea, einige Minuten vor der Bestrahlung interperitoneal gegeben, übt erhebliche Schutzwirkung aus; dasselbe geschieht bei intravenöser Verabfolgung des Cysteins bei Ratten. Wird es in die Haut von Guinea-Tauben eingespritzt, so werden die Haarfollikel vor Strahlenwirkungen erheblich geschützt. Auch massive Dosen von Glucose schützen die Haarfollikel im Kaninchenversuch. Der Nährbouillon beigemischt, übt Glucose Strahlenschutzwirkung auf Bakterienkulturen aus, was von Latarjet als H_2O_2-Wirkung gedeutet wird.

Spielt hierbei die SH-Gruppe eine Rolle, so geben auch Zelloxydation beeinflussende Stoffe Schutzwirkung. 50—80% bestrahlter Mäuse wurden durch unmittelbar vor der Bestrahlung eingespritztes Natriumcyanid (0,1 mg) vor dem Letaleffekt der Bestrahlung geschützt. Einspritzung *unmittelbar* nach Bestrahlung gab nur geringen, 15 *min nach* Bestrahlung keinerlei Effekt mehr. Außerdem war der Effekt nur stark, wenn die Letaldosis von etwa 700 r nicht überschritten wurde.

Es sei noch aus den Veröffentlichungen erwähnt, daß auch Desoxycorticosteron, Atropin, Natriumnitrit (COLE, BOND, FISCHLER 1952), Amino-Derivate (HERVÉ und BACQ, Lüttich 1952) besonders der Beta-Mercapto-Ethilamine, Cortison (MARSHALL: Acta radiol. 1953), und noch manch andere Stoffe im Tierversuch Schutzwirkungen gaben. Mit dem letztgenannten haben A. HERVÉ und M. BACQ (Lüttich 1952) Strahlenerkrankte behandelt und berichten von Heilerfolgen.

Die etwa 200 Publikationen über Schutzwirkungen an Tieren und Menschen bestätigen im einzelnen die Erfahrungen aus den Experimenten, die im vorhergehenden Abschnitt 2 erwähnt sind und scheinen auch im großen und ganzen die Deutungen dieser Ergebnisse zu stützen. Der eigentliche biologische Mechanismus ist noch bei weitem nicht aufgeklärt.

Bei der Diskussion dieser Ergebnisse müssen jedoch die in § 3, Abschn. 4, dieses Kapitels dargelegten Befunde der elektrophoretischen Analyse mitberücksichtigt werden, die, wie wir sahen, Argumente für „direkte" Treffer ergeben. Wie dort schon angedeutet, wird der Gegensatz zwischen „direkt" und „indirekt" gemindert, wenn man an die empfindliche und für das Verhalten oft entscheidende Grenzschicht denkt, die eben bei Kataphoreseversuchen sich manifestiert. Diese in ständigem Wandel befindliche Zone vergrößert das Volum des biologischen Tests und sie gehört beiden Partnern an, dem „Schwebeteilchen" und dem Milieu. Sie ist auch nicht scharf definiert, sondern diffusschwankend, variabel in Form, Bestand, Energiezustand. Es wird gut sein, ihr bei Depotanalyse besondere Aufmerksamkeit zu schenken. Im Wasser dieser Schicht aktivierte Teilchen haben größte Chance, zu wirken. Die sie aktivierenden Energiedepots können mit gleichem Recht als „direkte" wie als „indirekte" Treffer bezeichnet werden.

Die Literatur über das Thema der Schutzwirkungen wächst z. Z. täglich an.

Sehr zahlreiche (mehrere hundert) Literaturangaben in den Berichten, die im Vorwort unter 6 angeführt wurden.

Anhang.

1. Bemerkungen über die Anwendung physikalischer Gedankengänge und mathematischer Formalismen auf biologische Probleme.

Das Thema dieses Buches bedeutet: methodische Anwendung einer physikalisch gesicherten Theorie auf Lebensvorgänge. Es bietet ein gutes Beispiel, die Grundlagen, Möglichkeiten und Grenzen eines solchen Verfahrens daran zu studieren. Im Anfang und später im Lauf der Jahre ist insbesondere der mathematische Formalismus der Quantenbiologie und seine Anwendung auf biologische Befunde kritisiert worden. Ich erwähne unter vielen Autoren L. HEIDENHAIN (1924) und insbesonders W. MINDER[1], dessen wiederholte Kritiken bis in die neueste Zeit zur Klärung und Präzisierung der Theorie fruchtbar beigetragen haben.

Es ist gut, zuerst einige epistemologische Grundlagen klarzustellen, damit die weiteren Darlegungen möglichst eindeutig werden: *Wissenschaften*, Physik, Biologie, wie auch alle anderen sind *Systeme* von *Aussagen*. Darin ist einmal enthalten, daß sie geordnet sein müssen nach ausdrücklich oder stillschweigend angenommenen Ordnungsregeln. In den Naturwissenschaften sind Wirk-Kausalität und statistische Kausalität, in der Biologie zusätzlich mit gewissen Reserven Finalität (etwa in der Form der Ganzheitsbetrachtung) grundlegende Ordnungsprinzipien, ohne die Naturwissenschaft bloße Beschreibung ohne Einsicht bliebe. Ferner ist in dem Satz enthalten, daß es sich um Aussagen „über etwas" handelt. Naturwissenschaften sind Aussagesysteme, die sich mit einem realen Sein befassen, und zwar mit einer Seinssphäre, die uns prinzipiell über den Weg des sinnlich Erfahrbaren gegeben wird. Wir stellen hier die alten und neuen erkenntnistheoretischen Skrupel zurück und betrachten das Objekt der Naturwissenschaft, also die Natur oder den Kosmos, als vorgegeben, unabhängig vom menschlichen Denken. Das bedeutet: Der Mensch, der vor etwa einer halben Million Jahre auf der Erde auftaucht, welche drei- bis viertausendmal länger besteht, hat mit seinem Auftreten und seinem Denkprozeß keinerlei Einfluß auf Naturgesetze. Die Planeten zogen ihre Bahnen vorher, ziehen sie jetzt und werden sie künftig ziehen, ob ein Mensch davon weiß oder ob sein Geschlecht untergegangen ist. Das gleiche gilt vom Bauwerk der Atome, kurz von dem ganzen naturgesetzlichen Tatsachenbereich. Charakteristisch ist für diese Sphäre des realen Seins, daß sie sich zum weitaus überwiegenden Teil der *unmittelbaren* Wahrnehmbarkeit durch unsere Sinne *entzieht*. Daß der Mensch trotzdem in diesen Zonen zu zuverlässigem Wissen gelangen kann, ist bezeichnend für seine Erkenntnismethodik. Sie besteht in einem sehr großen Umfang darin, sinnentlegene Gegenstände durch ihre Wirkungen den Sinnen zugänglich zu machen. Fernrohr und Mikroskop z. B. erschließen den Sinnen verborgene kosmische Schichten. Das Erkennen geschieht nicht nur hinnehmend durch geistige Verarbeitung von Wahrnehmung, sondern auch durch das aktive menschliche Vermögen, Naturwissen zu verarbeiten. Das Mikroskop ist nicht ein willkürliches Werk der Technik, nicht irgendeine Verfahrensvorschrift, die man sich ausdenkt, sondern streng nach Anleitung der Naturgesetzlichkeit final-synthetisch geschaffen.

Jedes wissenschaftliche Bemühen erfordert die Anwendung eines Apparates von fundamentalen Begriffen, von Kategorien, wie etwa Sein

---

[1] Vgl. Literaturnotiz am Schluß dieses Paragraphen.

(Existenz im alten Sinn), Sosein, (Beschaffenheit), Wirklichkeit (Real-sein), Richtigkeit, Wahrheit. Der allgemeine und leerste Begriff des Seins (als Aussage des Menschen) umfaßt im Sinn der folgenden Aus-führungen alles, was der Mensch zum Gegenstand seiner Wahrnehmung und seiner Vorstellung machen kann. Es handelt sich also nicht nur um Gegenstände der Natur und der Gesellschaft, sondern auch um die nur gedachten Gegenstände, mögliche und unmögliche, mit allen irgendwie denkbaren Seinsbestimmungen und Beschaffenheiten. Ihnen allen schreiben wir Sein zu, auch wenn es nur ein Gedachtsein ist.

Zu unterscheiden ist (Realdistinktion) dieses schlichte Sein, dieses Gemeinsame aller überhaupt möglichen Objekte, von dem Sosein (quidditas), den Bestimmungen der Einzelobjekte, ohne die wir kein Seiendes zum Gegenstand machen können. Denn die Urkategorie des schlichten Seins oder Existierens ist eine Abstraktion. In allem weiteren ist stets zu beachten, daß *zwischen dem Umfassungsbereich und der Be-stimmtheit eines Begriffes ein Gegensatz besteht*. Je umfassender ein Begriff, desto bestimmungsleerer ist er; je bestimmungsreicher, desto enger ist ein Begriff. Wir haben nun im folgenden mit Seinsbestimmungen, also mit bestimmtem Sein zu tun.

Sprachlich wird die Naturgegebenheit im Erkenntnisprozeß mit Kategorien (Grundbegriffen) angefaßt, von denen man festhalten muß, daß sie ausnahmslos, auch die, welche man früher für apriorisch hielt, reale Wurzeln haben. Besonders treten in der Physik hervor Fachkatego-rien wie Energie, Impuls, Kraft, Wirkung, Masse, Ladung, Quant, Körper, Raum, Zeit. In der Biologie treten hinzu neue Grundbegriffe wie Organismus, Organ, Ganzheit, Individuum, Leben, Zelle, Gen, Mutation, Tod, Zeugung, Entwicklung.

Weil aber alle Kategorien empirische Wurzeln haben, sind sie nicht absolut starr. Es gelingt auch, im Fortschritt der Erkenntnis umfassen-dere Grundbegriffe an Stelle früherer zu setzen. So sind die Kategorie der Energie oder die des Quants ungemein umfassende neuere physikali-sche Kategorien, die Ganzheit ist eine wichtige neuere biologische Kategorie.

Daraus geht hervor: Bei irgendeiner Spezialisierung im Zuge der Forschung werden verengte, weil mehr-bestimmte (spezielle) Begriffe einge-führt. In unserem Falle etwa „Energiedepot", „Treffer", „Depotdichte", „Sättigungseffekt" u. a. m. Sie müssen, um damit zuverlässig operieren zu können, gut „definiert", das ist abgegrenzt sein. Und schon hier sieht man, was wir weiterhin finden werden: jede spezielle Arbeitshypothese, jede Theorie ist begrenzt, hat Grenzen ihrer Gültigkeit, ihrer heuristi-schen Tragkraft; sie besteht nicht allein, sie kann nur eine Komponente des Naturobjektes erhellen, weil sie mit bestimmungsreichen, d. i. ver-engten Begriffen arbeitet.

Es gibt noch andere Schichten des realen Seins als die Natur. Auch die menschliche Gesellschaft mit ihren Institutionen und ihren Ereignissen hat reales Sein, aber im Gegensatz zur Natur kein vom Menschen losgelöstes An-sich-Sein. Dagegen meint bei der kosmischen Seinsschicht alles, was etwa in den Grundgleichungen und den Grundsätzen der Mechanik oder der Elektrodynamik von der Natur ausgesagt wird, ein vom Denken und Erkennen des Menschen unabhängiges Sein und Geschehen. Man darf die Duplizität nicht aus dem Auge verlieren: Die Begriffe, Modelle, mathematischen Symbole der Naturwissenschaft stehen „für" einen Naturbestand, sind Aussagen „über" ihn. Man sagt gewöhnlich: sie bilden ihn ab, sie sind ihm analog, konform. Aber diese Konformität ist immer und notwendig nur angenähert. Das genügt meistens; die Annäherung ist ja so groß, daß die ganze Welt der Technik darauf beruhen kann, daß wir beispielsweise die Atome umbauen und sogar neu aufbauen, über ihre Energien Meister werden können. Daß freilich eine Abbildung, eine in diesem Sinn verstandene logisch-mathematische oder modellhafte sprachliche Reproduktion, niemals das Seinsobjekt vollständig wiedergeben kann, liegt schon darin begründet, daß die Abbildung immer nur eine endliche Zahl von Bestimmungen enthält, die Seinsobjekte aber unermeßlich viele. Ein Stein fällt auf den Boden unter dem Gravitationseinfluß aller Massen des ganzen Weltraums. Das kann man nicht vollständig abbilden. Man verzichtet auf alle unerheblichen Einwirkungen, rechnet nur mit dem Gravitationsfeld der Erde und bekommt die GALILEIschen Gleichungen des freien Falls; und das genügt hier. Nimmt man den Mond zum Gegenstand der Untersuchung, dann muß man die Gravitationswirkung von Sonne und Planeten mit berücksichtigen. Das gelingt annähernd, aber nicht unendlich genau. Objekte und *Ereignisse* in ihrer Kompliziertheit entziehen sich prinzipiell einer vollkommenen, endgültigen Bestimmung. Es ist fast sinnlos, diese zu verlangen oder daraus einen Einwand herzuleiten. Die *Ereignisse* sind stets das *gemeinsame* Ergebnis unzählbar *vieler* Wirkungen. Die wissenschaftliche Erfassung muß die Mehrzahl von ihnen sozusagen einklammern, unberücksichtigt lassen und sich auf eine oder einige vorherrschende beschränken. (Im Fortschritt der Erkenntnis werden dann sehr oft noch weitere berücksichtigt.) Auch der Techniker verfährt analog und kommt damit zum Ziel. Er zeichnet eine Maschine, ein Gerät. Dabei beschränkt er sich auf die wichtigsten Bestimmungen dieses Objektes. Das genügt, um es nach der Zeichnung zu bauen. Alle weiteren Bestimmungen, etwa die der molekularen Struktur seiner Stoffe, zeichnet er natürlich nicht mit, desgleichen nicht ihre Dichte, Härte, Elastizität; und selbst in der genauesten Detailzeichnung bleiben dem erfahrenen Facharbeiter Bestimmungen überlassen. Aber das Gerät, die Maschine funktioniert, und das ist das Entscheidende. Eine gewisse „Doppelspurigkeit" von

Natur und Naturwissenschaft ist dagegen nicht zu überwinden. Die Natur hat eben ihre eigene Spur; die Spur wissenschaftlicher Darstellung kann diese nur begrenzt wiedergeben durch Begriffe, Urteile, Symbole, Modelle.

Damit ist ein entscheidend wichtiges Moment erfaßt. Die Methodik der Naturwissenschaft klammert stets eine unbestimmt große Anzahl von Seinsbestimmungen (Eigenschaften) ihrer Objekte ein, damit schaltet sie auch zugleich deren Wirkungsbeteiligung an den Ereignissen aus der Untersuchung aus. Sie *isoliert* einen oder einige ausgewählte Züge der Ereignisse. Ganz deutlich wird das, wenn die mathematische Symbollogik herangezogen wird. Die Symbole stehen für *ausgewählte* Seinsbestimmungen, sie sind logisch verknüpft. Was nicht in die Gleichung, die einen funktionalen Zusammenhang zwischen Variabeln und Parametern bildet, aufgenommen wird, bleibt unberücksichtigt; das bedeutet, daß insoweit das Ereignis in der Natur reicher ist als die formale Wiedergabe in der wissenschaftlichen Aussage, daß also beide insoweit voneinander abweichen. Die Seinsfülle und Ereignisfülle ist bei jedem Zustand und Ereignis reicher als das, was wir davon wissenschaftlich ergreifen. Bevor wir daraus Schlüsse ziehen, betrachten wir kurz das mathematische Sein:

Auch die mathematische Wissenschaft ist ein System von Aussagen. Sehen wir von der Entstehung der Mathematik ab, die unverkennbar empirische Züge hat, so scheinen für den Mathematiker von heute ihre Symbole, Axiome, Sätze, topologischen und Existenzaussagen ideell für sich selbst zu stehen. Sie meinen nicht irgendeinen vorgegebenen Gegenstand, sondern mathematisch Seiendes in seiner eigenen, idealen Seinsschicht. Das ändert sich natürlich sofort, wenn die Mathematik angewandt wird. Nun erhebt sich die Frage: Wenn die Mathematik ein in sich geschlossenes Aussagesystem ist, gegründet auf willkürliche Symbole und willkürliche Axiome mit der einzigen Bedingung, daß sie widerspruchsfrei sind — warum läßt sich dann mit diesem „logischen Strukturspiel" ein Problem etwa der Spektroskopie lösen? Dabei besagt ein manchmal zitierter Satz: Der Naturforscher weiß, wovon er spricht, der Mathematiker weiß es nicht. Er spricht von Symbolen, angedeutet durch Buchstaben, Operationszeichen, die logisch-strukturell miteinander verknüpft sind, also von Dingen, die ihm während der Arbeit als gedanklich intendierte Objekte vorkommen, die über dem Realen gleichsam schwebend, einander in ihren Relationen tragen und in ihnen verstanden werden. Das ist der vorherrschende, wenn auch nicht ganz einwandfreie Anblick der reinen Mathematik. Sie ist in diesem Sinn einspurig. Für sie ist nicht Wahrheit (Übereinstimmung mit dem vorgegebenen Gegenstand), sondern Richtigkeit die Kategorie der Bewährung.

Nun hat das Verhalten des Mathematikers in seinem Wissensgebiet ein Kennzeichen, auf das insbesondere der Tübinger Professor VON FREY-TAG[1] eindringlich hingewiesen hat: Der Mathematiker behandelt seinen idealen Stoff geistig so, wie wenn er, analog dem Naturforscher, ein an sich bestehendes, der Willkür entzogenes, dem Menschen aufgegebenes, aber von ihm unabhängiges Seinsreich, also ein Ding an sich untersuchte, dessen Ordnung vorgegeben ist. Mathematik hat nach v. FREY-TAG ein „unterstelltes Realsein".

Die Ordnungsstruktur der Natur, ihre Nomik, nach der sich alles vollzieht, bezeichnen wir als Naturgesetzlichkeit. Deren Erforschung ist das eigentliche Ziel der Naturwissenschaft. Soweit wir die Nomik der Natur erkennen und sprachlich oder mathematisch wiedergeben, bezeichnen wir dieses Aussagesystem als wissenschaftliches Forschungs*ergebnis*. Mit Recht, denn der Forscher weiß nicht im voraus, wie das Naturgesetz beschaffen ist, das er untersucht. Er irrt oft und fragt die Natur um ihre Entscheidung. Er ändert Hilfsmittel, Verfahrensweise, ja selbst Vorstellungen fundamentalster Art immer wieder um. Die völlige Abhängigkeit des gesamten menschlichen Bemühens und des Forschungs-Apparates vom Gegenstand ist jedem experimentierenden Forscher Selbstverständlichkeit. Sein Gegenstand ist also transzendent, steht seinem eigenen Geist gegenüber und ist außerdem an sich geordnet (sonst könnte man ihn nicht erkennen). Alle Versuche, darzulegen, daß der Mensch durch sein Denken erst die Ordnung in den Kosmos hineintrage, scheitern ja an der offenkundigen Tatsache, daß er in seinem Denken so lange irrt — oft jahrhundertelang —, bis es sich einer durch Erfahrung sich offenbarenden Vorgegebenheit angepaßt hat. Das Erkennbare in der Naturwissenschaft ist die Ordnung darin, sie ist die vorgegebene Naturgesetzlichkeit.

Doch die Ordnungsstruktur der Mathematik ist logisch; das bedeutet, daß der Mensch sie potentiell in irgendeinem Sinne besitzt. Nehmen wir nun aber als Beispiel das Schach: Figuren (Symbole) und Regeln (Beziehungen, Ordnungsstrukturen) sind frei erfunden, untereinander widerspruchsfrei; darauf baut sich ein logisches Spiel auf mit Bewertungen wie „richtig" und „falsch", „gut" und „weniger gut". Das hat Ähnlichkeit mit dem mathematischen „Spiel", doch sehen wir sofort den Unterschied: kein Mensch hat versucht, mit Hilfe des Schachspiels ein naturwissenschaftliches oder ein technisches Problem zu lösen. Das ginge auch gar nicht, weil die Symbole und Ordnungsregeln aus der Phantasie, ohne Beziehung zu den Naturgegebenheiten, genommen sind. Aber mit Mathematik geht es, freilich nicht mit jeder beliebigen Art und nicht in allen Fällen. So handelt es sich bei Geometrie und Analysis situs von heute

---

[1] „Gedanken zur Philosophie der Mathematik." Westkulturverlag Anton Hain, Meisenheim am Glan.

oft nicht um „reale" Raumzeit, sondern etwa um eine unendliche Zahl von fiktiven Räumen (längst nicht mehr nur um die ursprünglich nicht-euklidischen Räume von BOLYAI und LOBATSCHEWSKY). In solchen mathematischen Aussagesystemen präsentieren sich Ordnungslehren, die dem Geist immanent und nicht transzendent zu sein scheinen. Der für unser Denken kontingenten Naturgesetzlichkeit steht hier die Notwendigkeitsordnung der Logik gegenüber. Man gewinnt so den Anblick eines unterschiedlichen Starts. Die Kategorien der Naturwissenschaft, wie Energie, Impuls, Quant, Körper, Ladung, sind offenbar aus der Erfahrung gewonnen, der reale Boden des Aufbaus dieser Wissenschaft ist deutlich. Aber in der Mathematik kann man von einer fiktiven Basis ausgehen und auf ihr logisch weiterbauen. Es scheint also, daß ein ideologischer Start hier möglich sei, als Grundlage ein nur vorgestelltes Sein gewählt werden und zu logisch widerspruchsfreien, „richtigen" Ergebnissen führen könne.

Jetzt sehen wir die Frage der naturwissenschaftlich gültigen Gesetzes-Erkenntnis aus größerer Nähe: Sie wird gewonnen mit Hilfe einer Auslese, einer Auswahl aus der großen Mannigfaltigkeit der Seinsbestimmungen und Seinsbeziehungen, einer gewollten, geplanten Isolierung von Einzelnem aus der Fülle des in jedem Objekt, jedem Vorgang Vorliegenden. Am deutlichsten wird dies, wenn das zu Erkennende oder Erkannte in die Form mathematischer Funktionen gekleidet wird. Hier ist Entlastung der formellen Beziehung von allen irgend entbehrlichen Variabeln, Symbolen und anderen Bestimmungen nötig, weil sonst der mathematische Apparat zu schwerfällig wird.

Wie kommt es aber, daß bei solchem isolierenden Vorgehen doch große, weittragende, wahre Erkenntnis möglich ist? Ja, daß die ganze heutige Technik, daß die Heilkunde erfolgreich darauf gegründet werden konnte? Nehmen wir ein paar Beispiele:

Als experimentell gesichert war (von RUTHERFORD), daß ein Atom ein komplexes Gebilde mit einem Kern und einer Hülle ist, erdachte NIELS BOHR sein Modell der planetenartig kreisenden Elektronen um einen positiv geladenen Kern. Wohlgemerkt, in den Augen BOHRs war es ein Modell, also ein analogisch gemeintes Bild. Es gibt nämlich keine andere Möglichkeit, aus dem Raum des schon bekannten und vertrauten Wissens in das anschauliche Verstehen neu gefundener Seinsschichten einzudringen, als mit den gegebenen Mitteln, die aus der schon erkannten Welt stammen, mit Begriffen, vor allem Grundbegriffen (Kategorien), Modellen, Bildern aus dieser schon vertrauten Welt. Anderseits gibt es aber keinen vernünftigen Grund, zu erwarten, daß diese Begriffe, Modelle auf neuentdeckte Seinsschichten passen. Das war eigentlich kaum je der Fall. Man benutzt sie daher mit der klaren Einsicht, daß sie Annäherungsbilder und nicht exakte Wiedergaben sind. Man schließt aus ihnen gedanklich und mathematisch weiter und prüft, ob diese Schlüsse aus dem Modell im Experiment, also in der Erfahrung, bestätigt werden. Mit dem ersten Modell Bohrs ging es wie schon oft: Die Schlüsse, die man aus dem durch Analogiedenken gebauten Modell zog, bewährten sich in einigen wichtigen Zügen, versagten aber — und zwar recht erheblich — in vielen anderen, feineren. Dann wurden mit sehr großem Aufwand und zahlreichen Teilerfolgen vieler Forscher —unter denen Arnold Sommerfeld überragte — immer erneute Versuche unternommen, das Modell zu verbessern. Eine ganze Anzahl experimenteller Tatsachen wurde auf diese Weise „verständlich", d. h., sie ließen sich aus dem verbesserten Modell logisch, mathematisch und begrifflich ableiten. Zu beachten ist hierbei der die ganze Naturforschung durchziehende Grundzug der Angleichung des menschlichen Geistes an das Objekt. Der variable Faktor im Erkennen ist nämlich einzig der Zustand des erkennenden Geistes: Der Naturbestand stellt sich als invariabel, vorgegeben, dominant heraus. — Nun erwies sich in unserem Beispiel, daß auch die feinsten und scharfsinnigsten Verfeinerungen des Bohrschen Modells der realen Gegebenheit nicht hinreichend gerecht wurden, und zwar in doppeltem Sinn: einmal gingen logisch auch aus den besten Modellen Schlußfolgerungen hervor, welche von der Wirklichkeit nicht bestätigt wurden, und umgekehrt zeigte die Erfahrung unzweifelhaft Tatbestände, die sich aus dem besten Modell nicht ableiten ließen. Das Modell war offenbar eine Annäherung an die Realgegebenheit, aber sie war unzulänglich, hatte zu wenig „Wahrheitsgehalt". In solchen Fällen gibt man es auf und versucht einen neuen Weg.

Dieses Mal war es ein mathematischer Weg, auch er natürlich aus Analogien zu dem schon Vertrauten hergeleitet, aber entlastet von Einzelzügen, die einem anschaulichen Modell immer innewohnen und die zu mathematischen Konsequenzen führen. Anstatt der Vorstellung kreisender Elektronen wurde ein mathematisches Symbol benutzt, dessen Seinsbestimmung zunächst freiblieb. Man nannte es zweckmäßig „Zustandsgröße" und meinte damit, daß dieses Symbol irgendeinen erst zu findenden Zustand bedeute. Auch nahm man aus guten empirischen Gründen an, daß der noch zu ermittelnde Zustand periodischen Änderungen unterliege und daß die mathematische Beschreibung dieser periodischen Änderungen eine Analogie zu der allgemeinen Wellengleichung der klassischen Physik sei. Dabei sollte diese periodisch sich ändernde Zustandsgröße die de Brogliesche Materiewelle repräsentieren, also Züge der Mechanik tragen. Daraus gewann Schrödinger eine „wellenmechanische" Grundgleichung. In deren Weiterentwicklung und Verfeinerung gelang es, vielen der vorher nicht erklärbaren, jedoch experimentell gesicherten Tatsachen der Atomphysik gerecht zu werden. Am Schluß bekam man (Born) eine physikalische Bedeutung des mathematischen

Symbols der „Zustandsgröße“ und einen neuen Begriff, den der „Wahrscheinlichkeitsverteilung“. Immer erneutes mathematisches Weiterspinnen von SCHRÖDINGERs Ansatz, das durch die vorliegenden Tatbestände inspiriert und geleitet wurde, führte also zu neuen Entdeckungen, von denen insbesondere DIRACs Voraussage des Positrons weit bekannt geworden ist. Für uns ist dabei wesentlich die methodische Entfernung vom Modell, also vom Anschaulichen mit seinen Seinsbestimmungen, das bei der mathematischen Operation sozusagen dem Anblick entschwindet. Gewiß ist es wahr, daß es im Verborgenen immer noch da ist, weil es ja in den Anfängen des Verfahrens steckt. Aber man geht so weit weg, daß man gewissermaßen „mathematisch experimentiert“ und dann zuschaut, ob das Resultat mit der Erfahrung übereinstimmt, oder daß man sogar etwas postuliert, voraussagt. Dann macht man sich auf, es experimentell zu erhärten. Es gibt sehr viele solche Beispiele in der Naturwissenschaft, aber das eine muß hier genügen, um die Korrelation zwischen Physik und Mathematik anzudeuten, die wie eine „prästabilierte Harmonie“ anmutet. Wir können uns mit obigen Andeutungen über mathematisches Sein hier um so mehr begnügen, als es sich in der Naturwissenschaft stets um angewandte Mathematik handelt. Ihre Symbole sind stets in ihrer Wurzel empirisch. Das gilt auch dann, wenn, wie im vorstehenden Beispiel, ein Symbol eingeführt wird, dessen reale Bedeutung zuerst offengelassen wird. Man sucht sie (und fand sie in diesem Beispiel) durch eine Art „mathematischen Experimentierens“ durch sinndeutendes Übertragen des mathematischen Ergebnisses auf die erfahrene Wirklichkeit.

Wir sehen also, daß eine eigentliche, das nur Beschreibende übersteigende Naturerkenntnis stets dadurch zustande kommt, daß eine Auswahl getroffen wird, Einzelzüge isoliert werden. Das Auswahlprinzip ist im Grunde einfach. Unter den vielen in den Naturereignissen verknüpften Wirkungen (die sich in Funktionen ausdrücken lassen) wählt man das wichtigste. Also z. B. im Beispiel des GALILEIschen freien Falles die Gravitation der Erde unter Einklammerung der Einflüsse von Sonne, Mond, Sternen, Bergen, ja anfangs sogar auch der Luftreibung, des Windes. Das Fallgesetz mit seiner Beziehung: Fallstrecke $s = {}^1/_2\, g\, t^2$ enthält nur die Abhängigkeit der Fallstrecke von Erdgravitationskonstante g und von der Zeit. Das ist schon die Bildung eines „Modells“: Ein Gegenstand wird fallend gedacht im vollen Vakuum unter alleinigem Erdeinfluß. Das ergibt *einen* wichtigen Zug, eine dominierende *Teilfunktion im Ereignis* des freien Falls wieder. Kein Stein fällt so, denn Naturereignisse sind *Syndrome* von Einzelfunktionen. Nur die Einzelfunktionen sind determiniert, nicht die Ereignisse, bei denen offensteht, was sonst noch mitspielt. Nach Gewinnung der exakten Erkenntnis des wichtigsten Einzelzugs (der wichtigsten Funktion), wird das Modell erweitert — durch Untersuchung des Einflusses der Luftreibung, die mit wachsender Geschwindigkeit steigt. Durch Hineinnahme weiterer Teilabhängigkeiten läßt sich das Ereignis immer vollständiger „abbilden" — aber nie vollständig. Das ist auch nicht nötig. Wir sind in der Forschung befriedigt, wenn wir die Naturvorgänge in genügender Annäherung abbilden und voraussagen können.

Jetzt wird die Rolle des Modells deutlich und das Verfahren, den rechnerischen Formalismus an das Modell anzuschließen, gerechtfertigt: Um die Fülle der Erfahrungseinzelheiten ordnen zu können, wird unter dem Gesichtspunkt der Wichtigkeit ein Wirkungsschema ausgedacht. In unserem Falle, bei der anfänglichen Frage, wie die mannigfachen destruktiven Änderungen biologischer Objekte durch Absorption von Röntgenstrahlen zustande kommen, wurde von der ganzen Fülle nur beibehalten: Ein Würfel von 1 cm³, Dichte 1, gebildet aus biologischem Einheitsmaterial: gleichartigen Zellen, aufgebaut aus Makromolekülen. In ihm wird eine gemessene Dosis X-Strahlenenergie absorbiert, und zwar über Bildung von Elektronen, die ihrerseits in Stufen, durch Energieabgabe von im Mittel etwa 10—50 eV abgebaut werden. Alles weitere ergibt sich daraus: Der Vergleich der Energiedepots mit den biologischen Einheiten ergibt, daß nicht Zellen, sondern viel kleinere Einheiten von der Größe der Moleküle die Empfänger sind, an deren Änderung das biologische Geschehen sich anknüpft, daß damit die Poisson-Bedingung erfüllt ist, für die der Formalismus der statistischen Rechnung zutrifft, daß experimentelle Ein- und Mehrtreffer-Kurven daraus hervorgehen, die sich durch die Erfahrung möglicherweise kontrollieren lassen — kurz, daß man den Versuch, mit Hilfe dieses Modells weiterzuforschen, wagen kann. Dabei wurden bewußt große Vernachlässigungen gemacht: Die große Mannigfaltigkeit der biologischen Bauelemente, ihre verschiedene Empfindlichkeit gegen Einwirkungen, ihre Wechselwirkung, ihr immer geänderter Lebenszustand u. v. a.

Über diese Komplikationen half im Anfang die Überlegung: Sind die Energiedepots groß gegen die Energietoleranz der ersten biologischen Empfänger (Moleküle nach der Anfangsidee, was sich ja als sehr oft zutreffend erwies), so spielen die Empfindlichkeitunterschiede keine erhebliche Rolle. Nicht vorhanden waren damals auch nähere Kenntnisse über den Energie-Depot-Abbau, Depotdichte, Häufung, denn auch die Wilsonkammer hatte noch nicht ihren Beitrag zur Kenntnis des Abbaus in Gasen geliefert.

Alle diese Vernachlässigungen hinderten nicht, daß ein Grundzug des Geschehens, der wichtigste vielleicht, so erfaßt wurde, und die Weiterbildung des Modells und des Formalismus hat uns auf dem ganzen Weg dieses Buches beschäftigt. Immer mehr ist so geklärt worden: Die Genetik, die indirekten Wirkungen durch Depots im anfangs *bewußt* vernachlässigten Milieu, die biologischen Empfindlichkeiten, ihre Variabilität erfaßt durch den Begriff des variablen Wirkungsbereichs, die Kolloidreaktionen, der verfeinerte Formalismus auf Grund des verfeinerten Modells, die chemischen Treffer, die Schutzwirkungen, Diffusionseinflüsse, Zeitfaktor u. v. a. m.

Es ist völlig klar, daß man damit nie zu Ende kommt. Der Reichtum an Seinsbestimmungen und funktionalen Abhängigkeiten ist schon im Physikalischen bei den meisten Objekten und Ereignissen übergroß, im Biologischen ist er um vieles größer. Aber die *unerreichbare* Ausschöpfung aller Wirkungszusammenhänge ist nicht menschliche Forschungsaufgabe. Es handelt sich immer um fortschreitende Annäherung. Und stets werden unsere Modelle, die sich bewährt haben, an irgendeiner Stelle versagen. Das ist nicht ein Grund, sie für falsch, untauglich zu erklären, sondern zu versuchen, sie zu verbessern. Der mathematische Apparat allerdings versagt nach Übernahme zu vieler Symbole. An und für sich ist chemisches Geschehen berechenbar. Aber praktisch ist der empirische Weg in der Mehrzahl der Fälle weit einfacher, ja allein möglich. Trotzdem hat das modellhafte Durchdenken auch hier entscheidende Erkenntnisse gebracht.

Die Einwände der Kritik gegen die Depottheorie und ihren Formalismus waren und sind gewiß nützlich. Sie setzen ein, wenn Folgerungen aus den Modellvorstellungen und darauf beruhenden Rechnungen nicht eintreten oder wenn Erfahrungen gemacht werden, die der Theorie zu widersprechen scheinen. Der Fehlschluß, der dann naheliegt, geht auf Untauglichkeit der Theorie und der ihr zugrundeliegenden Modellvorstellung. Aber gerade im biologischen Forschungsgebiet, wo das Flechtwerk von Wechselbeziehungen so dicht ist und eine Klärung so mühsam, darf nicht vergessen werden, daß die Natur dem Forscher öfter als „aut-aut" (Entweder-Oder)-Fälle solche vom Charakter „et-et" (Sowohl-als-auch) vorlegt. *Eine* Hypothese, *ein* Modell hat im Biologischen einen *begrenzten* Geltungsbereich, weil sie stets eine Simplifikation, eine Beschränkung, Isolierung bedeutet. Wenn sie etwas nicht „erklärt", so muß das nicht bedeuten, daß sie falsch ist. Sie ist aber nicht allein. Es wirkt im Naturgeschehen noch anderes an dem Ereignis mit, überwiegt vielleicht in der gegebenen Schwierigkeit. Bildet ein Modell und der darauf gründende Formalismus wichtige Geschehenszüge hinreichend ab, so handelt es sich um seine Ergänzung, Verfeinerung, Erweiterung, nicht um seine Verwerfung. Die quantenbiologische Forschungsrichtung zeigte das fortgesetzt: So bei der Berücksichtigung der nicht direkt am biologischen Test, sondern im benachbarten Lösungsmilieu abgegebenen Energiedepots. Sie verneinte nicht die Theorie, sondern erweiterte sie. Diffusion, Lebensdauer, Entaktivierung, allgemeine chemische Kinetik traten zusätzlich in die Vorstellung und

Rechnung ein. Eine große Anzahl solcher Passagen sind in den 30 Jahren durchschritten worden. Es gibt zur Stunde auch — selbstverständlich — Schwierigkeiten; aber nichts deutet darauf hin, daß die quantenbiologische Forschungsweise versage: Im Gegenteil, sie wurde von Jahr zu Jahr mehr bestätigt und erwies sich als fruchtbar. Sie muß es ja auch sein, denn die Erfahrungen haben ja gezeigt, daß sie einen ganz wesentlichen Anteil im Geschehen zwischen „Strahlen" und biologischem Objekt gut abbildet. Bei den im Text des Buches überall aufgezeigten offenen Problemen spürt man zumeist, daß ihre Lösung im Rahmen der erweiterten Quantenbiologie liegt, wie etwa in dem jetzt aktuellen Fall der Berücksichtigung der zeitlichen Variationen des „wirksamen Trefferbereichs".

Die Forschung schiebt sozusagen zwischen die Fülle der einzelnen Erfahrungen und die erstrebte Klärung des Naturgesetzes das vereinfachende Modell. Man verfährt so denkökonomisch, auch wenn man sich nicht immer deutlich macht, daß man ein „Modell" baut, um weiterzukommen, um eine wichtige *Komponente* im Syndrom biologischen Geschehens wirkkausal qualitativ und quantitativ zu fassen. Es ist immer ein Teilunternehmen, es ist darum immer begrenzt, neben ihm gelten andere Komponenten. Durch Klärung der Komponenten, Gewinnung der einzelnen funktionalen Zusammenhänge, wird allmählich das *Wissen von einem vorgelegten Geschehen* angenähert — nie restlos erreicht. Aber manchmal, so auch in unserem Fall, erschloß ein heuristisches Modell mit seinem Formalismus einen neuen und unabsehbar weit vor uns liegenden Wissenszweig.

Literaturnotiz: Arbeiten von W. Minder, die Kritik der Depottheorie betreffen. 1. Radiol. clin. (Basel) 8, 138 (1939). — 2. Strahlenther. 68, 30 (1940). — 3. Radiol. clin. (Basel) 12, 87 (1943). — 4. Radiol. clin. (Basel) 15, 30 (1946). — 5. Experientia (Basel) 1, 410 (1945). — 6. Radiol. clin. (Basel) 16, 13 (1947). — 7. Experientia (Basel) 4, 219 (1948). — 8. Radiol. clin. (Basel) 18, 300 (1949). — 9. Radiol. clin. (Basel) 19, 277 (1950). — 10. Z. chim. Phys. 48, 426 (1951). — 11. Brit. J. Radiol. 24, 435 (1951).

2. Ein Gedenkblatt.

Es ist natürlich, daß ich diese Schrift in ständiger Erinnerung an den Kreis der Mitarbeiter und Freunde abfaßte, die in den mühsamen Anfangsjahren mich umgaben, mir halfen, die quantenbiologische Forschungsrichtung zu entwickeln. Nur wenige von ihnen sind noch am Leben und am Werk, wie Rajewsky, Gentner, Dorneich, Nakashima. Andere, wie Raphael Liesegang, Ernst Wilhelmy, Wilhelm Caspari sind dahingegangen; von wieder anderen ging in den Wirren der Hitlerzeit und des Zweiten Weltkrieges die Spur verloren. Die Schwierigkeiten und den vielfachen Widerspruch gegen die damals fremdartig erscheinenden Gedankengänge zu überwinden, half uns der Enthusiasmus, der uns beseelte. Hatten wir alle doch den Eindruck, an der Schwelle von unübersehbar großem, wissenschaftlichem Neuland zu stehen. Und dieses Gefühl des Vertrauens, der Zuversicht entstammte dem guten Geist unserer Kameradschaft, der gegenseitigen Hilfsbereitschaft, die freudig und ohne engherzige Reserve beiträgt. Ich kann nicht sagen, wie sehr ich diesem Kreise von 1921 und den Folgejahren dankbar bin, diesem Kreis, der dann mit der Machtergreifung des Nationalsozialismus auseinandergerissen und zerstreut wurde, der aber, durch RAJEWSKY neu geformt, die alte Tradition wieder aufnahm.

In meinem Beitrag zur *Festschrift zum 60. Geburtstag von* Prof. Dr. med. Dr. phil. nat. h. c. WILH. CASPARI (Sonderdruck in d. Z. Krebsforsch. **35**, 297, *Julius Springer* 1932) steht: „Der erste, dem ich meine Gedankengänge vortrug, war WILH. CASPARI, der sie sofort lebendig aufnahm und biologisch durchdachte . . . Unter Mitwirkung von WILHELM CASPARI und lebhafter Anteilnahme des KOLLEschen Instituts für experimentelle Therapie (Paul Ehrlich-Institut) vollzog sich die experimentelle Nachprüfung meiner Hypothese . . .“ Das war eine große Chance. W. CASPARI stammte aus der Schule des bedeutenden Physiologen ZUNTZ und war 1920, als die Vorbereitungen zur Errichtung des biophysikalischen Instituts, oder wie es damals benannt wurde „Institut für physikalische Grundlagen der Medizin“, im Gange waren, an die Spitze der Abteilung für Krebsforschung am Staatlichen Institut für experimentelle Therapie berufen worden. Er hatte im Rahmen seiner physiologischen Arbeiten schon 1901 gemeinsam mit dem früh verstorbenen Physiker C. ASCHKINASS die biologischen Wirkungen der Radioaktivität (damals sagte man noch Bacquerel-Strahlung) studiert und beide hatten die Hypothese aufgestellt, daß diese Wirkungen auf dem Weg der Ionisierung zustande kommen. 1903 hat W. CASPARI die Möglichkeit der Krebsbekämpfung durch radioaktive Strahlung vorgeschlagen. Vorher, als Mitglied der ZUNTZschen Monte-Rosa-Expedition, hatte er (1901) die Luftionisierung durch Radioaktivität als eine Ursache der Bergkrankheit durch Messungen insbesondere an der berüchtigten Stelle am Sasso del Diavolo festgestellt.

W. CASPARI war der häufigste Gast unseres Instituts. Mit ihm diskutierten wir wohl alle physiologischen und allgemeinen biologischen Probleme, die uns damals beschäftigten, vor allem Carcinomfragen und die neue Richtung, die „Quantenbiologie“. CASPARI hatte einen enormen Vorrat präsenten Wissens. Aber dazu kam seine rasche Auffassungsgabe, die Kraft der Unterscheidung des Wichtigen und Minder-Bedeutenden, die für das Durchdenken eines Lösungsweges maßgebend ist, die

Selbständigkeit, mit der er die diskutierten Fragen weiterdachte, um, vielleicht am gleichen, vielleicht am folgenden Tage mit seinen Folgerungen wiederzukommen. Bei den Übergängen vom biophysikalischen Gedankengang zur Realisierung in durchführbare biologische Versuche — so bei den Eiweiß-Bestrahlungsversuchen — war er ein unentbehrlicher Berater. Er kannte die Literatur und wußte „wie man es machen kann", und wo ein experimentelles Vorhaben auch seine eigene große Erfahrung überstieg, suchte er und fand vornehmlich im Kreise seiner Mitarbeiter in den Ehrlich-Instituten kundige und hilfsbereite Spezialisten. Er nahm an unseren Problemen so Anteil, als seien sie seine eigenen, und er verfolgte die Konsequenzen in seinem eigenen Fach, dem Immunitätsgebiet der Krebsforschung.

Ich bin nicht kompetent, über das große Lebenswerk W. CASPARIs zu berichten. Wenn ich, wie heute, in seinen Arbeiten lese, so erstaune ich über ihre Frische und Aktualität. Wir sind ja so schnell-lebig geworden, daß wir leicht übersehen, was alles von früheren Autoren schon erarbeitet und erschaut worden ist — und vielleicht später von uns oder irgendeinem guten Glaubens als eigenes Produkt angesehen wird. —

Doch alle die Forscher- und Gelehrten-Eigenschaften W. CASPARIs hätten unserer eigenen Arbeit nie die Hilfe bringen können, wäre er nicht ein so prächtiger, gütiger Mensch und Freund gewesen, in dessen Nähe es einem warm ums Herz wurde. Er kam und ging fast stets mit einem Scherzwort auf den Lippen, und die unversiegliche Quelle seines niemals verletzenden, weil immer gutartigen Humors sprudelte auch zwischen den ernsten Fachgesprächen, entspannend oft und erleichternd. Die Gastlichkeit, die er und seine prächtige Gattin in seinem Hause gelegentlich boten, die harmonische Atmosphäre seines Heims leuchten in den Wandelgängen meiner Erinnerungen in einem beruhigenden, gütigen Licht. —

Zuletzt sah ich W. CASPARI, als er mich in Istanbul besuchte — voll Sorge für die Zukunft (1935). Der Abschied von ihm dort, über dem der Schatten des Niemehr-Wiedersehens lag, als er nach Hitler-Deutschland zurückkehrte, schmerzt noch immer. Es gelang, seine Kinder ins Ausland zu bringen. ERNST CASPARI, in diesem Buch mehrfach genannt, jetzt Professor an der Wesleyan University, war damals schon Assistent bei Prof. BRAUN am Istanbuler Univ.-Inst. für Bakteriologie und Parasitologie. Die Bestrebungen, W. CASPARI und seine Lebensgefährtin noch rechtzeitig ins Ausland zu bringen, scheiterten an bürokratischen Verzögerungen. So kam das grausige Ende: Abtransport des Gelehrten und seiner Gattin nach „Litzmannstadt", wie der neue Name der Stadt Lodz hieß, die eines jener Lager enthielt, wohin so viele geschleppt wurden und woher so wenige zurückkehrten. Dort starben beide, zuerst Frau CASPARI, dann kurz vor dem Einmarsch der Russen auch er. Einsam, verlassen;

keine Nachricht kam zu ihnen oder von ihnen. Ob sie gespürt haben,
daß die Gedanken der Freunde bei ihnen weilten?

Diese aufgeregte Zeit war dem Andenken bedeutender Männer ungünstig. Wie hätte man in normalen Perioden des Lebens und Werkes
eines solchen Mannes gedacht! Aber damals starben die Großen sozusagen unvermerkt. So auch er. Aber sein Leben und Wirken ist doch dem
Gewicht der Weltuhr eingefügt und schafft darin, vielleicht zu wenig
beachtet, doch Segen spendend.

Zweiter Teil.

Der heutige Stand der Quantenbiologie.

Vorbemerkungen.

DESSAUER brachte im Jahre 1922 als erster die Erkenntnisse der Physik über die quantenhafte Natur der Strahlen in der allgemeinen Strahlenbiologie zur Anwendung. Auch in der biologischen Substanz muß die Absorption der Strahlen quantenhaft, d. h. an einzelnen Orten und in endlichen Beträgen erfolgen. DESSAUER erkannte damals bereits die Konsequenzen, die sich daraus für die allgemeine Strahlenbiologie ergeben und veranlaßte auch unmittelbar den Aufbau der sog. formalen Treffertheorie. Die Treffertheorie stellt die konsequente Anwendung der Quantenphysik der Strahlenwirkung in der Strahlenbiologie dar und ist das Herzstück der Quantenbiologie.

Die Treffertheorie dient zur Auswertung von statistischen Untersuchungen, deren Ergebnisse in Dosis-Wirkungskurven ihren Niederschlag finden, und hat die Aufklärung der primären Vorgänge, welche die biologische Strahlenwirkung einleiten, zum Ziel.

Drei eng zusammenhängende Fragen stehen im Mittelpunkt der Treffertheorie: An welchem Ort erfolgen die primären Vorgänge? Wie groß ist der Energieaufwand, mit dem die zu makroskopischer biologischer Wirkung führenden Reaktionsfolgen in Gang gesetzt werden? Welcher Art ist die Energie, die die Vorgänge auslöst? Im wesentlichen ist die Energetik der primären Reaktionen Gegenstand der Treffertheorie und damit der Quantenbiologie.

Der Inhalt unseres Berichtes ist also keineswegs der heutige Stand der Strahlenbiologie, sondern nur die Energetik und die Art der primären Reaktionen. In ihm erscheint die Strahlenbiologie unter dem speziellen Aspekt der modernen Strahlenphysik und Molekularphysik. Das Rüstzeug, das zur Durchführung der Aufgabe benötigt wird, wird im ersten Teil „Grundlagen" besprochen. Es enthält in seinem ersten Kapitel die allgemeine Theorie der Dosis-Wirkungskurven und ihre Abhängigkeit von der LET.[1] Insbesondere sind hier alle Formeln zusammengestellt, die im zweiten Teil des Berichtes für die Anwendung der Treffertheorie in der Strahlenbiologie benötigt werden. Aus der Form

---

[1] „Linearer Energie Transfer", d. h. pro Wegeinheit von den Korpuskeln an das Medium abgegebene Energie.

der Dosis-Wirkungskurven ermittelt man grundsätzlich die Trefferzahlen, aus den Halbwertsdosen bzw. ihrer Abhängigkeit von der LET die strahlenempfindlichen Bereiche oder Strukturen. Zum ersten Mal wurde im Jahre 1942 von MÖGLICH, ROMPE und TIMOFÉEFF-RESSOVSKY die Möglichkeit eingehend diskutiert, daß die strahlenempfindlichen Bereiche Energieleitungsbereiche sind. Die Energieleitung durch Dipolresonanz und weiterhin ganz allgemein die Energieleitung in festen oder kristallinen Substanzen und innerhalb von Makromolekülen wird im zweiten Kapitel und im aktiven Wasser durch Wasserradikale im dritten Kapitel zusammen mit den Elementarprozessen im Wasser besprochen. Die allgemeine Strahlenchemie von anorganischen und organischen Lösungen und auch von biologisch wichtigen Makromolekülen **wie** Eiweiß und DNS konnte leider nicht behandelt werden, da hierdurch der dem Umfang nach und inhaltlich eng gesteckte Rahmen des Berichtes gesprengt worden wäre und auch der Referent dafür nicht zuständig ist.

Im II. Teil wird die „Anwendung der Treffertheorie in der Strahlenbiologie" behandelt, wobei wir uns auf die Objekte und Reaktionen beschränken, die von jeher im Mittelpunkt der Treffertheorie gestanden haben und auch von DESSAUER behandelt worden sind.

Im III. Teil wird auf die „Statistik der Elementarreaktionen beim Sehen" und die „Physik der Photosynthese" eingegangen. In beiden Fällen handelt es sich nicht nur um naturwissenschaftliche Gegenstände ersten Ranges, sondern ihre Behandlung im Rahmen eines Buches über Quantenbiologie ist auch unumgänglich und findet man gleichfalls bereits bei DESSAUER. Die Untersuchung der Sehvorgänge führen zu besonders reizvollen quantenstatistischen Betrachtungen, während bei der Photosynthese die Energieleitung in den Chloroplasten Ausgangspunkt der Betrachtungen über die primären Vorgänge ist.

I. Grundlagen.

Erstes Kapitel.

Allgemeine Treffertheorie.

Die Treffertheorie dient zur Deutung von statistischen Versuchen, bei denen eine Wirkung als Funktion einer Dosis aufgenommen wird und die Wirkung als die Wahrscheinlichkeit für die Entscheidung einer alternativen Frage definiert ist. Ihr Anwendungsgebiet ist im wesentlichen die Strahlenbiologie. In der Treffertheorie werden grundsätzlich überhaupt keine hypothetischen Voraussetzungen gemacht. Soweit spezielle Voraussetzungen gemacht werden, dienen sie nur der Vereinfachung des Formalismus. In der Treffertheorie wird davon ausgegangen, daß die Energieabsorption auch in der biologischen Substanz quantenhaft ist. Die Unterscheidung zwischen Bereichen, die strahlenempfindlich und strahlenunempfindlich sind, wird durch die Ergebnisse der klassischen Strahlenstichversuche[1], bei denen eine partielle Bestrahlung der einzelnen Zellbestandteile Zellkern, Chromosomen, Plasma vorgenommen wird, nahegelegt. Die Ansätze gelten zunächst für ein streng determiniertes mechanistisches Modell. Die Anpassung an die biologische Wirklichkeit geschieht in zwei Schritten a) durch Einführung der biologischen Variabilität innerhalb der bestrahlten Population, b) durch Einführung der biologischen Wirksamkeit p der physikalischen Elementarakte im strahlenempfindlichen Bereich. Der Zahlenwert der Wirkungswahrscheinlichkeit p hängt nicht nur von der Vorbehandlung des Objektes ab, sondern ist auch als abhängig von seiner Nachbehandlung nach Beendigung seiner Bestrahlung anzusehen. Erfordert ein untersuchter Effekt mehrere Treffer, so erfolgt im allgemeinen das Zusammenwirken der von den verschiedenen Treffern ausgehenden Reaktionsketten erst lange nach dem Abschluß der Bestrahlung. Ist dies nicht der Fall, so müssen noch spezielle Annahmen über die Abhängigkeit der Wirkung vom zeitlichen Abstand der Treffer gemacht werden. Trotz ihrer allgemeinen Gültigkeit ist die praktische Bedeutung der Treffertheorie dadurch sehr eingeschränkt, daß sie eine Anzahl meist nicht bestimmbarer Parameter enthält.

1. Ansätze zur Darstellung der Dosis-Wirkungskurven.

a) Ansatz nach BLAU und ALTENBURGER.

Die mittlere Treffwahrscheinlichkeit für irgendeines der Objekte der bestrahlten Objektgesamtheit sei αD, die Registrierung des Objektes als geschädigt (getötet oder auch mutiert) erfordert mindestens n-Treffer. Die Überlebenswahrscheinlichkeit $\dfrac{N}{N_0} = w$ ist

$$w\,(\alpha D, n) = \Sigma \frac{\alpha\,D^m}{m!}\,e^{-\alpha D} \qquad \begin{aligned} D_{1/2} &= \frac{n - \frac{1}{3}}{\alpha}\ \text{für } n > 1 \\[2mm] D_{1/2} &= \frac{0{,}69}{\alpha}\ \text{für } n = 1. \end{aligned} \tag{1}$$

b) Ansatz für Kollektive.

Jedes Einzelobjekt ist ein Kollektiv aus K-Körpern. Das gesamte Kollektiv ist geschädigt, wenn alle K-Körper durch mindestens n-Treffer

---

[1] In der älteren Zeit vor allem Alpha-Strahlenversuche von PETROVA an Algen und in neuerer Zeit Versuche mit Protonenstrahlen an Chromosomen von Zellkulturen, wie sie zuerst von ZIRKLE und BLOOM ausgeführt wurden. Die Schädigung der gesamten Zelle durch partielle Schädigung des Plasmas erfordert ungewöhnlich hohe Dosen.

geschädigt sind. Wenn W_K die Überlebenswahrscheinlichkeit des Kollektivs ist und $w(\alpha D, n)$ wiederum die Blau- und Altenburger Funktion bedeutet, gilt für die Schädigungswahrscheinlichkeit

$$1 - W_K = (1 - w)^K. \tag{2}$$

Von Bedeutung ist insbesondere der von Atwood und Norman behandelte Fall, daß die Körper des Kollektivs bereits durch einen Treffer geschädigt werden.

$$1 - W_K = (1 - e^{-\alpha D})^K. \tag{2a}$$

Der Ansatz (2a) wird zur Beschreibung der Abnahme der Zellkolonienzahl angewandt, wenn die Bestrahlung auf dem Agar vorgenommen wird, nachdem schon einige Zellteilungen erfolgt sind. Eine besonders reizvolle Verwendung findet (2a) bei der Darstellung der Abtötung des gesamten Phagenkollektivs, das sich innerhalb von Wirtsbakterien entwickelt hat, durch Bestrahlung der Wirtsphagenkomplexe. In neuester Zeit ist der Ansatz (2a) Gegenstand allgemeinsten Interesses geworden, weil die Dosis-Inaktivierungskurven von Bakterien insbesondere von E. Coli unter ganz bestimmten Versuchsbedingungen eine Form annehmen, die sich sehr gut durch ihn darstellen läßt. Nach Puck und Marcus erfolgt auch die Abtötung von menschlichen Tumorzellen durch Röntgenstrahlen sehr genau nach der Formel (2a), und zwar mit

$$D = 96\ R^1, K = 2.$$

Atwood und Norman haben bemerkt, daß bei höheren Dosen (2a) übergeht in

$$\log W_K = \log K - \alpha D.$$

Wenn man die Dosis-Wirkungskurve in halblogarithmischem Maßstab aufzeichnet und bei festgehaltener Treffwahrscheinlichkeit α die Körperzahl K ansteigen läßt, erhält man für W_K mit steigendem K eine sich immer mehr ausprägende Schulter, an die sich dann untereinander parallele Geraden anschließen (s. Abb. 1). Der Schnittpunkt der Geraden mit den Ordinaten gibt die Körperzahl K bzw. $\log K$.

Die Dosis-Wirkungskurven sind im halblogarithmischen Maßstab Gerade für $\dfrac{N}{N_0} < 0,1$. Zeichnet man die Blau- und Altenburger Kurven

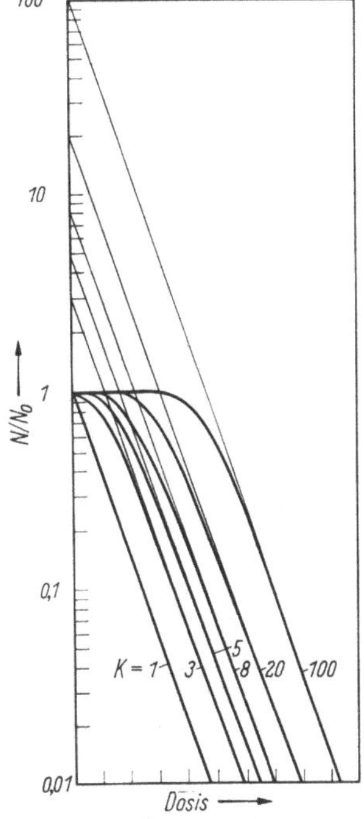

Abb. 1. Dosis-Überlebenskurven nach Atwood und Norman.

____
[1] D. h. „Röntgen“.

in gleichem Maßstab auf, so findet man, daß zwar für $\dfrac{N}{N_0} > 0{,}1$ die Form beider Funktionen nicht unterschieden werden kann. Für $\dfrac{N}{N_0} < 0{,}1$ nimmt jedoch die Steigung der Blau- und Altenburger Funktionen mit steigender Dosis fortgesetzt zu im Unterschied zu den Atwood- und Norman-Kurven.

c) Organismusansatz.

Der Organismus bestehe aus M lebenswichtigen Organen, der Organismus gelte als geschädigt, wenn ein beliebiges dieser Organe mindestens n-Treffer erhalten hat. Die Überlebenswahrscheinlichkeit der Organismen ist dann

$$W_0 = w^M. \tag{3}$$

Diese Formel hat insbesondere ihre Anwendung in der Statistik der Wahrnehmung von Lichtblitzen durch den Menschen bzw. durch die Stäbchen im menschlichen Auge gefunden. Die Stäbchen auf der Retina sind zu Aggregaten zusammengefaßt. Ein Lichtblitz wird wahrgenommen, wenn in irgendeinem beliebigen Aggregat eine bestimmte Mindestzahl n von Lichtquanten wirksam absorbiert wird. Jedem Aggregat entspricht ein Organ in der Formel (3). $1 - W_0$ ist die Wahrnehmungswahrscheinlichkeit für die Lichtblitze. Nach einer Bemerkung von BOUMAN und VAN DER VELDEN ergibt die Auswertung des Organismusansatzes, wenn man von einem Organ ($M = 1$) mit der Halbwertsdosis $D_{1/2,\,M=1}$ ausgeht und die Organzahl ansteigen läßt für $M \gg 1$

$$D_{1/2 M} = \frac{C\,(n)}{\sqrt[n]{M}} \cdot D_{1/2,\,M=1} \tag{3a}$$

wobei der Proportionalitätsfaktor C nur wenig von n abhängt. Für die Integraldosis $D_{1/2} \cdot M$ ergibt sich

$$D_{1/2} \cdot M = C(n)\, M^{1 - \frac{1}{n}} \cdot D_{1/2,\,1}. \tag{3b}$$

Das Ansteigen der Organzahl M wird in den Versuchen über die Wahrnehmbarkeit der Lichtblitze dadurch realisiert, daß man den Öffnungswinkel des den Blitz darstellenden Strahlungsbündels und damit die bestrahlte Fläche der Retina ansteigen läßt.

d) Gemischte Mehrbereichsansätze.

Ein Organismus bestehe aus M lebenswichtigen Organen. Der Organismus gelte als geschädigt, wenn ein beliebiges dieser Organe geschädigt ist. Jedes Organ wiederum bestehe aus K-Körpern, deren jeder mindestens n-Treffer benötigt. Es ergibt sich dann für die Überlebenswahrscheinlichkeit des Organismus

$$W_{0K} = [1-(1-w)^K]^M. \tag{4}$$

Diese Formel ist durch ZIRKLE und TOBIAS zur Darstellung der Schädigung von polyploiden Hefezellen durch energiereiche Strahlen angewandt worden. Dabei ist von ZIRKLE und TOBIAS die Annahme gemacht worden, daß die Schädigung auf recessiv letalen Mutationen beruht. Die Körperzahl K pro Organ ist hierfür zu identifizieren mit dem Grad der Ploidie d. h. der Anzahl von Genen an homologen Orten, und die Zahl der Organe M mit der Anzahl der Gene, die im haploiden Chromosomensatz insgesamt in allen Chromosomen aufgereiht sind.

Bei dem eben behandelten Ansatz besitzt das Objekt $M \cdot K = m$ Treffbereiche, von denen K-Treffbereiche mit je n-Treffern zu schädigen sind, wenn das ganze Objekt als geschädigt gelten soll. Die zu schädigenden K-Treffbereiche stellen dabei räumlich im Objekt vorgegebene Gruppen dar (die Gene jeweils an homologen Orten in den Chromosomen). Können unter den m-Bereichen beliebige K-Bereiche geschädigt werden, so gilt nach RAJEWSKY und DÄNZER

$$W = \sum_{x=0}^{K-1} \binom{m}{x} w^{m-x} (1-w)^x \tag{5}$$

eine bisher in der Strahlenbiologie noch nicht zur Anwendung gekommene Formel

2. Komplexe Dosis-Wirkungskurven und biologische Variabilität.

a) Dosis-Wirkungskurven mit K-Form.

Bakteriophagen, das „Transformierende Prinzip" (DNS) in wäßrigen Suspensionen, Einzeller wie haploide Hefe, E. Coli zeigen häufig, zum Teil unter bestimmten Züchtungsbedingungen, eine K-förmige Dosis Überlebenskurve, und zwar sowohl nach Anwendung von energiereichen Strahlen als auch von UV.

Zum ersten Mal wurde wohl der Erscheinung von ECKART Beachtung geschenkt und untersucht, und zwar im Falle der Inaktivierung von Bakteriophagen durch UV. Insbesondere stellte ECKART fest, daß die K-Kurve nicht auf genetischer Inhomogenität des Materials (zwei genetische Komponenten mit unterschiedlicher Strahlenempfindlichkeit) beruht. Züchtet man nämliche neue Phagen allein mit der strahlenresistenten Komponente, so zeigen diese wieder die ursprüngliche Dosis-Inaktivierungskurve mit K-Form.

Nach GAREN und ZINDER entsteht bei den Phagen die K-Form der Dosis-Überlebenskurve nach UV-Bestrahlung dadurch, daß zwei verschiedene primäre zur Inaktivierung führende Reaktionen existieren und außerdem im Wirtsorganismus eine Reaktivierung erfolgen kann (vgl.

Abb. 2). Mit einer großen Wahrscheinlichkeit erfolgt ein „leichter“
Treffer, der im Wirtsorganismus repariert oder unwirksam gemacht
werden kann und mit einer geringen Wahrscheinlichkeit ein „schwerer“
irreparabler Treffer Vom Zustand der Wirtsbakterie hängt es ab, mit
welcher Wahrscheinlichkeit der leichte Treffer repariert oder unwirksam gemacht wird. Wird die Wirtsbakterie vor der Infektion mit den
Phagen genügend lange mit UV bestrahlt, so erliegen alle Phagen dem
leichten Treffer. Wird umgekehrt die Wirtsbakterie nicht bestrahlt, so
machen die mit großer Wahrscheinlichkeit erfolgten leichten Treffer

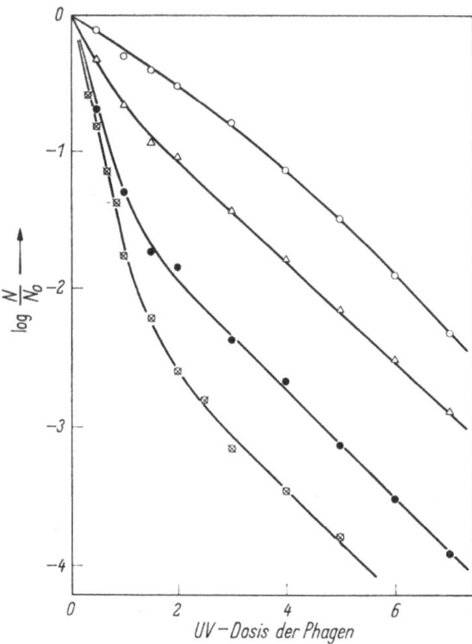

Abb. 2. Dosis-Überlebenskurven der Phagen $P_{22}H\,5$
(K-Kurven) nach GAREN und ZINDER. ○ unbestrahlte
Wirtsbakterie, △ Bestrahlungsdauer der Wirtsbakterie
3,5 min, ● Bestrahlungsdauer der Wirtsbakterie 6 min,
⊗ Bestrahlungsdauer der Wirtsbakterie 7 min.

sich überhaupt nicht be-
merkbar. Die K-Form der
Phagenüberlebenskurve er-
gibt sich, wenn die Wirtsbakterie eine mittlere Dosis
erhalten hat.

Für haploide Hefe konn-
ten BEAM u. a. die Bedin-
gungen für das Auftreten
der K-Form gleichfalls weitgehend aufklären. Nach
BEAM u. a. besitzt Hefe eine
biologische Variabilität mit
extremer Verteilung der
Strahlenresistenz. Eine
strahlenresistente Kompo-
nente der Population besitzt
große Wachstumsgeschwin-
digkeit (knospende Zellen).
Ihr Anteil an der Gesamt-
population hängt in charakteristischer Weise von den
Züchtungsbedingungen vor
der Bestrahlung ab; er
nimmt z. B. mit dem Sauer-
stoffgehalt des Nährbodens zu (im allgemeinen sind die rasch wachsenden
Zellen die strahlenempfindlicheren, eine Besonderheit der Hefezellen
liegt darin, daß die langsam wachsenden Zellen strahlenempfindlicher
sind als die knospenden).

b) Exponentielle Dosis-Wirkungskurve.

Die Inaktivierung von Viren und Phagen und von Einzellern, die
Erzeugung von Chromosomenbrüchen und ganz allgemein von Mutationen zeigt wenigstens bei Anwendung von energiereichen Strahlen

und bei normalen Züchtungsbedingungen in der Regel praktisch exponentielle Dosis-Wirkungskurven. Im Laufe der Jahre hat sich die Überzeugung gefestigt, daß alle diese Reaktionen wirklich entsprechend der treffertheoretischen Interpretation der Dosis-Wirkungskurven durch einen einzigen Treffer erzeugt werden, oder daß dies zumindestens bei geeigneten Versuchsbedingungen möglich ist. Zur Sicherung dieses Schlusses sind auch Überlegungen angestellt worden, bei welcher Art von biologischer Variabilität auch durch viele Treffer erzeugte Vorgänge eine exponentielle Dosis-Wirkungskurve ergeben.

Wenn bei allen Objekten die Treffwahrscheinlichkeit die gleiche ist, erhält man nach HALL mit einer exponentiellen Variabilität[1] der Trefferzahlen eine exponentielle Dosis-Wirkungskurve. DITTRICH hat das Problem einer allgemeinen mathematischen Behandlung unterzogen. Ihr Ergebnis ist, daß ganz allgemein die Blau- und Altenburger Funktionen $w\,(n,\,\alpha\,D)$ sowohl durch Superposition von Blau- und Altenburger Funktionen mit geeigneten verschiedenen Trefferzahlen und gleicher Treffwahrscheinlichkeit α als auch durch Superposition von Blau- und Altenburger Funktionen mit einer festen Mindesttrefferzahl $m > n$ und verschiedenen Treffwahrscheinlichkeiten α zur Darstellung gebracht werden können. Insbesondere ist auch die exponentielle Dosis-Überlebenskurve durch Superposition von Blau- und Altenburger Funktionen der gleichen Trefferzahl m und verschiedenen Treffwahrscheinlichkeiten α_i zur Darstellung zu bringen, nach $e^{-\alpha D} = \sum_i w \cdot (\alpha_i\,D,\,m)\,g_i$. Dabei sind g_i assymetrische Gewichtsfunktionen, die sicherlich nur in Sonderfällen in der Strahlenbiologie verwirklicht sein dürften.

Den bekanntesten Fall eines nur vorgetäuschten Eintreffervorganges stellen nach LANGENDORFF und SOMMERMEYER und ebenso ULRICH die Dosis-Überlebenskurven von 4 Std. alten Drosophilaeiern dar; bei einer Sammelzeit von einer Stunde ist die Dosis-Überlebenskurve exakt exponentiell. Es läßt sich jedoch zeigen, daß die expontielle Kurvenform durch eine Altersvariabilität bedingt ist und die Eier auf keinen Fall lediglich durch einen Treffer abgetötet werden.

c) S-förmige Dosis-Wirkungskurve.

Durch eine biologische Variabilität der Treffwahrscheinlichkeiten oder der Trefferzahlen oder beider Größen gemeinsam werden ganz allgemein S-förmige Dosis-Wirkungskurven abgeflacht. Viele solcher Beispiele findet man in dem Bericht von ZIMMER. Mit guter Näherung können solche Dosis-Wirkungskurven durch die Formel von BLAU und

---

[1] Das heißt, die Zahl der Individuen, welche mindestens n-Treffer benötigen nimmt exponentiell mit n ab.

ALTENBURGER dargestellt werden. Die Trefferzahl dieser Aproximationsfunktionen bezeichnet man als scheinbare Trefferzahl.

Es ist auch durchaus möglich, durch spezielle Annahmen über ihre Parameter die Blau- und Altenburger-Funktionen (1) an die Form der Mehrbereichsfunktionen nach ATWOOD und NORMAN (2a) anzugleichen. So erfolgt diese Angleichung nach einer Untersuchung von KELLERER und HUG bereits, wenn man die Treffwahrscheinlichkeit für alle Treffer nicht als gleich annimmt. sondern die Treffwahrscheinlichkeit für einen der Treffer wesentlich kleiner als für die anderen. Wenn die bestrahlten Objektpopulationen aus zwei Komponenten bestehen, die mit sehr verschiedenen Wahrscheinlichkeiten getroffen werden (wie oben bei den Hefe-K-Kurven), dürfte es leicht möglich sein, daß die Blau- und Altenburger-Kurven die Gestalt der Atwood- und Norman-Kurven annehmen. Nach einer Bemerkung von POWERS können die Dosis-Wirkungskurven mit Schulter auch grundsätzlich durch die Annahmen gedeutet werden, daß zunächst in dem der Schulter entsprechenden Dosisbereich ein in der Zelle befindlicher Strahlenschutzstoff abgebaut wird und danach die Inaktivierung durch einen einzigen Treffer erfolgt.

Experimentell werden, wie schon oben bemerkt, für Bakterien unter besonderen experimentellen Bedingungen aber auch für Säugetierzellen Dosis-Wirkungskurven festgestellt, die exakt durch die Atwood- und Norman-Formel dargestellt werden können. Da aus erwähnten oder ähnlichen Gründen die Interpretation der Kurven doch nicht eindeutig ist, schlagen ALPER, GILLIES und ELKIND eine rein phänomenologische Beschreibung vor. Sie bezeichnet die durch Extrapolation des linearen Teiles der semilogarithmischen Kurve ermittelte Zahl K als Extrapolationszahl. HUG und KELLERER definieren ganz allgemein die Größe $\frac{d \log N}{d D} = R(D)$ als „Reaktivität".

3. „Zeitfaktor"-Ansätze

Mathematisch ist insbesondere der Fall behandelt worden, daß die mindestens notwendigen n Treffer im strahlenempfindlichen Volumen innerhalb eines festen Zeitintervalls τ zu erfolgen haben, welches im übrigen an einer beliebigen Stelle der Bestrahlungsdauer t liegen kann. Bereits im Jahre 1934 haben RAJEWSKY und DÄNZER und im Jahre 1938 hat LEA sich mit dem Problem beschäftigt, sie haben sich jedoch auf den speziellen Fall beschränkt, daß die Zahl der während der Zeit τ mindestens notwendigen Treffer $n = 2$ beträgt. Die Formel von RAJEWSKY und DÄNZER lautet:

$$W = e^{-\sigma t} \left[1 + \sigma t + \frac{\sigma^2 t^2}{2!} \left(1 - \frac{\tau}{t} \right) + \frac{\sigma^2 t^2}{3!} \left(1 - \frac{2\tau}{t} \right) + \cdots + 0 \right] \qquad (6)$$

mit $\sigma = \alpha L$ (L Dosisleistung)

In neuerer Zeit hat DITTRICH das gleiche Problem in einem allgemeineren Rahmen in Angriff genommen.

Besonders einfach und interessant werden die Verhältnisse, wenn die Bestrahlungszeit t groß gegenüber der Trefferzeit τ wird $(t \gg \tau)$. Ganz unabhängig davon, wieviel Treffer innerhalb einer Zeit τ erfolgen müssen, wenn das Objekt geschädigt sein soll, wird gemäß den gemachten Voraussetzungen jeder Treffer nach der gegenüber t sehr kleinen Zeit τ gelöscht. Infolgedessen ist zu jeder Zeit während der Bestrahlung die Wahrscheinlichkeit dafür, daß ein Objekt geschädigt wird, die gleiche, und die Zahl der Überlebenden klingt exponentiell mit der Zeit t ab. Nach DITTRICH ergibt sich die Abhängigkeit der Überlebensrate von der Mindesttrefferzahl n, die während einer Trefferzeit erfolgen muß, nach:

$$W = e^{-CL^n t} \text{ mit } C = \frac{\alpha^n \tau^{n-1}}{(n-1)!} \ . \tag{7}$$

Für die Dosisleistung $L^{1}/_{2}$, die für eine vorgegebene Halbwertszeit $t^{1}/_{2}$ erforderlich ist, erhält man daraus in Analogie zu (3a)

$$L_{1/2} = \frac{\text{const}}{\sqrt[n]{t_{1/2}}} \ . \tag{7a}$$

Für die Halbwertsdosis $D_{1/2}$ ergibt sich in Analogie zu (3b)

$$D_{1/2} = L_{1/2} \cdot t_{1/2} = \text{const } t_{1/2}^{\,1-\frac{1}{n}} \ . \tag{7b}$$

Ihre Anwendung findet diese Formel wiederum in der Statistik über die Wahrnehmbarkeit von Lichtblitzen, wenn man die Blitzdauer variiert.

Eine bemerkenswerte Analogie zu dem soeben besprochenen Grenzfall $t \gg \tau$ bei der Schädigung von biologischen Objekten durch Strahlung stellt man nach ENGELHARD und HOUTERMANS bei der Abtötung von Bakterien durch Gifte z. B. Phenol fest. Wenn man hierbei die Konzentration des Giftes ändert, aber ihre Einwirkungszeit konstant hält, ergeben sich S-förmige Überlebenskurven. Man erhält aber bei konstant gehaltener Konzentration eine mit der Zeit exponentiell abfallende Überlebenskurve. Wenn man sinngemäß die Konzentration des Giftes c mit der Dosisleistung und $c \cdot t$ mit der Dosis identifiziert, so ist die Analogie mit dem von DITTRICH behandelten Fall vollkommen.

4. Stoffumsatz von Enzymketten.

Bisher haben wir nur Fälle betrachtet, in denen die Wirkung einer Dosis in der Entscheidung einer Alternative besteht. Wenn eine Bestrahlung von Enzymketten in vivo, d.h. in biologischen Organismen, vorgenommen wird, so handelt es sich um die Verschiebung von stationären chemischen Gleichgewichten und der Umsatz der durch die Enzymkette gesteuerten chemischen Reaktion ist eine kontinuierlich veränderliche Größe. Wenn man ihre Abhängigkeit von der Dosis beschreiben will, so muß man treffertheoretische und reaktionskinetische, d. h. von dem Massenwirkungsgesetz ausgehende Überlegungen miteinander verkoppeln. PAULY[1] hat solche Überlegungen angeführt. Das Ergebnis ist besonders einfach, wenn eines der Enzyme der Enzymkette eine besonders große Strahlenempfindlichkeit besitzt, d. h. ihm eine viel größere Wahrscheinlichkeit zukommt, getroffen zu werden, als allen anderen. Wenn das strahlenempfindliche Enzym durch einen Treffer geschädigt wird (mit der Treffwahrscheinlichkeit αD), so ist der durch die ganze Enzymkette vollzogene Stoffumsatz in der Zeiteinheit

$$\text{Proportional } \frac{R+1}{e^{\alpha D}+R}\,, \tag{8}$$

wobei R ein Maß für die Länge der Enzymketten (Zahl der durch Enzyme katalysierten Reaktionsschritte) ist. Allgemeine Betrachtungen findet man hierzu auch bei KELLERER und HUG.

5. Treffertheorie und Informationstheorie nach QUASTLER.

Eine übermittelte Nachricht bestehe aus N Symbolen (z. B. Buchstaben). Jedes Symbol kann eine bestimmte Anzahl von Zeichen (z. B. entsprechend der Buchstabenmannigfaltigkeit des Alphabets) annehmen. Die Nachricht besitze eine gewisse Redundanz (Weitschweifigkeit), d. h. sie besitze einen höheren Informationsgehalt als unter optimalen Bedingungen für die Übermittlung der Nachricht erforderlich ist. Diese effektive Redundanz ist proportional N und wird mit xN bezeichnet. Durch Störung (Streuung der Zeichen bei der Übertragung) wird der Informationsgehalt der Nachricht vermindert. Die Wahrscheinlichkeit ε für ein Mißverständnis der Nachricht ist nach einer allgemeinen Formel der Informationstheorie

$$\varepsilon = A2^{-xN}.$$

Nach QUASTLER kann man den Informationsgehalt der Nachricht in Analogie zu dem Informationsgehalt aller strahlenempfindlichen Strukturen im Objekt zusammengenommen setzen und das Mißverständnis der Nachricht in Analogie zu einer Schädigung des Organismus durch Zerstörung von strahlenempfindlichen Strukturen. Dabei macht QUASTLER die naheliegende Annahme, daß die strahlenempfindlichen Strukturen durch je einen Treffer geschädigt werden. Es wird daher angenommen, daß die Redundanz exponentiell mit der Dosis abfällt. Insgesamt erhält man dann für die Schädigungswahrscheinlichkeit des Organismus einen Ausdruck der Form

$$1-W = e^{-re^{-\frac{D_0}{D}}}\,. \tag{9}$$

Da von einer Nachricht mit großer Symbolzahl ausgegangen wird, ist die Überlegung nach QUASTLER nur auf Vielzeller mit hoher Organisation anwendbar.

---

[1] Ableitung siehe PAULY u. RAJEWSKY Radiat. Res. **18**, 147 (1963).

Zu genau derselben Formel gelangt man nach QUASTLER, wenn man von dem Ansatz (2) für die Schädigungswahrscheinlichkeit von Kollektiven $1-W = (1-p\,w)^K$ ausgeht und annimmt, daß die Überlebenswahrscheinlichkeit w des einzelnen Körpers, d.h. der einzelnen Komponente, exponentiell mit der Zeit abnimmt, also $w = e^{-\frac{D}{D_0}}$ aber gleichzeitig $p \ll 1$ ist, es folgt dann sofort $1-W = e^{-p\,K\,e^{-\frac{D}{D_0}}}$. Die Größe p bedeutet in der Formel nicht die Wirkungswahrscheinlichkeit von primären Ionisationen sondern nach QUASTLER die Wahrscheinlichkeit, daß die Komponenten (d. h. die strahlenempfindlichen Strukturen) bei Abwesenheit von Bestrahlung überleben. Die Überlebensrate der einzelnen Komponenten soll also schon bei Beginn der Bestrahlung klein sein und exponentiell mit der Dosis abnehmen. Hierin ist die Vorstellung eingeschlossen, daß die strahlenempfindlichen Strukturen eine sehr begrenzte natürliche Lebensdauer besitzen, andererseits aber laufend neu gebildet werden. Es ist sehr bemerkenswert, daß die Dosis-Mortalitätskurven von Meerschweinchen, Hamstern, Hühnern und Hühnerembryos gut durch die Formel (9) wiedergegeben werden. Bei Mäusen besteht diese Übereinstimmung nicht, und die ganze Theorie ist hier in ihrer einfachen Form nicht anwendbar. Doch kann die Übereinstimmung bei den ersteren Objekten nicht als Beweis der Theorie angesehen werden, denn zur formalen Darstellung von Dosis-Wirkungskurven gibt es viele Möglichkeiten.

6. Theorie der Treffwahrscheinlichkeit.

Ganz allgemein gesprochen ist ein Treffer ein Korpuskeldurchgang durch das strahlenempfindliche Volumen, sofern er zu dem registrierten Effekt beiträgt, d. h. also ein biologisch wirksamer Korpuskeldurchgang durch das strahlenempfindliche Volumen. Weiterhin ist es zweckmäßig zwischen strahlenempfindlichen Volumina und strahlenempfindlichen Strukturen zu unterscheiden. Wenn die Strahlenwirkung lediglich eine direkte ist, sind strahlenempfindliches Volumen und strahlenempfindliche Struktur identisch. Der viel diskutierten Möglichkeit, daß auch in der Umgebung der strahlenempfindlichen Struktur gebildete aktive Moleküle zum registrierten Effekt beitragen, indem sie zu den strahlenempfindlichen Strukturen hindiffundieren und dort wirksam werden, wird in der Treffertheorie formal dadurch Rechnung getragen, daß auch die unmittelbare Umgebung der strahlenempfindlichen Struktur als zum strahlenempfindlichen Volumen zugehörig angesehen wird.

Zur zahlenmäßigen Berechnung der Treffwahrscheinlichkeit benötigt man noch eine Festsetzung über die Anzahl der physikalischen Elementarakte pro Volumeneinheit bei der Dosis D. Alle Treffertheoretiker sind dem von JORDAN 1939 gemachten Vorschlag gefolgt, die primäre Ionisation als physikalischen Primärakt anzusehen. Damit unmittelbar im Zusammenhang erweist sich die Einführung von Korrekturen zur Berücksichtigung der Delta-Strahlen als notwendig. Das strahlenempfindliche Volumen wird auch von Delta-Strahlen erreicht, die durch in der Nachbarschaft sich vorbeibewegende Korpuskeln erzeugt werden.

a) Direkte Strahlenwirkung.

Sättigungseffekt. Unter der Annahme, daß die Reichweite der eingeschossenen oder der in der biologischen Substanz erzeugten Korpuskeln groß ist gegenüber dem Weg $\bar{a}$ im strahlenempfindlichen Volumen ist die Zahl der Durchquerungen des strahlenempfindlichen Volumens durch Korpuskeln, wenn r_{pr} primäre Ionisationen in der Volumeneinheit erzeugt werden, gegeben durch:

Durchquerungswahrscheinlichkeit $\dfrac{\delta\,v\,r_{Pr}}{\bar{a}} = \overline{Qg}\,\delta\,r_{pr}$. Dabei bedeuten δ den mittleren Abstand der primären Ionisationen auf der Spur der ionisierenden Korpuskel ($\delta = \dfrac{1}{i}$, wobei i die lineare spez. primäre Ionisation auf der Korpuskelspur), v das strahlenempfindliche Volumen, $\bar{a}$ den mittleren Weg im strahlenempfindlichen Volumen v und $\overline{Qg}$ den mittleren geometrischen Querschnitt von v, der sich den Korpuskeln darbietet.

Die Wahrscheinlichkeit, daß bei einem Durchgang mindestens eine wirksame primäre Ionisation erfolgt, ist $1 - e^{\frac{-\bar{a}\,p}{\delta}}$. Für die Treffwahrscheinlichkeit αD bei der Dosis[1] D folgt daraus, wenn man die Dosis durch die pro Volumeneinheit erfolgenden primären Ionisationen ausdrückt, die zuerst von FANO angegebene Formel:

$$\alpha D = \alpha r_{pr} = \frac{p\,v\,r_{pr}}{S} \qquad S = \frac{\dfrac{\bar{a}}{\delta}\,p}{1 - e^{\frac{-\bar{a}\,p}{\delta}}} \ . \tag{10}$$

Nach einem Vorschlag von JORDAN wird S als Sättigungsfaktor bezeichnet, er gibt nämlich den Faktor an, um den „mehr" primäre Ionisation in V erzeugt werden, als mindestens erforderlich.

POLLARD u. Mitarb. haben in ihren ausgedehnten Arbeiten vor allen Dingen mit getrockneten Enzymen und Phagen nur Korpuskularstrahlen angewandt. Aufgenommen wurde dabei die Inaktivierungswahrscheinlichkeit nicht als Funktion der Dosis, sondern als Funktion der Zahl auffallender Partikel J pro Flächeneinheit. Bei den Versuchen handelt es sich ausschließlich um Eintrefferreaktionen $W = e^{-QJ}$, wobei Q den Wirkungsquerschnitt der Reaktion bedeutet. Wenn wir wiederum

---

[1] Das heißt also, die mittlere Zahl der Durchquerungen von v, die dort mindestens eine wirksame primäre Iomisation erzeugen.

mit Qg den geometrischen Querschnitt der Reaktion bezeichnen, ist dann:

$$Q = Qg \left(1 - e^{\frac{-\bar{a}\,p}{\delta}}\right). \tag{10a}$$

Die Identität der beiden Formeln (11) und (11a) erkennt man sofort, wenn man $\dfrac{J}{\delta} = r_{pr}$ berücksichtigt.

Für eine überschlägige Abschätzung der an dem Resultat noch anzubringenden Delta-Strahlen-Korrektur kann man davon ausgehen, daß die pro Korpuskeldurchgang auf die Delta-Strahlen übertragene Energie angenähert proportional der totalen LET (berechnet nach BETHE-BLOCH) ist. Die auf die Delta-Strahlen übertragene Energie beträgt etwa 0,3 bis 0,5 der totalen LET, die LET der Delta-Strahlen selbst liegt etwa zwischen 300 und 100 $\dfrac{eV}{100\ \text{Å Eiweiß}}$ je nach Korpuskelart und Energie. Genauere Berechnung der Delta-Strahlen-Korrektur mit der hierbei notwendigen Berücksichtigung der Verteilung der Delta-Strahlen-Energie und der Größe des strahlenempfindlichen Volumens findet man vor allem in dem Buch von LEA.

Konzentrationseffekt.

In vielen Fällen erfolgt die Schädigung des Objektes oder des strahlenempfindlichen Volumens nur, wenn die bei einem Durchgang abgegebene Energie einen höheren Betrag erreicht, als er mindestens mit einer einzigen primären Ionisation verbunden ist. POLLARD u. Mitarb. machen für die quantitative Behandlung dieses Falles die Annahme, daß bei den Durchquerungen des strahlenempfindlichen Volumens durch die Korpuskeln eine bestimmte Gesamtionisation im strahlenempfindlichen erfolgen gemuß, wenn die Schädigung erzeugt werden soll. Die

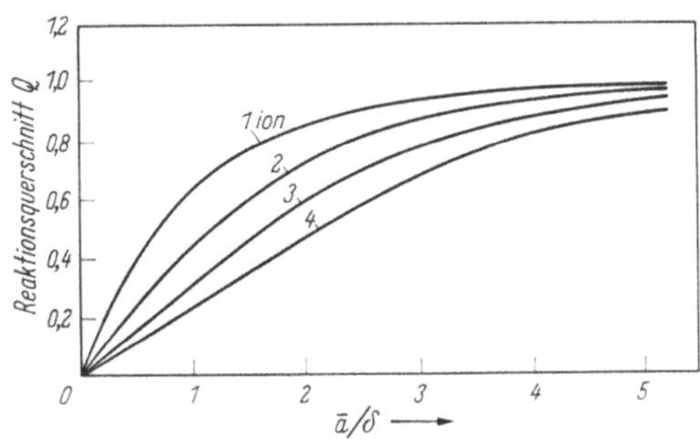

Abb. 3. Q(i) Funktionen bei verschiedenen notwendigen Gesamtionisationen in v (Konzentrationseffekt). Nach POLLARD u. Mitarb.

Gesamtionisation setzt sich zusammen aus den energiearmen, primären Ionisationen und den durch die energiereichen, primären Ionisationen gebildeten Ionenhaufen. Wenn die Gesamtionisation unter dem vorgegebenen Wert liegt, soll die Wirkungswahrscheinlichkeit des Korpuskeldurchganges gleich 0 sein und bei darüberliegender Gesamtionisation den Betrag 1 haben. Das Ergebnis der Rechnung[1] zeigt Abb. 3.

---

[1] Über die Fortführung der gleichen Rechnung berichtet BRUSTAD, Advances Med. Phys. 1962, 8.

Mit steigender, notwendiger Gesamtionisation erhält $Q(i)$ eine sich immer mehr ausprägende S-förmige Gestalt. Der RBW-Faktor[1] nimmt zunächst mit steigender primärer Ionisation zu und dann ab. In den $Q(i)$-Kurven der Abb. 3 ist die Existenz der Delta-Strahlen nicht berücksichtigt.

Eingehende mathematische Untersuchungen über den Konzentrationseffekt hat DITTRICH durchgeführt.

Drehung von Dosis-Wirkungskurven.

Bei der Schädigung von Bohnenkeimlingen nach GLOCKER und 5stündigen Drosophilaeiern nach LANGENDORFF und SOMMERMEYER findet man eine Abflachung der Dosis-Überlebenskurven, wenn man von harten zu weichen Röntgenstrahlen übergeht, dabei bleibt die $D_{1/2}$ die gleiche. Nach GLOCKER werden durch dasselbe Compton- oder Photoelektron in verschiedenen Treffbereichen bzw. in verschiedenen Elementen der strahlenempfindlichen Struktur wirksame Ionisationen erzeugt.

Die $D_{1/2}$ bleibt dabei konstant, weil in der Formel $D_{1/2} = \dfrac{n - \frac{1}{3}}{\alpha}$ Trefferzahl n und Treffwahrscheinlichkeit α im gleichen Ausmaß mit i abnehmen. Geht man weiterhin von Röntgenstrahlen zu Alpha-Strahlen über, so dürfte die Abflachung der Dosis-Wirkungskurve mit einer Zunahme oder Abnahme der $D_{1/2}$ verbunden sein, weil zugleich Sättigungseffekt oder Konzentrationseffekt auftritt. Eine mit Konzentrationseffekt verbundene Abflachung wurde z. B. von BARENDSEN u. Mitarb. bei menschlichen Zellen in Gewebekulturen beobachtet.

Die gesamten Verhältnisse werden durch WIJSMAN nicht rein modellmäßig wie bei GLOCKER durch ein Eingehen auf die Durchquerungen der Bereiche und die Energieabgabe in den Bereichen beschrieben, sondern durch einen allgemeinen statistischen Ansatz.

b) Indirekte Strahlenwirkung.

Die Behandlung der indirekten Strahlenwirkung innerhalb des Rahmens der Treffertheorie wurde zuerst von SOMMERMEYER vorgenommen und später vor allem von SIX und HUTCHINSON. Allen Autoren gemeinsam ist dabei die vereinfachende Annahme, daß die Wahrscheinlichkeit für das Verschwinden der aktiven Moleküle im Medium in jedem Zeitelement die gleiche ist, unabhängig von ihrer Entfernung von ihrem Entstehungsort.

Diese Annahme kann nur in konzentrierten Lösungen, z. B. in Eiweißlösungen zutreffen, in denen die aktiven Moleküle durch Reaktionen mit den gelösten Stoffen verschwinden. In reinem Wasser nimmt die Wahrscheinlichkeit für das Verschwinden der Wasserradikale mit der Entfernung vom Entstehungsort ab, da die Radikale miteinander reagieren.

---

[1] Die Relative Biologische Wirksamkeit ($D_{1/2}$ bei kleinstem i dividiert durch $D_{1/2}$ bei i) ist nach (10a) gegeben durch den Quotienten von Ordinatenwert und Abszissenwert in Abb. 3.

Die Wahrscheinlichkeit P, daß ein im Abstand R von einem kugelförmigen Elementarkörper entstandenes aktives Molekül den Elementarkörper erreicht, ist im wesentlichen gegeben durch

$$P(R) \;=\; \frac{\varrho}{R}\, e^{\frac{-(R-\varrho)}{l}} \qquad l = \sqrt{Di\,T} \qquad (11)$$

Dabei ist D_i der Diffusionskoeffizient der Moleküle, T die mittlere Lebensdauer bzw. l die Diffusionslänge des aktiven Moleküls im Plasma, ϱ der Durchmesser des Elementarkörpers.

Wird gleichmäßig im Raum pro Raumeinheit ein aktives Molekül erzeugt, so erhält man, indem man $P(R)$ über den ganzen Raum integriert, für die Anzahl der an die Oberfläche des Elementarkörpers gelangenden aktiven Moleküle

$$\alpha \;=\; 4\pi\varrho\, Di\,T \left(1 + \frac{\varrho}{\sqrt{Di\,T}}\right). \qquad (12)$$

Eine Abhängigkeit der $D_{1/2}$ von der spezifischen primären Ionisationen oder allgemeiner gesprochen der LET ergibt sich innerhalb des Rahmens der eben besprochenen Formeln dadurch, daß sowohl die Art der gebildeten aktiven Moleküle als auch ihre Diffusionslänge von der LET abhängen.

Literatur

Alper, T., N. E. Gillies, and M. M. Elkind: The Sigmoid Survival Curve in Radiobiology. Nature (Lond.) **186**, 1062 (1960).

Atwood, K. C., and A. Norman: On the Interpretation of multihit Survival Curves. Proc. nat. Acad. Sci. (Wash.) **35**, 696 (1949).

Barendsen, G. W., T. L. J. Breusker, A. J. Vergoeser, and L. Budke: Effects of Different Ionizing Radiations on Human Cells in Tissue Culture. Radiat. Res. **13**, 841 (1960).

Beam, C. A., R. K. Mortimer, R. G. Wolfe, and C. A. Tobias: The Relation of Radioresistance to Budding in Sacharomyces Cerevisisae. Arch. Biochem. **40**, 110 (1954).

Bouman, M. A., and H. A. van der Velden: The Two Quanta Explanation of the Dependence of the Threshold Values and Visual Acuity on the Visual Angle and the Time of Observation. J. Ophthal. soc. **37**, 908 (1947).

Dittrich, W.: Reversible Treffer. Z. Naturforsch. **12b** 536 (1957).

— Treffermisch-Kurven. Z. Naturforsch. **15b**, 261 (1960).

— Der lineare Energietransfer. Z. Naturforsch. **16b**, 398 (1961).

Eckart, W.: Zur UV Inaktivierung von Phagen. Strahlentherapie. Z. Naturforsch. **94**, 60 (1954).

Glocker, R.: Quantenphysik der biologischen Röntgenstrahlwirkung. Z. Physik. **77**, 653 (1932).

Gray, L. H.: Primary Sites of Energy Deposition Associated with Radiobiological Lesions, S. 255. In Ciba Foundation Ionizing Radiations and Cell Metabolism. London 1956.

Hall, T. A.: The Interpretation of Exponential Dose-Effect-Curves. Bull. Math. Biophys. **51**, 43 (1953).

Hug, O., u. A. Kellerer: Zur Interpretation der Dosiswirkungsbeziehungen in der Strahlenbiologie. Biophysik **1**, 20 (1963).

HUTCHINSON, F.: The Distance that a Radical Formed by Ionizing Radiation can Diffuse in Jeast Cell. Radiat. Res. **7**, 473 (1957).

KELLERER, A., u. O. HUG: Zur Kinetik der Strahlenwirkung. Biophysik **1**, 33 (1963).

LANGENDORFF, H., u. K. SOMMERMEYER: Strahlenwirkung auf Drosophilaeier V. Strahlentherapie **68**, 656 (1940).

LATARJET, R.: Specificity in Ciba Foundation Ionizing Radiations and Cell Metabolism. London 1956. Effects of Radiation and Peroxides on Viral and Bacterial Functions Linked to DNA.

POLLARD, E. C., W. R. GUILD, F. HUTCHINSON, and R. B. SETLOW: The Direct Action of Ionizing Radiations on Enzymes and Antigens. Progr. Biophys. **5**, 72 (1955).

POWERS, E. L.: Considerations of Survival Curves and Target Theory. Phys. in Med. Biol. **7**, 3 (1962).

PUCK, T. T., and P. I. MARCUS: Action of X Rays on Mammalian Cells. J. exp. Med. **103**, 653 (1956).

QUASTLER, H.: Information Theory in Radiobiology. Ann. Rev. nuclear. Sci. **8**, 387 (1958).

RAJEWSKY, B., u. H. DÄNZER: Über einige Wirkungen von Strahlen VI. Z. Physik. **89**, 412 (1934).

SAUERBIER, W.: The Bacterial Mechanism Reactivating UV Irradiated Phage in the Dark. Z. Vererbungsl. **93**, 220 (1962).

SIX, E.: Z. Naturforsch. **9b**, 272 (1954).

SOMMERMEYER, K.: Die Entwicklung der Treffertheorie seit dem Jahre 1946. In: Strahlenbiologie, Strahlentherapie, Nuklearmedizin und Krebsforschung, S. 3. Hrsg. SCHINZ, H. R., H. HOLTHUSEN, H. LANGENDORFF, R. RAJEWSKY und G. SCHUBERT (1959).

WIJSMAN, R. A.: A New Approach to the Mathematical Theory of Action of High Energy Radiation on Single Cells. I Formulation on Theory, II Consequence of Theory. Radiat. Res. **4**, 257, 270 (1956).

ZIMMER, K. G.: Studien zur quantitativen Strahlenbiologie. Akademie der Wiss. und d. Lit. Heidelberg. Abh. Math. Nat. Klasse (1960) Nr. 3.

ZIRKLE, R. E., and C. A. TOBIAS: Effects of Ploidy on Linear Energy Transfer on Radiobiological Survival Curves. Arch. Biochem. **47**, 282 (1953).

Zweites Kapitel.

Energieleitung in festen Substanzen und innerhalb von Makromolekülen.

1. Energieleitung durch Dipol-Resonanz (Resonanzübertragung).

Befindet sich ein angeregtes Atom oder Molekül A in der Nachbarschaft eines Atoms oder Moleküls B im Grundzustand, so besteht eine Wechselwirkung zwischen dem Dipolmoment, das dem Übergang des angeregten Moleküls A in den Grundzustand zuzuschreiben ist, und dem Dipolmoment für den Übergang des benachbarten Moleküls B vom Grundzustand in den angeregten Zustand. In ähnlicher Weise wie die mechanische Schwingungsenergie von einem Pendel auf ein mit ihm gekoppeltes Pendel gleicher Frequenz übertragen wird, geht mit einer gewissen Wahrscheinlichkeit die Anregungsenergie von dem angeregten Molekül auf das benachbarte Molekül im Grundzustand über.

Nach der Theorie von Förster ist die Wahrscheinlichkeit, daß nach der Anregung eines Molekül A die Anregungswahrscheinlichkeit auf das Molekül B übergeht

$$W_{AB} = \frac{\text{const}}{R_{AB}^{\,6}} \frac{\tau_A}{\tau_{0A}} \int_0^\infty f_q^A(\nu) \cdot \varepsilon^B(\gamma) \frac{d\nu}{\nu^4},$$

wobei der Zahlenwert der Konstanten nur unwesentlich von den Eigenschaften des betrachteten Systems abhängt, R_{AB} den Abstand $A\,B$ bedeutet, und τ_{0A} die mittlere Lebensdauer des angeregten Zustandes von A unter der Voraussetzung, daß der Übergang in den Grundzustand nur unter Ausstrahlung erfolgt. τ_A ist die wirkliche Lebensdauer von A bei Abwesenheit von B, $f_q^A(\nu)$ gibt die relative Verteilung des von A emittierten Quantenspektrums über ν und $\varepsilon(\nu)$ das molare Absorptionsspektrum von B an. Man erkennt aus der Formel, daß die Energieübertragung unter drei Voraussetzungen einen merklichen Wert annimmt. Bei Abwesenheit von B muß A eine gute Fluorescenzausbeute besitzen, B muß ein intensives Absorptionsspektrum haben, und schließlich müssen sich Emissionsspektrum von A und Absorptionsspektrum von B überlappen.

Einfache und übersichtliche Bedingungen für das Studium der Resonanzübertragung liegen insbesondere in verdünnten wäßrigen Lösungen von fluorescierenden aromatischen Verbindungen vor. Die Untersuchung ihrer Fluorescenz, insbesondere deren Polarisation durch Förster hat zu einer vollen Bestätigung der angegebenen Formel geführt.

Im Jahre 1947 haben Bücher und Kaspers in einer Pionierarbeit erstmals die Resonanzübertragung in Proteinen nachgewiesen.

Wird CO-Myoglobin mit UV-Licht bestrahlt, so stellt man fest, daß aus der Häm-Gruppe das CO abgespalten wird. Die quantitative Untersuchung dieser Photodissoziation hat ergeben, daß die UV-Quanten, die von den Tyrosin- und Tryptophanringen aufgenommen werden, mit einer Wahrscheinlichkeit von 100% über die Entfernung von etwa 30 Å auf die Häm-Gruppe übertragen werden und schließlich die Abspaltung des CO veranlassen.

Führt man nach Bannister den Versuch mit einem Protein durch, dessen Häm-Gruppe fluoresciert (Phycocyanin), so wird die von den Tyrosin- und Tryptophanringen auf die Häm-Gruppe übertragene Energie ausgestrahlt.

Man kann aber auch nach Weber und Teale das Eiweiß z. B. Myoglobin mit einem fluorescierenden Farbstoff (Dimethylamino-naphthalinsulfonylchlorid) verknüpfen Licht einstrahlen, das von dem Farbstoff absorbiert wird, und die Ausbeute der Farbstofffluorescenz untersuchen. Benutzt man für diesen Versuch Ferromyoglobin, so ist die Fluorescenzlöschung um den Faktor 1,7 größer als im Falle des Ferrimyoglobins. Dieser Unterschied rührt daher, daß die Überlappung des Absorptionsspektrums der Häm-Gruppe mit dem Emissionsspektrum des Farbstoffes beim Ferromyoglobin vollkommener ist als beim Ferrimyoglobin.

Umgekehrt ist nach Shore und Pardee auch möglich, in den Farbstoffproteinkomplexen durch die Einstrahlung passender Wellenlänge die Tyrosin- und Tryptophanringe anzuregen. Die Anregungsenergie wird dann von den Tyrosin- und Tryptophanringen auf den Farbstoff übertragen, und man beobachtet die Fluorescenz des Farbstoffes.

Bei den besprochenen Versuchen erfolgt die Übertragung der Anregungsenergie über Entfernungen von 20 bis 40 Å und in allen Fällen sind die Acceptoren, welche primär die Strahlungsenergie aufnehmen, selbst fluorescenzfähig. Um die Förstersche Formel einer genaueren Prüfung zu unterziehen, haben Shore und Pardee auch die Fluorescenzausbeuten nach der Anregung der Tyrosin-, Tryptophan- und Phenylalaninringe mit UV-Licht in den von ihnen benutzten Proteinen bei Abwesenheit des Farbstoffes gemessen. Sie liegt etwa zwischen 1 und 10%. Die experimentell ermittelte Wahrscheinlichkeit der Energieübertragung auf den mit den Proteinen verknüpften Farbstoff ist von der erwarteten Größenordnung.

Die Versuchsergebnisse von Shore und Pardee seien noch durch ein Beispiel veranschaulicht. Ribonuclease hat ein Molekulargewicht von 15000, es besitzt kein Tryptophan, 7,9% Tyrosin und 3,6% Phenylalanin. Die Fluorescenzausbeute des von den aromatischen Ringen absorbierten UV-Lichtes betrug bei Abwesenheit des Farbstoffes 1,5%. Bei dem Versuch war etwa ein Farbstoffmolekül mit einem Ribonucleasemolekül verbunden, 15% der von den aromatischen Ringen im Protein absorbierten Energie wurden auf das Farbstoffmolekül übertragen und als Fluorescenzlicht ausgestrahlt.

Besonders wichtig sind Versuche von Shore und Pardee mit Farbstoff DNS-Komplexen. Sie hatten ein negatives Resultat. Sie ergaben, daß die Purin- und Pyrimidinringe der DNS keine nachweisbare Fluorescenz besitzen und ebenso ganz in Übereinstimmung mit der Försterschen Theorie eine Energieübertragung von den Purin- und Pyrimidinringen zu dem absorbierten Farbstoff nicht erfolgt.

2. Excitonenwanderung.

Liegen Moleküle der gleichen Art oder auch mit sich überlappenden Fluorescenz und Absorptionsspektren sehr dicht beieinander, so kann die Übertragung der Anregungsenergie von einem angeregten Molekül auf die umgebenden Moleküle nicht nach der Försterschen Formel berechnet werden, sondern man muß für die theoretische Behandlung des Vorganges von der Gesamtheit der Moleküle ausgehen. Die von FRENKEL zuerst erfolgte theoretische Behandlung führt zu dem Ergebnis, daß die Anregungsenergie sich durch ein Gitter von Molekülen als Exciton ähnlich wie ein Elektron bewegt.

In flüssigem Benzol oder Phenol durchquert das (durch energiereiche Strahlung erzeugte) Exciton völlig unbehindert „Domänen" von etwa 15 Molekülen und kann Szintillatormoleküle, die sich im Benzol oder Phenol befinden, z. B. Terphenyl, zur Fluorescenz anregen. Ebenso wandert die Anregungsenergie in Form von Excitonen durch kristalline aromatische Kohlenwasserstoffe, aromatische Kristalle, kristalline Carotine und Porphyrine, wenigstens soweit sie fluorescieren.

3. Wanderung von Elektronen oder Defektelektronen.

a) Anwendung energiereicher Strahlen.

Die starke Fluorescenz der Szintillatorlösungen unter der Einwirkung von energiereichen Strahlen (Energieausbeute einige %) hängt unmittelbar damit zusammen, daß Benzol und Phenol[1] im ersten angeregten Zustand außerordentlich stabil sind, insbesondere ist ihre Anregungsenergie geringer als die Dissoziationsarbeit der an den aromatischen Ringen sitzenden H und OH. In der Tat besitzt auch die Zersetzung des flüssigen Benzols durch Röntgenstrahlen nur einen ganz geringen g-Wert. Die Bildung des H_2 erfolgt mit einem g-Wert von nur 0,04 Molek/100eV. Im Unterschied hierzu ist angeregtes Cyclohexan instabil, H_2 wird hier mit einem g-Wert von 6 Molek/100eV gebildet. Um so überraschender ist zunächst der Befund von BURTON u. Mitarb., daß bei Einstrahlung von energiereicher Strahlung in Lösungen von Terphenyl in Cyclohexan bei der gleichen Terphenylkonzentration das Terphenyl mit nahezu der gleichen Ausbeute zur Fluorescenz angeregt wird wie in Benzol-Terphenyllösungen. Der Befund wird durch Elektronen- und Defektelektronenleitung im Cyclohexan erklärt. Durch die energiereiche Strahlung wird das Cyclohexan ionisiert. Die positiven Ladungen (Defektelektronen) übernehmen bei ihrem Zusammenstoß mit Terphenylmolekülen ein Elektron des Terphenyls und lassen ein T$^+$ zurück. Das T$^+$ fängt schließlich eines der gleichfalls im Cyclohexan umherwandernden Elektronen ab. Dieses gelangt im allgemeinen in den ersten angeregten Zustand des Terphenyls, das dann schließlich die Anregungsenergie als Fluorescenzlicht emittiert.

Unter dem Einfluß von energiereicher Strahlung zeigen alle organischen festen Isolatoren (ebenso wie die anorganischen) eine mehr oder weniger große Leitfähigkeit, die oft untersucht worden ist.

---

[1] Und ebenso das viel benutzte Tolnol.

b) Anwendung von sichtbarer Strahlung und UV.

Die Absorptionsspektren der aromatischen Kristalle, der kristallisierten Carotine und Porphyrine, und soweit sie fluorescieren, ihre Fluorescenzspektren besitzen große Ähnlichkeit mit den Absorptions- oder Fluorescenzspektren der isolierten Moleküle im Gaszustand oder in verdünnten Lösungen. Die Störung der Elektronenterme im Kristall durch die benachbarten Moleküle ist also grundsätzlich gering. Um so überraschender ist es, daß auch durch die Einstrahlung von UV oder sichtbarem Licht, welches die Moleküle auf den tiefsten instabilen Elektronenterm überführt, eine elektrische Leitfähigkeit der Kristalle erzeugt wird. Nach einer Zusammenstellung von KLEINERMANN, AZARRAGA und GLYNN besitzen in der Regel Kristalle, welche fluorescieren, auch elektrische Leitfähigkeit und umgekehrt. Doch gibt es auch einzelne Ausnahmen von dieser Regel. So zeigen nach ROSENBERG erstarrte Carotinschmelzen bei Anwendung von UV und blauem Licht keine Fluorescenz, aber elektrische Leitfähigkeit. Experimentell tritt insbesondere die Defektelektronenleitung und nur sehr viel weniger die Elektronenleitung in Erscheinung, weil die Elektronen in Elektronenfallen festgehalten werden und entsprechende Raumladungen verursachen.

Nach der insbesondere von ROSENBERG vertretenen Triplett-Theorie spielen die metastabilen Triplettzustände bei dem Zustandekommen der Leitfähigkeit eine entscheidende Rolle. Die tiefsten Triplett-Terme liegen ganz allgemein bei den hier in Frage kommenden Molekülen unter den tiefsten instabilen Termen. Mit einer gewissen Wahrscheinlichkeit, die im übrigen mit der Temperatur ansteigt, geht die Anregungsenergie auf die metastabilen Terme über. Die Ausstrahlungswahrscheinlichkeit der metastabilen Moleküle ist etwa um den Faktor 10^{-8} geringer als bei den instabilen angeregten Molekülen. Es wird nun von ROSENBERG angenommen, daß die Ionisierungsenergie der metastabilen Moleküle etwas geringer ist als die Elektronenaffinität der Moleküle im Grundzustand und daher das am lockersten gebundene Elektron des metastabilen Moleküls auf ein benachbartes Molekül übergeht, indem es die dazwischenliegende Potentialschwelle durchdringt. Das Elektron und das Defektelektron bewegen sich anschließend unabhängig durch den Kristall.

MOORE und M. SILVER lehnen die Triplett-Theorie der Leitfähigkeit ab, aus energetischen Gründen wird wenigstens im Falle des Anthracens die Dissoziation des metastabilen Moleküls in ein Ladungsträgerpaar als unwahrscheinlich angesehen. Im Anthracenkristall werden nach MOORE und SILVER (bei Anwendung von sichtbarem und UV-Licht) die Ladungsträger nur durch Ionisation von Verunreinigungen und anderen Defektstellen erzeugt.Nach KALLMANN u. Mitarb. werden die Ladungsträger insbesondere aus den Elektroden in den Kristall unter dem Einfluß der Bestrahlung injiziert. Excitonen wandern zur positiven Elektrode, das Elektron wird von der Elektrode aufgenommen, das Defektelektron wandert durch den Kristall zur negativen Elektrode. Die Trennung der Ladungen des Excitons an der Elektrode erfordert eine Feldstärke von 10^4 Volt/cm. Die Quantenausbeute für diesen Prozeß ist[1] (bei Elektrolytelektroden) 1/60, die Quantenausbeute für die Entstehung der Ladungsträger im Innern des Anthracenkristalls kann also nur noch kleiner sein.

Die Erzeugung der Ladungsträgerpaare erfolgt in den aromatischen Kristallen, in den kristallinen Carotinen und in den Porphyrinen auch auf thermischem Weg, oder mit anderen Worten, die Substanzen sind elektronische Halbleiter.

c) Elektrische Leitfähigkeit von Eiweiß.

Nach SZENT-GYÖRGYI sind die Wirkungsgruppen der Schlüsselfermente undissoziabel mit ihren Eiweißträgern verbunden und wirken in „Ein-Elektronen"-Schritten (z. B. erfolgt dabei im Ferment $Fe^{++} \rightarrow Fe^{+++}$ und umgekehrt). Durch diesen Tatbestand wird nach SZENT-GYÖRGYI der Gedanke nahegelegt, daß eine Wanderung von Elektronen durch das Eiweiß möglich ist und in den Enzymsystemen auch tatsächlich erfolgt. Diese Bemerkung von SZENT-GYÖRGYI stammt bereits aus dem Jahre 1941 und hat interessante sich über viele Jahre hinziehende Diskussionen und Untersuchungen über die Möglichkeit der Elektronenwanderung im Eiweiß ausgelöst. Die Peptidketten der Eiweißmoleküle besitzen an den Stellen, an denen die N-Atome sitzen, die schwachen Peptidbindungen und sind untereinander durch schwache Wasserstoffbrückenbindungen verbunden. Von den Quantenchemikern wurde zunächst für sehr unwahrscheinlich gehalten, daß in das Eiweiß injizierte (abgebremste) Elektronen die Barrieren, welche die N-Atome in den Peptidketten und die Wasserstoffbrücken darstellen, überwinden können. Eine genauere Untersuchung der Elektronenkonfigurationen an den Orten der Wasserstoffbrückenbindungen durch EVANS und GERGELY zeigte jedoch, daß das NH zwei π-Elektronen und C und O je ein π-Elektron liefert, die ähnlich wie die π-Elektronen der aromatischen Ringe[2] beweglich sind. Das bedeutet, daß sie nicht an die NH- oder CO-Gruppe gebunden sind, sondern sich über die Wasserstoffbrücken hinweg frei bewegen, allerdings wegen des großen Abstandes des N vom O mit einer vergleichsweise geringen Geschwindigkeit. Im Grundzustand besitzt das Molekül keine Leitfähigkeit, da sämtliche Plätze im Leitfähigkeitsband besetzt sind. Nach einer Abschätzung von EVANS und GERGELY soll die Höhe des Quantensprungs,

---

[1] Dabei ist die Reflexion des Lichtes an der Kristallschicht noch nicht berücksichtigt.

[2] Wegen ihrer Ladungsverteilung (antisymmetrisch zur Molekülebene) ist ihr Abstand von den positiven Rumpfladungen relativ groß, daher sind sie beweglich.

der ein Elektron in das nächste Band, das Leitfähigkeitsband, befördert, von der Größenordnung 3 eV sein.

Die Theorie ist in Übereinstimmung mit Untersuchungen von ELEY u. Mitarb. über die Eigenleitung von kristallisiertem Eiweiß und insbesondere von Aminosäuren in Kristallform. Nach ELEY u. Mitarb. kann deren Leitfähigkeit einigermaßen befriedigend durch die aus der Halbleitertheorie bekannten Formel

$$n = 2\,(\,2\,\pi\,m^*\,kT)^{\frac{2}{2}}\,ex\,\frac{-\varDelta\,\varepsilon}{2_k\,T}$$
$$K = n \cdot e \cdot u$$

beschrieben worden. Dabei ist n Konzentration der Ladungsträger, K Leitfähigkeit, u Elektronenbeweglichkeit. Entscheidende Bedeutung schreiben ELEY u. Mitarb. dem Befund zu, daß bei den Substanzen der Strom trägheitslos dem elektrischen Feld folgt. Sind die Elektrizitätsträger von der Substanz abgespaltene Protonen oder Atomgruppen, so hängt der Strom von der Zeit nach Anlegen der Spannung ab, wie z. B. nach RAJEWSKY und REDHARDT im Falle der Federkiele.

Versuche über die Temperaturabhängigkeit der Leitfähigkeit lieferten für den Abstand $\varDelta\,\varepsilon$ des besetzten Bandes von dem Leitfähigkeitsband Werte zwischen 2 und 4 eV. m^* ist die effektive Elektronenmasse, und wegen der vermutlich geringen Bandbreite wesentlich größer als die wahre Elektronenmasse anzunehmen. Insbesondere sind Untersuchungen über die Richtungsabhängigkeit der Leitfähigkeit in Glycineinkristallen sehr befriedigend verlaufen. Diese haben übereinstimmend mit der Theorie in Richtung der Wasserstoffbrücken eine weit höhere Leitfähigkeit (etwa um den Faktor 5) als in der hierzu senkrechten Richtung ergeben.

Nach EVANS und GERGELY sollten bei den Eiweißen im nahen UV Absorptionen auftreten, die den Übergängen in das Leitfähigkeitsband entsprechen. Es ist unbefriedigend, daß diese Absorptionen bisher nicht eindeutig nachgewiesen werden konnten. Zusätzlich in nativen Proteinen auftretende Absorptionen rühren nach KRATKY vielmehr von $C = N$-Bindungen her.

Nach RIEHL ist Gelatine eine völliger Isolator und erhält seine Leitfähigkeit erst durch Spuren von Wasser. Sie beruht bei der Anwesenheit von Wasser nach RIEHL auf sukzessive Protonenverschiebung in dem Wasser längs den Wasserstoffbrücken des Wassers. In ähnlicher Weise hatte bereits WIRTZ für das Eiweiß selbst Leitfähigkeit durch Protonenverschiebung längs den Wasserstoffbrücken postuliert.

Mit steigendem Wassergehalt zeigen Eiweiße einen beträchtlichen Anstieg der Leitfähigkeit, der im allgemeinen, z. B. bei einem Wassergehalt von 5%, mehrere Zehnerpotenzen beträgt. Meistens wurde bisher angenommen, daß es sich dabei um eine einfache Elektrolytfähigkeit handelt. In neuester Zeit hat ROSENBERG die Leitfähigkeit von feuchten

Hämoglobinkristallen untersucht. Wenn die Leitfähigkeit eine elektrolytische Leitfähigkeit oder eine Protonenleitfähigkeit darstellt, so muß sie mit einer Zersetzung des Wassers oder des Proteins verbunden sein, die sich aus der Stromstärke und der Dauer des Versuches berechnen läßt. In Wirklichkeit ist nach der Untersuchung von ROSENBERG die Zersetzung ganz geringfügig und liegt jedenfalls unter der berechneten. Untersuchungen über die Temperaturabhängigkeit der Leitfähigkeit zeigen, daß die Aktivierungsenergie für die Entstehung der Leitfähigkeit viel geringer ist als im wasserfreien Protein. Wie ROSENBERG vermutet, bilden in geeigneter Weise an das Eiweiß angelagerte H_2O-Moleküle ähnlich wie Metallzusätze in anorganischen Kristallen Störstellen, die zusätzlich Defektelektronen oder Elektronen liefern.

Insgesamt muß festgestellt werden, daß zwar im Laufe der Jahre der Widerstand gegen die Idee von SZENT-GYÖRGYI, daß Eiweiß ein elektronischer Halbleiter ist, nachgelassen hat, das ganze Problem jedoch keineswegs als definitiv geklärt angesehen werden kann.

4. Energiewanderung bei Anregung höherer Elektronenzustände EPR (Electron Paramagnetic Resonance) Spektroskopie und Energiewanderung.

Unter 1. und 2. war lediglich der Fall betrachtet worden, daß die Moleküle durch Einstrahlung von sichtbarem Licht oder UV oder auch energiereicher Strahlen auf den tiefsten instabilen Zustand gelangen und dieser speziell einem fluorescenzfähigen aromatischen Ring und allgemeiner einem fluorescenzfähigen System konjungierter Doppelbindungen zugeordnet werden kann. Bei Anregung mit energiereichen Strahlen erfolgt außer der Ionisation auch eine Anregung von höheren Zuständen. Innerhalb von Kettenmolekülen wandern Zustände hoher Anregungsenergie über eine ganze Anzahl von Kettenglieder, bis die Anregungsenergie in andere Energieformen übergeht. Aus massenspektroskopischen Untersuchungen von gasförmigen Kohlenwasserstoffen und auch von gasförmigen Kettenmolekülen mit komplexem Aufbau kann geschlossen werden, daß die Abdissoziation von Atomen oder Atomgruppen nicht an dem Ort der primären Ionisation erfolgt. Vielmehr ist die Ionisation von einer Energieübertragung auch an andere Elektronen des Molcküls begleitet. Die Elektronenenergie wird (WALLENSTEIN et al. und PAHL) in verwickelten räumlich sich ausbreitenden Vorgängen in Schwingungsenergie verwandelt, und die Abdissoziation eines Atoms oder einer Atomgruppe spielt sich in Abständen von der primären Ionisation ab, die bis zu fünf oder noch mehr Kettenglieder beträgt.

Nach ALEXANDER und CHARLESBY werden die Verhältnisse sehr gut durch Versuche mit Kohlenwasserstoffen, an die aromatische Ringe (Naphthalinringe) angeheftet sind, veranschaulicht. Es ist bekannt, daß aromatische Ringe als Energiefänger wirken, welche Anregungsenergie unschädlich machen. Bei der Bestrahlung von festen Kohlenwasserstoffen tritt eine Vernetzung der Moleküle ein, die zur Unlöslichkeit führt. Es ergibt sich, daß der Schutzeffekt durch Anheften des Naphthalins an die Mitte von Dodecans doppelt so groß ist wie nach der Anheftung des Naphthalins an seinen Enden. Man erkennt daraus, daß die Anregungsenergie von dem Ort der primären Ionisation bis zu einem Abstand von 6 C-Atomen wandert aber nicht wesentlich weiter.

Weitere interessante Aufschlüsse über die Energieleitung in festen Körpern, insbesondere in Aminosäuren und Eiweißen sind durch Aufnahmen der EPR-(Electron Paramagnetic Resonance)Spektren gewonnen worden.

Die Methode besteht darin, daß der Elektronenspin von ungepaarten Elektronen durch ein Magnetfeld parallel zum Magnetfeld ausgerichtet und in einem hochfrequenten magnetischen elektromagnetischen Wechselfeld das Umklappen der Spins in seine antiparallele Lage untersucht wird. Das Umklappen und eine Absorption der hochfrequenten Schwingung erfolgt, wenn das $h\nu$ des Wechselfeldes gerade mit der Zeemannaufspaltung des Grundterms übereinstimmt oder mit anderen Worten $h\nu = g \cdot \beta \cdot H$ ist, wobei β das Bohrsche Magneton darstellt. Das EPR-Spektrum wird aufgenommen, indem bei konstantem ν das Magnetfeld H variiert wird. Der g-Wert ist für freie Elektronen $g = 2{,}0023$ und hängt von dem Ort und der Art der Bindung des ungepaarten Elektrons in der bestrahlten Probe und außerdem von der Kristallorientierung relativ zu H etwas ab, weil durch die Elektronenbahnen am Ort des Elektrons ein zusätzliches schwaches Magnetfeld erzeugt wird, das proportional dem äußeren Magnetfeld ist. Außerdem tritt eine Feinstruktur durch die Anwesenheit vor allem von Protonen in der Umgebung des ungepaarten Elektrons auf, weil auch die Protonen durch das Magnetfeld parallel oder antiparallel ausgerichtet werden und zusätzliche Magnetfelder am Ort des ungepaarten Elektrons erzeugen.

Aus der Untersuchung der Feinstruktur der Spektren bestrahlter Einkristalle von Aminosäuren hat man schließen können, daß wenigstens, soweit es sich um Aminosäuren handelt, in der Regel, wenn auch keineswegs immer, die Radikale ungeladen sind. Die Radikale entstehen hiernach durch Abspaltung von Atomen oder Atomgruppen (vielfach H-Atomen) und nicht durch Abspaltung von Elektronen[1] von den Molekülen der Aminosäuren. Die Zentrenzahl (Zahl der Radikale) steigt nur bei kleinen Dosen proportional der Dosis an und nähert sich dann meist (bei Dosen von 10^6 bis 10^8 rad) einem Grenzwert, der dadurch charakterisiert ist, daß ebensoviele Radikale pro Dosiseinheit gebildet wie vernichtet werden.

---

[1] Es ist anzunehmen, daß diese sofort von den positiven Ionen wieder eingefangen werden.

Offenbar können die abgespaltenen Bruchstücke in den Kriställchen eine
gewisse Strecke diffundieren und rekombinieren dabei mit den Molekül-
rümpfen, wenn deren Konzentration genügend groß ist. Eine Abschätzung
der Diffusionslänge der Bruchstücke (mittlere Entfernung, welche sie vom
Entstehungsort unmittelbar nach ihrer Entstehung zurücklegen, bis sie
sich anlagern[1] oder mit einem anderen Bruchstück rekombinieren) ergibt
100 bis 300 Å. Nach der Bestrahlung stellt man einen über viele Stunden
und Tage sich erstreckenden Abfall der Spektren fest, der durch Erhitzen

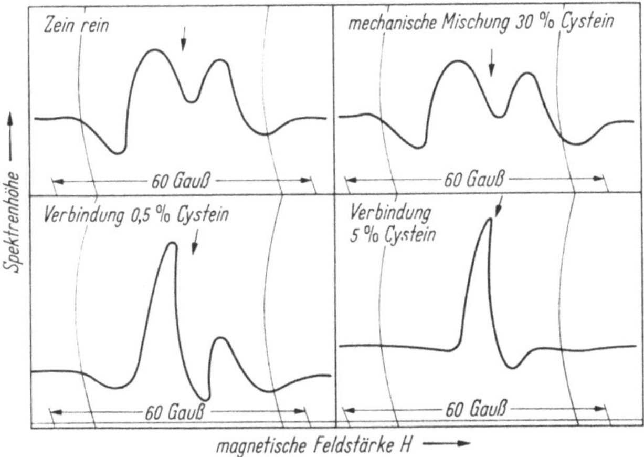

Abb. 4. EPR-Spektren $\left(\dfrac{dA}{dH}\ \text{als Funktion von H}\right)$ für feste Lösungen von
Cystein in Zein und mechanischen Mischungen Meßfrequenz 9000 Mc/sec,
Dosis $2 \cdot 10^6$ rad. Nach GORDY und MIYAGAWA.

beschleunigt wird und wahrscheinlich darauf beruht, daß auch die Mole-
külrümpfe eine geringe Beweglichkeit besitzen.

Eiweiße, die Cystin oder Cystein enthalten, zeigen nach GORDY ein
EPR-Spektrum, das für Cystin und Cystein charakteristisch ist. Besonders ist ein Versuch von GORDY und MIYAGAWA aufschlußreich (vgl.
Abb. 4), bei dem einmal mechanische Mischungen von Cystein und Zein
bestrahlt wurden und zum anderen chemische Verbindungen der gleichen
Stoffmengen. Das Spektrum der Mischungen setzt sich additiv aus dem
Spektrum der einzelnen Komponenten zusammen. Ganz anders erhält
man bei den Verbindungen bereits mit 5% Cystein eine breite Linie,
also nicht mehr das Zeinspektrum. Eine nähere Untersuchung (Variation
der Meßfrequenz) zeigt, daß das ungepaarte Elektron auf dem Cystein
fest lokalisiert ist.

---

[1] Wobei wie bei dem primären Ionisations- oder Anregungsakt ein Zentrum
entstehen kann.

Zur Erklärung des Versuchs gibt es nach GORDY und MIYAGAWA zwei Möglichkeiten. Eine ziemlich hohe Wahrscheinlichkeit spricht dafür, daß die Anregungsenergie (in Form von Anregungsenergie ohne Ladungstrennung) vom Ort der primären Ionisation entlang der Hauptvalenzkette zu dem Cystein gelangt und dort ein Atom oder eine Atomgruppe abspaltet.

Außerdem besteht nach GORDY und MIYAGAWA die Möglichkeit, daß in diesem Falle (abweichend von der Regel) geladene Radikale erzeugt werden. Hiernach entsteht an dem Ort der primären Ionisation durch Entfernung eines Elektrons ein positiv geladenes Radikal. Ein Elektron der S-S-Brücke des Cysteins wandert zu dieser positiven Ladung, so daß schließlich eine positiv geladene S-S-Brücke übrig bleibt, der die Linie zugeschrieben wird. Im Rahmen der ganzen Deutung wird angenommen, daß die bei der primären Ionisation abgespaltenen Elektronen zu Elektronenfallen gelangen und nicht nachweisbare Spektren wegen deren extremen Verbreitung ergeben.

Ein ganz anderer Mechanismus der Energiewanderung liegt nach HENRIKSEN im bestrahlten Glutathion vor. Das Spektrum, das unmittelbar nach der Bestrahlung registriert wird, erfährt erst im Laufe einer Woche eine Umwandlung, man erhält erst nach einer Woche das gleiche Spektrum wie in reinem Cystein. HENRIKSEN kommt zu dem Schluß, daß die Übertragung des freien Spins durch „intermolekulare" Prozesse erfolgt oder mit anderen Worten, daß Molekülbruchstücke Träger des ungepaarten Elektrons sind, schließlich zu dem Cysteinbestandteil des Glutathions gelangen und dort den Radikalzustand erzeugen, der sich dann im Spektrum bemerkbar macht.

Nach RAJEWSKY und REDHARDT stellt man auch im Spektrum von bestrahltem Keratin Umwandlungen fest, die sich über mehrere Stunden erstrecken. Eine relativ schmale Linie mit dem g-Wert des freien Elektrons verschwindet. Es wird auf die Möglichkeit hingewiesen, daß die schmale Linie von einem freien Elektron mit einer begrenzten freien Beweglichkeit herrührt.

Mit UV bestrahltes Homocystein, Methionin und Albumin zeigen nach KOCH u. a. andere ERP-Spektren als mit Röntgenstrahlen bestrahltes. Die Röntgen ERP-Spektren verschwinden bei der UV-Bestrahlung. Wahrscheinlich rekombinieren durch das UV abgeschlagene Bruchstücke (weniger wahrscheinlich Elektronen) mit den Röntgenzentren.

Literatur.

ALEXANDER, P., and A. CHARLESBY: Energy Transfer in Macromolecules Exposed to Ionizing Radiations. Nature (Lond.) **173**, 578 (1954).

BANNISTER, T. T.: Energy Transfer between Chromophore and Protein in Phycocyanin. Arch. Biochem. **49**. 222 (1954).

BÜCHER, T.: Energietransport innerhalb lebender Zellen. Advanc. Enzymol. **14**, 1 (1953).

Bücher, T., and J. Kaspers: Photochemical Cleavage of Carbon Monoxide Myoglobin by Ultraviolet Radiation. Biochim. biophys. Acta 1, 21 (1947)

Burton, M.: Energie „Dissipation" in der Strahlenchemie. Z. Elektrochem. 64, 975 (1960).

Curder, M. H., and D. D. Eley: The Semiconductivity of Organic Substances. Disc. Farad. Soc. 27, 115 (1959).

Eley, D. D., and D. J. Spirey: The Semiconductivity of Organic Substances. Trans. Farad Soc. 56, 1432 (1960).

Evans, M. J., and J. Gergely: A Discussion of the Possibility of Bands of Energy Levels in Proteins. Biochim. biophys. Acta 3, 188 (1949).

Förster, Th.: Fluorescenz organischer Verbindungen. Göttingen: 1951.

Gordy, W., and I. Miyagawa: Electron Spin Resonance Studies for Chemical Protection from Ionizing Radiation. Radiat. Res. 12, 211 (1960).

Henriksen, T., and A. Pihl: Migration of Radiation Damage in Glutathione. Int. J. Radiat. Biol. 3, 351 (1961).

—, T. Sauner, and A. Pihl: Secondary Processes in Proteins Irradiated in Dry State. Radiat. Res. 18, 147 (1963).

Kleinermann, M., L. Azarraga, and S. P. McGlynn: The Photoconductive and Emission Spectroscopic Properties of Organic Nuclear Materials in Luminiscence, S. 196. Hrsg. Kallmann, H. P., and G. M. Spruch. New York 1962.

Koch, R., J. Fränz und K. Markau: UV und röntgenbedingte paramagnetische Resonanzabsorption an Animosäuren und Eiweißen Atompraxis 8, 345 (1932).

Kratky, O., u. E. Schaunstein: Die Ultraviolettabsorption von Faserproteinen. Z. Naturforsch. 9, 281 (1950).

Moore, W., and M. Silver: Generation of Free Carriers in Photoconducting Anthracen. J. chem. Phys. 33, 1671 (1960).

Pahl, M.: Über die Stabilität organischer Moleküle bei Elektronenstoß. Z. Naturforsch. 9b, 188, 418 (1954).

Rajewsky, B., u. A. Redhardt: Zum Zeitverhalten von Elektronenresonanzsignalen in röntgenbestrahltem Keratin. Biophysik 1, 1 (1963).

Redhardt, A.: Zeit- und Milieuabhängigkeit von Elektronenresonanzspektren röntgenbestrahlter Faserproteine und Aminosäuren in Strahlenwirkung und Milieu. Hrsg. Fritz-Niggli, H. 1962, 71.

Riehl, W.: Elektrische Leitfähigkeit von organischen Isolatoren, Proteinen in Zusammenhang mit der Energiewanderung. Naturwissenschaften 43, 145 (1956).

Rosenberg, B.: Photoconduction Activation Energies in Cis-Trans-Isomers of Carotene. J. chem. Phys. 34, 63 (1961).

— Electrical Conductivity of Proteins. Nature (Lond.) 193, 364 (1962).

Schirmer, O., u. K. Sommermeyer: Die Abhängigkeit der Ausbeute an Radikalen in einfachen festen Aminosäuren von Dosis und spezifischer Ionisation und ihre Deutung durch eine Diffusionstheorie. Atompraxis 8, 288 (1962).

Shore, V. G., and A. B. Pardee: Energy Transfer in Conjugated Proteins and Nucleic Acids. Arch. Biochem. 62, 355 (1956).

Stoyer, L.: Energy Transfer in Proteins and Polypeptides. Radiat. Res. Suppl. 2, 432 (1960).

Wallenstein, M., A. L. Wahrhaftig, H. Rosenstock, and H. Eyring: Chemical Reactions in Gas Phase Connected with Ionisation. Nickson Symp. Radiobiol. New York 105 (1952).

Wojtech, L.: Elektrische Leitfähigkeit in dem PVC-Kunststoff „Trovidur". Biophysik 1, 60 (1961).

Zimmer, K. G., W. Köhnlein, G. Hotz und A. Müller: Elektronenspinresonanzen in bestrahlten Bakteriophagen und deren Bestandteilen. Strahlentherapie 120, 161 (1963).

Drittes Kapitel.

Das aktive Wasser.

Bei der Einwirkung der energiereichen Strahlen auf flüssiges Wasser entstehen Wasserradikale, und zwar vor allem H und OH, in Gegenwart von O_2 das Radikal HO_2. In saurer Lösung geht das Radikal H in H_2^+ nach $H + H^+ \rightarrow H_2^+$ über, und in alkalischer Lösung dissoziiert das Radikal HO_2 in O_2^- und H^+. Die primären Reaktionen, die zur Bildung der Radikale führen, sind Gegenstand einer bereits über ein Jahrzehnt sich hinziehenden Kontroverse.

Nach WEISS, LEA und PLATZMANN diffundieren die vom Wassermolekül abgespaltenen und abgebremsten Elektronen zunächst eine gewisse Strecke als negative Polaronen $(H_2O)^-$ durch das Wasser, um schließlich nach $(H_2O)^- \rightarrow OH^- + H$ zu zerfallen. Das zurückbleibende positive Polaron $(H_2O)^+$ dissoziiert in H^+ und OH.

Nach SAMUEL und MAGEE erfolgt die Abbremsung der Elektronen in der Regel noch innerhalb der Reichweite des Coulombfeldes vom positiven Ausgangsion (d. h. innerhalb eines Abstandes von 200 Å), und die Elektronen werden daher von den positiven Wasserionen wieder eingefangen. Bei der Wiedervereinigung der Ladungen dissoziiert das Wasser in H und OH und ebenso unmittelbar durch Elektronenstöße. Mit nennenswerter Ausbeute treten also primär nur die ungeladenen H- und OH-Radikale auf und nicht $(H_2O)^+$, $(H_2O)^-$ H^+ und OH^- wie bei WEISS, LEA und PLATZMANN.

Nach ALLEN und ebenso nach WEISS, ALLAN und SCHOLES kann man die volle Mannigfaltigkeit der Reaktionen des aktiven Wassers mit gelösten Stoffen nur verstehen, wenn man annimmt, daß an ihnen auch das negative Polaron $(H_2O)^-$ teilnimmt. Nach ALLEN unterscheidet sich das H, das unmittelbar nach der Radiolyse des H_2O entsteht, in charakteristischer Weise in seiner Reaktionsfähigkeit von dem H, das bei der sekundären Reaktion $OH + H_2 = H + H_2O$ gebildet wird. ALLEN nimmt an, daß es sich im ersteren Fall in Wirklichkeit um ein negatives Polaron handelt. Nach WEISS, ALLAN und SCHOLES kann man grundsätzlich aus der Abhängigkeit der Reaktionen vom p_H-Wert schließen, in welchem Umfang sie durch negative Polaronen hervorgerufen werden. Während nämlich nach SAMUEL und MAGEE in sauerstofffreier Lösung eine Beeinflussung der Konzentration der primären Produkte durch den p_H-Wert lediglich nach $H + H^+ \rightarrow H_2^+$ möglich ist, ergibt sich nach WEISS, ALLAN und SCHOLES bei Anwesenheit negativer Polaronen eine Abhängigkeit vom p_H-Wert auch durch die Reaktion $(H_2O)^- + H^+ \rightarrow \rightarrow H_2O + H$. Das heißt, es findet in saurer Lösung eine Überführung von $(H_2O)^-$ in $H_2O + H$ statt. Nach WEISS, ALLAN und SCHOLES macht sich diese Reaktion bei der radiochemischen Umwandlung des Isopropylalkohols in Aceton und H_2 bemerkbar. Nach DAINTON und PETERSON erfolgen bei der Strahlenwirkung auf Fe^{+2}-, Ce^{+4}- und NO^-_2-Lösungen zusätzlich nicht nur Reaktionen durch $(H_2O)^-$, für dessen Bildung ein g-Wert von 2,75 Molek/100 eV ermittelt wird, sondern auch durch metastabil angeregtes H_2O^* mit einem g-Wert von 0,7 Molek/100 eV und auch durch O^-, das in alkalischen Lösungen nach $OH \to H^+ + O^-$ entsteht.

Die primären Ionisationen mit genügendem Energieinhalt erzeugen unmittelbar durch kumulative Reaktionen innerhalb eines sehr kleinen Bereiches mit nur sehr wenigen Wassermolekülen („molekulare Reaktionen") auch H_2 und H_2O_2. Nach ALLEN sind folgende „molekulare" Bildungsreaktionen zu unterscheiden:

$$H_2O = \quad H + OH \quad R$$
$$2\,H_2O = \quad H_2 + H_2O \quad F$$
$$2\,H_2O = 2\,H + H_2O_2 \quad E$$

Die Reaktionen F und E gehen vor allem an den Orten der primären Ionisation mit einem höheren Energieinhalt innerhalb der kleinen Bereiche mit nur wenigen Wassermolekülen vor sich. Ebenso nimmt mit steigender spezifischer Ionisation die Wahrscheinlichkeit, d.h. der g-Wert der R-Reaktion ab und der F- und E-Reaktion zu. Zum Beispiel steigt beim Übergang von Co^{60}-Strahlen zu den Alpha-Strahlen der g-Wert der F-Reaktion von 0,5 auf 1,6 Molek/100 eV an, und der g-Wert der R-Reaktion nimmt von 2 auf etwa 0,1 bis 0,2 Molek/100 eV ab, während der g-Wert der E-Reaktion von 0,4 auf 0,1 bis 0,3 Molek/100 eV abnimmt.

In reinem Wasser vernichten sich die Wasserradikale gegenseitig, bzw. sie reagieren mit dem gebildeten H_2O_2 und H_2. SMITH hat aus Untersuchungen über die Inaktivierung von monomolekularen Eiweißschichten in Wasser durch die Gamma-Strahlung des Co^{60} die mittlere Entfernung experimentell ermittelt, welche die Radikale in reinem Wasser zurücklegen, bis sie durch Sekundärreaktionen verschwinden. Diese Diffusionslänge l des aktiven Wassers errechnet sich aus den Versuchsdaten, wobei von der Formel I (11) ausgegangen wird, zu etwas weniger als 10^{-5} cm. Nach der Formel $l = \sqrt{Di\,T}$ ergeben sich mit plausiblen Werten für den Diffusionskoeffizienten Di Lebensdauern T des aktiven Wassers etwas über 10^{-6} sec. Die Diffusionslänge von aktiven Wasserpartikeln, welche durch Alpha-Strahlen in reinem Wasser erzeugt werden, ist wegen der viel größeren Radikalkonzentration auf der Spur des Alpha-Teilchens geringer (nur etwa von der Größenordnung 10^{-6} cm), sofern sie nicht von den Delta-Strahlen erzeugt werden.

Wie schon in (I) ausgeführt, gilt die von SMITH benutzte Formel I (11) nur unter der Voraussetzung, daß die Wahrscheinlichkeit für das Verschwinden der Radikale unabhängig vom Ort ist, während sie in Wirklichkeit mit ihrer Entfernung vom Entstehungsort kleiner wird. Über die exakte Behandlung der gesamten Reaktionskinetik ist im Laufe der letzten Jahren eine umfangreiche Literatur entstanden.

LEA hatte angenommen, daß die primäre Bildung der OH-Teilchen auf der Spur der ionisierenden geladenen Teilchen innerhalb eines Cylinders mit dem Radius von etwa 20 Å, und der H-Teilchen innerhalb eines Cylinders mit dem Radius von etwa 180 Å erfolgt, und mit fortschreitender Zeit sich H und OH wieder vereinigen, indem gleichzeitig durch Diffusion die Cylinderdurchmesser sich vergrößern. Unter diesen einfachen Annahmen ist die Durchführung einer quantitativen Theorie des gesamten Vorganges verhältnismäßig einfach und kann unter Benutzung der von JAFFEE für die Ladungsrekombination aufgestellten Formeln erfolgen. SAMUEL und MAGEE haben das gesamte Problem erneut aufgegriffen, und schließlich ist es unter allgemeineren und mannigfaltig variierten Bedingungen von GANGULY und MAGEE, FRICKE, SCHWARZ, KUPPERMANN und BELFORD u. a. behandelt worden. Dabei wurden vor allem auch den Reaktionen der gelösten Stoffe mit dem aktiven Wasser Rechnung getragen. Es wird aber immer von der vereinfachenden Annahme ausgegangen, daß lediglich H und OH die primären chemischen Produkte sind, also nur eine Art von H-Atomen vorhanden ist. Die vollkommene Formulierung des Problems führt z. B. im Falle der Umwandlung des Fe^{++}-Ions in das Fe^{+++}-Ion (Ferrosulfatdosimeter) zu folgenden Gleichungen:

$$\begin{array}{lll} OH + OH \;\rightarrow H_2O_2 & K_1 & (1) \\ H + H \;\rightarrow H_2 & K_2 & (2) \\ OH + Fe^{++} \rightarrow OH^- \; + Fe^{+++} & K_3 & (3) \\ H + H^+ \;\rightarrow H_2^+ & K_4 & (4) \\ H_2O_2 + Fe^{++} \rightarrow Fe^{+++} + OH + OH^- & K_5 & (5) \\ H_2^+ + Fe^{++} \rightarrow Fe^{+++} + H_2 & K_6 & (6) \end{array}$$

Unter Benutzung der Geschwindigkeitskonstanten K_1 bis K_6 ergeben sich sechs nicht lineare partielle Differentialgleichungen:

$$\frac{d\,[OH]}{dt} = D_{OH}\,\varDelta^2\,[OH] - K_1\,[OH]^2 - K_3\,[OH]\,[Fe^{++}] + K_5\,[H_2O_2]\,[Fe^{2+}]$$

$$\frac{d\,[H]}{dt} = D_H\,\varDelta^2\,[H] - K_2\,[H]^2 - K_4\,[H]\,[H^+]$$

und die vier weiteren analogen Gleichungen für:

$$\frac{d\,[H_2O_2]}{dt}\,, \quad \frac{d\,[H_2^+]}{dt}\,, \quad \frac{d\,[Fe^{+2}]}{dt}\,, \quad \frac{d\,[H^+]}{dt}\,.$$

Für den Nullpunkt der Zeitskala wird entweder angenommen, daß die H- und OH-Teilchen eine axialsymmetrische Gauß-Verteilung auf der Spur der ionisierenden Partikel besitzen, oder es werden nicht zur Überlappung kommende, kugelsymmetrische Haufen mit Gauß-Verteilung angenommen. (Erstere Annahme entspricht angenähert den Verhältnissen bei den Alpha-Teilchen, letzteres bei den Teilchen mit geringer spezifischer Ionisation.) Die Durchmesser dieser cylinderförmigen oder axialsymmetrischen Verteilung sind nach SAMUEL und MAGEE die gleichen für H und OH und nach LEA und PLATZMANN für H viel größer als für OH.

Bei der Durchführung der Integration solcher oder ähnlicher Systeme können noch eine Reihe von Vereinfachungen vorgenommen werden, trotzdem ist sie im wesentlichen nur numerisch mit Hilfe von elektronischen Rechenmaschinen möglich gewesen. Die Durchmesser der anfänglichen Gauß-Verteilungen werden etwa zwischen 10 und 50 Å angenommen.

Die gesamten Ergebnisse der Radiochemie verdünnter wäßriger Lösungen lassen sich durch solche Formalismen gut zur Darstellung bringen, insbesondere auch die Abnahme der Ausbeuten an H_2 und H_2O_2 bei Zugabe gelöster Substanzen mit steigenden Konzentrationen, die dadurch entsteht, daß bei genügend hohen Konzentrationen der gelösten Stoffe die Ausbeuten der „molekularen" Reaktionen F und E vermindert werden. Nach KUPPERMANN entsprechen die experimentellen Ergebnisse besser der Annahme von SAMUEL und MAGEE, daß die anfänglichen Gauß-Verteilungen für H und OH die gleichen Durchmesser haben, als der Annahme von LEA, nach der der Durchmesser der H-Verteilung viel größer ist als der OH-Verteilung. Nach KUPPERMANN kann der anfängliche Durchmesser der H-Verteilung höchstens dreimal so groß sein als der der OH-Verteilung.

Die Wirkung, die Röntgenstrahlen in wäßrigen Lösungen erzielen, kann man nachahmen, indem man nach ENGELHARD u. Mitarb., CAPSKI und STEIN et al. durch elektrische Entladungen in gasförmigem H_2 oder H_2O H- und OH-Radikale erzeugt und den wäßrigen Lösungen zuführt. Nach ENGELHARD u. Mitarb. ergeben sich Unterschiede in der Wirkung von Röntgenstrahlen und der Entladungsprodukte auf Lösungen, die sich auf die Mitwirkung von Polaronen und metastabilen Wasser, nach DAINTON, im Falle der Röntgenstrahlen erklären lassen.

SCHMIDT hat einen interessanten Versuch unternommen, die Kontroverse über die Entstehung von Ladungsträgern in bestrahltem Wasser (im reinen Wasser vor allem H^+ und OH^-) unmittelbar durch Leitfähigkeitsmessungen zu entscheiden. SCHMIDT findet in der Tat in extrem reinem Wasser während und unmittelbar nach der Bestrahlung eine Leitfähigkeitszunahme, die aber dem negativen O_2^- zugeschrieben werden muß.

Die Ladungsträger besitzen nämlich die beträchtliche Lebensdauer von 0,15 sec. Es ist zu erwarten, daß H^+ und OH^- in Zeiten von $\approx 10^{-4}$ sec sich wieder vereinigen, ohne die Spur der ionisierenden Korpuskeln zu

verlassen, während O_2H (das in O_2^- und H^+ zerfällt) viel größere Diffusionslängen zugeschrieben werden kann.

FROHLINDE und EIBEN weisen in bestrahlten, gefrorenem, alkalischem
Wasser eine Absorptionsbande bei 5750 Å nach, welche hydratisierten
Elektronen zugeschrieben werden kann. Eine Untersuchung des EPR-
Spektrums ergibt außer dem Dublett des OH eine schmale Singulett-
Linie, die offensichtlich von dem hydratisierten Elektron herrührt und
eine breite Singulett-Linie, die wahrscheinlich O^- zugeordnet werden
muß. HART und BOAG finden auch in flüssigem Wasser die Absorption
der hydratisierten Elektronen (bei 7000 Å), in dem sie das Wasser mit
Elektronenblitzen der Energie von 1,8 MEV bestrahlen und gleichzeitig
das Absorptionsspektrum aufnehmen. Die Lebensdauer der hydratisierten
Elektronen beträgt einige 10^{-6} sec.

Literatur.

ALLAN, J. T., and G. SCHOLES: Effects of p_H and the Nature of the Primary Species
in the Radiolysis of Aqueous Solutions. Nature (Lond.) **187**, 218 (1960).
ALLEN, A. O.: Mechanism of the Radiolysis of Water by Rays or Electrons. In:
HAISSINSKY, M.: The Chemical and Biological Action of Radiolysis V. London:
Academic Press 1961.
— The Yields of Free H and OH in the Irradiation in Water. Radiat. Res. **1**, 85 (1954).
BURTON, M., u. J. L. MAGEE: Einige chemische Aspekte der Strahlenbiologie.
Naturwissenschaften **43**, 433 (1956).
DAINTON, F. S., and D. B. PETERSON: Forms of H and OH Produced in the Radio-
lysis of Aqueous Systems. Proc. roy. Soc. A **79**, 443 (1962).
ENGELHARD, H., u. F. W. FROBEN: Die Wirkung von OH-Radikalen und H-Atomen
in verdünnten wäßrigen Lösungen. Z. Naturforsch. **17b**, 639 (1962).
FROHLINDE, D., u. K. EIBEN: Solvatisierte Elektronen in eingefrorenen Lösungen.
Z. Naturforsch. **17**, 445 (1962).
— Radikalionen bei der Radiolyse von alkalischem Eis. Z. Naturforsch. **18a**, 99
(1963).
HART, F. J., and J. W. BOAG,: Absorption Spektrum of Hydratet Electron in Water
and in Aqueous Solutions. J. Amer. chem. Soc. **84**, 4090 (1962).
KUPPERMANN, A.: Diffusion Kinetics in Radiation Chemistry. In: HAISSINSKY, M.:
The Chemical and Biological Action of Radiation Vol. 5. London: Academic
Press 1961.
—, and G. B. BELFORD: Diffusion Kinetics in Radiation Chemistry. J. chem. Phys.
36, 1412 (1962).
LEA, D. E.: Action of Radiations on Living Cells. Cambridge: 1946.
SAMUEL, A. H., and J. L. MAGEE: Theory of Radiation Chemistry II. Track Effects
in Radiolysis of Water. J. chem. Phys. **21**, 1080 (1953).
SCHMIDT, K.: Anwendung elektrischer Leitfähigkeitsmessungen zum Studium der
Radiolyse in Wasser. Z. Naturforsch. **16b**, 206 (1961).
SMITH, L. C.: The Inactivation of Monomolecular Film of Protein and its Relation to
the Lifetime of Active Radicals Formed in Water by X-Radiation. Arch.
Biochem. **50**, 323 (1954).
WEISS, J.: Primary Processes in the Action of Ionizing Radiations on Water.
Formation and Reactivity of Self-Trapped Electrons („Polarons"). Nature
(Lond.) **186**, 751 (1960).

II. Anwendung der Treffertheorie in der allgemeinen Strahlenbiologie.

Erstes Kapitel.

Direkte Strahlenwirkung auf Enzyme, Viren und Phagen, vorwiegend auf trockene Enzyme, Viren und Phagen in vitro.

Schon vor dem Krieg und während des Krieges wurde von Lea u. Mitarb. eine Arbeit über die Inaktivierung von getrockneten Enzymen durch Röntgenstrahlen und über die Inaktivierung von getrockneten Phagen und Viren durch Röntgen- und Alpha-Strahlen durchgeführt. Eine systematische treffertheoretische Diskussion dieser älteren Arbeiten, ebenso der Pionierarbeiten von Wollman u. Mitarb. über die Inaktivierung von Phagensuspensionen bei Unterdrückung der indirekten Strahlenwirkung wurde bereits durch Lea in seinem Buch gegeben. Außerordentliche Fortschritte wurden seit 1950 auf diesem Gebiet vor allem von Pollard u. Mitarb. erzielt. Die Enzyme wurden überhaupt erstmals einer umfassenden Untersuchung unterzogen. Die Genauigkeit der Untersuchungen wurde dadurch gesteigert, daß nur Korpuskularstrahlen zur Anwendung kamen. Außer Alpha-Strahlen und raschen Elektronen wurden insbesondere energiereiche Deuteronen benutzt. Dadurch ist es möglich, Versuche mit wohl definierter LET auszuführen und diese in einem großen Bereich zu variieren. Tab. 1 enthält

Tabelle 1. *LET (linearer Energietransfer) in Eiweiß.*
LET-Energieverlust pro 100 Å Weg in Eiweiß in eV.
(Nach Pollard u. Mitarb.).

Energie MeV	10	4	2	1	0,5
Alpha-Teilchen	662	1300	2080	2520	2460
Deuteron	93	194	320	540	795
Proton	57	117	194	320	540
Elektron			2,75		

die Liste der seit 1950 von Pollard u. Mitarb. benutzten Strahlen und deren nach der Bethe-Bloch-Formel berechnete LET.

Seit 1957 ist es auch gelungen mit Linearbeschleunigern oder im Zyklotron N-, C-, O- und Ne-Kerne mit einer kinetischen Energie von etwa 100 bis 150 MeV herzustellen und auch mit ihnen getrocknete Enzyme, Viren und Phagen zu inaktivieren. Die mit diesen „stripped atoms‟ erzielbaren LET liegen noch beträchtlich über den LET der Alpha-Strahlen, nämlich etwa

$$\text{zwischen 2000 und 6000}\ \frac{\text{MeV} \cdot \text{cm}^2}{\text{g}}, \text{ d. h. 2600 bis 7800}\ \frac{\text{eV}}{100\ \text{Å in Eiweiß}}\cdot$$

1. Inaktivierung von trockenen Enzymen.

Die Inaktivierung der trockenen Enzyme, Viren und Phagen erfolgt ganz allgemein durch einen einzigen Treffer. Die Dosis-Überlebenskurven sind wenigstens bei Anwendung energiereicher Strahlen reine Exponentialkurven, K-Kurven treten nicht auf. Nach der Treffertheorie in ihrer einfachsten Form erfordert die Inaktivierung, daß bei einem Korpuskeldurchgang durch das Enzymmolekül dort mindestens eine einzige primäre Ionisation erfolgt. Wie zuerst LEA argumentiert hat, können die primären Anregungen vernachlässigt werden, weil die Inaktivierungswahrscheinlichkeit der UV-Quanten ganz gering ist (10^{-2} bis 10^{-4} pro im Enzym absorbiertes UV-Quant).

Führt man die Bestrahlung mit Röntgenstrahlen durch, so wird die Inaktivierungsrate als Funktion der absorbierten Dosis aufgenommen und aus der in rad-Einheiten bestimmten absorbierten Dosis unmittelbar die Zahl der primären Ionisationen in der Volumeneinheit r_{pr} berechnet, indem die in der Volumeneinheit absorbierte Energie durch den mittleren Energieaufwand pro primäre Ionisation dividiert wird. Es gilt nach I (10)

$$w = \frac{N}{N_0} = e^{-\alpha D}$$

$$\alpha D = \alpha r_{pr} = \frac{v \cdot r_{pr}}{S} \qquad S = \frac{\bar{a}\, i}{1 - e^{-\bar{a}\, i}}.$$

Werden die Bestrahlungen mit Korpuskularstrahlen ausgeführt, so wird experimentell die Inaktivierungswahrscheinlichkeit nicht als Funktion der Dosis, sondern als Funktion der Zahl der auffallenden Partikel pro Flächeneinheit J aufgenommen, dann ist nach I (10a)

$$w = e^{-Q\, J} \qquad Q = Qg\, (1 - e^{-\bar{a}\, i}),$$

wobei Q dem Wirkungsquerschnitt der Reaktion, den Inaktivierungsquerschnitt, Qg den geometrischen Querschnitt des strahlenempfindlichen Volumens bedeutet. Ermittelt man Q als Funktion des Partikelflusses I, so erhält man nach (10a) bei kleinen i und I einen linearen Anstieg der In-

Tabelle 2. *Vergleich zwischen dem treffertheoretisch aus den Inaktivierungsdosen und dem kolloidchemischen Molekulargewicht für Enzyme nach* POLLARD.

Material	Molekulargewicht	
	treffertheoretisch	kolloidchemisch
Penicillin	550	356
Catalase	110,000	250,000
Invertase	120,000	120,000
Pepsin	39,000	36,000
Chymotrypsin	50,000	23,000
Insulin	23,000	6,000
Trypsin	34,000	24,000
DNase	62,000	63,000
Alpha-amylase	145,000	100—200,000
Beta-galactosidase	290,000	360,000

aktivierungsrate nach $1-w = Qg\,\bar{a}\,iI = vi\,I$ (v Enzymvolumen). Für große spezifische Ionisationen i ist Q identisch mit dem geometrischen Querschnitt Qg des strahlenempfindlichen Volumens. Außerdem sind noch Korrekturen zur Berücksichtigung der Delta-Strahlen anzubringen.

Erfolgt die Inaktivierung der Enzyme mit Korpuskularstrahlen geringer spezifischer Ionisationen, so findet man meistens den erwarteten linearen Anstieg des Wirkungsquerschnittes Q mit der spezifischen Ionisation. Dabei erhält man (vgl. Tab. 2) nach Auswertung mit $1-w = vi\,I$ die beste Übereinstimmung zwischen den treffertheoretischen,

strahlenempfindlichen Volumina v und den wirklichen Molekülvolumina, wenn man die Zahl der primären Ionisationen auf der Spur der Korpuskel unter der Annahme berechnet, daß der mittlere Energieaufwand pro primäre Ionisation 75 eV beträgt,

d. h. $i = \dfrac{\mathrm{LET}}{75}$ ist.

Bei einer Gruppe von fünf Enzymen, z. B. Serumalbumin und Hämoglobin, steigt der Inaktivierungsquerschnitt Q nicht linear mit der spezifischen, primären Ionisation an, sondern nach einer S-förmigen Kur-

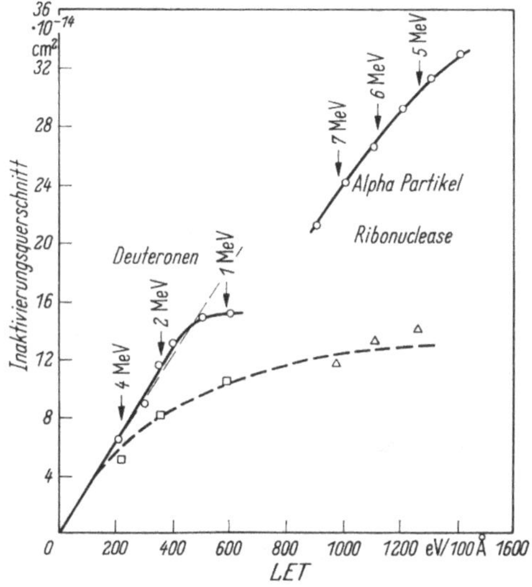

Abb. 5. Inaktivierungsquerschnitt Q der trockenen Ribonuclease als Fraktion der LET nach HUTCHINSON und POLLARD, ○ experimentelle Werte, △ nach Abzug der Delta-Strahlen-Korrektur.

ve. Die Form der Kurven entspricht drei notwendigen Ionisationen nach Abb. 3. Bei der Inaktivierung dieser Enzyme liegt also Konzentrationseffekt vor, der bei höherem i in Sättigungseffekt übergeht.

Wird bei den primären Ionisationen auf das Sekundärelektron eine genügend hohe Energie übertragen, so tritt seitlich aus der Korpuskelbahn ein Delta-Elektron aus, dieses kann auch in ein Enzymmolekül, welches außerhalb der Korpuskelbahn liegt, eindringen. Dadurch wird die Treffwahrscheinlichkeit vergrößert.

Während bereits LEA die Bedeutung dieses Delta-Strahleneffektes erkannt hatte, war er in den ersten Arbeiten von POLLARD u. Mitarb. zunächst vernachlässigt worden. In neuerer Zeit haben HUTCHINSON und POLLARD auf die Rechnungen von LEA zurückgegriffen, und insbesondere die Delta-Korrektur auf die Inaktivierungsquerschnitte von

Ribonuclease angewandt. Das Ergebnis zeigt Abb. 5. Die oberen Kurven geben die gemessenen Inaktivierungsquerschnitte Q für Deuteronen und Alpha-Strahlen an. Diese sind zu dividieren durch die Delta-Strahlenkorrektur nach LEA. Dadurch ergeben sich die Werte der unteren Kurve, die nun durch die Formel $Q = Qg\,(1-e^{-\frac{\bar{a}}{\delta}})$ dargestellt werden können. Die Auswertung der unteren Kurve führt zu einer völligen Übereinstimmung mit den wirklichen Enzymdimensionen. Sie ergibt $Qg = 1400$ Å², $\bar{a} = 26$ Å oder $v = Qg \cdot \bar{a} = 36000$ Å³. Aus $Qg = 1400$ Å² berechnet man den Radius ϱ von Qg nahezu in Übereinstimmung mit dem aus der Figur abgeleiteten Wert von $\varrho = \frac{3}{4}\bar{a}$ entsprechend der Kugelform des Moleküls. Nach den kolloidchemischen Methoden erhält man ein Molekülvolumen von 30000 Å³.

Alle bisher behandelten Versuche wurden im Hochvakuum und bei Zimmertemperatur ausgeführt. Die Treffwahrscheinlichkeiten, bzw. Inaktivierungsquerschnitte, sind jedoch noch von den Versuchsbedingungen abhängig. Sie nehmen bei Steigerung der Temperatur von 100° Kelvin bis zu Zimmertemperatur etwa um den Faktor 2 zu und zeigen abermals eine Steigerung um den Faktor 2, wenn man die Temperatur über die Zimmertemperatur bis zu den Temperaturen, bei denen thermische Inaktivierung beginnt, hinaussteigert. Die Treffwahrscheinlichkeit sinkt etwa auf den halben Betrag, wenn die Enzyme in Cystein eingetrocknet werden, während Eintrocknen in Acetatpuffer beträchtliche Erhöhungen der Inaktivierungswahrscheinlichkeit hervorrufen.

Besonders wichtig ist, daß bei den trockenen Enzymen (Versuche von ALEXANDER mit Trypsin und BRUSTAD mit Lysozym) auch eine Sensibilisierung durch Sauerstoff erfolgt. Bei Anwendung eines Sauerstoffdruckes von etwa 200 mm Hg ist die Treffwahrscheinlichkeit etwa um den Faktor 2 erhöht, wenn man Co⁶⁰-Strahlen anwendet. (Der Sauerstoffeffekt tritt aber nicht bei Anwendung von Alpha-Strahlen bei C-, O- oder Ne-Kernen auf.)

Wir hatten oben schon erwähnt, daß im Vakuum und bei Zimmertemperatur der mittlere Energieaufwand der primären Reaktion, der zur Inaktivierung der Enzyme führt, 75 eV beträgt. Sieht man zunächst von den zuletzt berichteten Resultaten ab, so kann die Höhe des Betrags von 75 eV nach HUTCHINSON und POLLARD folgendermaßen erklärt werden: Der mittlere Energieaufwand pro primäre Ionisation ist nach HUTCHINSON und POLLARD in Gasen ganz allgemein 100 eV. Weiter muß die Existenz der Delta-Strahlen auch bei Anwendung von Elektronen mit geringer LET berücksichtigt werden, d. h. auch die Delta-Strahlen mit großer Reichweite können inaktivieren. Die mittlere Zahl der Ionisationsgruppen berechnet man daher in Gasen, indem man die absorbierte Energie nicht durch 100 eV, sondern durch 75 eV dividiert. Man gelangt gerade zu dem mittleren Energieaufwand des Vorganges, der in den Enzymen zur Inaktivierung führt.

So überzeugend diese Interpretation zunächst ist, so kann sie nach HUTCHINSON u. POLLARD doch nicht völlig der Wirklichkeit entsprechen. Wie wir nämlich gesehen haben, läßt sich ganz allgemein durch die Wahl der Versuchsbedingungen, insbesondere durch Anwendung von Sauerstoff, die Treffwahrscheinlichkeit um den Faktor 2 erhöhen. Bei Anwendung von Sauerstoff erscheint also die Zahl der inaktivierenden primären Vorgänge doppelt so groß wie bei der Abwesenheit von Sauerstoff. Die naheliegendste Annahme besteht darin, daß die Zahl der primären Ionisationen, bzw. der Ionisationsgruppen pro Masseneinheit etwa doppelt so groß ist wie in Gasen und etwa die Hälfte dieser Vorgänge nur bei Anwesenheit von Sauerstoff zur Inaktivierung führen. Bereits SOMMER-MEYER und DRESEL haben experimentell festgestellt, daß der mittlere Energieaufwand pro primäre Ionisation in Gasen aus wasserstoffhaltigen Verbindungen, insbesondere in Wasserdampf, nur 70 eV beträgt. Nach HUTCHINSON u. POLLARD soll der H-Gehalt keinen wesentlichen Einfluß auf den mittleren Energieaufwand in Gasen im Gegensatz zu SOMMER-MEYER u. DRESEL haben; vielmehr wird für wahrscheinlich gehalten, daß der mittlere Energieaufwand pro primäre Ionisation in den kondensierten Substanzen viel tiefer liegt als in den gasförmigen. Versuche über den Energieverlust rascher Elektronen in extrem dünnen Folien, z. B. Collodiumfolien, wie sie zuerst RUTHEMANN ausgeführt hat, zeigen, daß jedenfalls die auf die Sekundärelektronen bei der primären Ionisation übertragenen Energien in den kondensierten Substanzen einem anderen Verteilungsgesetz folgen als im Gaszustand. Andererseits ist bekannt, daß die Bremsformel von BETHE-BLOCH auch im kondensierten Zustand innerhalb weniger Prozente gültig ist. Daraus folgt, daß das Produkt aus spezifischer, primärer Ionisation pro Dichteeinheit $\times$ mittlerer Energieaufwand pro primäre Ionisation in beiden Aggregatzuständen praktisch das gleiche ist. Auch die beiden Faktoren für sich können nur innerhalb enger Grenzen vom Aggregatzustand abhängen.

Nachdem wir uns über den Energieaufwand der primären Reaktionen in der Enzymsubstanz (im Mittel 100 eV bis 50 eV) orientiert haben, wenden wir uns den Folgereaktionen zu, die sich an die primäre Reaktion anschließen und schließlich zur Inaktivierung führen. Die historisch älteste Theorie zur Erklärung der Wirkung von energiereichen Strahlen in Eiweiß ist die Punktwärmetheorie von DESSAUER. Danach werden Energiedepots angelegt, an den Stellen der Energiedepots entsteht eine Punktwärme, welche an der betroffenen Stelle die thermische Denaturierung (Lösung der Wasserstoffbrücken) des Eiweißes zur Folge hat. Wie wir festgestellt haben, ist bei geringer LET der Betrag der Energiedepots, welche in den Enzymen zur Inaktivierung führen, im Mittel jedenfalls höchstens 100 eV. Eine Abschätzung zeigt, daß eine merkliche Punktwärme nur im Innern der Spur dicht ionisierender Korpuskeln entsteht, etwa für LET > 1000 eV/100 Å. Es muß nämlich berücksichtigt werden, daß die Ableitung der Wärme rascher erfolgt, als die Umwandlung der kinetischen Elektronenenergie in Wärmeenergie[1].

Die Punktwärmetheorie findet ihre Ergänzung in der Theorie von FRANCK u. PLATZMANN, nach der gleichfalls, wie bei der thermischen Denatuierung, die Lösung der Wasserstoffbrückenbindungen als der wesentliche Elementarvorgang angesehen wird. Die Lösung der Wasserstoffbrücken erfolgt jedoch nach FRANCK und PLATZMANN nicht durch die thermische Energie, d. h. nach der Umwandlung der Elektronenenergie in die thermische Energie, sondern durch die elektrostatische Wirkung der bei den Ionisationen freiwerdenden Ladungen. Der Anteil an der Feldenergie, der in der Umgebung der Ladungen durch das Verschieben der Ladungen, bzw. des H-Atoms in den H-Brücken verschwindet, wird hiernach in einem adiabatischen, dynamischen Prozeß zur Lösung von Wasserstoffbrücken benutzt, und zwar dürften etwa 10 H-Brücken in der Umgebung einer Elementarladung gelöst werden. Nimmt man an, daß bei einer primären Ionisation insgesamt im Mittel drei Ionisationen erfolgen, d. h. sechs Ladungen erzeugt werden, so erhält man 60 gelöste H-Brücken. Bei deren Lösung wird $60 \times 0{,}25 = 15$ eV oder 15 bis 30% der Energie der primären Ionisation verbraucht.

Von POLLARD u. HUTCHINSON wird außerdem der Sprengung von S-S-Brücken große Bedeutung für die Inaktivierung beigelegt. Ganz unmittelbar bewiesen ist dieser Vorgang bei der Inaktivierung durch UV-Quanten im Falle von Enzymen mit hohem Gehalt an S-S-Brücken. Einen solchen hohen Gehalt an Cystin hat Trypsin, nämlich 4%. Nach SETLOW ergibt sich durch nähere Analyse des Wirkungsspektrums zwischen 3200 und 1600 Å, daß die in den aromatischen Ringen des Trypsins absorbierten UV-Quanten das Trypsin nur mit einer Ausbeute von 0,002 inaktivieren, während die Inaktivierung durch die in den S-S-Brücken absorbierten UV-Quanten mit einer Ausbeute von 0,07 Molek/hν vor sich geht.

HUTCHINSON und POLLARD nehmen an, daß der Sprengung von S-S-Brücken auch bei der Inaktivierung durch energiereiche Strahlen eine beträchtliche Bedeutung zukommt, und können dies durch Aufnahme von sog. „fingerprints" der Bestrahlungsprodukte (gleichzeitige Anwendung von Elektrophorese und Chromatographie) beweisen. Es wird angenommen, daß hierbei die Anregungsenergie höherer Elektronenzustände oder auch Elektronen selbst im Molekül wandern, bis sie eine S-S-Brücke erreichen und sprengen. Aufschlußreiche Versuche über den Energiebedarf des Vorganges hat SETLOW im Vakuum Ultraviolett

---

[1] Vgl. hierzu P. JORDAN, Radiologica (Berlin) **3**, 157 (1938).

ausgeführt. Unterhalb etwa 1600 Å steigt beim Trypsin und auch anderen Enzymen die Quantenausbeute der Inaktivierung beträchtlich an, und man kann folgern, daß die Ausbeute den Wert 1 erreicht, wenn auf das Enzym[1] die Energie eines UV-Quantes von 10 eV übertragen wird.

Die Untersuchung über die Inaktivierung der trockenen Enzyme mit den energiereichen C-, O- und Ne-Kernen haben keinen wesentlichen neuen Aufschluß über den Inaktivierungsvorgang gebracht. Man hatte zunächst erwartet, daß mit stetig fortschreitender spezifischer Ionisation der Inaktivierungsquerschnitt Q einen Grenzwert Qg erreicht. Die Versuche, insbesondere von BRUSTAD und ähnlich von DOLPHIN und HUTCHINSON haben ergeben, daß Q mit steigender spezifischer Ionisation bis zu den höchsten angewandten spezifischen Ionisationen von 6000 $\dfrac{\text{MeV} \cdot \text{cm}^2}{\text{g}}$ fortgesetzt ansteigt. Der Sättigungsfaktor erreicht dabei nur den Wert 3, d. h. der RBW-Faktor nimmt nur auf den Wert $^1/_3$ ab. Die experimentellen Wirkungsquerschnitte sind bei 6000 $\dfrac{\text{MeV} \cdot \text{cm}^2}{\text{gr}}$ etwa 15mal größer als der geometrische Querschnitt der Enzyme. Die Versuchsergebnisse finden darin ihre Erklärung, daß bei den „stripped atoms" die Delta-Strahlen eine ganz überragende Bedeutung besitzen, die Inaktivierung erfolgt in über 90% der Fälle durch die Delta-Strahlen.

2. Inaktivierung von Viren und Phagen.

Die Phagen und Viren besitzen einen Kern aus Nucleinsäure, er ist von einer Proteinhülle umgeben. Im allgemeinen besitzen die Phagen und Viren grob angenähert eine Kugelform. Viel untersucht wurde auch die Jnaktivierung des stäbchenförmigen Tabakmosaikvirus (TBM) mit einer Länge von 3000 Å und einem Durchmesser von 150 Å und mit einem RNS-Faden in der Achse mit 34 Å Durchmesser.

LEA war in seinem Buch zu dem Ergebnis gekommen, daß nur bei den Phagen mit ganz geringem Durchmesser jede primäre Ionisation im Phagenvolumen inaktiviert ($p = 1$), im allgemeinen jedoch die mittlere Wahrscheinlichkeit für die Inaktivierung einer in der Phage erfolgten primären Ionisation wesentlich unter 1 liegt. Nachdem der Aufbau der Phagen und Viren aus dem Nucleinsäurekern und der Proteinhülle erkannt war, war auch die Vermutung naheliegend, daß nur die in der Nucleinsäure erfolgenden primären Ionisationen wirksam und die in der Proteinhülle erfolgenden primären Ionisationen praktisch wirkungslos sind. Eine Auswertung der mit Röntgenstrahlen erzielten Inaktivierungsdosen, wobei es sich durchweg um Versuche mit Suspensionen von Phagen und Viren handelt, durch EPSTEIN und durch BUCELL et al., führte zu dem

---

[1] D. h. auf ein Elektron, an beliebiger Stelle im Enzym.

Ergebnis, daß in der Tat jede primäre Ionisation in der Nucleinsäure
zur Inaktivierung der Viren und Phagen führt. Dabei wird völlige Übereinstimmung mit den Volumina der Nucleinsäure erzielt, wenn der
mittlere Energieaufwand der primären Ionisationen gleich 100 eV ist
(d. h. also, man erhält die Zahl der inaktivierenden Elementarakte pro
Masseneinheit der Nucleinsäure, indem man die absorbierte Energie pro

Tabelle 3. *Vergleich von strahlenempfindlichen Volumen, Nucleinsäurevolumen und
Totalvolumen bei Viren und Phagen nach* BUCELL, TOKULA *und* LEMFFER.

Virus	Targetvol./Totalvol.	Nucleinsäurevol./ Totalvol.
Tabakmosaik	0,08	0,05 bis 0,06
Tabak necrosis	0,18	0,18
Tabak ringspot	0,35	0,40
Tom. bushystunt	0,18	0,17
Phage T_2	0,34	0,37 bis 0,50
Phage T_7	0,37	0,38
Shope papill.	0,081	0,087
Influenza PR8	0,065	0,05

Masseneinheit durch 100 eV dividiert). Das Ergebnis zeigt die Tab. 3.
Spalte 2 zeigt das Verhältnis Targetvolumen durch totales Volumen
der Phagen und Viren und Spalte 3 das Verhältnis Nucleinsäurevolumen
durch Totalvolumen. Die Übereinstimmung der letzten beiden Spalten
ist vorzüglich. Insbesondere kann man annehmen, daß auch beim
Tabakmosaikvirus die primären Ionisationen im Nucleinsäurekern mit
der Wirkungswahrscheinlichkeit $p = 1$ inaktivieren, während die
primären Ionisationen in der Proteinhülle wirkungslos bleiben.

POLLARD u. Mitarb. haben ähnlich wie mit den Enzymen auch mit
den Phagen und Viren Inaktivierungsversuche durchgeführt, wobei
vor allem mit energiereichen Elektronen und Deuteronen bestrahlt wurde.
Ermittelt man die Inaktivierungsquerschnitte mit steigender primärer
Ionisation, so findet man keineswegs immer zunächst einen linearen
Anstieg der Reaktionsquerschnitte Q mit der spezifischen primären Ionisation i, wie nach den Versuchsergebnissen mit den Röntgenstrahlen zu
erwarten ist. Man erhält vielmehr bei manchen Viren und Phagen, so bei
der Phage T_1 und beim TBM eine S-förmige $Q(i)$-Kurve, etwa entsprechend drei notwendigen Ionisationen nach Abb. 3. POLLARD u. Mitarb.
haben daraus gefolgert, daß in diesen Fällen Konzentrationseffekt vorliegt. Vielleicht kann man sowohl den Ergebnissen von BUCELL u. a.
sowie den S-förmigen $Q(i)$-Kurven von POLLARD u. Mitarb. durch die
Annahme gerecht werden, daß auch in den Nucleinsäuren der Phagen
und Viren mehr primäre Ionisationen erfolgen als BUCELL u. a. annehmen,
bzw. daß unter normalen Bedingungen und bei Anwendung von Röntgen-

strahlen keineswegs alle dort erfolgenden primären Ionisationen wirksam werden. Bei der Phage $T1$ konnte DAVIS experimentell durch Versuche mit energiearmen Elektronen unmittelbar wahrscheinlich machen, daß nur Elektronen, welche die Proteinhülle durchdringen und zu Nucleinsäure gelangen, inaktivieren.

Aus Versuchen über die Inaktivierung von getrockneten Viren und Phagen durch Alpha-Strahlen hat seiner Zeit LEA in seinem Buch bei voller Berücksichtigung der Delta-Strahlenkorrektur, die für Alpha-Strahlen αD etwas mehr um das Doppelte erhöht, abgeleitet, daß jeder Alpha-Durchgang durch die Viren und Phagen also auch durch die Proteinhülle zur Inaktivierung führt[1]. Die Schädigung der Proteinhülle durch die Alpha-Strahlen erscheint hiernach infolge ihrer extrem hohen spezifischen Ionisation so beträchtlich, daß auch die Nucleinsäure im Inneren in Mitleidenschaft gezogen wird.

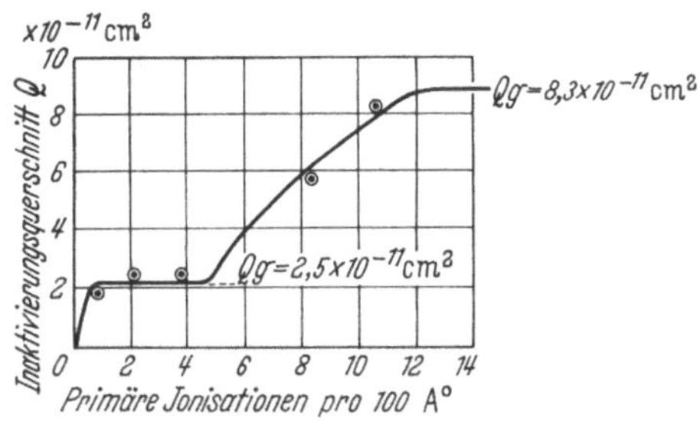

Abb. 6. Inaktivierungsquerschnitt für den „Newcastle disease"-Virus (Delta-Strahlenkorrektur ist bereits durchgeführt.) Nach WILSON u. POLLARD.

Dieser Schluß wird vollständig durch eine Untersuchung von WILSON u. POLLARD am „New-castle Disease"-Virus bestätigt. Nimmt man den Inaktivierungsquerschnitt Q als Funktion der spezifischen primären Ionisation i auf, so ergibt sich nach Durchführung der Delta-Strahlenkorrektur eine Kurve mit zwei Plateaus: Bei geringem i, z. B. raschen Protonen, erfolgt die Inaktivierung nur durch eine primäre Ionisation im inneren Nucleinsäurebereich mit einem Durchmesser von 560 Å. Im Unterschied hierzu inaktivieren auch die Alpha-Strahlen, die lediglich die äußere Proteinhülle des Virus mit dem Durchmesser von 1020 Å durchqueren (vgl. Abb. 6).

ECKART u. ESCHKE finden bei ihren Versuchen über die Inaktivierung der Phage $T1$ mit monochromatischem Licht, daß nicht nur die Wellenlänge 2537Å und 2800 Å, sondern auch die Wellenlänge 3020 Å inaktiviert. Da die Lichtabsorption durch die Nucleinsäure bei etwa 3000 Å völlig verschwindet, ist der Schluß naheliegend, daß die Strahlung von 3020 Å von der Proteinhülle absorbiert wird und diese Absorption in der Proteinhülle die Inaktivierung der Phagen zur Folge hat. Daß in der Tat 3020 Å eine ganz andere Reaktionskette erzeugt als 2537 Å, geht aus einer eingehenden Untersuchung der Dosis-Inaktivierungskurven, der Photoreaktivierung

---

[1] Unklar erscheinen dem Referenten die Verhältnisse beim TBM; es erscheint möglich, daß hier nur die Alpha-Durchgänge durch die RNS inaktivieren.

durch eine Nachbestrahlung der Phagen in ihrer Wirtsbakterie und der Kapazität der UV bestrahlten Wirtsbakterien für die bestrahlten Phagen, hervor, bei der die Bestrahlung der Phagen jeweils mit 2537 Å oder 3020 Å oder 2800 Å vorgenommen wurde.

Literatur.

ALEXANDER, P.: Effect of Oxygen on Inactivation on Trypsin by the Direct Action of Electrons and Particles. Radiat. Res. **6**, 653 (1957).

BRUSTAD, T.: Study of Radiosensitivity by Dry Preparations of Lysozyme Trypsin and Desoxyribonuclease Exposed to Accelerated Nucleic of Hydrogen, Helium, Carbon, Oxygen and Neon. Radiat. Res. Suppl. **2**, 65 (1960).

BUCELL, A., D. TOKULA, and M. A. LEMFFER: X Ray Studies on Tobacco Mosaic Virus. Arch. Biochem. **63**, 471 (1956).

DOLPHIN, G. W., and F. HUTCHINSON: The Action of Fast Carbon and Heavier Ions on Biological Materials. Radiat. Res. **13**, 403 (1960).

ECKART, W., u. W. ESCHKE: Zur Reaktivierung UV inaktivierter T 1 Bakteriophagen. In: Strahleninduzierter Mutagenese, S. 188. Berlin: Stubbe 1962.

EPSTEIN, H. T.: Identification of Radiosensitive Volume with Nucleic Acid Volume. Nature (Lond.) **171**, 394 (1953).

FLUKE, D. J., T. BRUSTAD, and A. C. BIRGE: Inactivation of Dry T_1 Bacteriophage by Helium Ions, Carbon Ions, Oxygen Ions. Radiat. Res. **13**, 788 (1960).

HUTCHINSON, F.: Modifying Factors in the Inactivation of Biological Macromolecules. Radiat. Res. Suppl. **2**, 49 (1960).

—, and E. POLLARD: Target Theory and Radiation Effects on Biological Molecules. In: Errera Forrsberg Mechanisms in Radiobiology, S. 71. London: Academic Press 1961.

KÜHN, H.: Zur Inaktivierung von Milchsäure Dehydrogenase mit langsamen Protonen. Z. Naturforsch. **15b**, 277 (1960).

PLATZMANN, R., and J. FRANCK: A Physical Mechanism for the Inactivation of Proteins by Ionizing Radiation. In: Symposium on Information Theory in Biology, p. 261, 1958.

POLLARD, E. C.: The Action of Ionizing Radiation on Virus. Advanc. Virus Res. **II**, 109 (1954).

—, W. R. GUILD, F. HUTCHINSON, and R. B. SETLOW: The direct Action of Ionizing Radiation on Enzymes and Antigens. Progr. Biophys. **5**, 72 (1955).

SETLOW, R.: Ultraviolet Ware Length Dependent Effects on Proteins and Nucleic Acids. Radiat. Res. Suppl. **2**, 276 (1960).

WILSON, D., and E. POLLARD: Radiation Studies on the Infective Property of Newcastle Disease Virus. Radiat. Res. **8**, 131 (1958).

Zweites Kapitel.

Inaktivierung von Enzymen in vivo.

Die Inaktivierungsdosis[1] getrockneter Enzyme liegt zwischen 1 und 100 Mrad. In verdünnter wäßriger Lösung erfolgt die Inaktivierung durch indirekte Strahlenwirkung, d. h. durch die Wasserradikale; man kann dort ohne weiteres bereits mit Dosen von 100 rad und noch gerin-

---

[1] Das heißt die D. welche die Überlebensrate auf $1/e$ reduziert.

geren Dosen die Enzyme inaktivieren. Enzyme, die sich in getrockneten biologischen Objekten (z. B. Hefezellen oder Colizellen) befinden, besitzen Inaktivierungsdosen von der gleichen Größenordnung wie die extrahierten getrockneten Enzyme. Bestrahlt man jedoch die biologischen Objekte unter ihren natürlichen Lebensbedingungen, d. h. im feuchten Zustand, so stellt man fest, daß die in ihnen befindlichen Enzyme strahlenempfindlicher sind als im trockenen Zustand. Dies wird dadurch erklärt, daß die Enzyme unter den natürlichen Lebensbedingungen nicht nur durch direkte Strahlenwirkung inaktiviert werden, sondern auch durch Wasserradikale, die aus der Umgebung der Enzyme durch Diffusion zu den Enzymen gelangen.

Der ganze Sachverhalt wurde zuerst von PAULY und RAJEWSKY klargestellt. PAULY und RAJEWSKY bestrahlten Rattenleber und ermittelten in der Warburgapparatur den Sauerstoffverbrauch des Bernsteinsäure-Oxydase-Systems in der bestrahlten Leber pro Zeiteinheit in Abhängigkeit von der Dosis. Er folgt der Formel I (8), ist also proportional $\dfrac{R+1}{e^{\alpha R}+R}$.
Das aus der experimentellen Treffwahrscheinlichkeit α ermittelte strahlenempfindliche Volumen des Enzyms mit der größten Strahlenempfindlichkeit, des Cytochroms C, ist 100mal größer als das wirkliche Volumen des Cytochroms C, was von PAULY und RAJEWSKY durch die Mitwirkung von indirekter Strahlenwirkung (Wasserradikal oder andere aktiven Moleküle) erklärt wird[1].

Von HUTCHINSON u. Mitarb. wurden Hefezellen und Colizellen, und zwar einerseits im getrockneten und zum andern im natürlichen feuchten Zustand bestrahlt. Die Enzyme Coenzym A, Invertase und Alkoholdehydrase wurden nach der Bestrahlung aus den Zellen extrahiert und anschließend mit Standardmethoden ihre Aktivität gemessen. Außerdem wurde DNS aus im feuchten und trocknen Zustand bestrahlten Pneumokokken extrahiert und deren „transformierende" Fähigkeit nach ihrem Eindringen in geeignete Pneumokokkenstämme gemessen. In allen Fällen sind die Inaktivierungsdosen bei der Bestrahlung im feuchten Zustand geringer als im trockenen Zustand.

Die Auswertung der Versuche geht folgendermassen vor sich: in trockenen Zellen ist die Überlebensrate der Enzyme

$$\frac{N}{N_0} = e^{-\alpha_{\mathrm{dir}}\, r_{\mathrm{pr}}} \qquad \alpha_{\mathrm{dir}} = v. \qquad v \text{ Enzymvolumen.}$$

In den feuchten Zellen haben wir sowohl direkte als auch indirekte Strahlenwirkung.

$$\frac{N}{N_0} = e^{-\alpha\, r_{\mathrm{pr}}} \qquad \alpha = \alpha_{\mathrm{dir}} + \alpha_{\mathrm{indir}}.$$

---

[1] Weitere Versuche siehe PAULY H., u. B. RAJEWSKY, Radiat. Res. **1963**, 18.

Für kugelförmige Enzyme ist nach I (12)

$$\alpha_{\text{dir}} = 4\,\pi\,Y\,(l^2\varrho + l\varrho^2)$$

Y ist die Wahrscheinlichkeit, daß im Wasser eine primäre Ionisation inaktivierende Wasserradikale bildet und außerdem diese Wasserradikale bei ihrem Zusammenstoß mit den Enzymen das Enzym inaktivieren; mit anderen Worten: Y ist die Ionenausbeute für die Inaktivierung des Enzyms in verdünnten Enzymlösungen. Sie kann aus Versuchen über die Inaktivierung des Enzyms in Enzymlösungen entnommen werden. Die beiden Unbekannten, das Enzymvolumen v bzw. sein Radius ϱ und die Diffusionslänge l der inaktivierenden Wasserradikale in dem das Enzym umgebenden Plasma, können somit aus den Versuchen berechnet werden. Im Falle der fadenförmigen DNS tritt an Stelle der Formel für α_{ind}. eine analoge Formel für zylinderförmige Volumen.

Die Versuchsergebnisse sind praktisch unabhängig von der Strahlenart (Gamma-Strahlen, Deuteronen, Alpha-Strahlen). Der Unterschied in der Inaktivierungsdosis im trockenen und feuchten Zustand ist, wie es in der Natur der Sache liegt, bei großen Enzymen gering und bei kleinen Enzymen groß. Invertase hat einen Radius von 33 Å, eine Inaktivierungsdosis im feuchten Zustand von 6 Mrad und im trockenen Zustand von 12 Mrad. Hingegen hat Co-Enzym A nur einen Radius von 6 Å, eine Inaktivierungsdosis im feuchten Zustand von 3 Mrad und im trockenen[1] von 180 Mrad. Das sehr wichtige Ergebnis der Auswertung ist, daß bei allen Versuchen (bei allen Enzymen und Strahlenarten) sich eine Diffusionslänge l von der gleichen Größenordnung ergeben hat. Sie liegt bei den Enzymen zwischen 15 und 30 Å und ist bei der DNS ungefähr 10 Å (die Länge des strahlenempfindlichen Cylinders erweist sich bei dem Versuch mit der DNS als wesentlich geringer als die Gesamtlänge der DNS-Moleküle, nämlich nur zu etwa 800 Å. Die transformierende Eigenschaft der DNS findet man also nur in diesem engbegrenzten Abschnitt des DNS-Moleküls).

Die Diffusionslängen der Wasserradikale sind also, wie erwartet, im Plasma viel kürzer als in reinem Wasser, in reinem Wasser betragen sie bei Anwendung von Gamma-Strahlen nach Smith 1000 Å, in den Mikroorganismen nur 10 bis 30 Å. Dieser Unterschied rührt daher, daß die Wasserradikale mit großer Wahrscheinlichkeit mit den im Plasma gelösten Stoffen reagieren und so unschädlich werden. Bemerkenswert ist noch, daß die Überlebenskurven des Co-Enzyms A in feuchter Hefe nicht eine reine exponentielle Kurve ist, sondern eine K-Kurve. Daraus wird geschlossen, daß 30% des Co-Enzym A in Coli völlig gegen Wasser geschützt sind und nur durch direkte Treffer inaktiviert wird.

------

[1] In diesem Fall ist allerding die $\text{D}^1/_2$ der extrahierten, getrockneten etwa fünfmal größer. Letzterer Wert wurde der Auswertung zugrunde gelegt.

Literatur.

HUTCHINSON, F., and J. ARENA: Destruction of the Activity of Desoxyribonucleic Acid in Irradiated Cells. Radiat. Res. **13**, 137 (1960).

—, and C. NORCRONS: Inactivation by Ionizing Radiation of Coenzyme A in Various Cells. Radiat. Res. **12**, 13 (1960).

—, A. PRESTON, and B. VOGEL: Radiation Sensitivity of Enzymes in Wet and Dry Yeast Cells. Radiat. Res. **7**, 465 (1957).

PAULY, H., u. B. RAJEWSKY: Gewebeatmung und Röntgenbestrahlung. Strahlentherapie **99**, 383 (1956).

— — Target Theorie of Multistep Reactions. Radiat. Res. **18**, 409 (1963).

Drittes Kapitel.

Inaktivierung von E. Coli.

Vorbemerkung über die Identifizierung der strahlenempfindlichen Strukturen in den niederen Organismen oder in der Einzelzelle von höheren Organismen, deren Schädigung durch die Strahlen zur Letalität führt. Nach den Ausführungen des vorangegangenen Kapitels erfordert die unmittelbare (direkte oder indirekte) Schädigung der Enzyme in den biologischen Organismen Dosen von 10^6 bis 10^7 rad. Die Letaldosen sind jedoch um Größenordnungen geringer. In den niederen Organismen, wie Bakterien und Hefezellen, liegen die $D_{1/2}$ im allgemeinen zwischen 1000 und 50000 rad. Bei Säugetier- oder Pflanzenzellen wird im allgemeinen für $D_{1/2}$ 100 bis 200 rad angegeben. Die Letalität wird also sicher nicht durch eine unmittelbare Schädigung der Enzyme hervorgerufen. In der Literatur wurde bisher fast durchweg die Auffassung vertreten, daß die strahlenempfindlichen Strukturen in der DNS der Erbsubstanz zu suchen sind, da nämlich diese die Bildung der Enzyme kontrolliert und deren Zusammensetzung bestimmt. Ebenso kann auch zum Teil der Verlust der Fähigkeit einzelner Zellen, Kolonien zu bilden, auf Verlust von Chromosomenstücken oder auf letale Chromosomen-Verknüpfungen zurückgeführt werden. Die Auffassung, daß die DNS oder die Nucleoproteide die strahlenempfindlichen Strukturen darstellen, wurde in neuester Zeit z. B. von GUILD näher ausgeführt. Sie stellt jedoch nur eine Theorie dar, die noch nicht gesichert ist. Nach ALPER u. Mitarb. ist vielmehr dieses zentrale Problem der Strahlenbiologie zu mindestens noch offen. Die überaus große Mannigfaltigkeit der Abhängigkeit von $D_{1/2}$ und Form der Dosis-Wirkungskurven von den Versuchsparametern wird durch ALPER u. Mitarb. auf die Existenz von zwei ganz verschiedenen strahlenempfindlichen Strukturen (O- und N-Bereiche) zurückgeführt. Diesen (bzw. den von ihnen gesteuerten Reaktionsfolgen) wird bei Änderung der Versuchsparameter ein ganz verschiedenes Verhalten zugeschrieben. Hierüber wird im folgenden zunächst berichtet.

1. Abhängigkeit der Halbwertsdosis ($D_{1/2}$) und der Form der Dosis-Wirkungskurve von den Versuchsbedingungen.

Bereits vor zehn Jahren hat HOUTERMANS festgestellt, daß die $D_{1/2}$ und die Form der Dosis-Wirkungskurve vom Entwicklungsstadium der Colizelle abhängen, und zwar bei Anwendung von Röntgenstrahlen, Alpha-Strahlen und auch UV. Nach HOUTERMANS geben nur alte Kolonien am Ende der logarithmischen Wachstumsphase exponentielle Dosis-Wirkungskurven, während in den jungen Stadien die $D_{1/2}$ höher liegen und die Dosis-Wirkungskurven eine Schulter zeigen. Zu ähnlichen Resultaten gelangte mit Röntgenstrahlen auch STAPLETON. Nach HOLLAENDER hängen die $D_{1/2}$ und die Form der Dosis-Wirkungskurven nicht nur von der Zusammensetzung und dem O_2-Gehalt der Nährlösung ab, in der die Bestrahlung erfolgt, sondern auch von der Zusammensetzung des Nährbodens, auf dem E. Coli nach der Bestrahlung wächst. Nach HOLLAENDER erhält man Dosis-Wirkungskurven mit einer ausgesprochenen Schulter und einer ganz beträchtlichen Erhöhung der $D_{1/2}$ (auf fast das 10fache), wenn man E. Coli in einer Nährlösung, welche nur Glucose als organischen Nährstoff enthält, bestrahlt u. die Bakterien in Abwesenheit von Sauerstoff auf einem Glucosenährboden wachsen läßt.

In den letzten Jahren haben ALPER und GILLIES die Abhängigkeit der Inaktivierung von E. Coli von den Versuchsbedingungen systematisch untersucht. Dabei ergaben sich grundsätzliche Unterschiede in dem Verhalten der beiden untersuchten Stämme B und B/r. Beide Stämme werden in einer Suspension (alte Kulturen bzw. Kulturen vor Beginn der logarithmischen Wachstumsphase) bestrahlt und nach der Bestrahlung auf Nähragar mit verschiedenen Zusammensetzungen gebracht.

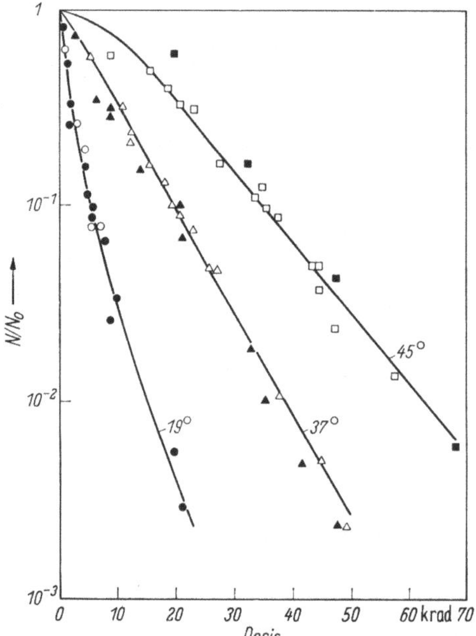

Abb. 7. Dosis-Überlebenskurven nach ALPER, anaerobe Bestrahlung mit Röntgenstrahlen. Bebrütungstemperatur 19°, 37°, 45° C E. Coli B.

E. Coli B.

Bestrahlt man E. Coli B unter Ausschluß von O_2 mit Röntgenstrahlen und bebrütet die Kulturen auf dem Nähragar bei verschiedenen Temperaturen, nämlich bei 19°C, 37°C und 45°C, so erhält man (Abb. 7) bei 37°C eine exponentielle Dosis-Wirkungskurve, bei 45°C eine erhöhte $D_{1/2}$ und eine Dosis-Wirkungskurve mit Schulter (Wärmereaktivierung) und bei 19°C umgekehrt K-Kurven mit geringerer $D_{1/2}$ als bei 37°C. Führt man die Bestrahlung in Sauerstoff durch (Abb. 8), so sind die Kurvenformen die gleichen, die $D_{1/2}$ ist jedoch reduziert, und zwar charakteristischerweise mit einem um so höheren Faktor[1]; je höher der Betrag von $D_{1/2}$ bei Bestrahlung unter O_2 Ausschluß ist, nämlich bei 45°C mit dem Faktor 3,6 und bei 19°C mit den Faktor 1,6. Praktisch den gleichen Effekt wie durch Erhöhung der Bebrütungstemperatur von 37°C auf 45°C kann man auch durch Zugabe von Chloramphenicol zu dem Nähragar erzielen. Man erhält gleichfalls Dosis-Wirkungskurven mit einer stark vergrößerten $D_{1/2}$ und vermutlich gleichfalls mit einer Schulter. Der Dosisreduktionsfaktor, der bei Bestrahlung in Gegenwart von O_2 auftritt, ist durch die Anwendung von Chloramphenicol im

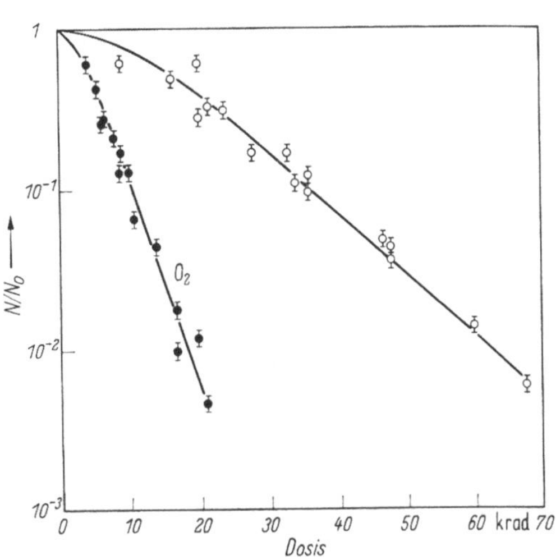

Abb. 8. Dosis-Überlebenskurven von E. Coli B. nach ALPER. Bestrahlung in Gegenwart und in Abwesenheit von O_2, Bebrütungstemperatur 45° C.

Nähragar bei einer Bebrütungstemperatur von 37°C etwa im gleichen Umfang wie durch die alleinige Temperaturerhöhung auf 45°C vergrößert. Bei anaerober Bestrahlung und anschließender 6stündiger Behandlung mit Chloramphenicol sind die Überlebensraten von der gleichen Größenordnung wie bei Anwendung von 45°C; der Dosisreduktionsfaktor infolge der Anwesenheit von O_2 bei der Bestrahlung ist bei Anwendung des Chloramphenicols im Nähragar etwa doppelt so groß wie bei Abwesenheit des Chloramphenicols.

Nach Bestrahlung des E. Coli B mit UV hat sich ergeben, daß ganz entsprechend den bisherigen Erfahrungen auch mit anderen Objekten die Inaktivierung durch UV unabhängig vom O_2-Gehalt bei der Bestrahlung ist. Mit Chloramphenicol erhält man eine Erhöhung der Überlebensraten, die bei hohen Dosen etwa den Faktor 100 ausmacht, also fast um eine Größenordnung höher ist als bei den Röntgenstrahlen.

---

[1] D. h. die $D_{1/2}$ bei Anwesenheit von O_2 erhält man durch Division mit dem „Dosisreduktionsfaktor".

Eingehende Betrachtungen über den O_2-Effekt einmal in der Radiochemie verdünnter wäßriger Lösungen und zum anderen in der Strahlenbiologie, auf die hier nicht näher eingegangen sei, haben ALPER zu der Überzeugung gebracht, daß in der Strahlenbiologie im wesentlichen die Strahlenwirkung eine direkte ist. Zur Deutung der speziellen Versuchsergebnisse bei E. Coli geht ALPER von der Erfahrungstatsache aus, daß die Inaktivierung von extracellulären Phagen unter experimentellen Bedingungen, welche indirekte Strahlenwirkung ausschließen, wenig vom O_2-Gehalt abhängt, und nimmt entsprechend an, daß auch bei E. Coli die Wirkung der primären Ionisation in der DNS wenig vom Sauerstoffgehalt abhängt. Außerdem folgt ALPER der oft gemachten und naheliegenden Annahme, daß die wirksamen Absorptionen der UV-Quanten ganz allgemein bei allen biologischen Objekten in der DNS erfolgen[1]. Mit den beiden Annahmen zusammen ist zugleich die bei den meisten biologischen Objekten festgestellte Unabhängigkeit der UV-Wirkung vom Sauerstoffgehalt erklärt. Bei Anwendung der energiereichen Strahlen kann also nach ALPER bei allen Objekten die Wirkung der in der DNS erfolgten primären Ionisation als wenig abhängig vom Sauerstoffgehalt angenommen werden. Im Gegensatz hierzu wird die Wirkung der primären Ionisation in den Enzymen und den Proteinen durch Anwesenheit von Sauerstoff merklich gesteigert.

Was nun die Abhängigkeit der Strahlenempfindlichkeit von E. Coli B von den Versuchsbedingungen betrifft, so gelangt ALPER zu der Folgerung, daß durch die Erhöhung der Bebrütungstemperatur und durch die Anwendung des Chloramphenicols die Schäden in sog. O_2 unempfindlichen N-Bereichen wirkungslos gemacht werden oder repariert werden, während die Schäden in anderen Bereichen, den O_2 empfindlichen O-Bereichen, und ihre Folgen durch die Temperaturerhöhung oder durch das Chloramphenicol wenig beeinflußt werden. Bei hohen Temperaturen und Anwendung von Chloramphenicol dominiert daher die Strahlenwirkung auf die O-Bereiche. Es wird weiter vermutet, daß die N-Bereiche mit DNS identisch sind. Die Natur der O-Bereiche wird völlig offen gelassen. Die Identifizierung der N-Bereiche mit DNS wird insbesondere durch den oben angeführten UV-Versuch mit nachfolgender Anwendung des Chloramphenicols nahegelegt, der ja gerade zeigt, daß die Resistenzsteigerung nach der Anwendung von UV durch das Chloramphenicol viel größer ist als nach Anwendung der Röntgenstrahlen.

E. Coli-B/_r.

Vergleicht man die Versuchsergebnisse bei dem B/r-Stamm mit den soeben dargestellten diskutierten Versuchsergebnissen bei dem B-Stamm,

---

[1] Weil nämlich durch die Purin- und Pyrimidin-Ringe in der DNS die Strahlung im nahen UV selektiv absorbiert wird.

so stellt man charakteristische Unterschiede fest. Bei der Bebrütungstemperatur von 18°C ist bei dem Stamm B/r die Resistenz gegen Röntgenstrahlen größer bzw. man erhält Dosis-Wirkungskurven mit Schulter,
und zugleich ist der durch O_2 erzielte Dosisreduktionsfaktor (2,4) bei
18°C Bebrütungstemperatur geringer als bei 37°C (3). Mit der Resistenzsteigerung ist also eine Verminderung des Dosisreduktionsfaktors verbunden und nicht eine Erhöhung wie bei dem Stamm E. Coli B. Bei
dem Stamm B/r wurden keine Versuche mit Chloramphenicol ausgeführt,
dafür jedoch die UV-Empfindlichkeit in Abhängigkeit von der Temperatur untersucht. Es ergab sich, daß die Dosis-Wirkungskurve weder
ihrer Form nach noch ihrer $D_{1/2}$ nach sich beim Übergang von 37°C
auf 18°C praktisch ändert. Offenbar zeigt also E. Coli B/r im Unterschied
zu E. Coli B eine Schädigung der N-Bereiche (DNS), die praktisch unabhängig von der Temperatur ist, dagegen die Schädigung der sauerstoff-
abhängigen O-Bereiche ist abhängig von der Temperatur, und zwar tritt
sie bei 18°C Bebrütungstemperatur weniger in Erscheinung als bei 37°C.

Im allgemeinen scheinen Behandlungen nach der Bestrahlung (Behandlung durch Chemikalien oder Temperatur) bei den beiden Stämmen
in entgegengesetztem Sinn auf die O- und N-Bereiche zu wirken, d. h. eine
Herabsetzung der Schädigung des O-Bereiches durch eine Behandlungsart
bei dem einen Stamm bewirkt eine Herabsetzung der Schädigung des
N-Bereiches beim anderen Stamm und umgekehrt. Lediglich die Anwendung von Cystein während der Bestrahlung scheint bei beiden Stämmen im gleichen Sinn zu einem Schutz der O-Bereiche (oder auch zu einer
Reparation der O-Bereiche) zu führen.

Während nach ALPER, wie schon oben erwähnt, die N-Bereiche
wenigstens nach den heute vorliegenden experimentellen Erfahrungen
mit der DNS in den Chromosomen identifiziert werden können oder zu
dieser Identifizierung wenigstens die Möglichkeit besteht, kann eine Lokalisierung der O-Bereiche noch nicht vorgenommen werden. Es bestehen
hierfür grundsätzlich die beiden Möglichkeiten, daß die O-Bereiche die
Proteinkomponenten der Nucleoproteide in den funktionellen Genen
darstellen, oder daß auch im Zellkern andere unbekannte Partikel vorhanden sind, die als „target" für die Inaktivierung dienen[1].

2. Abhängigkeit der $D_{1/2}$ von der LET.

Wie schon seit langem bekannt ist, zeigt E. Coli mit zunehmender
LET bei allen Stämmen eine Zunahme der Inaktivierungsdosis, das Ausmaß des Effektes ist von Stamm zu Stamm verschieden. Dieser Gang der
$D_{1/2}$ mit der LET wurde bereits vor 25 Jahren von GLOCKER, von JORDAN

---

[1] In der neuesten Arbeit von ALPER, Phys. in Med. u. Biology 8, 365 (1963)
wird der Dosisreduktionsfaktor durch O_2 für die N-Bereiche zu $\sim 1,5$, für die O-
Bereiche zu 4—5 ermittelt.

und von LEA u. Mitarb. als „Sättigungseffekt" erklärt. Es wurde angenommen, daß in den Genen bzw. in den Chromosomen oder deren Äquivalenten nur direkte Treffer (primäre Ionisationen) wirksam werden und mit steigender LET in diesen strahlenempfindlichen Volumina mehr Energie abgegeben wird als zu deren Schädigung erforderlich ist. Indessen ist diese einfache Auffassung in der Folgezeit in Frage gestellt worden. DOBSON findet bei dem von ihm untersuchten Stamm B/r beim Übergang von Röntgenstrahlen zu 190 MeV Deuteronen einen Anstieg der $D_{1/2}$. Die $D_{1/2}$ fallen jedoch auf etwa 75% wieder ab, wenn man von den 190 MeV Deuteronen zu 26 MeV übergeht, um bei der Anwendung von Alpha-Strahlen wiederum um etwa 70% anzusteigen. Der Anstieg der $D_{1/2}$ beim Übergang von den Röntgenstrahlen zu den 190 MeV Deuteronen wird von DOBSON als Sättigungseffekt gedeutet und angenommen, daß es sich bei den Röntgenstrahlen um direkte Treffer oder um die Wirkung von Wasserradikalen mit sehr kurzen Diffusionslängen handelt. Der Abfall der $D_{1/2}$ beim Übergang von 190 MeV zu 25 MeV Deuteronen wird durch die Annahme erklärt, daß mit steigender spezifischer Ionisation in steigendem Maße inaktivierende Substanzen mit sehr viel größeren Diffusionslängen (etwa $0,1\ \mu$ bis $1\ \mu$) gebildet werden, deren Bildung und Wirkung bei den Alpha-Strahlen vollkommen überwiegen, und im übrigen der Anstieg der $D_{1/2}$ bei den Alpha-Strahlen wiederum auf Sättigungseffekt beruht (Bildung der inaktivierenden Substanzen bei dem Alpha-Durchgang im Übermaß).

In bester Übereinstimmung mit der Auffassung von DOBSON stehen Versuche von HOUTERMANS über die Abhängigkeit der $D_{1/2}$ von der Temperatur. Bei Anwendung von Röntgenstrahlen nimmt die $D_{1/2}$, wenn man bei Abkühlung den Gefrierpunkt unterschreitet, nur allmählich mit abnehmender Temperatur zu, während bei den Alpha-Strahlen die $D_{1/2}$ beim Gefrierpunkt sprunghaft auf den doppelten Wert ansteigt. Die Diskussion dieser Temperaturabhängigkeit hat HOUTERMANS zu dem selben Schluß wie DOBSON geführt, nämlich, daß bei Anwendung der Alpha-Strahlen die Inaktivierung durch Moleküle mit großen Diffusionslängen (aktive organische Moleküle, jedenfalls keine Wasserradikale) erfolgt. SOMMERMEYER u. MAGNUS untersuchen die Bedingungen für das Entstehen solcher aktiven organischen Moleküle.

LANGENDORFF, LANGENDORFF und SOMMERMEYER haben mit einem strahlenempfindlichen Coli-Stamm die Wärmereaktivierung sowohl nach Anwendung von Röntgenstrahlen als auch nach Anwendung von Alpha-Strahlen untersucht. Nach der alten „Sättigungstheorie" wäre anzunehmen gewesen, daß die Reaktivierung nach der Anwendung der Alpha-Strahlen in geringerem Umfang erfolgt als nach Anwendung der Röntgenstrahlen, weil ja ein höherer Grad der Zerstörung der strahlenempfindlichen Struktur durch die Alpha-Strahlen vorausgesetzt wird. Im Gegensatz dazu wurde gefunden, daß durch eine Wärmenachbehandlung die Inaktivierungsdosis für Alpha-Strahlen um den dreifachen Betrag, bei den Röntgenstrahlen nur um den doppelten Betrag ansteigt. Es handelt sich also auch hiernach bei der Inaktivierung durch Alpha-Strahlen um eine ganz andere Art von Einwirkung auf die Kernäquivalente bzw. strahlenempfindlichen Strukturen als bei der Inaktivierung der Röntgenstrahlen.

Literatur.

ALPER, T.: Effects on Subcellular Units and Free Living Cells. In: Mechanismen in Radiobiology, S. 353. Hrsg. ERRERA und FORRSBERG 1961.

—- Evidence bey Resolvable Sites of Action of Radiation on Living Cells. In: Strahleninduzierte Metagenese, S. 153. Hrsg. H. STUBBE. Berlin: Akademie Verlag 1962.

— Variability in the Oxygen Effect Observed with Micro-Organismen. Int. J. Radiat. Biol. **3**, 369 (1961).

DOBSON, B. L.: U.C.R.L. **1951**, 1140.

GILLIES, N. E.: The Use of Autotrophic Mutants to Study Restoration in Escheria Coli B after Ultraviolet Irradiation. Int. J. Radiat. Biol. **3**, 379 (1961).

GUILD, W. R.: The Radiation Sensivity of Desoxyribonucleic Acid, Radiat. Res. Suppl. **3**, 257 (1963).

HOLLAENDER, A.: Physical and Chemical Factors Modifying the Sensitivity of Cells to High Energy and Ultraviolet Radiation. In: Symp. Radiobiology, S. 285. Hrsg. NICKSON 1952.

HOUTERMANS, TH.: Über den Einfluß der Temperatur auf biologische Strahlenwirkung. Z. Naturforsch. **9b**, 601 (1954).

— Über den Verlauf der Inaktivierungskurven für Escheria Coli bei sehr kleinen Bestrahlungsdosen. Strahlentherapie **93**, 130 (1954).

LANGENDORFF H., M. LANGENDORFF und K. SOMMERMEYER: Die Deutung des LD 50-Anstieges mit steigender spezifischer Ionisation und die Reaktivierung sowie Sensibilisierung durch Wärme bei E. COLI. Naturwissenschaften **41**, 189 (1954).

SOMMERMEYER, K., u. H. MAGNUS: Die Erzeugung von Substanzen sehr hoher biologischer Wirksamkeit durch Bestrahlung von Agar mit hohen Dosisleistungen. Z. Naturforsch. **17b**, 173 (1962).

Viertes Kapitel.

Inaktivierung der Hefezellen.

Hefe ist ein Objekt, dessen Inaktivierung aus doppeltem Grund besonderes Interesse verdient. In der Geschichte der Treffertheorie ist es als Schulbeispiel für das Auftreten des Konzentrationseffektes (Abnahme der Halbwertsdosis mit steigender LET bzw. Auftreten von RBW-Faktoren > 1) bekannt. Außerdem ist Hefe ein strahlenbiologisch besonders interessantes Objekt, weil es möglich ist, durch geeignete Züchtungsmaßnahmen aus einem haploiden Stamm polyploide Stämme (diploide bis hexaploide) aufzubauen und somit die Strahlenempfindlichkeit in Abhängigkeit vom Ploidiegrad zu untersuchen. Die haploide Hefe zeigt bei kleinen Dosen eine exponentielle Dosis-Überlebungskurve, bei hohen Dosen macht sich eine Komponente hoher Strahlenresistenz bemerkbar (K-Kurve). Die Dosis-Inaktivierungskurven der Stämme mit höherer Ploidie sind S-förmig. Die Halbwertsdosen steigen mit zunehmendem Ploidiegrad P an, sofern man sich auf niedere Ploidiegrade

15*

beschränkt. Von ZIRKLE u. TOBIAS wurde daher die Annahme
gemacht, daß die Inaktivierung auf der Erzeugung recessiver Letalmutationen beruht, d. h. daß bei den Stämmen mit höherer Ploidie
Inaktivierung erfolgt, wenn an einem einzigen homologen Ort in allen
homologen P-Chromosomen eine recessiv letale Mutation erzeugt wird.
Mit dieser Annahme kann die experimentelle Dosis-Wirkungskurve der
diploiden Hefe ausgezeichnet zur Darstellung gebracht werden. Jedoch
haben Untersuchungen mit Stämmen höherer Ploidie gezeigt, daß diese
Auffassung nicht haltbar
ist. LUCKE und SARACHEK
stellten fest, daß die Halbwertsdosis der tetraploi-
den Hefe geringer ist als
der triploiden, ganz im
Gegensatz zu der ur-
sprünglichen Auffassung
von TOBIAS und ZIRKLE.
MORTIMER und OWEN ge-
lang es durch Mikromani-
pulation bestrahlte ha-
ploide- und diploide Zel-
len zur Konjugation zu
bringen. (Konjugation der
Chromosomensätze bei
mechanischer Berührung
ist nur möglich, wenn die

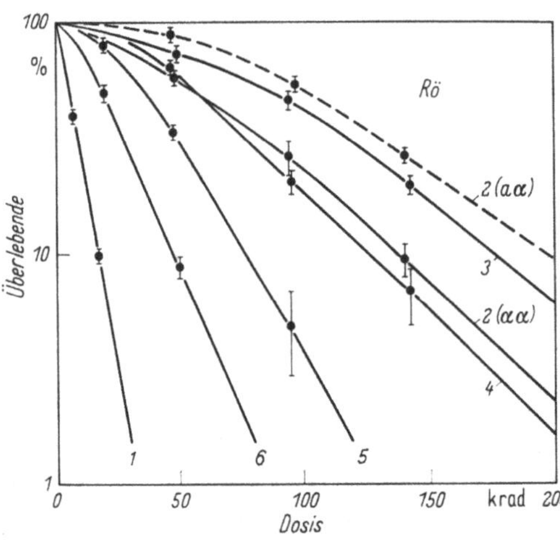

Abb. 9. Dosis-Überlebenskurven von Hefezellen (Röntgenstrahlen) nach LASKOWSKI. Die Ziffern an den Kurven geben den Ploidiegrad der Zellen an.

beiden Zellen, die mechanisch zur Berührung gebracht werden, sich
bezüglich des in ihnen enthaltenen Paarungstyps Allels, das entweder
den Zustand a oder α annehmen kann, unterscheiden.) Aus solchen
Versuchen ergab sich, daß zwar bei den haploiden Zellen mit einer
Wahrscheinlichkeit von mehr als 90% die Zellen nach Konjugation
mit einer unbestrahlten Zelle überleben und daher die Inaktivierung
durch eine recessive Mutation erfolgt und nur in weniger als 10% der
Fälle durch eine dominante Mutation. Bei den Diplonten erfolgt jedoch
in mehr als 50% der Fälle die Inaktivierung durch eine dominante
Mutation, und es ist anzunehmen, daß bei Zellen mit noch höherem
Diploidgrad die dominanten Mutationen überwiegen.

Abb. 9 zeigt die Dosis-Überlebenskurven für den Ploidiegrad 1 bis 6
nach neuen Messungen von LASKOWSKI in freier Atmosphäre, d. h. in
Gegenwart von O_2. Infolge der von LASKOWSKI angewandten Züchtungs-
methode sind die Stämme, mit denen die Dosis-Überlebenskurven aufgenommen wurden, jeder für sich mit Ausnahme der Paarungstyp Allele
völlig homozygot. Diese sind für die diploiden Stämme in der Figur

angegeben (nämlich $a\,\alpha$ und $\alpha\alpha$). Es ist bemerkenswert, daß der $a\alpha$-Stamm strahlenresistenter ist als der $\alpha\alpha$-Stamm. Analog wird auch die Strahlenempfindlichkeit durch ein jeweils in den Stämmen homozygot vorhandenes Allel, das für die Bedürftigkeit gewisser Aminosäuren verantwortlich ist, beeinflußt.

Man erkennt aus der Figur, daß für Ploidiegrade >3 die Strahlenresistenz, d. h. die $D_{1/2}$ mit steigendem Ploidiegrad abnimmt, was damit erklärt wird, daß dann die Wahrscheinlichkeit der Inaktivierung durch dominant letale Mutationen völlig überwiegt. Abwesenheit von O_2 während der Bestrahlung erhöht die Strahlenresistenz bei allen Ploidiegraden, das Ausmaß des O_2-Effektes hängt von der Zusammensetzung der Nährlösung oder des Nährbodens während der Bestrahlung und des Nährbodens auf den die Zellen nach der Bestrahlung gebracht werden, ab.

Bei haploiden und diploiden Stämmen ist oft die Abhängigkeit der $D_{1/2}$ von der LET mit großer Ausführlichkeit bestimmt worden, z. B. von Tobias u. Zirkle mit Alpha-Strahlen und Deuteronen. Nach Elkind u. Beam hängen die RBW-Faktoren von der Zusammensetzung des Nährmediums ab, in der die Zellen vor der Bestrahlung gezüchtet werden; die RBW-Faktoren bei Alpha-Strahlen können sogar bei geeigneter Züchtung in einem flüssigen Dextrosemedium den Wert 1 unterschreiten. Untersuchungen des RBW-Faktors sind von Laskowski ebenso wie oben in Gegenwart von O_2 und bei Benutzung von Medien normaler Zusammensetzung auch mit Stämmen höherer Ploidiegrade ausgeführt worden. Bei Anwendung von Polonium-Alpha-Strahlen ergibt sich für den haploiden Stamm der RBW-Faktor 2,4. Der RBW-Faktor steigt mit dem Ploidiegrad an und erreicht bei hexaploiden Stämmen den Wert 6. Dieser Befund wird dadurch erklärt, daß bei den dominanten Mutationen die RBW-Faktoren mit wachsender LET stärker ansteigen als bei den recessiven und andererseits ausschließlich die Inaktivierung der Stämme mit höherem Ploidiegrad durch dominante Mutationen erfolgt. Geht man von den Polonium-Alpha-Strahlen zu den energiereichen C- und O-Kernen über, so nehmen die RBW-Faktoren wieder ab.

Die Überlebenswahrscheinlichkeit für Hefezellen des Ploidiegrades P bei der Dosis D ist nach Laskowski und Stein

$$U_P(D) = U_{Pr}(D) \cdot U_{Pd}(D) \cdot U_{Pl}(D).$$

U_{Pr} ist dabei die Wahrscheinlichkeit, daß die Zelle die recessiven Mutationen überlebt. Wenn M die Zahl sämtlicher in dem haploiden Chromosomensatz aufgereihter Gene ist, deren recessive Mutation, sofern sie in allen P-Chromosomen erfolgt, zur Inaktivierung führt, so erhält man nach Tobias und Zirkle die Darstellung nach Formel I (4)

$$U_{Pr}(D) = [1-(1-w_r(D)^P]^M,$$

wobei $1-w_r$ die Wahrscheinlichkeit für die Erzeugung einer recessiven Mutation in jedem beliebigen einzelnen Gen für alle Gene und

Ploidiegrade als gleich angenommen ist. Unter derselben Voraussetzung für dominant letale Mutationen ist die Wahrscheinlichkeit, daß die Zelle nicht durch eine dominante Mutation zugrunde geht[1] nach Formel I (3)

$$U_{Pd}\,(D) = w_d^P.$$

Schließlich machen LASKOWSKI und STEIN die Hypothese, daß neben den genetischen Effekten auch die unmittelbare Wirkung der Strahlen auf das Plasma von Bedeutung für die Inaktivierung ist. Es wird angenommen, daß infolge von Plasmaeffekten die Inaktivierung erfolgt, in dem die Kernteilung sofort unterbleibt, während bei den genetischen letalen Effekten nach der Bestrahlung noch einige Teilungen vor sich gehen. Dieser Anteil U_{Pl} wird experimentell durch mikroskopische Beobachtungen bestimmt und beträgt bei haploiden Stämmen etwa 65 bis 68%.

Mithin enthält die Gleichung nur die drei unbekannten Größen w_r, w_d, M, während bei jeder Dosis und jeder Strahlenart sechs Werte, nämlich die Überlebensraten von $P = 1$ bis $P = 6$ vorliegen. Die Werte lassen sich somit grundsätzlich für jede Dosis und jede Strahlenart berechnen. In praxi haben die Ergebnisse jedoch eine beträchtliche Ungenauigkeit, weil die Stämme verschiedenen Ploidiegrades miteinander doch nicht vollkommen homozygot sind und daher ihre Strahlenresistenz schwankt und außerdem bei jedem Stamm oft in unkontrollierbarer Weise Individuen mit höherer Strahlenresistenz (entsprechend K-Form der Überlebenskurven) aufweisen.

Tabelle 2[2]. *Relative biologische Wirksamkeit für die Teileffekte der Hefeinaktivierung.*

U_{px} Überlebenswahrscheinlichkeit für den Ploidiegrad P und den $x$ten Teileffekt: $x = r$ recessive Letalmutationen, $x = d$ dominante Letalmutationen, $x = e$ ploidiegradabhängige Plasmaeffekte (nach STEIN).

Strahlenart	LET in [MegVg^{-1} cm^2]	aus $U_{1r}=0,5$		aus $U_{1d}=0,9$		aus $U_{1e}=0,8$
		min	max	min	max	
Rö	20	1,00	1,00	1,00	1,00	1,00
He-Kerne	167	1,65	1,70	2,5	1,6	4
Eo-α	1360	1,69	1,80	6,2	4,3	4
C-Kerne	1830	0,64	0,83	7,9	3,0	6
O-Kerne	3430	0,53	0,78	9,7	2,4	3

Die RBW-Faktoren der haploiden Zellen zeigt die Tab. 2. Ausgewertet werden nur die auf die recessiv letalen Mutationen sich beziehenden Zahlenwerte (Spalte 3). Der Abfall der RBW-Werte bei dem Übergang von den Polonium-Alpha-Strahlen zu den O-Kernen beruht offenbar auf Sättigungseffekt und wird von STEIN unter Vernachlässigung der Delta-Strahlenkorrektur nach der Formel I (10) ausgewertet. Es ergibt sich für den strahlenempfindlichen Bereich, der als

---

[1] w_r ist die Überlebenswahrscheinlichkeit eines Einzelgens, w_d aller Gene im haploiden Satz.

[2] Durch die Angabe der Werte min und max wird die Fehlergrenze der Berechnung angegeben.

kugelförmig angenommen wird, ein Durchmesser von $0,8\,\mu$. Der relativ hohe Wert des Durchmessers mag dabei wenigstens im wesentlichen die Vernachlässigung der Delta-Strahlenkorrektur rechtfertigen. In Übereinstimmung mit dem so berechneten Durchmesser ist der Durchmesser des Kerns der Hefezelle, der gleichfalls $0,8\,\mu$ beträgt. Praktisch jeder Durchgang von Korpuskeln mit genügend hoher LET ($> 10^3$ $MeVg^{-1}$ cm²) inaktiviert also die haploide Zelle. Es ist bemerkenswert, daß SAYEG u. Mitarb. durch eine analoge Untersuchung mit Deuteronen, Alpha-Strahlen und „stripped" C-Atome zu demselben Schluß kommen und für den Durchmesser des strahlen-empfindlichen Volumens $1,1\,\mu$ angeben.

Die Auswertung der Meßergebnisse mit Röntgenstrahlen und Heliumkernen kann nur unter ganz bestimmten Annahmen erfolgen. Macht man die spezielle Annahme, daß nur die direkten Elektronendurchgänge oder Heliumkerndurchgänge durch die strahlenempfindlichen Strukturen innerhalb des Hefekernes inaktivieren (direkte Strahlenwirkung innerhalb des Hefekernes), kommt man nach STEIN unter Benutzung der Ansätze von POLLARD u. Mitarb. für den Konzentrationseffekt zu dem Ergebnis, daß mindestens vier Einzelionisationen in den strahlenempfindlichen Strukturen erforderlich sind. Es ist möglich, die strahlenempfindlichen Strukturen mit DNS zu identifizieren, und es ergibt sich weiter, daß 7% der DNS im Hefekern strahlenempfindlich ist, während die Schädigung der restlichen 93% bedeutungslos bleibt.

Nach LASKOWSKI kann jedoch die in der Abbildung zum Ausdruck kommende Erhöhung der Halbwertsdosis der diploiden Stämme beim Übergang von $\alpha\alpha$ zu αa und ebenso die Resistenzerhöhung in der Folge von Mutationen, welche die Aminosäurebedürftigkeit betreffen, nur durch die Annahme erklärt werden, daß wenigstens ein Teil der Mutationen indirekt durch in Plasma gebildete und zu der DNS hindiffundierende aktive Moleküle oder Radikale hervorgerufen werden. Nach ALPER ist zwar die Strahlenwirkung auf die strahlenempfindlichen Strukturen eine direkte, die strahlenempfindlichen Strukturen sind jedoch, wie aus der hier nicht diskutierten Abhängigkeit der Inaktivierung von den Versuchsbedingungen geschlossen wird, im wesentlichen O-Bereiche, d. h. nicht DNS-Bereiche. Bei den knospenden Zellen soll hingegen die Schädigung von N-Bereichen, wahrscheinlich DNS-Bereichen, dominieren.

Nach Untersuchungen von MANNEY, BRUSTAD und TOBIAS in neuester Zeit kann jedoch die der Rechnung von STEIN zugrunde gelegte Voraussetzung, daß jeder Durchgang eines „stripped" C- oder O-Atoms durch den Hefekern inaktiviert und andererseits der Beitrag der außerhalb des Hefekerns entstehenden Delta-Strahlen zu vernachlässigen ist, nur eine grobe Näherung bedeuten. Durch Anwendung von Glycerin in reiner N_2-Atmosphäre während der Bestrahlung kann man die Inaktivierungswahrscheinlichkeit α vermindern, und zwar bei 50 KeV

Röntgenstrahlen auf ein Drittel und bei den „stripped" C- und O-Atomen auf den halben Wert. Letzterer Befund steht in Widerspruch zu den von STEIN gemachten Voraussetzungen, nach denen durch die „stripped" Atome im Zellkern Energie im Überfluß (völlige Sättigung) abgegeben wird. Offenbar inaktiviert nicht jedes durch den haploiden Hefekern hindurchgehende „stripped" Atom und andererseits erfolgen auch allein durch die Delta-Strahlen Inaktivierungen. Ähnliche Befunde nach der Anwendung von Strahlenschutzstoffen wurden auch mit trockenen Enzymen bei ihrer Bestrahlung mit „stripped-Atoms" gemacht.

Literatur.

ALPER, T.: Variability in the Oxygen Effect Observed with Micro-Organisms. Haploid Yeast: Single and Budding Cells. Int. J. Radiat. Biol. 1, 414 (1950).

ELKIND, M. R., and C. A. BEAM: Radiat. Res. 3, 88 (1955).

LASKOWSKY, W.: Strahleninaktivierung von Saccharomyces in Abhängigkeit von Ploidiegrad und Genotyp. In: STUBBE, Strahleninduzierte Mutagenese, S. 179. Berlin: Akademieverlag 1962.

— Inaktivierungsversuche mit homozygoten Hefestämmen. Z. Naturforsch. 15b, 495 (1960).

LATARJET, R., et B. EPHRUSSI: Courbes de survie de levures haploides et diploides soumises aux rayons. C. R. 229, 306 (1949).

LUCKE, W. H., and A. SARACHEK: X Ray Inactivation of Polyploid Saccharomyces. Nature (Lond.) 171, 1014 (1953).

MANNEY, TH. R., T. BRUSTAD, and C. A. TOBIAS: Effects of Glycerol and of Anoxia on the Radiosensivity of Haploid Yeasts. Radiat. Res. 18, 374 (1963).

OWEN, M. E., and R. K. MORTIMER: Dominant Lethality induced by X Rays in Haploid and Diploid Saccharomyces Cerevisiae. Nature (Lond.) 177, 625 (1956).

SAYEG, J., C. BIRGE, C. A. BEAM, and C. A. TOBIAS: The Effect of Accelerated Nucleic and Other Radiations on the Survival of Haploid Yeast. Radiat. Res. 10, 449 (1959).

STEIN, W.: Inaktivierungsversuche mit homozygoten Hefestämmen verschiedenen Ploidiegrades. Z. Naturforsch. 17b, 179 (1962).

ZIRKLE, R. E., and C. A. TOBIAS: Effects of Ploidy and Linear Energy Transfer on Radiobiological Survival Curves. Arch. Biochem. 47, 282 (1953).

Fünftes Kapitel.

Chromosomen-Aberrationen.

Nach Anwendung von energiereichen Strahlen auf Zellkerne, die sich in einem frühen Stadium der Mitose[1] befinden, entstehen wohldefinierte Chromosomenaberrationen, die man ohne große Schwierigkeiten in späten Mitosestadien studieren kann, vor allem Chromosomenbrüche und Translokationen von Chromosomenstücken durch Verbindung (Rekombination) der Bruchenden von Chromosomenbrüchen. Ist in dem Stadium der Bestrahlung der Chromosomenfaden der Länge nach bereits in die beiden dicht beieinander liegenden Chromotidfäden gespalten, so kann man in der Metaphase der Mitose Chromatidbrüche und Isochromatidbrüche (beide Chromatidfäden sind an derselben

---

[1] Oder Meiose, wobei man die gleichen Erscheinungen beobachtet.

Stelle durchgebrochen) unterscheiden und unter dem Mikroskop bestimmen. Die Translokationen sind dann im wesentlichen Chromatidtranslokationen und kommen durch Rekombination der Bruchenden zweier rekombinationsfähiger Brüche entweder innerhalb des gleichen Chromosoms (wenn das gleiche Chromosom zwei Bruchstellen besitzt) oder innerhalb verschiedener Chromosomen zustande. Im Falle der Anwendung von mittelharten Röntgenstrahlen steigt die Bruchwahrscheinlichkeit im wesentlichen proportional der Dosis an und bei nicht zu geringen Dosen und Dosisleistungen die Wahrscheinlichkeit von Translokationen praktisch proportional dem Quadrat der Dosis. Nach SACHS hat man bei dem ganzen Vorgang zwei zeitlich aufeinander folgende Phasen zu unterscheiden. Zunächst wird der Chromosomenbruch oder Chromatidbruch durch die Strahlen erzeugt (primärer Bruch), in der zweiten Phase restituieren die primären Brüche und entziehen sich so der Beobachtung, oder es kommt zur Rekombination freier Bruchenden benachbarter Brüche. Bei Anwendung von Alpha-Strahlen oder Rückstoßprotonen (rascheNeutronen) steigt auch dieWahrscheinlichkeit der Rekombinationen im wesentlichen proportional der Dosis an, weil bei der hohen spezifischen Ionisation dieser Korpuskeln die Wahrscheinlichkeit, daß die gleiche Korpuskel dicht benachbarte Brüche erzeugt, viel größer ist, als die Wahrscheinlichkeit, daß dies durch verschiedene Korpuskeln geschieht.

Untersuchungen hierüber wurden in besonders großem Umfang an dem Objekt Tradescantia (Bestrahlung von Pollenkornmitosen und Pollenschlauchmitosen) und an dem Objekt Vicia Faba (Bestrahlung der Mitosen in den Wurzelspitzen) durchgeführt.

Die vor dem Krieg und während des Krieges ausgeführten experimentellen Untersuchungen an Tradescantia (insbesondere von THODAY und LEA und CATCHSIDE) haben LEA und CATCHSIDE in einer grundlegenden Arbeit treffertheoretisch analysiert, und zwar auf Grund der Vorstellung von SACHS.

Charakteristisch ist zunächst bei LEA und CATCHSIDE die grundsätzliche Unterscheidung von primären Brüchen, welche restituieren oder rekombinieren können und solchen, welche die Fähigkeit nicht besitzen und aus diesem Grunde offen bleiben. Aus den Versuchsergebnissen wird abgeleitet, daß der Prozentsatz der primär erzeugten Brüche, welche nicht restituieren oder rekombinieren sondern offen bleiben, von der spezifischen Ionisation der auf sie einwirkenden Korpuskeln abhängt. Bei Anwendung von Röntgenstrahlen ist der Prozentsatz der offen bleibenden nicht rekombinationsfähigen primären Brüche 10% und bei Alpha-Strahlen 50%. Es wird angenommen, daß der primäre Bruch eines Chromatidfadens nur durch einen Korpuskeldurchgang durch den Chromatidfaden hervorgerufen werden kann. Dabei muß jedoch eine bestimmte Mindestenergie an den Chromatidfaden abgegeben werden, wenn ein Bruch erzeugt werden soll, und diese wird aus den umfangreichen Versuchsdaten zu 600 eV ermittelt. Ein Isochromatidbruch erfolgt nur, wenn eine Korpuskel durch beide Chromatidfäden hindurchgeht und in beiden Fäden je 600 eV abgibt. Aus diesem Grund ist die Wahrscheinlichkeit für das Auftreten von primären Chromatidbrüchen viel größer als für Isochromatidbrüche. Nach einer geometrischen Betrachtung verhält sich die Durchquerungswahrscheinlichkeit nur durch einen Chromatidfaden zu der Wahrscheinlichkeit der Durchquerung beider Fäden wie 3:1 bis 5:1. Die Zahlen der mit Röntgenstrahlen experimentell beobachteten offenen Chromatidbrüche zu den Isochromatidbrüchen verhalten sich nach LEA wie 2,5:1, wobei die Isochromatidbrüche zum Teil durch „Sister Union" der freien Bruchenden in dem primaren Isochromatidbruch zustande kommen.

Zunächst paßt in dieses Bild nicht, daß Photonen von 1,5 KeV Energie, die in dem Chromatidfaden absorbiert werden, nur mit einer Wahrscheinlichkeit von einigen Prozent Brüche[1] erzeugen. Von READ wird dieser Befund in Zusammenhang damit gebracht, daß der Chromatidfaden selbst wieder aus zwei Fäden mit je 20 Å Durchmesser, die zusammen eine Doppelschraube von $0,1\,\mu$ Durchmesser bilden, besteht, und jeder dieser Fäden gleichzeitig gebrochen werden muß, wenn ein Chromatidbruch in Erscheinung treten soll. Eine eingehende Diskussion der Versuchsergebnisse von LEA und CATCHSIDE über die Erzeugung von primären Chromatidbrüchen mit Photonen von 2,5 KeV, 7,5 KeV und 12,5 KeV ergab nämlich, daß die Zahl der primären Brüche pro Einheit des Weges der ausgelösten Photoelektronen in Tradescantiapollen, sofern ihre Reichweite $> 0,1\,\mu$ ist, proportional $\sim (1-e^{-i\bar{a}})^2$ ist. Dabei ist $\bar{a} = 20$ Å zu identifizieren mit dem Fadendurchmesser der beiden Einzelfäden in der Doppelschraube, und i die spezifische primäre Ionisation der Photoelektronen. Der Chromatidbruch kommt hiernach also nur zustande, wenn in den beiden Einzelfäden je eine primäre Ionisation erfolgt ist. Zur Erklärung des hohen Absolutwertes der primären Brüche muß angenommen werden, daß die Ganghöhe der Doppelschraube sehr gering ist, so daß die den Chromatidfaden von $0,1\,\mu$ Durchmesser durchquerenden Elektronen mit hoher Wahrscheinlichkeit auch die beiden Fäden von 20 Å Durchmesser durchqueren. Die 1,5 KeV Elektronen haben nur eine Reichweite von $0,05\,\mu$ und können daher nur einen der beiden Fäden innerhalb der Chromatide durchqueren.

Wenn die Dosis in sehr kurzer Zeit gegeben wird (etwa <1 min), führen primäre Brüche, die innerhalb eines Mindestabstandes von $1\,\mu$ erzeugt werden, praktisch immer zu Rekombinationen, sofern sie nicht zu dem Typ der offen bleibenden primären Brüche gehören. Verteilt man die

---

[1] Das heißt nach LEA Chromatidbrüche. Isochromatidbrüche sind dabei überhaupt nicht nachweisbar.

gleiche Dosis über längere Bestrahlungszeiten, so nimmt die Häufigkeit der Rekombinationen ab, und man stellt fest, daß unter normalen Versuchsbedingungen die mittlere Lebensdauer der restitutionsfähigen Brüche (zur Restitution erforderliche Zeit) von der Größenordnung 10 bis 20 min ist.

THODAY und READ stellen mit Vicia Faba fest, daß die Wahrscheinlichkeit, mit der Brüche und Translokationen auftreten, vom Partialdruck des Sauerstoffs abhängt. Dieser Effekt wurde bei Tradescantia von GILES näher untersucht. Bei Abwesenheit des Sauerstoffs während der Bestrahlung geht die Zahl der beobachteten offenen Brüche auf 1/1,4 der Translokationen auf 1/2,5 zurück. Gegenwart des Sauerstoffs vor der Bestrahlung und nach der Bestrahlung ist jedoch ohne wesentlichen Einfluß auf die Versuchsergebnisse. Nach GILES muß daraus geschlossen werden, daß durch Anwesenheit des Sauerstoffs in dem Chromatidfaden die Wahrscheinlichkeit für den primären Bruch erhöht wird. Im Fall der Anwendung von Alpha-Strahlen ist keine Abhängigkeit der Chromosomenaberrationen vom Sauerstoffpartialdruck nachweisbar. Dieser Befund wird am einfachsten damit erklärt, daß die Alpha-Durchgänge durch die Chromatidfäden mit einer Energieabgabe, die wesentlich größer ist als die erforderliche Mindestenergie von 600 eV, erfolgt.

Nach Versuchen von WOLFF an Vicia Faba und an Tradescantia wird durch die Anwesenheit des Sauerstoffs während der Bestrahlung nicht nur die Wahrscheinlichkeit für das Auftreten von primären Brüchen erhöht, sondern auch die Restitutionszeit verlangsamt. Dieser Effekt wird durch die Annahme erklärt, daß die Restitution der primären Brüche nur unter Mitwirkung von energiereichen Phosphatmolekülen erfolgt, daß weiter das biochemische System, welches diese Moleküle liefert, durch die Strahlen geschädigt wird, und zwar bei Anwesenheit von Sauerstoff in stärkerem Ausmaß als bei Abwesenheit von Sauerstoff. Durch Anwendung der Enzymgifte KCN, CO und Stoffen, welche die Proteinsynthese hemmen, wie Chloramphenicol nach der Bestrahlung, wird nach WOLFF u. Mitarb. die Wiedervereinigung der Brüche grundsätzlich verzögert und zugleich wird dadurch die Wahrscheinlichkeit der Rekombination erhöht. Umgekehrt wird durch Zugabe energiereicher Moleküle (ATP) nach der Bestrahlung die Vereinigung der Bruchenden gefördert. Auch die in der Literatur vielfach beschriebene Wirkung von UV und Ultrarot, angewandt in Kombination mit Röntgenstrahlen, beruht nach WOLFF auf der Beeinflussung des biochemischen Systems, das die Energie für die Restitution bzw. Rekombination liefert.

Zu analogen Ergebnissen wie WOLFF gelangte auch BEATTY bei dem Objekt Tradescantia.

Die Beeinflussung der Chromosomenaberrationen durch die physikalischen und chemischen Versuchsbedingungen steht keineswegs in

Widerspruch mit der Theorie von Lea und Catchside, sie bedeutet lediglich, daß die Parameter der Theorie von den Versuchsbedingungen abhängen.

Bei Abwesenheit von O_2 während der Bestrahlung ist offenbar die zur Erzeugung eines primären Bruches notwendige Mindestenergie größer als bei Anwesenheit von Sauerstoff. Die Zeit, die bis zur Restitution oder Rekombination der primären Brüche verstreicht, ist gleichfalls von den Versuchsbedingungen abhängig und kann offenbar durch geeignete chemische oder auch physikalische Behandlung der Versuchsobjekte verlängert oder verkürzt werden.

Lea selbst hat sich über den zeitlichen Verlauf der Vorgänge im Chromatidfaden oder im Chromosom von dem Korpuskeldurchgang bis zur Trennung der Bruchenden nicht geäußert, ist aber sicher nicht der Meinung gewesen, daß die Brüche unmittelbar durch die Korpuskeldurchgänge erzeugt werden. Die Trennung der Bruchenden kann auf jeden Fall erst im Lauf der Zeit im Zusammenhang mit dem allgemeinen Stoffwechsel in den Chromatidfäden bzw. Chromosomen zur Durchführung kommen. Darüber hinaus wurde auch schon in der älteren Literatur die Möglichkeit diskutiert, daß es sich bei den primären Brüchen, die restituieren oder rekombinieren, überhaupt nicht zu einer Trennung der beiden Bruchenden kommt, sondern daß es sich nur um Läsionen handelt, die wieder verheilen, wenn sie nicht in Berührung mit einer anderen Läsion kommen, und daß schließlich die Translokationen nur bei der Berührung solcher Läsionen zustande kommen. Man überzeugt sich leicht, daß der ganze Formalismus der Theorie von Lea und Catchside auch genau für diese Vorstellung paßt, es ist dabei lediglich notwendig, die Restitutionsdauer der restituierbaren Brüche bei Lea und Catchside mit der Lebensdauer der Läsionen zu identifizieren.

Zu einer Kritik der Theorie von Lea und Catchside, die noch einen Schritt weiter geht, gelangt Revell auf Grund von Versuchen, bei denen Vicia Faba mit Röntgenstrahlen bestrahlt wird. Etwas früher als die Chromosomenaberrationen beobachtet man in den Chromosomen „gaps“, nämlich nicht färbbare Läsionen. Was die Ausbeute an wirklichen Brüchen betrifft, so überwiegen nach Revell die Isochromatidbrüche um das dreifache die Chromatidbrüche und nicht wie nach Thoday, Lea und Catchside bei Tradescantia die Chromatidbrüche die Isochromatidbrüche. Außerdem verlaufen die Bruchzahlen bei den von Revell angewandten Dosen und Dosisleistungen nicht proportional der Dosis sondern proportional $D^{1,6}$, genau wie bei den gleichen Bedingungen die Rekombinationen. Die Ergebnisse der älteren Untersuchungen mit Vicia Faba und Tradescantia, nach denen immer nahezu eine Linearität der Bruchzahlen mit der Dosis besteht, werden damit erklärt, daß in der älteren Literatur auch „gaps“ als Brüche registriert wurden. Nach Revell soll der Chromatidaustausch bzw. Chromosomenaustausch bei Berührung der „gaps“ erfolgen. Vor allem wird aber angenommen, daß auch die offenen Isochromatidbrüche und die offenen Brüche überhaupt praktisch nur bei Berührung der „gaps“ entstehen.

Falls in der Tat THODAY sowie LEA und CATCHSIDE bei ihren Untersuchungen mit Tradescantia Läsionen großer Ausdehnung auf den Chromatidfäden mit offenen Chromatidbrüchen verwechselt haben, so ist anzunehmen, daß diese „gaps“ großer Ausdehnung nicht rekombinieren können, und sie unter den gleichen Voraussetzungen entstehen, die von LEA und CATCHSIDE für die nicht restituierbaren Brüche abgeleitet wurden. Die Untersuchungen von REVELL an Vicia Faba wurden außerdem nur mit Röntgenstrahlen ausgeführt, durch sie wird der Teil der Arbeit von LEA und CATCHSIDE, der sich auf die Wirkung der Alpha-Strahlen bezieht, zunächst überhaupt nicht berührt. Es besteht durchaus die Möglichkeit, daß, wenn auch im Fall der Röntgenstrahlen die Auffassung von REVELL zutrifft, bei Anwendung von Alpha-Strahlen wegen ihrer hohen spezifischen Ionisation die Häufigkeit von ausgedehnten „gaps“ gegenüber echten, nicht restituierbaren, Chromatid- und Isochromatidbrüchen völlig zurücktritt.

Es ist möglich, auch durch Anwendung von UV-Licht Chromatidbrüche zu erzeugen, doch benötigt man hierfür, nach KIRKBY SMITH und CRAIG, ungeheure UV-Intensitäten. Die Linie 2537 Å angewandt mit einem Strahlenfluß $\approx 10^4$ erg/mm² ergibt 0,4 Isochromatidbrüche pro Tradescantiaspore. Bei noch höheren Strahlenflüssen nimmt die Ausbeute wieder ab, und aus den Versuchen kann nicht geschlossen werden, wieviel Treffer die Brüche benötigen. Dieselbe Rate an Isochromatidbrüchen erhält man mit Röntgenstrahlen mit 100 rad oder 10^4 erg/g absorbierter Energie, während bei dem Versuch mit UV eine Schätzung eine absorbierte Energie von 10^{10} erg/g ergibt.

Bei den UV-Versuchen ergab sich das Ratenverhältnis Chromatidbrüche zu Isochromatidbrüche zu Rekombinationen wie 1:0,5:0,05.

Nach KIHLMANN werden mit einer jedenfalls weit höheren Ausbeute als bei KIRKBY SMITH und CRAIG Chromosomenaberrationen erzeugt, wenn die Objekte mit Acridinorange vorbehandelt werden und sichtbares Licht eingestrahlt wird.

Literatur.

BEATTY, A. V., and J. W. BEATTY: Post Irradiative Effects an Chromosomal Alerrations in Tradescantia Microspores. Genetics **45**, 331 (1960).
— —, and C. COLLINS: Effects of Various Intensities of X Radiation on Chromosomal Aberration. Amer. J. Bot. **43**, 328 (1956).
BENDER, M. A., and S. WOLFF: X Ray Induced Chromosome Aberrations and Reproductiv Death in Mammalians Cells. Amer. Naturalist **95**, 39 (1961).
GILES, N. H.: Chromosome Aberrations in Tradescantia. In: Radiation Biology 154, S. 713 Herausg. HOLLAENDER, A.

GRAY, L. H.: Radiation Induced Mutagenesis. In: Strahleninduzierte Mutagenese. Hrsg. H. STUBBE. Berlin: Akademie Verlag 1962.

KIHLMANN, B. A.: Biochemical Aspects of Chromosome Breakage. Advanc. Genet. **10**, 1 (1961).

— Studies of the Production of Chromosome Aberrations by Visible Light. Exp. Cell. Res. **17**, 490 (1959).

KIRBY SMITH, J. S., and D. L. CRAIG: The Induction of Chromosome Aberrations in Tradescantia by Ultraviolet Radiation. Genetics **42**, 176 (1957).

LEA, D. E.: Actions of Radiations on Living Cells. Cambridge: . . . . 1946.

MARQUARDT, H.: Neuere Auffassungen über einige Probleme aus der Pathologie der Kernteilung. Naturwissenschaften **37**, 416, 433 (1960).

NEARY, G. J.: The Significance of Oxygen Effect on Chromosome Breakage by Ionizing Radiation. In: Strahlenwirkung und Milieu. Strahlentherapie Suppl. **51**, 96 (1962).

READ, J.: The Breakage of Tradescantia Chromatids by Ionizing Radiations. Phys. in Med. Biol. **2**, 258 (1958).

REVELL, S. H.: The Accurate Estimation of Chromatid Breakage and its Revelance to a New Interpretation of Chromatid Aferrations Induced by Ionizing Radiations. Proc. roy. Soc. **150**, 563 (1959).

WOLFF, S.: Interpretation of Induced Chromosome Breakage and Rejoiing. Radiat. Res. Suppl. **1**, 453 (1959).

— Radiation Genetics in Mechanism in Radiobiology, S. 419—475. New York und London: Errera und Forssberg 1961.

Sechstes Kapitel.

Mutationen, insbesondere Genmutationen (Punktmutationen).

1. Abhängigkeit der Mutationsrate von den äußeren und den inneren Bedingungen. Die Prämutation, Mutationsreversion und Mutationsperfektierung.

Die Mutationsrate einzelliger und höherer Organismen hängt von den inneren und äußeren Versuchsbedingungen während der Bestrahlung ab, d. h. vom locus, vom genotypischen Milieu, vom Entwicklungszustand des Einzellers oder der Keimzellen, von der Temperatur, der Hydratation, bei Anwendung von Röntgenstrahlen oder energiereichen Strahlen geringer LET vom Sauerstoffgehalt, und ganz allgemein von chemischen Substanzen, die dem Objekt oder dem Nährmedium vor der Bestrahlung zugefügt worden sind. Es ist bemerkenswert, daß die Mutationsraten gar nicht oder unwesentlich vom O_2-Gehalt abhängen, wenn die Bestrahlung mit UV oder mit Alpha-Strahlen vorgenommen wird.

Durch die Wahl der inneren und äußeren Versuchsbedingungen während der Bestrahlung werden die Mutationsraten in ähnlicher Weise beeinflußt wie die Inaktivierungsraten bzw. die Schädigung. Das Ausmaß der Beeinflussung der Raten ist in der Regel bei Mutation und Inaktivierung verschieden, wenn auch von der gleichen Größenordnung.

Bei den Mikroorganismen und wahrscheinlich auch bei den höheren Organismen zeigen ganz allgemein Zellen, die sich intensiv teilen, eine höhere Mutationsrate als Zellen im Ruhezustand. Bei E. Coli erhält man nach UV-Versuchen die höchste Mutationsrate vor der Nucleinsäureverdopplung, bei Paramecium abweichend von der allgemeinen Regel in der Telophase. Die Mutationsrate nimmt ebenso wie die Schädigung bei Anwendung von energiereichen Strahlen keineswegs mit zunehmendem Wassergehalt der Objekte fortgesetzt zu, sondern hat bei etwa 10 bis 20% Wassergehalt des Objektes ein Minimum und steigt erst dann mehr oder weniger stark an. Im Falle von UV-Anwendung nimmt die Strahlenempfindlichkeit fortgesetzt mit zunehmender Feuchtigkeit ab.

Erhöhung der Mutationsrate durch O_2 (im Falle der energiereichen Strahlen geringer LET) tritt bei den meisten Objekten und loci auf, und zwar erhält man mit steigendem O_2-Gehalt etwa eine Verdopplung der Mutationsrate.

Ähnlich, wie in der Regel die Inaktivierungsrate, kann auch die Mutationsrate, wie Versuche mit einzelligen Organismen zeigen, durch eine Nachbehandlung mit blauem Licht oder durch Wärmeanwendung wesentlich herabgesetzt werden, sofern die Nachbehandlung in dem Zeitraum bis zur nächsten Zellteilung erfolgt. Die Nachbehandlung mit Licht ist nur erfolgreich, wenn die Inaktivierung oder Mutation durch UV erzeugt wird. Das gleiche gilt nicht immer für die Wärmereaktivierung und die Wärmereversion, die man gelegentlich nach Anwendung auch von Röntgenstrahlen beobachtet. Unter günstigen Bedingungen entspricht die Wirkung der Nachbehandlung einer Reduktion der Dosis auf 30%.

Im Falle der Anwendung von Röntgenstrahlen kann man nach Versuchen mit E. Coli die Mutationsrate durch eine Nachbehandlung mit H_2O_2, Guanin, Uracil und Glutaminsäure und eine ganze Reihe weiterer Stoffe vermindern. Auch nach UV-Bestrahlung kann durch geeignete Stoffe die Mutationsrate herabgesetzt werden. Dieser Mutationsreversion stehen auch eine Erhöhung der Mutationsraten, d. h. eine Mutationsperfektierung in vielen Fällen gegenüber, z. B. nach UV-Anwendung bei Streptomyces durch Jodacetat und Serratia durch Harnstoff.

Die Proteinsynthese und auch den Ablauf der Kernteilung kann man durch Chloramphenicol hemmen. Wendet man Chloramphenicol unmittelbar nach der Bestrahlung an, so stellt man eine Erniedrigung der Mutationsrate fest. Zum Beispiel kann man im Falle des mit UV-und Röntgenstrahlen bestrahlten E. Coli durch die Nachbehandlung mit Chloramphenicol eine Abnahme der Mutationsrate auf den halben Wert erreichen. Behandelt man Drosophila vor der Röntgenbestrahlung mit Chloramphenicol, so sinken nach SOBELS analog die Mutationsraten in den Spermatogonien auf den halben Betrag, während in den reifen Spermien die Mutationsrate um 30% erhöht wird. Durch Anwendung von HCN unter normalen atmosphärischen Bedingungen erhält man nach SOBELS bei Drosophila eine Erhöhung der Mutationsrate.

Durch Bestrahlung von extracellulären Phagen (außerhalb ihrer Wirtsbakterie) mit energiereichen Strahlen und UV konnten bisher in einem Fall[1] (Phagen von Serratia nach KAPLAN, KRIEG, WOLF und ELMMAUER) Mutationen nachgewiesen werden. Wenn auf die Bestrahlung der extracellulären Phagen von Serratia durch UV unmittelbar eine Blaulichtbestrahlung erfolgt, kann man je nach Blaulichtdosis entweder eine Photoreversion oder eine Perfektierung der Mutation nachweisen. Phagenmutationen können ganz allgemein und mit höherer Ausbeute durch UV erzeugt werden, wenn vor der Infektion der Wirtsbakterien durch die Phagen sowohl die Phagen als auch die Bakterien mit UV bestrahlt werden, oder auch der gesamte Wirtsbakterie-Phagen-Komplex zur Bestrahlung gelangt. Beim Tabakmosaikvirus sind weder nach extracellulären Bestrahlungen noch nach ihrer Bestrahlung in der Tabakpflanze durch UV oder energiereiche Strahlen, Mutationen zweifelsfrei nachgewiesen. Jedoch kann man nach MUNDRY und GIERER, SCHUSTER und SCHRAMM beim TBM durch Anwendung salpetriger Säure Mutationen in großer Zahl erzeugen.

Die Existenz der Mutationsreversion und Mutationsperfektierung haben zu der Vorstellung geführt, daß die molekulare Umwandlung in der DNS, welche die Mutation darstellt, in verschiedenen, mit großen zeitlichen Abständen aufeinander folgenden Schritten erfolgt. Der (direkte oder indirekte) Treffer erzeugt zunächst ein Vorstadium des mutierten Zustandes in der genetischen Substanz des locus. Diesen Vorgang bezeichnet man nach einem besonders von KAPLAN benutzten Ausdruck als Prämutation. Im prämutativen Zustand ist die genetische Substanz labil, durch geeignete Nachbehandlung kann man entweder die Reversion oder die Perfektierung der Mutation erzielen. Zumindest grundsätzlich ist aber auch die Auffassung möglich, daß durch die Bestrahlung im Plasma mutagene, diffusible Substanzen entstehen, deren Wirksamkeit von den äußeren und inneren Bedingungen abhängt.

2. Die Genmutationen werden grundsätzlich durch einen einzigen Treffer erzeugt. Die Mutationsraten pro Dosiseinheit.

TIMOFÉEFF-RESSOVSKY und ZIMMER hatten in den Jahren vor dem Krieg durch umfangreiche Versuche vor allem mit Röntgenstrahlen nachgewiesen, daß bei dem Objekt Drosophila die geschlechtsgebundenen recessiven Letalmutationen exakt proportional der Dosis und ebenso genau unabhängig von der Dosisleistung erfolgen und wahrscheinlich gemacht, daß das gleiche auch für sichtbare Mutationen gilt. Daraus wurde geschlossen, daß die Gen- oder Punktmutationen wenigstens bei Anwendung von energiereichen Strahlen durch einen einzigen Treffer

---

[1] Neuerdings positive Befunde auch bei FOLSOME (1962).

erzeugt werden. Die weitere Entwicklung hat gezeigt, daß dieser Schluß auch heute noch im wesentlichen aufrechtgehalten werden kann und daß er auch für die Mikroorganismen und wahrscheinlich ebenso für Mäuse und Menschen Gültigkeit besitzt.

Die Untersuchungen von TIMOFÉEFF-RESSOVSKY wurden mit reifen Spermien ausgeführt, d. h. durch die Versuchstechnik (Befruchtung nur wenige Stunden nach der Bestrahlung) wurde dafür gesorgt, daß die Befruchtung der weiblichen Keimzellen durch Spermien erfolgte, die im Reifestadium zur Bestrahlung gelangten.

Obwohl die geschlechtsgebundenen recessiven Letalmutationen nicht nur Genmutationen und Ausfälle von kleinen Chromosomenstücken darstellen, sondern auch auf Chromosomenmutationen bzw. nach MULLER auf dadurch bedingten Positionseffekten beruhen, tritt keine Abhängigkeit von der Dosisleistung auf, weil die reifen Spermien keinem Stoffwechsel mehr unterworfen sind und sich im Zustand der absoluten Ruhe befinden. Diese Voraussetzung ist jedoch nicht mehr erfüllt, wenn Spermatocyten oder Spermatogonien zur Bestrahlung und deren Nachfolgezellen zur Befruchtung gelangen. (Neuere Versuche von FRITZ-NIGGLI, OSTER u. a.) Die Mutationsrate ist bei Bestrahlung der Spermatocyten etwa doppelt so groß wie bei Bestrahlung der reifen Spermien, wodurch angezeigt wird, daß die Spermatocyten sich noch in einem in Entwicklung begriffenen Zustand befinden. Die Mutationsrate von Spermatogonien ist etwas geringer als von den reifen Spermien. Bei Fraktionierung der Bestrahlung ist die Mutationsrate nur im Falle der reifen Spermien von der Dosisleistung unabhängig. Wird die Bestrahlung von Spermatocyten in fünf Fraktionen im Abstand von 2 Std vorgenommen, so geht nach SOBELS die Mutationsrate um 30% zurück. Die Abhängigkeit der Mutationsrate von der Dosisleistung kann entweder durch den Anteil von Positionseffekten, d. h. Chromosomenmutationen an der Mutationsrate oder nach SOBELS durch Beeinflussung des die prämutativen Zustände perfektierenden Systems bei hohen Dosisleistungen erklärt werden.

Es besteht auch kein hinreichender Grund zur Annahme, daß bei den Mäusen und schließlich beim Menschen die Punktmutationen grundsätzlich anders verlaufen als bei Drosophila und mehrere oder viele Treffer benötigen. Der Befund von RUSSEL u. KELLY, daß bei Mäusen nach einer kurzdauernden Bestrahlung (etwa 10 min Dauer) mit großer Dosisleistung die Mutationsrate 4mal so groß ist, wie nach einer Bestrahlung, die sich über viele Wochen erstreckt, kann nach GRAY auf denselben Ursachen beruhen, wie die Abhängigkeit der Mutationsrate von der Dosisleistung bei den Spermatocyten von Drosophila.

Die Mutationsrate bei Bakterien (z. B. E. Coli) und bei Pilzen (Neurospora) ist bei Anwendung energiereicher Strahlen proportional der Dosis, erfordert also gleichfalls auch nur einen Treffer.

Besonders sorgfältige Untersuchungen über den Verlauf der Mutationsrate in Abhängigkeit von der Dosis bei E. Coli haben DEMEREC und SAMS ausgeführt. Die Wahrscheinlichkeit der Umwandlung von auxotrophe in prototrophe Bakterien durch Mutation des locus Met 2 erfolgt im Bereich von 17 bis 4000 rad in aller Strenge linear.

Bei Anwendung von UV auf einzellige Organismen werden im allgemeinen zwei Treffer zur Mutationserzeugung benötigt, doch gibt es auch Fälle, in denen ein Treffer genügt. Wendet man UV an, so erreicht mit steigenden Dosen die Mutationsrate, auch wenn man sie auf die Überlebenden bezieht, ein Maximum, um dann wieder abzunehmen. In einzelnen Fällen (gewisse loci einiger Mikroorganismen) tritt dieses Maximum der Mutationsrate mit steigenden Dosen auch bei energiereichen Strahlen auf. Die Erklärung dieses Maximums erfordert bestimmte Annahmen über die Strahlenempfindlichkeit der Mutanten oder die Bildung mutagener Stoffe oder Erzeugung zusätzlicher Surpressor Allele in dem Genom des Objektes. Das Auftreten des Maximums stellt jedoch grundsätzlich nicht in Frage, daß wenigstens durch energiereiche Strahlen die Punktmutation durch einen einzigen Treffer erzeugt wird.

Die Mutationsraten (vgl. KAPLAN 1957) liegen bei Drosophila zwischen 10^{-7} und $1{,}6 \cdot 10^{-8}$ Mut/rad u. loc. Als Mittelwert wird auch $3 \cdot 10^{-8}$ Mut/rad u. loc angegeben. Für Punktmutationen von Mäusen wird sie je nach locus zwischen $3 \cdot 10^{-8}$ und $1 \cdot 10^{-6}$ Mut/rad und locus angenommen. Bei Neurospora liegen die Mutationsraten zwischen $3 \cdot 10^{-8}$ und 10^{-11} und E. Coli $1 \cdot 10^{-9}$ und 10^{-11} Mut/rad und locus.

3. Die Mutationsrate bei Drosophila in Abhängigkeit von der LET.

Zur Erzeugung der Mutationen werden im allgemeinen nur UV- und Röntgenstrahlen mittlerer Härte benutzt; umfangreiche Versuchsreihen mit raschen Neutronen[1] und mit ultraharten Elektronen oder Röntgenstrahlen wurden im wesentlichen nur mit dem Objekt Drosophila ausgeführt. Die vor zwei Jahrzehnten durchgeführten Arbeiten mit raschen Neutronen und reifen Spermien von Drosophila hatten übereinstimmend ergeben, daß die geschlechtsgebundenen recessiven Letalmutationen mit einer geringeren Ausbeute pro Dosiseinheit erzeugt werden, als mit Röntgenstrahlen mittlerer Härte (ZIMMER u. TIMOFÉEFF-RESSOVSKY, DEMPSTER, GILES, FANO u. DEMEREC). Nach den damals ausgeführten Versuchen liegt der RBW-Faktor zwischen 0,4—0,8. Eine Reihe in der Nachkriegszeit in Amerika ausgeführter Versuche bedienten sich einer fehlerhaften Dosierung. Nachdem der Dosierungsfehler klargestellt war, erhielten EDINGTON und RANDOLPH für die Erzeugung von geschlechtsgebundenen Letalfaktoren mit 14 MeV-Neutronen den RBW-Faktor 1,2 und mit 1 MeV-Neutronen den RBW-Faktor 1,6. Im Unterschied zu den vor 20 Jahren

---

[1] Wobei die Rückstoßprotonen wirksam werden.

gefundenen Ergebnissen wäre hiernach also der RBW-Faktor bei der Erzeugung der recessiven Letalmutationen durch rasche Neutronen > 1. Bemerkenswert sind schließlich noch Versuche von Muller über die Ausführung von sichtbaren Mutationen mit raschen Neutronen, die wahrscheinlich machen, daß wenigstens sichtbare Mutationen mit einem RBW-Faktor größer > 1 erfolgen. (Der RBW-Faktor ist bei den von Muller mit raschen Neutronen erzeugten sichtbaren Mutationen um den Faktor 1,6 größer, als bei den recessiven Letalmutationen).

Zimmer u. Timoféeff-Ressovsky hatten außerdem gezeigt, daß mit großer Genauigkeit die Mutationsrate unabhängig von der Wellenlänge der angewandten Röntgenstrahlen ist, und daraus geschlossen, daß eine einzelne primäre Ionisation als Treffer anzusehen ist. Eine Untersuchung von Bertram u. Höhne mit ultraharten Röntgenstrahlen bei denen reife Spermien zur Bestrahlung gelangten und zur Befruchtung dienten, bestätigen diesen Schluß. Es ergab sich die gleiche Mutationsrate wie mit mittelharten Röntgenstrahlen. Bei Bestrahlung von Spermatozyten oder Spermatogonien erhält man größere oder kleinere Mutationsraten als mit mittelharten Röntgenstrahlen (Versuche von Fritz-Niggli u. a.).

4. Möglichkeiten zur Deutung des Mutationsvorganges. Direkte Strahlenwirkung oder Bildung diffusibler mutagener Substanzen.

Nach diesen Vorbemerkungen wenden wir uns der Diskussion der Vorgänge zu, die zur Mutation führen, wenn die Objekte mit energiereichen Strahlen oder mit UV bestrahlt werden. Die Mutationen können grundsätzlich durch direkte Treffer in der genetischen Substanz oder durch indirekte Strahlenwirkung vermittels von im Plasma gebildeten strahleninduzierten mutagenen Substanzen hervorgerufen werden. Wir diskutieren zunächst die Mutationserzeugung in den reifen Spermien von Drosophila und nehmen dabei an, daß wenigstens in diesem Fall die Strahlenwirkung eine direkte ist oder auch von Wasserradikalen sehr kleiner Diffusionslänge erzeugt wird[1]. Timoféeff-Ressovsky u. Zimmer hatten im Jahre 1938 die Abnahme der Mutationsrate pro Dosiseinheit beim Übergang von Röntgenstrahlen zu schnellen Neutronen als Sättigungseffekt gedeutet und außerdem aus den Versuchsdaten abgeleitet, daß die Wirkungswahrscheinlichkeit der primären Ionisation im strahlenempfindlichen Volumen $p = 1$ ist, und Lea hatte sich in seinem Buch dieser Deutung angeschlossen. Der Durchmesser des strahlenempfindlichen Volumens wurde von Lea zu ≈ 50 Å berechnet und im wesentlichen mit dem Genvolumen identifiziert.

Der von Muller bis in neuerer Zeit vorgebrachte Einwand, daß unmöglich lediglich ein Bereich von etwa 10^4 Atomen die genetische

---

[1] Der Aufbau der reifen Spermien ist völlig abgeschlossen und somit keinerlei Gelegenheit zum Einbau von Störstoffen gegeben.

Substanz eines locus, d. h. eines Genes, darstellen kann und deshalb die ganze Theorie abzulehnen sei, erscheint heute im wesentlichen unberechtigt. Von unserer heutigen Sicht aus kann der Bereich von 10^{+4} Atomen sicher nur mit dem Volumen von Mutonen identifiziert werden, genauer der Summe der Volumina der Mutonen, deren strukturelle Umwandlung zu demselben Phänotyp führt. Die Mutonen sind nach BENZER Untereinheiten eines Cistrons oder physiologischen Gens. Nach den vorwiegend mit dem TBM gewonnenen Ergebnissen enthält jedes Cistron die genetische Information für eine ganz bestimmte Polypeptidkette definierter Kettenlänge, wobei die Zahl der Basen oder Basenpaare des DNS-Fadenabschnittes, welcher das Cistron darstellt, 3mal so groß ist, wie die Zahl der Aminosäuren der durch sie determinierten Peptidkette.[1] Ein Cistron umfaßt also nur einen Bruchteil der DNS eines Chromomers und die Mutonen sind wieder Untereinheiten des Cistrons. Außerdem muß mindestens mit der Möglichkeit gerechnet werden, daß ähnlich wie z. B. die RNS bei dem TBM die DNS aus unbekannten Gründen nur zum geringen Teil genetische Substanz ist, d. h. nur ein geringer Teil der DNS Cistrone darstellt, die zur Bildung von wohldefinierten Polypeptidketten Anlaß geben.

Es besteht nach dem Gesagten durchaus die Möglichkeit, das strahlenempfindliche Volumen mit einem engbegrenzten Abschnitt eines DNS-Fadens zu identifizieren. Nach LEA ist der mittlere Weg in strahlenempfindlichen Volumen etwa 40 Å. Es fällt auf, daß der mittlere Weg im DNS-Faden nur wenig kleiner ist, nämlich 20 Å beträgt und wohl noch innerhalb des Fehlerbereiches der Leaschen Berechnung, die vor allem durch die Meßgenauigkeit gegeben ist, liegt. Wenn wir die mittlere Mutationsrate pro locus und rad zu $3 \cdot 10^{-8}$ annehmen, den mittleren Energieaufwand pro primäre Ionisation zu 100 eV und die Wirkungswahrscheinlichkeit der primären Ionisationen im strahlenempfindlichen Volumen $p = 1$ setzen, ergibt sich, daß das strahlenempfindliche Volumen bei dem Durchmesser von 20 Å eine Länge von 170 Å besitzt bzw. rund 50 Nucleotide umfaßt. Da kein Grund dafür besteht, daß Energieleitung über diese beträchtliche Entfernung zu einem ausgezeichneten Nucleotid[2] stattfindet, würde weiterhin folgen, daß eine im Phänotyp gleiche Mutation (im Endeffekt Austausch oder Verlust von Basen) an sehr vielen Orten des Bereichs von 170 Å erfolgen kann, genauso wie dies BENZER für ein von ihm untersuchtes Cistron im Falle der Bakteriophagen annimmt.

---

[1] Es sei daran erinnert, daß nach CRICK u. WATSON die DNS eine Doppelwendel ist, die beiden Stränge sind durch Basenpaare verbunden. Basen sind dabei Adenin, Thymin, Guanin, Cytosin. Auf die Länge der Stränge von 3 Å (Nucleotid) kommt ein Basenpaar. Je drei Basen bestimmen in der Polypeptidkette eine Aminosäure und zwar handelt es sich um einen „nicht überlappenden entarteten Triplett-Code".

[2] Es erscheint allerdings sehr wohl möglich, daß nicht geladene abgeschlagene Radikale, z. B. H, über solche beträchtlichen Abstände weg wandern.

Nach den Versuchsergebnissen von RANDOLPH und EDINGTON wäre zu schließen, daß bei der Anwendung von raschen Neutronen die Mutationsrate nicht Sättigungseffekt zeigt sondern Konzentrationseffekt. Das bedeutet, daß die im DNS-Bereich, d. h. im „physiologischen Gen" erzeugte primäre Ionisation mit einer Wirkungswahrscheinlichkeit $p < 1$ oder $p < < 1$ über den prämutativen Zustand zur Mutation führen, und die Wirkungswahrscheinlichkeit p pro primäre Ionisation erhöht wird, wenn gleichzeitig zwei primäre Ionisationen dort erfolgen. Zu berücksichtigen ist außerdem noch die Möglichkeit, daß auch primäre Ionisationen in der Eiweißkomponenten des physiologischen Gens zur Mutation führen. Es besteht jedenfalls nach dem heutigen Stand unseres Wissens durchaus die Möglichkeit, daß der strahlenempfindliche Bereich von einer höheren Größenordnung ist als 50 Nucleotide. Die beträchtlichen Unterschiede in der Mutationswahrscheinlichkeit pro locus und Dosiseinheit von etwa 10^{-7} bei Drosophila (Maximalwert bei sichtbaren Mutationen) und 10^{-11} bei E. Coli können grundsätzlich damit in Zusammenhang gebracht werden, daß die Zahl der Nucleotide, d. h. auch Zahl der Mutonen, deren Reaktion zu im Phänotyp gleichen Mutationen führt, bei Drosophila beträchtlich und bei E. Coli ganz gering ist. Man kann aber auch grundsätzlich die Annahme machen, daß die Ausdehnung des strahlenempfindlichen Volumens in beiden Fällen zwar vergleichbar ist, jedoch die Perfektierung der Mutation aus dem prämutativen Zustand mit ganz verschiedenen Wahrscheinlichkeiten erfolgt.

Abhängigkeit der Mutationsrate von den inneren und äußeren Bedingungen: Grundsätzlich ist[1] die Annahme durchaus möglich, daß sowohl die Wahrscheinlichkeit der Schädigung des physiologischen Gens einschließlich seiner Eiweißkomponente als auch die Wahrscheinlichkeit für die darauf erfolgende Perfektierung der Mutation vom genotypischen Milieu, vom Entwicklungszustand, von der Temperatur, Hydratation, O_2-Gehalt und der Zugabe chemischer Substanzen abhängt. Anderseits ist oft versucht worden, aus der Beeinflußbarkeit durch die äußeren und inneren Faktoren den Beweis abzuleiten, daß die Mutationen durch indirekte Treffer, d. h. durch im Plasma gebildete mutagene oder inaktivierende organische Substanzen hervorgerufen werden. Insbesondere wurden in den vergangenen Jahren oft organische Peroxyde als strahleninduzierte mutagene Substanzen in Erwägung gezogen. Schon oben wurde erwähnt, daß nach SOBELS durch HCN in den Drosophilaspermien die Mutationsrate erhöht wird. Dieser Effekt wurde zunächst durch die Annahme gedeutet, daß die Mutation durch mutagene organische Peroxyde, erzeugt wird. Es wurde zunächst angenommen, daß deren Konzentration durch die in der Zelle befindliche Katalase vermindert wird, und die Katalase selbst aber durch HCN inaktiviert wird. Weitere umfangreiche Versuche, z. B.

---

[1] Unter Voraussetzung lediglich direkter Strahlenwirkung.

Abhängigkeit des Effektes vom O_2-Partialdruck und ebenso auch über den Einfluß einer Nachbehandlung des Objektes mit HCN, haben jedoch ergeben, daß vor allem die Respiration gehemmt und der O_2-Druck in den Spermien und ihrer Umgebung erhöht wird.

In neuerer Zeit ist vor allen Dingen der Gedanke in den Vordergrund getreten, daß Vorprodukte der DNS durch die Strahlen im Plasma geschädigt werden und die Mutation nach ihrem Einbau in die DNS hervorrufen. Diese Auffassung erscheint insbesondere bei Versuchen von HAAS und DOUDNEY mit E. Coli begründet, nach denen die mit UV induzierte Mutationsrate aufs Doppelte erhöht wird, wenn vor der Bestrahlung der Suspension Purin- und Pyrimidinbasen zugegeben werden.

Aus den Versuchen von HAAS und DOUDNEY und Versuchen von WITKIN, nach denen durch Zugabe von Chloramphenicol unmittelbar nach der Anwendung von UV und Röntgenstrahlen die Mutationsrate herabgesetzt wird, wird geschlossen, daß die im Plasma gebildeten mutagenen Substanzen nur eine beschränkte Lebensdauer besitzen. Auf der anderen Seite gibt es nach WITKIN und THEIL auch Coli-Mutationen, deren Ausbeute durch Zugabe von Chloramphenicol nicht beeinflußt wird.

SZYBALSKI und LORKIEWICZ kommen auf Grund von eigenen Versuchen mit Bacillus Subtilus und dem „Transformierenden Prinzip" (freie DNS), bei denen sowohl Röntgenstrahlen als auch UV-Strahlen angewandt werden, und bei denen die Beeinflussung der Inaktivierungsrate bei den beiden Strahlenarten durch in die DNS eingebautes Bromuracil verglichen wird, zu dem Ergebnis, daß zwar die Inaktivierungen des B. Subtilis vorwiegend durch direkte Treffer in der DNS oder vielleicht auch bei den energiereichen Strahlen durch Radikale mit ganz kurzer Diffusionslänge erzeugt werden. In Übereinstimmung damit erfolgt bei Anwendung von UV nach BEUKERS und BERENDS sowie WACKER u. Mitarb. die Inaktivierung mindestens zu einem großen Teil durch direkt von dem Thymin der DNS aufgenommene UV-Quanten, indem das Thymin in der DNS dimerisiert wird. Mutationen erfolgen jedoch nach SZYBALSKI und LORKIEWICZ wenigstens bei Anwendung von UV vorwiegend durch im Plasma geschädigte Vorprodukte der DNS oder RNS oder durch Bausteine, die in der DNS anstelle der Basen treten. Ein entscheidendes Gewicht wird bei diesem Schluß dem Befund beigelegt, daß offenbar bei der Bestrahlung extracellulärer Phagen durch energiereiche Strahlen oder UV nur in Ausnahmefällen bei wenigen Stämmen Mutationen hervorgerufen werden.

KAPLAN u. Mitarb. untersuchen ausführlich Inaktivierungs- und Mutationsrate von Serratia nach UV-Bestrahlung in ihrer Abhängigkeit von Temperatur, Hydratation und Nachbehandlung von Biochemikalien. Nach ihren Ergebnissen sind KAPLAN u. Mitarb. der Meinung, daß auch bei Bakterien im allgemeinen nicht nur die Inaktivierung auf direkten Treffern in den Chromosomen oder deren Äquivalenten beruht sondern auch die Mutation zumindest bei der UV-Bestrahlung durch einen direkten Treffer in der DNS des physiologischen Gens zustande kommt. Nur in Ausnahmefällen soll die Mutation durch Plasma geschädigte Vorprodukte, die in die DNS bei deren Synthese gelangen, erzeugt werden.

Literatur.

BENZER, S.: Genetic Fine Structure and Its Relation to the DNA Molecule. Brookhaven Symp. Biol. 8, 3 (1956).

BERTRAM, C., u. G. HÖHNE: Über die Mutationsauslösung mit schnellen Elektronen. Strahlentherapie 106, 269 (1958).

CRICK, H. C., L. BARNETT, S. BRENNER, and WATTS-FOBIN: General Nature of the Genetic Code for Proteins. Nature (Lond.) 192, 1227 (1961).

DEMEREC, M., and J. SAMS: Induction of Mutations in Individual Genes of Escheria Coli by Low X Radiation. Immediate and Low Level Effects of Ionizing Radiations. Proc. Venice Symp., S. 283. Hrsg. BUZZATI-TRAVERSO, London 1959.

EDINGTON, C. W., and M. L. RANDOLPH: A Comparison of the Relative Effectiveness of Radiations of Different Average Linear Energy Transfer on the Induction on Dominant and Recessive Letals in Drosophila. Genetics 43, 715 (1958).

EHRENBERG, S.: Radiobiological Mechanisms of Genetic Effects. Radiat. Res. Suppl. 1, 102 (1959).

FOLSOME, C. E.: Spezifity of Induktion of T4π II Mutant by Ultraviolet Irradiation of Extracellular Phagen. Genetics. 47, 611 (1962).

FRITZ-NIGGLI, H. F.: Strahlengenetik der Drosophila. Strahlenbiologie, Strahlentherapie, Nuklearmedizin und Krebsforschung, S. 157, 210. Hrsg. SCHINZ, R. Stuttgart 1959.

GIERER, A.: Grundlage der Vererbung. Naturwissenschaften 48, 283 (1961).

HARM, W.: Strahlengenetik der Bakteriophagen. Strahlenbiologie, Strahlentherapie, Nuklearmedizin und Krebsforschung, S. 67. Hrsg. SCHINZ, R., Stuttgart 1959.

JAGGER, J.: Photoreactivation. Bact. Rev. 22, 99 (1958).

KAPLAN, R. W.: Strahlengenetik der Mikroorganismen. Strahlenbiologie, Strahlentherapie, Nuclearmedizin und Krebsforschung, S. 97, 156. Hrsg. SCHINZ, R., Stuttgart 1959.

LASKOWSKI, W.: Strahleninaktivierung von Sacharomyces in Abhängigkeit von Ploidiegrad und Genotyp. S. 171. Hrsg. STUBBE, H. Berlin: Akademieverlag 1962.

MULLER, H. J.: Genetics 39, 985 (1954).

RUSSEL, W. L., L. B. RUSSEL, and E. M. KELLY: Immediate and Low Level Effects on ionizing Radiations, S. 311. Hrsg. A. BUZZATI-TRAVERSO, London 1960.

SHEPPARD, C. W., M. SLATER, E. B. DARDEN, A. W. KIMBALL, G. J. ATTA, C. W. EDINGTON, and W. K. BAKER: Biological Effects of Fast Neutrons from an Internal Target Cyclotron. Radiat. Res. 6, 173 (1957).

SOBELS, F. H.: Dose Rate, Cyanide and Some Other Factors Influencing Rapair of Radiation Damage in Drosophila. Strahleninduzierte Mutagenese, S. 115. Hrsg. STUBBE, H. Berlin: Akademie-Verlag 1962.

—, Chemische Beeinflussung des röntgeninduzierten Mutationsprozesses bei Drosophila. Naturwissenschaften 48, 146 (1961).

STRAUSS, B. S.: The Genetic Effects of Incorporated Radioisotops: The Transmutation Problem. Radiat. Res. 8, 234 (1958).

WITTMANN, H. G.: Ansätze zur Entschlüsselung des genetischen Codes. Naturwissenschaften 48, 729 (1961).

ZIMMER, K. G.: A Physicist's Comment on some Recent Papers on Radiation Genetics. Hereditas (Lund) 43, 201 (1957).

Siebentes Kapitel.

EPR-Spektren in bestrahlten biologischen Objekten.

Da flüssiges Wasser wegen seiner hohen Reibungsdispersion die Energie des elektromagnetischen Wechselfeldes stark absorbiert, können nur getrocknete biologische Objekte oder biologische Objekte mit geringem H_2O-Gehalt zum Nachweis der EPR-Spektren in der bestrahlten biologischen Substanz benutzt werden. Die erste Arbeit auf diesem Gebiet wurde von ZIMMER, EHRENBERG und EHRENBERG mit aus Gerstensamen heraus operierten Embryonen durchgeführt und ergaben eine beträchtliche Ausbeute an mit der Spinresonanzmethode nachweisbaren Radikalen. Die Radikalkonzentration nimmt nach der Bestrahlung zunächst rasch, dann langsam mit der Zeit ab und noch nach 200 Stunden ist mehr als von der Hälfte der anfänglich vorhandenen Radikale nachweisbar. Weitere aufschlußreiche Arbeiten wurden mit dem Samen von Agrostis Stolonifera (EHRENBERG und EHRENBERG), Pollen von Tradescantia (KIRBY SMITH und RANDOLPH), Gerstensamen (CONGER) und trockene Bakteriensporen (POWERS und KALETER) ausgeführt.

Von größtem Interesse ist vor allem die Rolle, welche die so nachgewiesenen Radikale bei den primären schädigenden Reaktionen in der biologischen Substanz spielen. Die Zahl der nachweisbaren Radikale ist im Mittel von der gleichen Größenordnung wie die Zahl der primären Ionisationen in dem biologischen Objekt. Der Energieaufwand bei der Radikalbildung variiert in den verschiedenen Objekten zwischen 30 und 2000 eV/Radikal. Auf der anderen Seite wurde im vorigen Kapitel aus der Abhängigkeit der Mutationswahrscheinlichkeit und Inaktivierungswahrscheinlichkeit von den äußeren Bedingungen insbesondere von der Nachbehandlung auf prämutative Zustände bzw. auf Vorstufen der Inaktivierung geschlossen. Es erhebt sich daher die Frage, sind die langlebigen Radikale lediglich ein bedeutungsloses Nebenprodukt der primären Reaktionen oder sind sie Zwischenprodukte, die im Laufe der Entwicklung des Objektes in den strahlenempfindlichen Strukturen die für die Schädigung des Objektes entscheidende Reaktion auslösen. Im letzteren Fall bestehen grundsätzlich beide Möglichkeiten, nämlich, daß die langlebigen Radikale mit der biologischen Wirkung an dem Ort ihrer Wirksamkeit in den strahlenempfindlichen Strukturen entstehen (direkte Strahlenwirkung), oder daß sie auch erst im Laufe der Entwicklung des Objektes dorthin diffundieren [1] (indirekte Wirkung).

KIRBY SMITH und RANDOLPH finden in mit Röntgenstrahlen bestrahlten trockenen Tradescantiapollen EPR-Spektren, deren Amplitude bei einer Nachbestrahlung mit UV ebenso wie die Amplitude der Spektren

---

[1] Bei der Diffusion im Plasma dürften allerdings die Radikale ihre Aktivität verlieren.

von bestrahlten kristallisierten Aminosäuren abnimmt. Genau umgekehrt verhalten sich die Chromosomen-Aberrationen, die man später in den bestrahlten Pollen feststellt. Die Zahl der Aberrationen wird durch die Nachbestrahlung mit UV erhöht. Offenbar werden die Aberrationen bereits durch die Elektronen, welche die Chromosomen durchqueren, angelegt, und die bei der Bestrahlung entstehenden freien Radikale sind bedeutungslose Nebenprodukte.

EHRENBERG und EHRENBERG bestrahlen Samen von Agrostis bei einem Wassergehalt von 3,1%, 8,5%, 9,9% und 20%. Die Anfangskonzentration der Radikale hängt nur wenig von ihrem H_2O-Gehalt ab. Je höher jedoch der H_2O-Gehalt ist, desto rascher ist der anfänglich rasche Abfall der Radikalkonzentrationen mit der Zeit. Nach 24 Stunden ist der Radikalabfall nur noch geringfügig. Die dann noch vorhandenen Radikalkonzentrationen sind proportional der für die Keimung festgestellten Hemmung. Im Fall des Agrostissamens ist also die Annahme grundsätzlich möglich, daß die Radikale die bei der Vornahme der Keimung noch vorhanden sind, während der Keimung die Schädigung hervorrufen.

CONGER u. Mitarb. gelingt es, im Falle von bestrahltem Gerstensamen einen festen Zusammenhang zwischen der Zahl der Radikale, die zu einem bestimmten Zeitpunkt nach der Bestrahlung verschwunden sind, und dem Betrag des „Nacheffektes" nachzuweisen. Unter „Nacheffekt" versteht man dabei folgendes: Die Schädigung der Gerstenkeimlinge wird am einfachsten aus der Abnahme ihrer Wachstumsgeschwindigkeit ermittelt und hat einen verhältnismäßig geringen Wert, wenn man den

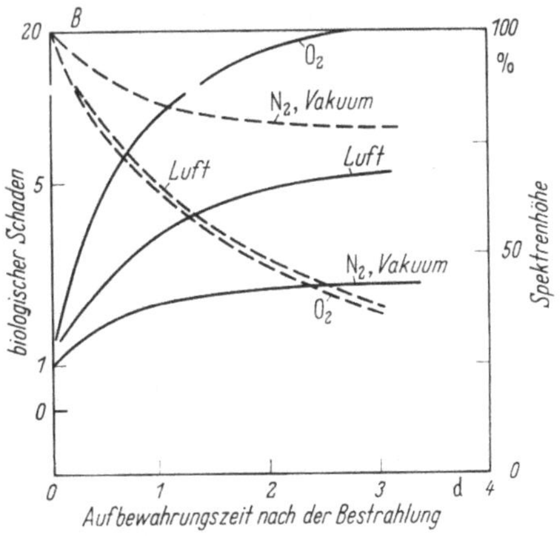

Abb. 10. Biologischer Schaden (—-) und Höhe der EPR-Spektren (— —) von mit Röntgenstrahlen bestrahlten Gerstensamen als Funktion der Wartezeit bis Keimung in Gegenwart von O_2, Luft, N_2. Nach CONGER.

Samen sofort nach der Bestrahlung zum Keimen bringt (unmittelbare Schädigung) und nimmt zu, wenn man Zeit zwischen Bestrahlung und Keimung verstreichen läßt. Der Nacheffekt (Schädigung nach Wartezeit/ durch unmittelbare Schädigung) hängt vor allem vom O_2-Druck und H_2O-Gehalt ab und erreicht maximal (bei geringer Feuchtigkeit und hohem O_2-Druck) nach einigen Tagen den beträchtlichen Wert 20. Genau komplementär zu dem Anstieg des Nacheffektes mit der Wartezeit verläuft der Abfall der Radikalkonzentration mit der Zeit, und zwar bei Variation von Feuchtigkeit, O_2-Druck und Temperatur (vgl. Abb. 10).

Daraus wird geschlossen, daß der Nacheffekt auf der Wirkung der langlebigen Radikale beruht, und zwar die Radikale während der Wartezeit die primären schädigenden Reaktionen auslösen.

POWERS findet in trockenen Bakteriensporen, die unter O_2-Ausschluß bestrahlt werden, komplizierte Spektren, die bei Zugabe von NO praktisch völlig verschwinden, jedoch bei Zugabe von O_2 in andere Spektren (Singuletts) verwandelt werden. Genauso verhält sich die Überlebensrate. Bei Zugabe von O_2 nach der Bestrahlung nimmt sie ab. Wenn man aber zuerst NO zugibt und dann O_2, unterbleibt die Abnahme der Überlebensrate. Durch die Reaktion mit NO werden die Radikale unschädlich gemacht, durch die Reaktion mit O_2 zur Wirksamkeit gebracht. Aus den Versuchsdaten wird gefolgert, daß 40% der Strahlenempfindlichkeit in O_2-Athmosphäre (d. h. 40% des Exponenten der im wesentlichen exponentiellen Überlebenskurven) auf der Wirkung langlebiger Radikale beruht.

Literatur.

CONGER, A. D.: Biological After Effect on Long Lived Free Radicals in Irradiated Seeds. J. cell comp. Physiol. Suppl. **58**, 27 (1961).

EHRENBERG, A., and L. EHRENBERG: The Decay of X Ray Induced Free Radicals in Plant Seeds and Starch. Ark. Fysik **14**, 133 (1958).

FRÄNZ, J.: Die Bedeutung der Elektronen-Spinresonanzmessung für die Biologie und Strahlenbiologie. Atomkernenergie **8**, 63 (1963).

KIRBY SMITH, J. S., and M. L. RANDOLPH: Modification of Radiation Induced Electron Spin Resonances in Dry Materials. J. cell. comp. Physiol. Suppl. **58**, 1 (1961).

POWERS, E. L.: Reversibility of X Irradiation Induced Effects in Dry Biological Systems. J. cell. comp. Physiol. Suppl. **58**, 13 (1961).

ZIMMER, K. G., L. EHRENBERG und A. EHRENBERG: Nachweis langlebiger magnetischer Zentren in bestrahlten biologischen Medien und deren Bedeutung für die Strahlenbiologie. Strahlentherapie **103**, 3 (1957).

III. Spezielle biologische Reaktionen durch sichtbares Licht.

Erstes Kapitel.

Statistik der Elementarreaktionen im Auge beim Sehen.

1. Vorbemerkungen.

a) Die Sehstoffe.

In den Endsegmenten der Stäbchen befindet sich der Sehstoff, der das Dämmerungssehen vermittelt. Er wird als Sehpurpur oder Rhodopsin bezeichnet und wurde bereits 1877 von BOLL entdeckt. In neuerer und in neuester Zeit gelang es den Biochemikern, insbesondere unter Führung von WALD, die Konstitution des Sehpurpurs, seine Ausbleichung durch das Licht und seine Regeneration wenigstens zu einem großen Teil aufzuklären.

Der Sehpurpur ist eine Verbindung eines Caratinoides, des Retinins, mit einem Eiweiß, dem Scotopsin. Die Absorption des Lichts im Sichtbaren geschieht durch die in der Polyenkette des Retinins frei beweglichen π-Elektronen. Das Ausbleichen der Sehpurpurmoleküle durch das Licht erfolgt nahezu mit der Quantenausbeute 1. Dabei entsteht zunächst Indicatorgelb. Weitere Reaktionen schließen sich an, bei denen Vitamin A abgespalten wird. Der Vorgang ist im Dunkeln nicht rückläufig, sondern das Rhodospin wird nur durch Reaktion von Vitamin A mit frischem Retinin in 3 cis-Konfigurationen gebildet.

Das Farbensehen erfolgt durch Lichtabsorption in den Sehstoffen der Zapfen. Nach den Graßmannschen Gesetzen kann man jeden beliebigen Farbreiz durch Mischung von drei vorgegebenen beliebigen Farbreizen, X, Y, Z, mit den passenden Reizstärken, d. h. Koeffizienten, α, β, γ, durch $F = \alpha X + \beta Y + \gamma Z$ darstellen, wobei die Erregbarkeit der drei Farbreize, d. h. X, Y und Z von der Wellenlänge des Lichtes abhängen. Nach YOUNG und HELMHOLTZ werden die Graßmannschen Gesetze durch die Annahme, interpretiert, daß drei verschiedene Arten von Zäpfchen vorhanden sind deren Sehstoffe gegeneinander verschobene Absorptionsspektren besitzen und in denen durch die Absorption von Licht drei verschiedene Grundempfindungen hervorgerufen werden. Der Psychologie des Farbsehens, nach der vier Urfarben (grün, blau, gelb, rot) und außerdem noch „unbunt" und „schwarz" zu unterscheiden sind, werden besser Theorien mit mehr als drei Grundempfindungen gerecht. In diesen Theorien werden gleichfalls nur drei Zapfensehstoffe angenommen, die Grundempfindungsreize sind daher nicht mehr voneinander unabhängig. Nimmt man z. B. vier Grundempfindungen X', Y', Z', W'

$$F = \alpha' X' + \beta' Y' + \gamma' Z' + \delta' W'$$

an, so sind α', β', γ', δ' allein durch α, β, γ in Graßmanns Formel festgelegt und nicht mehr unabhängig voneinander variabel. Grundsätzlich kann ein entsprechender Mechanismus bereits durch die einfache Annahme realisiert werden, daß die Retina bzw. Fovea Centralis vier verschiedene Zapfenarten enthält, auf der die drei Sehstoffe in bestimmter Weise verteilt sind.

Es ist bisher nicht möglich gewesen, in aus der Retina gewonnenen chemischen Extrakten die postulierten drei Zäpfchensubstanzen in eindeutig reproduzierbarer Weise nachzuweisen oder voneinander zu unterscheiden. Aus der Retina von Hühnern gewinnt man nach WALD außer dem Rhodopsin noch einen weiteren Sehstoff mit einem Absorptionsmaximum bei 5600 Å, das Jodopsin, wiederum die Verbindung eines Retinins mit einem Eiweiß. Es wird von WALD angenommen, daß es sich auf dem Zäpfchen der Säugetiere befindet, und zwar in drei verschiedenen Modifikationen, deren chemische Unterscheidungsmerkmale aber unbekannt und vielleicht nur durch die Art der Verknüpfung mit der Zapfensubstanz bedingt sind.

Geglückt ist jedoch die Unterscheidung verschiedener Sehstoffe durch in-vivo-Versuche in der Fovea Centralis von unbeschädigten Augen. Bei den Versuchen der Schule von GRANIT an Katzenaugen werden durch konstante Beleuchtung mit monochromatischem Licht bestimmte Receptoren durch Ausbleichen unempfindlich gemacht und die in diesem Zustand an einzelnen Fasern des Sehnervs abgenommene Spannungsimpulsfolgen in Abhängigkeit von der erregenden Wellenlänge studiert. RUSHTON hat in-vivo-Versuchen am Menschen die Schwächung des Lichtes gemessen, das von dem Untergrund der Retina gestreut wird; indem partielle Ausbleichung durch rotes Licht angewandt wird, ergibt sich die Möglichkeit, auf die Absorptionsspektren der Sehstoffe zurückzuschließen. Die Ergebnisse der Versuche von GRANIT u. Mitarb. und von RUSHTON haben die Überzeugung der Physiologen gefestigt, daß in der Tat auf der Fovea Centralis drei verschiedene Sehstoffe vorhanden sind.

b) Die Adaption des Auges.

Der Übergang der Retina von dem für Dämmerungssehen adaptierten Zustand in den viel unempfindlicheren Zustand bei vollem Tageslicht wurde schon vor langer Zeit von HECHT mit dem Ausbleichen des Sehpurpurs bei vollem Tageslicht erklärt. Die photochemischen Untersuchungen über die Ausbleichung des Sehstoffes in vitro haben zu der Folgerung geführt, daß diese Erklärung nicht zutrifft. An der absoluten Sehschwelle beim Dämmerungssehen bleicht nach den Angaben von PIRENNE im Mittel ein Molekül Rhodopsin in 5000 Stäbchen pro sec aus. Die Zahl der Sehpurpurmoleküle in je 5000 menschlichen Stäbchen ist dabei von der Größenordnung 10^{12}, bei Tageslicht ist die Beleuchtungsstärke auf der Augenpupille um den Faktor 10^6 größer als an der Grenze des Dämmerungssehens. Bei vollem Tageslicht ist also der Prozentsatz der ausbleichenden Sehpurpurmoleküle kleiner als 1% pro Std. Die Ausbleichung des Sehpurpurs auf der Retina wird erst nachweisbar, wenn man die Beleuchtungsstärke noch weiterhin, und zwar in einem beträchtlichen Ausmaß steigert. Nach den direkten in-vivo-Messungen von RUSHTON an Menschen erzielt man bereits in wenigen Minuten eine vollkommene Ausbleichung, wenn die Beleuchtungsstärke auf der Augenlinse drei bis vier Zehnerpotenzen größer ist als bei normalem Tageslicht. Die Adaption ist also ein Vorgang, der mit der Abnahme des Absorptionsvermögens der Stäbchen nicht erklärt werden kann, sondern auf einer Regulierung der an die Lichtabsorption anschließenden Folgeprozesse beruht.

c) Der submikroskopische Aufbau der Stäbchen und Zäpfchen.

Nach den elektronenmikroskopischen Untersuchungen von SJÖ-STRAND besitzen die Stäbchen und Zäpfchen ähnlich wie die Chlorplasten der grünen Pflanzen einen laminaren Aufbau. Der Sehstoff ist in Schichten (wahrscheinlich zwischen Lipoid und Eiweißschichten) angeordnet, die Schichten liegen senkrecht zur Achse der Stäbchen oder Zäpfchen. Wahrscheinlich handelt es sich um monomolekulare Schichten. Der Durchmesser der Stäbchen beträgt einige μ, ihre Länge bis zu 30 μ. Die Dimensionen der Zäpfchen sind entsprechend. Wie eine Betrachtung der Absorptionsindices des Sehpurpurs lehrt, wird das Licht keineswegs nur in der Oberflächenschicht der Stäbchen absorbiert, sondern nahezu gleichmäßig im ganzen Volumen der Endsegmente bzw. der Sehstoffschichten. Rund 10% bis 20% der auf die Retina auffallenden Lichtquanten der Wellenlänge 5000 Å werden von dem Sehpurpur absorbiert.

d) Die Möglichkeit der Energiewanderung in den Sehstoffen bzw. in den Stäbchen.

Durch die Untersuchungen der Biochemiker ist zwar die Konstitution des Sehpurpurs und die Neuerzeugung des Sehpurpurs in den Augen einigermaßen geklärt, und auch in die Chemie der Zapfensubstanzen sind spärliche Einsichten gewonnen. Über die Vorgänge, die von der Lichtabsorption in den Sehstoffen zur Erregung der Sehnerven führen, ist aber so gut wie gar nichts bekannt. Von HAGINS und JENNINGS wird die Möglichkeit der Wanderung der in den Stäbchen absorbierten Energie durch Dipolresonanz untersucht. Die Wahrscheinlichkeit dieses Vorganges ist schon von vornherein gering, weil der Sehpurpur weder in Lösung noch auf der Retina überhaupt nicht nachweisbar fluoresciert. Durch unmittelbare Versuche an Hühnerstäbchen mit einem Mikrostrahl wird nachgewiesen, daß die Bildung des Sehgelbes höchstens bis zu einer Entfernung von 1 μ von dem Ort der primären Bestrahlung erfolgt. Nach von HAGINS und JENNINGS unter gewissen Voraussetzungen durchgeführten Rechnungen (Anwendung der Försterschen Formel) ist die Energiewanderung in der Retininkomponente durch Dipolresonanz innerhalb noch sehr viel engeren Grenzen ausgeschlossen und ist wahrscheinlich praktisch bedeutungslos. Ebenso sind nach HAGINS und JENNINGS bei der Anwendung von Lichtblitzen weder in der Lösung noch auf der Retina angeregte langlebige Zustände nachweisbar.

2. Absolute Empfindungsschwellen beim Dämmerungssehen.

Ein Lichtblitz (vergl. Abb. 11) mit einem bestimmten Öffnungswinkel ω führt zur Beleuchtung eines Fleckens der Retina mit dem Durchmesser d. Durch die Fixierung des Auges mittels des Fixpunktes F^1

---

[1] Der Fixpunkt kann auch mit dem anderen Auge betrachtet werden.

wird erreicht, daß der Lichtfleck auf der Retina in einem definierten Winkel Abstand von der Fovea Centralis liegt. Das Auge ist bei der Versuchsanordnung zugleich auch auf die Oberfläche der Linse akkommodiert. Bei festem Durchmesser des Lichtfleckes d (des Prüfareals) und bei fester Blitzdauer t wird die Intensität des Blitzes variiert und die Wahrscheinlichkeit, daß der Blitz wahrgenommen wird, d. h. die Wahrnehmbarkeit als Funktion der Blitzintensität aufgenommen. Solche Versuche wurden zuerst von HECHT, SHLAER und PIRENNE (1942) und von VAN DER VELDEN (1944) ausgeführt und haben bis in neuester Zeit eine lebhafte Diskussion ausgelöst, die noch heute zu keiner vollen Übereinstimmung geführt hat.

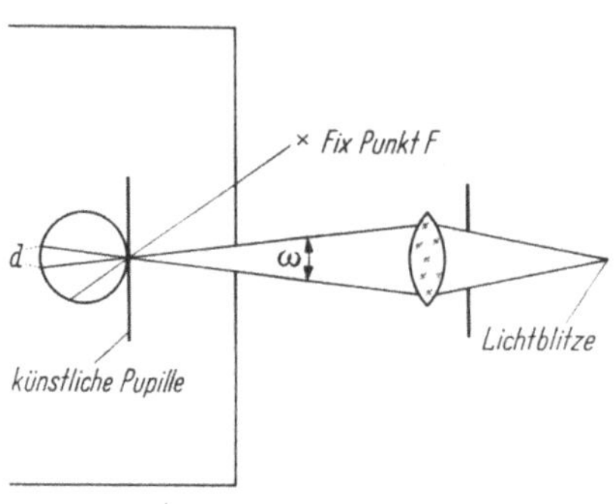

Abb. 11. Versuchsanordnung zur Untersuchung der Wahrnehmbarkeit von Lichtblitzen nach HECHT, SHLAER und PIRENNE.

Wir diskutieren zunächst die Versuchsergebnisse von VAN DER VELDEN. Begonnen wurde mit Versuchen bei kleinen Blitzdauern und kleinen Öffnungswinkeln, d. h. von Blitzdauern etwa 0,01 sec und Öffnungswinkeln von 10 min. Die Analyse der Wahrnehmbarkeit-Intensitätskurven nach der Formel I (1) von BLAU u. ALTENBURGER führt zu dem Schluß, daß eine wirksame Absorption von zwei Lichtquanten, also zwei Treffern, in den Sehstoffen der Stäbchen für die Wahrnehmung der Blitze ausreichen. Steigert man die Blitzdauer, so ergibt sich nach VAN DER VELDEN, daß zwar die Form der Wahrnehmbarkeits-Intensitätskurve sich nicht wesentlich ändert, jedoch die Energie[1] E_{60}, welche eine Wahrnehmbarkeit von 60% ergibt, mit der Blitzdauer t ansteigt. Daraus folgt, daß die zur Wahrnehmung benötigte Mindestzahl von wirksamen Lichtquanten innerhalb eines festen Zeitintervals τ absorbiert werden muß, wenn der Blitz wahrgenommen werden soll. Die E_{60}, aufgenommen als Funktion der Blitzdauer, erfolgt genau der Formel I (6) von RAJEWSKI und DÄNZER und ergibt $\tau = 0,02$ sec. Da die Formel von RAJEWSKI und DÄNZER unter der Voraussetzung berechnet ist, daß die Mindesttrefferzahl $n = 2$ beträgt, ist aus der Form der Wahrnehmbarkeit-Intensitätskurve gezogener Schluß, daß die Mindesttrefferzahl $n = 2$ beträgt, bestätigt. Insbesondere ist für große t ($t \rightarrow 5\,\tau$) die E_{60} nach I (7b) proportional $\sqrt{t}$, wie man für mindestens zwei Treffer während eines beliebigen Zeitintervalls der festen Größe τ erwartet (Gesetz von PIERON).

Zu ganz ähnlichen Ergebnissen gelangt man nach VAN DER VELDEN auch, wenn man bei konstanter Blitzdauer t den Öffnungswinkel ω stei-

---

[1] Das heißt: $E_{60} = J_{60} \cdot t$.

gert. Bei Steigerung von kleinsten Winkeln bis zu dem Öffnungswinkel von etwa 15 min ist die für die Wahrnehmung des Blitzes notwendige Lichtintensität J_{60} auf die Augenlinse $\approx 1/\omega^2$, also die notwendige auf den gesamten Lichtfleck auffallende Lichtenergie ist unabhängig von ω. Bei weiterer Steigerung von ω über 15 min hinaus, geht dieses Riccosche Gesetz in das Pipersche Gesetz über, und die notwendige Lichtintensität nimmt nur noch lediglich proportional $\frac{1}{\omega}$ ab. Daraus ist zunächst zu schließen, daß die Stäbchen in Aggregate, sog. Summationseinheiten, zusammengeschlossen sind, und zwar enthalten diese etwa je 100 Stäbchen[1]. Der

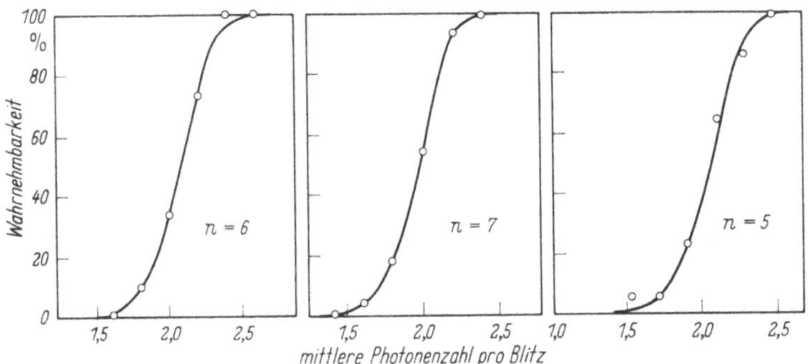

Abb. 12. Wahrnehmbarkeit von Lichtblitzen als Funktion der Blitzintensität nach HECHT, SHLAER und PIRENNE. Abszissenmaßstab logarithmisch.

Blitz wird nur wahrgenommen, wenn in irgendeinem dieser Aggregate eine gewisse notwendige Zahl von Lichtquanten wirksam absorbiert wird. Aus der speziellen Form der Abnahme der Lichtintensität J_{60}, die eine Wahrnehmbarkeit von 60% erfordern, nämlich $J_{60} \approx \frac{1}{\omega} \approx \frac{1}{\sqrt{\pi \frac{d^2}{4}}} \approx \frac{1}{\sqrt{\overline{M}}}$

(M ist Zahl der Summationseinheiten innerhalb des Lichtfleckes) folgt wieder nach dem Organismusansatz I (3a), daß die mindest notwendige Anzahl der in einer Summationseinheit wirksam absorbierten Quanten 2 beträgt.

Im Unterschied zu VAN DER VELDEN und ebenso auch BOUMAN haben HECHT, SHLAER und PIRENNE, BAUMGARDT und weitere Autoren für die Wahrnehmbarkeit der Blitze bei konstantem Öffnungswinkel ω und bei konstanter Blitzdauer t Kurven entsprechend einer Mindesttrefferzahl zwischen 5 und 8, ja sogar bis zu 12 (vgl. Abb. 12) erhalten. Daran hat sich eine lange Diskussion angeschlossen, welches nun die richtigen Wahrnehmbarkeit-Intensitätskurven sind, die flachen von VAN DER VELDEN und BOUMAN oder die steilen der zuletzt angeführten Autoren. Durch eine biologische Variabilität werden ganz allgemein die Schädigungs-

---

[1] Wie man aus der Größe von ω, bei der das Riccosche Gesetz in das Pipersche übergeht, schließt.

kurven abgeflacht. Der biologischen Variabilität könnten etwa gewisse mangelhafte psychologischen Voraussetzungen der Versuchspersonen entsprechen. Von dieser Annahme geht BAUMGARDT aus und nimmt an, daß die steilen Wahrnehmbarkeits-Intensitätskurven die richtigen sind. Andererseits bestätigt BAUMGARDT durch eigene Versuche die Gültigkeit des Pieronschen und Piperschen Gesetzes bei Steigerung der Blitzdauer und des Öffnungswinkels, und gelangt gleichfalls zu der Folgerung, daß die Absorption von zwei Quanten in einer Summationseinheit auf der Retina bereits zur Wahrnehmung des Blitzes führt. Die große Steilheit der Wahrnehmbarkeit-Intensitätskurve wird von BAUMGARDT durch die Annahme erklärt, daß es nicht ausreichend ist, wenn in einer beliebigen Summationseinheit zwei Lichtquanten innerhalb eines Zeitintervalls von 0,02 sec absorbiert werden, sondern daß diese Absorption von je zwei Quanten zugleich in mehreren Summationseinheiten vor sich gehen muß.

Diese Erklärung ist aber nach Versuchen von BOUMAN und BRINK nicht haltbar. BOUMAN und BRINK projizieren auf die Retina nicht nur einen Lichtfleck, sondern zwei verschiedene Lichtflecken mit einem Durchmesser von etwa je $\omega = 5$ min. Ihr räumlicher Abstand voneinander entspreche dem Winkel δ und ihr zeitlicher Abstand sei $\varDelta t$, $1 - W_1$ sei die Wahrnehmbarkeit des einen Blitzes und $1 - W_2$ die Wahrnehmbarkeit des anderen Blitzes. Die Wahrscheinlichkeit, daß das Blitzpaar (mindestens einer der beiden Blitze) wahrgenommen wird, wenn beide Blitze auf das Auge einwirken, sei $1 - W (\varDelta t, \delta)$. Die Wahrscheinlichkeit, daß das Blitzpaar (mindestens einer der beiden Blitze) bei extrem großen räumlichen und zeitlichen Abständen der beiden Blitze voneinander wahrgenommen wird, ist $1 - W (\infty, \infty) = 1 - W_1 \cdot W_2$.

Von Interesse ist besonders die Untersuchung des Zusammenwirkens der Blitze, wenn sie im gleichen Augenblick ($\varDelta t = 0$) erfolgen, aber in einem bestimmten Abstand δ. Es zeigt sich dann, daß bereits bei ganz geringen Abständen $W (0, \delta) \rightarrow W (\infty, \infty)$ geht, nämlich bei δ zwischen 12 und 20 min, je nach dem Ort auf der Retina. Der Mechanismus, der zur Wahrnehmung der in einer Summationseinheit aufgenommenen Lichtquanten führt, ist also ganz unabhängig von dem gleichen Vorgang in den benachbarten Summationseinheiten.

Nach diesen Versuchen sollten ideale Versuchspersonen auch für Öffnungswinkel > 15 min flache Wahrnehmbarkeits-Intensitätskurven ergeben, die nur wenig steiler sind als die 2 Trefferkurven. Die davon abweichenden Versuchsergebnisse der oben aufgeführten Autoren können nach BOUMAN nur dadurch erklärt werden, daß unter bestimmten psychologischen Voraussetzungen besonders geartete biologische Variabilitäten vorhanden sind, die zu den steilen Wahrnehmbarkeits-Intensitätskurven führen; es ist aber offenbar nicht möglich gewesen, diese Voraussetzungen näher festzulegen.

Die meisten der bisher besprochenen Versuche sind in den mittleren und äußeren Teilen der Retina ausgeführt. Bouman und van der Velden haben für Lichtflecken, die in die Mitte der Fovea Centralis projiziert sind, Wahrnehmbarkeiten gefunden, die in der gleichen Weise vom Öffnungswinkel ω abhängen wie in den übrigen Gebieten der Retina. Das gleiche gilt auch bezüglich der Abhängigkeit von der Blitzdauer. Es wird geschlossen, daß auch ein Zäpfchen[1] durch ein einziges Lichtquant erregt und der Blitz wahrgenommen wird, wenn in einer Summationseinheit innerhalb der Summationszeit mindestens zwei Quanten wirksam absorbiert sind. Die Summationszeit ist ungefähr die gleiche wie im peripheren Stäbchensehen, lediglich das Summationsareal in der Fovea Centralis ist viel kleiner als in der Peripherie der Retina.

Besonders interessant sind Farbbenennungsexperimente. Zunächst wurden wiederum Versuche mit kleinem Öffnungswinkel ($\omega = 2$ min) und kurzzeitigen Blitzen ($t = 0{,}05$ sec) gemacht. Benutzt man hierbei monochromatisches Licht, das von allen drei Zapfen Sehstoffen absorbiert wird, z. B. der Wellenlänge 5800 Å, so wird der Blitz jeweils mit gewissen Wahrscheinlichkeiten farbig, und zwar rot oder grün oder gelb oder weiß oder er wird farblos wahrgenommen. Mit steigender Blitzintensität wird zunächst die Wahrscheinlichkeit für farblose Wahrnehmung verschwindend klein und schließlich werden bei großen Intensitäten nur noch weiße Blitze wahrgenommen. Mit rotem Licht, d. h. mit der Wellenlänge 7000 Å erscheinen zunächst die Blitze nur farblos oder rot und bei höheren Blitzintensitäten nur rot. In einer weiteren Versuchsreihe wurde das Prüfareal bis $\omega = 40$ min gesteigert und aus den Anstiegen der Wahrscheinlichkeiten jeweils für gefärbte oder farblose Wahrnehmung Rückschlüsse auf die jeweils für eine bestimmte Wahrnehmung notwendige Zahl absorbierter Quanten gemacht. Bei der Wellenlänge 5500 Å ergibt die Absorption von zwei Quanten farblosen Eindruck und die Absorption von drei und mehr Quanten gefärbte Wahrnehmung. Bei Anwendung der Wellenlänge von 7000 Å ergeben zwei absorbierte Quanten entweder einen farblosen oder einen roten Eindruck, drei oder mehr absorbierte Quanten immer einen roten Eindruck.

3. Die Kontrastschwelle.

Rose, sowie Sturm und Morgan haben sich mit der Frage der Beobachtbarkeit kleiner Objektdetails der Röntgenbilder auf den Leuchtbildern von Diagnostikanlagen und auf dem Leuchtschirm des Röntgenbildverstärkers beschäftigt und sind dabei durch quantenstatistische Überlegungen zu einer ganz einfachen Auffassung über die Bedingungen gelangt, unter denen vom Auge ein Kontrast wahrgenommen wird.

---

[1] Es sei daran erinnert, daß sich in der Fovea Centralis ausschließlich Zäpfchen befinden; in den mittleren und äußeren Teilen der Retina überwiegend Stäbchen.

Gehen wir von einem Objektdetail in einer festen Zeit im Mittel N-Lichtquanten aus und werden diese Lichtquanten unter sonst gleichen Versuchsbedingungen wiederholt gezählt, so schwankt nach einem elementaren Satz der Wahrscheinlichkeitsrechnung diese Zahl im Mittel um $\pm\sqrt{N}$. Die Möglichkeit, einen Kontrast wahrzunehmen, ist nun nach den soeben genannten Autoren unter sonst gleichen Bedingungen durch die statistischen Schwankungen der von dem betrachteten Objektdetail und seiner Umgebung emittierten Lichtquantenzahl begrenzt.

Um diesen Gedanken quantitativ zu fassen, betrachten wir wiederum Abb. 11. An Stelle der Linse bringen wir jedoch eine Platte aus Pappe, auf dieser sind kreisrunde kleine Scheibchen verschiedenen Durchmessers aufgeklebt, welche das auffallende Licht in schwächerem oder auch stärkerem Maße streuen als der Untergrund. Es wird nun untersucht, unter welchen Bedingungen die aufgeklebten Scheibchen vom Auge wahrgenommen werden, d. h. welcher Kontrast noch wahrgenommen werden kann. Als Kontrast wird dabei $\dfrac{B_1-B_2}{B_1}$ definiert, wobei B_1 die Leuchtdichte der Scheibchenumgebung und B_2 die Leuchtdichte des Scheibchens selbst darstellen. Das Scheibchen soll nach dem oben ausgeführten Gedanken wahrgenommen werden, wenn während einer Perzeptionszeit das Auge die Differenz der von dem Scheibchen im Mittel zur Retina gelangenden und dort wirksam absorbierten Lichtquanten von der mittleren Lichtquantenzahl, die von einem gleich großen Gebiet der Umgebung des Scheibchens zu der Retina gelangt, um einen bestimmten Faktor größer ist als deren mittlere Schwankung.

Der Untergrund der Pappscheibchen erzeuge in der Perzeptionszeit des Auges n_1 von der Retina pro Flächeneinheit wirksam absorbierte Lichtquanten und die Pappscheibe selbst auf der Retina in der Perzeptionszeit n_2 wirksame Absorptionen pro Flächeneinheit. $s^2 = \pi\left(\dfrac{d}{2}\right)^2$ sei das Areal des Bildes der Pappscheibe auf der Retina. Das Pappscheibchen soll nach dem Gesagten noch wahrnehmbar sein, wenn

$$(n_1-n_2)\, s^2 = K\, (n_1\, s^2)^{1/2} \tag{1}$$

K. wird als Signalgeräuschverhältnis bezeichnet. $C = \dfrac{n_1-n_2}{n_1}$ ist wiederum der Kontrast. n_1 hängt ab von der Leuchtdichte des Scheibchenuntergrundes, dem Öffnungswinkel ω und dem Durchmesser der Augenpupille A. τ sei die Perzeptionszeit des Auges, p die Wahrscheinlichkeit, daß das auf die Retina auffallende Lichtquant für die Wahrnehmung gebraucht wird; B sei die Leuchtdichte des Untergrunds.

Dann läßt sich nach Rose obige Gleichung umformen in

$$B\, C^2\, \omega^2 = \text{const} = 5\left(\frac{K^2}{A^2\, \tau\, p}\right)\cdot 10^{-3}\,. \tag{2}$$

Darin ist B in FtL, C in %, α in Minuten, τ in Sekunden, A in inches einzusetzen.

Der Signalgeräuschfaktor K wird von Sturm und Morgan sowie Tol und Oosterkamp bestimmt, indem mit Röntgenstrahlen das Bild von Phantomscheiben mit unterschiedlicher Dicke bzw. Absorption auf dem Röntgenschirm eines Bildverstärkers entworfen und im Bildverstärker verstärkt wird, oder es kann auch nach Rose in ähnlicher Weise zur Verstärkung des Bildes der oben erwähnten Pappscheibchen eine geeignete Fernsehapparatur benutzt werden. Die verstärkten Bilder werden auf dem Betrachtungsschirm betrachtet, oder es wird einfacher ein photografisches Bild der Scheibchen auf dem Betrachtungsschirm betrachtet. Bei Benutzung von 70 keV Röntgenstrahlen führt die Absorption jedes auf dem Röntgenschirm des Bildverstärkers absorbierten Röntgenquantes zur Emission im Mittel von 14 Photoelektronen aus der lichtelektrischen Schicht und bei der üblichen Verstärkung zur Emission von vielleicht 1000 Lichtquanten auf dem Betrachtungsschirm. Auf dem photographischen Bild gibt so jedes im Röntgenschirm absorbiertes Röntgenquant zu einem Schwärzungspunkt Anlaß. Diese Schwärzungspunkte kann man auszählen. Bei Betrachtung des gut beleuchteten photographischen Bildes führt jeder Brom-Silberpunkt auf der Retina zu einer ganzen Anzahl von wirksamen Quanten-Absorptionen, d. h. der Informationsinhalt des photographischen Bildes wird voll ausgenutzt. Bei der Herstellung der Testaufnahme wird der Flächeninhalt der Testscheibchen und die Zahl der Brom-Silberpunkte pro Flächeninhalt der Testscheibchen und des Untergrundes variiert und festgestellt, bei welchen Werten Kombinationen s^2, n_1, n_2 (wobei n_1 und n_2 die Zahl der Bromsilberkörner pro Flächeneinheit sind) die Scheibchen gerade noch erkennbar sind. Es ergibt sich, daß zwischen diesen Werten die Beziehung (1) genau erfüllt ist und $K = 5$ gilt.

Dieser Wert $K = 5$ wird von Rose auch als gültig angenommen, wenn die als Testplatte dienende Pappplatte mit den aufgeklebten Scheibchen direkt betrachtet wird und bei der direkten Betrachtung ohne Bildverstärker geprüft wird, welche Scheibchen gerade noch erkennbar sind. Rose wertet entsprechende von Blackwell durchgeführte Versuche aus, die bei Leuchtdichten der Scheiben von 10^{-6} bis 10 FtL und Öffnungswinkel ω von 2 bis 10 min ausgeführt sind. Die wichtigste Abweichung der Versuchsresultate von Roses Formel besteht darin, daß bei Variation von B für den gerade erkennbaren Kontrast C die Beziehung

$$C = \frac{\Delta B}{B} \approx \frac{1}{B^{1/2}}$$ nicht genau gilt, sondern daß mit wachsendem B $C = \frac{\Delta B}{B}$ langsamer abnimmt als $\sim \frac{1}{B^{1/2}}$.

Wenn bei der Auswertung $K = 5$ angenommen wird, ist einzige Unbekannte in der Formel (2) p, die Wahrscheinlichkeit, daß die einfallenden Lichtquanten an der Information beteiligt sind. Diese Größe wird aus den Versuchsdaten mit der Perzeptionszeit $\tau = 0{,}2$ sec berechnet und ergibt sich für blaugrüne Lichtquanten, die auf die Retina auffallen, bei 10^{-6} FtL zu 18% und nimmt bei 10 FtL auf 6% ab. Die Abnahme ist also in Anbetracht des angewandten Bereichs der Leuchtdichten über sieben Zehnerpotenzen ganz geringfügig. Dadurch wird wiederum bestätigt, daß die Adaption des Auges an die großen Leuchtdichten der Objekte bzw. Beleuchtungsstärken der Pupille keineswegs auf der Ausbleichung des Sehpurpurs beruht. Diese Erklärung trifft nicht einmal auf den Rückgang der Quantenausbeuten p von 18% auf 3% zu, sondern der Rückgang wird mit Sättigungserscheinungen bei der Erzeugung der elektrophysikalischen Vorgänge in den Sehnerven mit steigender Lichtstärke in Zusammenhang gebracht.

Untersuchungen über die Kontrastschwelle des Auges mit einer anderen Versuchstechnik als bei Blackwell wurden vor allem von

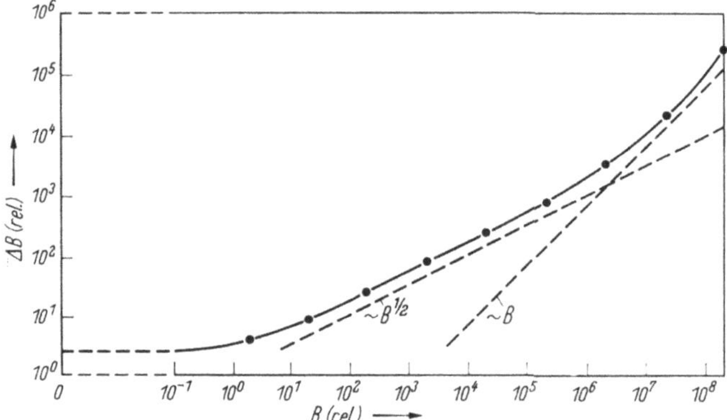

Abb. 13. Die Kontrastschwelle für kurzzeitige Blitze in grünem Licht auf grünem Untergrund erzeugt mit der Leuchtdichte B nach Bouman.

Bouman vorgenommen. Der Untergrund und der auf dem Untergrund wahrzunehmende Lichtfleck wurden durch geeignete optische Vorrichtungen unabhängig voneinander auf die Retina projiziert. Dabei wurde der Lichtfleck auf der Retina (das Prüfareal) nur kurzzeitig mit einer Blitzapperatur erzeugt und die zusätzliche Leuchtdichte[1] $\varDelta B$, die mit 60% Wahrscheinlichkeit zur Wahrnehmung der Prüfareale auf dem beleuchteten Untergrund führt, bestimmt. Charakteristische Abweichungen von der Formel (1) die zum Teil schon bei Blackwell angedeutet waren, wurden näher untersucht. Nach Rose soll bei Variation der Untergrund-Leuchtdichte B bei konstantem d das zur Wahrnehmung notwendige $\varDelta B \approx B^{1/2}$ und bei konstantem B und variablem d $\varDelta B \approx 1/d$ verlaufen. Wie schon oben vermerkt, ist nur für kleine B $\varDelta B \approx B^{1/2}$, für

---

[1] D. h. Blitzenergie oder Blitzintensität.

große B ist $\Delta B \approx B$, wie dies in Abb. 13 dargestellt ist. Bouman stellte nun fest, daß der Übergang von $\Delta B \approx B^{1/2}$ in $\Delta B \approx B$ bei großen d (etwa ab $\omega > 15$ min) rascher erfolgt (d. h. bei kleineren B) als bei kleinen d. Außerdem ist charakteristisch, daß $\Delta B \approx 1/d$ nur für kleine d gilt und für große d ΔB unabhängig von d wird.

Die Versuche zeigen nach Bouman, daß die Theorie von Rose grundsätzlich nur vertretbar ist, solange der Lichtfleck auf den beleuchteten Untergrund eine einzige Summationseinheit umfaßt. Die Auffassung von Rose wäre bündig, wenn die Information, die der Retina übermittelt wird, in einem einzigen Kanal an das Hirn weitergeleitet würde. In Wirklichkeit gibt nach Bouman jede Summationseinheit ihre Information an das Hirn in einem gesonderten Kanal, und diese Informationen werden dort miteinander verglichen. Wenn ein großer Lichtfleck auf der Retina längere Zeit erzeugt wird, so wird dieser Lichtfleck nach Bouman dann wahrgenommen, wenn in der Perzeptionszeit τ in mindestens einer der Summationseinheiten des Lichtfleckes die Zahl der absorbierten Quanten die statistischen Schwankungen der absorbierten Quantenzahlen, welche in jeder der Summationseinheiten des Untergrundes vorhanden sind, genügend übertroffen werden. Umfaßt der Lichtfleck nur eine Summationseinheit, so steigen nach Rose die durch den Lichtfleck zusätzlich in der Summationseinheit zu erzeugenden Absorptionen n mit wachsender Leuchtdichte des Untergrundes $\approx B^{1/2}$ an (wenn der Untergrund nicht beleuchtet wird, also $B = 0$ ist, müssen, wie wir oben gesehen haben, zwei Lichtquanten in der Summationseinheit und Perzeptionszeit τ wirksam absorbiert werden). Wenn der Lichtfleck mehrere Summationseinheiten umfaßt, ist zwar der zur Wahrnehmung des Lichtfleckes notwendige Unterschied der Leuchtdichten ΔB geringer, aber ΔB steigt mit B rascher an als $B^{1/2}$. Dies ergibt sich unmittelbar aus der Formel I (3a) des Organismusansatzes, wenn man dort n proportional $B^{1/2}$ ansteigen läßt, nämlich

$$\Delta B \approx D_{1/2,\,M} \approx \frac{D_{1/2,\,1}}{\dfrac{n}{\sqrt{M}}} \approx \frac{n}{\dfrac{n}{\sqrt{M}}} \approx \frac{B^{1/2}}{\dfrac{B^{1/2}}{\sqrt{M}}}$$

(Die Bereichszahl M ist identisch mit der Zahl der Summationseinheiten im Lichtfleck.)

Wenn man bei festem B die Größe des bestrahlten Areals d, d. h. ausgehend von d_0, dem Durchmesser einer Summationseinheit, steigert, ist wiederum nach dem Organismusansatz die zur Wahrnehmung notwendige, in dem gesamten Lichtfleck auffallende Gesamtenergie, d. h. die Größe $\Delta B \cdot d^2$ nach I (3b) im wesentlichen proportional $\left(\dfrac{d}{d_0}\right)^{2}\dfrac{n-1}{n}$, also bei großem $n \approx B^{1/2}$ proportional d^2. Es ist also ΔB nicht $\approx \dfrac{1}{d}$, sondern unabhängig von d. Analoges gilt auch für Versuche über die

Wahrnehmbarkeit des Kontrastes in Abhängigkeit von der Blitzdauer und deren Deutung.

Nach allen bisher dargestellten Auffassungen beruht der Anstieg der Erkennbarkeit von Details, bzw. die Abnahme des gerade noch erkennbaren Kontrasts mit steigender Leuchtdichte der Objekte darauf, daß nach den elementaren statistischen Gesetzen die relativen Schwankungen der Zahlen wirksamer Quanten während der Perzeptionszeit τ des Auges mit der Leuchtdichte abnehmen. Nach einer insbesondere von Pirenne vertretenen Auffassung trägt zur Steigerung der Sehschärfe mit steigender Leuchtdichte auch noch bei, daß mit steigender Beleuchtung der Retina der Durchmesser der Summationseinheiten zurückgeht.

Wenn man das Auge sich an einem hellen Untergrund adaptieren läßt, dann die Untergrundbeleuchtung fortnimmt und die Schwellenleuchtdichte ΔB von Objektdetails notwendig für ihre Wahrnehmung als Funktion der Adaptionszeit (Zeit nach Fortnahme der Untergrundbeleuchtung) aufnimmt, dann ergibt sich, daß die relative Schwellensenkung für kleine Prüfareale, die nur eine einzige Summationseinheit umfassen, viel geringer ist als für große Prüfareale. Bei $\omega > 15$ min nimmt dabei ΔB etwa auf $1/3$ und bei $\omega = 330$ min auf $1/15$ ab.

Von Bouman wird die Abnahme der Schwellenleuchtdichte ΔB während der Adaption des Auges an die Dunkelheit dadurch erklärt, daß die zur Wahrnehmung des Lichtfleckes auf der Retina in mindestens einer Summationseinheit[1] der Retina erforderliche Zahl absorbierter Quanten n zunächst groß ist und mit fortschreitender Adaptionszeit abnimmt bis auf den Wert $n = 2$. Wenn in irgendeiner der Summationseinheiten n-Quanten wirksam absorbiert werden müssen, ist wiederum nach dem Organismusansatz I (3b) die Gesamtzahl der von allen Summationseinheiten zu absorbierende Quanten Z proportional $\left(\dfrac{d}{d_0}\right)^{2\frac{n-1}{n}} \cdot n$, wobei d_0 der Durchmesser eines Summationsareals ist. Das Verhältnis der Gesamtzahl der bei Helladaption zu absorbierenden Quanten Z_H zu der gleichen Zahl bei Dunkelheit Z_D ist für $n \gg 1$

$$\frac{Z_H}{Z_D} \approx \frac{\left(\dfrac{d}{d_0}\right)^{2\frac{n-1}{n}} \cdot n}{\dfrac{d}{d_0} \cdot 2} = \frac{d}{d_0} \cdot \frac{n}{2}\;.$$

Für kleine Prüfareale ($d < d_0$) ist hingegen nur $\dfrac{Z_D}{Z_H} \approx \dfrac{n}{2}$.

Das wichtigste Ergebnis der gesamten Untersuchungen über die Augenempfindlichkeiten ist, daß die Absorption eines Quants in dem Sehstoff eines Stäbchen[2] bereits zu der Erregung seines Sehnervs führt und auch wahrgenommen wird, wenn in einem anderen Stäbchen der gleichen

---

Summationseinheit während der Perzeptionszeit gleichfalls ein Quant absorbiert wird. Zu verstehen ist dieses Ergebnis, wie ROSE ausführt, überhaupt nur durch die Annahme, daß in den Stäbchen irgendein unbekannter Verstärkungsmechanismus chemischer Art in Tätigkeit tritt. Nach ROSE haben die Nervenimpulse die Höhe von 10^{-3} Volt, die Impulsdauer ist 10^{-3} sec. Der Widerstand der Nervenfaser ist 10^3 Ohm. Das gibt für einen einzigen Nervenimpuls eine Leistung von 10^{-12} Joule. Dieser Wert ist um den Faktor 10^6 größer als der Energieinhalt eines einzigen Lichtquantes, so daß also eine Verstärkung der Energie um den Faktor 10^6 notwendig ist. Die Zahl der elektrischen Nervenimpulse und damit die gesamte elektrische Energie steigt nach Versuchen von HARTLINE nur mit dem Logarithmus der Energie des Lichtsignals an. Daraus ist nach ROSE zu schließen, daß mit steigender Leuchtdichte bzw. Beleuchtungsstärke der Grad der Verstärkung immer mehr abnimmt. Aus physikalisch-chemischer Sicht besteht also das Wesen der Adaption darin, daß der Wirkungsgrad des Verstärkermechanismus von der Beleuchtungsstärke auf der Retina bzw. Leuchtdichte der Objekte abhängt.

Nach einer Bemerkung von WALD beruht vielleicht der Verstärkermechanismus darauf, daß die Eiweißkomponente des Sehstoffs ein Proenzym darstellt, das durch die Lichtabsorption im Sehstoff in einen aktiven Zustand versetzt wird und die Bildung einer ganzen Folge von Enzymen bewirkt, die dann schließlich auf dem Weg der von ihnen katalysierten Reaktionsfolgen die Erregung der Sehnerven erzielen.

In unseren Ausführungen sind wir bisher nicht auf die Arbeiten eingegangen, in denen das Interne Geräusch des visuellen Systems, vor allem verursacht durch die thermische Anregung der Sehstoffe, als maßgeblicher Faktor für die Entstehung der Reizschwellenhöhe angesehen und die Auffassung vertreten wird, daß die Signale nur dann wahrgenommen werden, wenn sie sich genügend über den Untergrund des internen Geräusches erheben.

Nach einer Abschätzung von DE VRIES ist die Anzahl spontaner Temperaturanregungen während der Perzeptionszeit von 0,1 sec innerhalb einer Summationseinheit von der Größenordnung 10^{-3}. Der Vorgang ist daher nach BOUMAN vollkommen bedeutungslos, wenigstens wenn es sich um kleine Prüfareale auf der Retina handelt. Für die ganze Netzhaut ergeben sich einige hundert thermische Erregungen pro sec. Nach BOUMAN besteht daher lediglich die Möglichkeit, daß die Höhe der Wahrnehmungsschwelle für ausgedehnte Objekte auch durch das interne Geräusch mitbedingt ist.

Literatur.

BARLOW, H. B.: Retinal Noise and Absolute Threshold. J. Opt. Soc. Amer. **46**, 534 (1956).

BAUMGARDT, E.: Sehmechanismus und Quantenstruktur des Lichtes. Naturwissenschaften **39**, 388 (1952).

BOUMAN, M. A.: Quantenbiologie des Auges. Stud. Gen. **13**, 491 (1960).
— Peripheral Contrast Thresholds for Various and Different Warelength for Adapting Field and Test Stimulus. J. Opt. Soc. Amer. **42**, 820 (1952).
—, and G. VON DER BRINK: On the Integrate Capacity in Time and Space of the Human Peripheral Retina. J. Opt. Soc. Amer. **42**, 617 (1952).
—, and H. A. VAN DER VELDEN: The Two Quanta Hypothesis as a General Explanation for the Behavior of Threshold Values and Visual Acuity for the Several Receptors of the Human Eye. J. Opt. Soc. Amer. **38**, 570 (1948).
—, and P. L. WALRAVER: Some Color Naming Experiments of Red and Green. J. Opt. Soc. Am. **47**, 834 (1957).
BRINDLEY, G. S.: Die Physiologie des Farbensehens. Klin. Wschr. **37**, 1157 (1959).
DARTNALL, H. G. A.: The Visuals Pigments. London: Methnen and Co 1957.
HAGINS, W. A., and W. H. JENNINGS: Radiationsless Migrations of Elektronic Exitation in Retinal Rods. Disk. Farad. Soc. **27**, 180 (1959).
HECHT, S., S. SHLAER, and M. H. PIRENNE: Energy, Quanta and Vision. J. gen. Physiol. **25**, 819 (1942).
PIRENNE, M. H.: Vision and Light Quanta. Biol. Rev. **31**, 194 (1956).
ROSE, A.: Quantum Effects in Human Vision. Advanc. biol. med. Phys. V, 211, (1957).
RUSHTON, W. A. H.: The Intensity Factor in Vision. In: Light and Life, S. 706. Hrsg. MCELROY and B. GLASS, Baltimore 1961.
TOL, T., u. W. J. OOSTERKAMP: Die Erkennbarkeit kleiner Objektdetails. Philips tech. Rundschau **17**, 80 (1955).
VAN DER VELDEN, H. A.: Over het aantal lichtquanta dat nodig is voor een lichtprikkel bijhet menselijk dog. Physica **11**, 179 (1944).
DE VRIES, H.: Die Reizschwelle der Sinnesorgane als physikalisches Problem. Experientia (Basel) **4**, 205 (1948).
WALD, G.: The Molecular Organisation of Visuel Systems. In: Light and Life, S. 274. Hrsg. MCELROY and B. GLASS, Baltimore 1961.

Zweites Kapitel.

Physik der Photosynthese.

1. Das Termschema und die Fluorescenz des Chlorophyll (Chl) in verdünnten Lösungen.

Jedes der C-Atome in dem Porphyrinring bzw. in den Phyrrolringen des Chl stellt ein π-Elektron für den Aufbau der äußeren Elektronenhülle des Chl zur Verfügung. Die π-Elektronen machen Umläufe auf den geschlossenen Ringen des Chl und werden durch Lichtabsorption auf höhere π-Zustände gebracht. Das Termschema des Chl weist eine größere Mannigfaltigkeit an Termen als das Termschema von aromatischen Kohlenwasserstoffen auf, weil durch Absorption von sichtbarem und ultraviolettem Licht nicht nur π-Elektronen in höhere π-Zustände gehoben werden, sondern auch die nichtbindenden Elektronen des Sauerstoffs am C 9 des isocyklischen Ringes. Außerdem zeigen die Terme, wenn man von einem polaren Lösungsmittel zu einem nichtpolaren, extrem getrockneten Lösungsmittel übergeht, Verschiebungen, die bei den $^1\pi\pi$-Termen (ein π-Elektron des Grundzustandes wird auf einen höheren π-Zustand überführt) das entgegengesetzte Vorzeichen besitzen wie bei den $^1n\pi$-Termen (ein nichtbindendes n-Elektron des O-Atoms wird auf einen höheren π-Zustand befördert). Die gesamten Verhältnisse gehen aus der Abb. 14 hervor. Das linke Termschema erhält man mit extrem

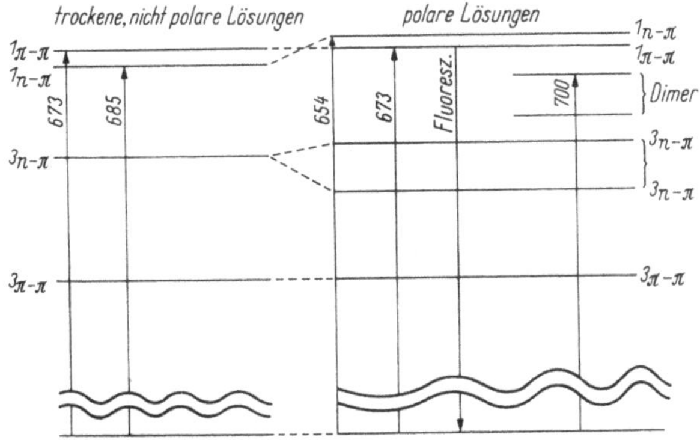

Abb. 14. Termschema des Chl in trockenen nicht polaren und polaren Lösungen.

getrockneten Kohlenwasserstoffen. Die beiden Pfeile geben die Wellenlänge des Maximums der Absorptionsbanden an, die zu den niedrigsten $^1\pi\pi$- und $^1n\pi$-Termen führen. Wesentlich tiefer liegen die Triplett-Terme. ($^3n\pi$ und $^3\pi\pi$). Die Fluorescenz des Chl ist in den getrockneten Kohlenwasserstoffen außerordentlich schwach. Die angeregten $^1\pi\pi$ Moleküle gehen strahlungslos in den $^1n\pi$-Zustand über und von dort meist strahlungslos über die Triplett-Terme in den Grundzustand. Lediglich bei der Temperatur des flüssigen Stickstoffs kann man leicht eine rote und ultrarote Emmission nachweisen, die von den beiden Triplett-Zuständen ausgeht.

In polaren Lösungsmitteln oder in Gegenwart von H_2O-Spuren (siehe rechte Seite der Figur) ist die Reihenfolge der Terme $^1\pi$ und $^1\pi n$ vertauscht, der Term liegt hier höher als der $^1\pi\pi$-Term. Angeregte Chl im Zustand gehen strahlungslos auf den $^1\pi\pi$-Zustand über. Der $^1\pi\pi$-Zustand strahlt in hochverdünnten polaren Lösungen seine Energie mit einer Wahrscheinlichkeit von etwa 30% aus, mit 70% Wahrscheinlichkeit erfolgt ein strahlungsloser Übergang auf die tieferen (metastabilen) Triplett-Terme über und von dort in den Grundzustand. Bei der Temperatur des flüssigen Stickstoffes wird wiederum zum Teil die Triplett-Anregungsenergie ausgestrahlt.

---

[1] Der Index 1 an dem Termsymbol bedeutet, daß die Spins von angeregten Elektron und Molekülrumpf entgegengesetzt gerichtet, der Index 3, daß sie gleichgerichtet sind.

Das Absorptionsspektrum des Chl in polaren und trockenen nicht polaren Lösungen zeigt Abb. 15. Man erkennt deutlich, wie in der unpolaren Lösung sich die langwellige Absorptionsbande additiv aus den beiden Banden, die durch die Übergänge vom Grundzustand in den $^1n\pi$- und $^1\pi\pi$-Zustand entstehen, zusammensetzen. Die kurzwellige Bande oberhalb 4000 Å führt zu höheren, im Termschema nicht angegebenen, Zuständen. Abb. 16 zeigt das Fluorescenzspektrum des Chl in Äther (mit polaren Beimengungen).

In konzentrierten polaren Lösungen (etwa 10^{-3} m) tritt zusätzlich noch eine Absorption bei 7000 Å auf, die Doppelmolekülen zugeschrieben wird. Die Wahrscheinlichkeit für die Reemission der Anregungsenergie ist bei Zimmertemperatur gleichfalls relativ gering und nimmt erst bei tiefen Temperaturen merkliche Werte an.

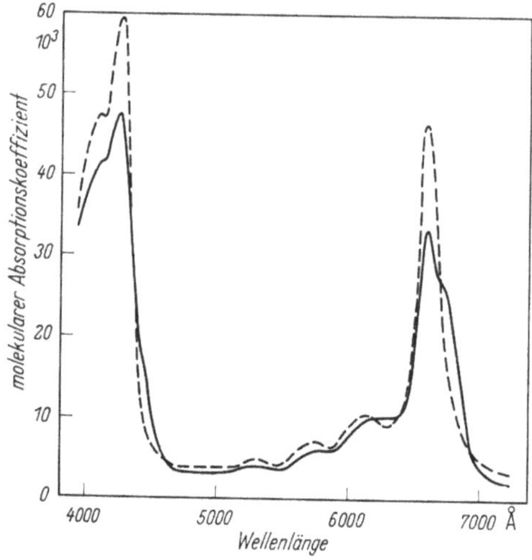

Abb. 15. Absorptionsspektrum des Chl nach FERNANDEZ und BECKER, — in trockenen Kohlenwasserstoffen, - - - in Äthylalkohol.

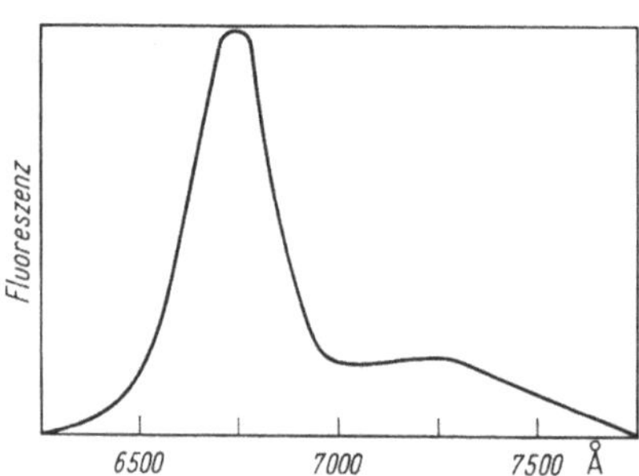

Abb. 16. Fluorescenzspektrum des Chl in Äther.

Nach Anregung des Chl wird mit einer Wahrscheinlichkeit von 10^{-3} das mit C_{10} verbundenen H-Atoms abgetrennt, und man erhält so ein Chl-Radikal. Die zahlreichen durch Chl sensibilisierten photochemischen Reaktionen sind teils mit reversiblen teils auch mit irreversiblen Veränderungen des Chl (zum Teil H-Abspaltung und Folgereaktionen) verknüpft. Bei den sensibilisierten Autooxydationen lagert sich das O_2 an das Chl an und wird dann an den Reduktanten übertragen.

2. Zustand des Chl in den Chloroplasten.

Die Chloroplasten sind Gebilde mit 1—10 μ Durchmesser, in ihnen findet man im allgemeinen als Träger des Chl Grana mit einem Durchmesser von etwa 5000 Å. Sie besitzen eine Schichtstruktur mit einer

Periodizität von etwa 250 Å. Eiweiß und Lipoidschichten wechseln einander ab. Das Chl befindet sich in einer Lipoidschicht oder Lipoid-Eiweißschicht. Dreidimensionale Chl-Kristalle zeigen keine Fluorescenz, während das Chl in den Chloroplasten fluoresciert. Das Chl liegt daher in den Chloroplasten in monomolekularer Schicht vor. Auch die spezielle Form des Absorptionsspektrums und Betrachtungen über den Raumbedarf des in den Grana befindlichen Chl führen zu dem Schluß, daß sich das Chl dort in monomolekularen Schichten (Porphyrinebene parallel zur Schichtebene) befindet.

3. Chemie der Photosynthese.

Bei der stationär laufenden Photosynthese wird für jedes von der Pflanze assimilierte CO_2-Molekül ein O_2-Molekül abgegeben nach

$$CO_2 \rightarrow (CH_2O) + O_2 - 120 \frac{K\,Kal}{mol},$$

wobei unter CH_2O bereits die höheren Polymerisate zu verstehen sind. Nach Versuchen mit O_{18} stammt der entwickelte Sauerstoff aus dem Wasser und nicht aus der Kohlensäure, Wassermoleküle werden also gespalten. Die Dissoziationsarbeit des H_2O in H und OH ist ungefähr doppelt so groß wie die Anregungsenergie des Chl, freie H und OH können dabei nicht erzeugt werden. Die einfachste Annahme[1] besteht daher darin, daß bei der Einstrahlung von Licht die Dissoziation des H_2O in einem Komplex aus Chl, einem Reduktanten Y und einem Oxydanten X vor sich geht nach der Gleichung

$$H_2O \rightarrow XH + YOH$$
$$4\,YOH \rightarrow 2\,H_2O + O_2 + Y.$$

Der Oxydant X kann (CO_2) oder lediglich ein H-Überträger sein, der das H auf das (CO_2) unter Zwischenschaltung weiterer Zwischenprodukte überträgt. Auch der Reduktant Y ist wahrscheinlich lediglich ein OH-Überträger auf weitere Moleküle.

Wie allgemein angenommen wird, werden pro assimiliertes CO_2 vier H-Atome auf (CO_2) übertragen bzw. vier Wassermoleküle gespalten nach der Bruttoreaktion

$$(CO_2) + 4\,H = (CH_2O) + H_2O.$$

Der Bindungszustand des (CO_2) und die Natur des Oxydanten und Reduktanten.

Nach den Versuchen von CALVIN mit C 14 als Trägersubstanz, wird das der Pflanze zugeführte CO_2-Molekül von einem RDP-Molekül (Molekül mit 5 C-Atomen) aufgenommen und zunächst in zwei Moleküle Phosphoglycerinsäure zerlegt. Auf jedes dieser beiden Moleküle von

---

[1] Allgemeinere Formulierungen siehe Abschn. 4.

Phosphoglycerinsäure werden 2 H-Atome übertragen, es entstehen dabei zunächst zwei Moleküle Phosphoglycerinaldehyd.

Hiernach liegt zunächst der Schluß nahe, daß die Oxydanten, welche bei der durch Chl sensibilisierten Wasserspaltung unmittelbar in Kontakt mit dem Chl stehen und das H aufnehmen, Phosphoglycerinsäuremoleküle darstellen. Wie zum ersten Mal von ARNON nachgewiesen wurde, werden bei der Belichtung in den Chloroplasten energiereiche Phosphatmoleküle gebildet (photosynthetische Phosphorylierung). ARNON, CALVIN und wohl die meisten Biochemiker bevorzugen daher die Auffassung, daß energiereiche Phosphatmoleküle erzeugt werden, d. h. die primäre Photoreaktion zu ATP und PTN H führt, diese zu dem (CO_2) hindiffundieren und in einer Dunkelreaktion die H-Atome des PTN H auf die Phosphoglycerinsäure übertragen werden.

4. Die Quantenausbeute der CO_2-Assimilation und O_2-Produktion.

Der Energieunterschied zwischen Ausgangsprodukten und Endprodukten der Photosynthese beträgt 112 $\frac{\text{k Kal}}{\text{mol}}$ bzw. der freien Energie 120 $\frac{\text{k Kal}}{\text{mol}}$.

Wenn man annimmt, daß die Quantenausbeute der Reaktion bis an die langwellige Grenze des Spektrums bei 7000 Å die gleiche ist, so liefert die Grenzwellenlänge eine Quantenenergie von rund 1,75 eV oder 40 $\frac{\text{k Kal}}{\text{mol}}$ und muß, sofern die Energieverluste bei Bildung der Zwischenprodukte vernachlässigt werden, mit einem Aufwand von 3 Quanten pro O_2- bzw. CO_2-Molekül möglich sein. Die Vernachlässigung des Energieverlustes bei der Bildung der Zwischenprodukte ist aber sicher nicht erlaubt.

Bei kleinen Beleuchtungsstärken, bei der der Umsatz proportional der Beleuchtungsstärke ist, ermittelten WARBURG u. NEGELEIN in ihrer Pionierarbeit mit Grünalgen vom Jahre 1925 4 Quanten als notwendig pro O_2-Molekül, und zwar unabhängig von der Lage des eingestrahlten Lichtes im Absorptionsspektrum. Versuche, die in den späteren Jahren vor allem in amerikanischen Laboratorien ausgeführt wurden, ergaben einen höheren Quantenbedarf von Algen und auch von grünen Blättern, nämlich etwa 10 bis 12 Quanten pro O_2-Molekül. Die seit 1949 wieder aufgenommenen Versuche von WARBURG u. BURK führten bei optimalen Bedingungen zu einem noch geringeren Quantenbedarf als die Versuche des Jahres ergeben hatten, nämlich zu einem Quantenbedarf von 2,8 bis 4 Quanten pro O_2-Molekül. KOK beurteilt in seinem zusammenfassenden Handbuchartikel das Ergebnis aller vorliegenden Bestimmungen des Quantenbedarfs folgendermaßen: A more superficial survey of the more recent literature might yield the impression, that the controversial chlaims are ultimatly converging to golden mean of $\dfrac{6\,hv}{O_2}$ (On the one hand WARBURG et al. admited that their yield values may not bear on complete photosynthesis and on the other hand there are BRACKETTS, YUANS and others findings of requirements substantially lower than $8\,\dfrac{hv}{O_2}$) . . . . Satisfactory experimental evidence for photosynthetic requirements lower than $8\,\dfrac{hv}{O_2}$ has not been given and serious doubts can be raised concerning the significant of all published values of $6—8\,\dfrac{hv}{O_2}$. The presently more siquificant problem remains: wheter the minimum requirement is between $6—8\,\dfrac{hv}{O_2}$ or between $8—10\,\dfrac{hv}{O_2}$

Nimmt man den Wert von $8\,\dfrac{hv}{O_2}$ für die stationär laufende Photosynthese als richtig an, so bedeutet dies, daß die Übertragung von einem H-Atom auf (CO_2) 2 Lichtquanten erfordert.

Wie schon lange bekannt, ist im Gebiet unter 5200 Å, in dem bei braun, rot, blau, grün Algen sich die Absorption der Carotine bemerkbar macht, der Quantenbedarf etwa bis zu 20% größer als bei den längeren Wellenlängen; dort ist also die Ausnutzung der Lichtenergie etwas geringer. Bemerkenswert ist vor allem der von EMERSON u. Mitarb. entdeckte Abfall der Quantenausbeute $\dfrac{O_2}{hv}$ an der langwelligen Grenze der Absorptionsspektren. Steigert man die Wellenlänge des absorbierten Lichtes und überschreitet man z. B. bei Chlorella das Maximum der Absorption bei 6800 Å so fällt die Quantenausbeute rasch ab. Sehr bedeutungsvoll ist, daß man der schlechten Ausnutzung des Lichtes zwischen 6800 und 7000 Å entgegenwirken kann, in dem man kurzwelligeres Licht zumischt. Läßt man Licht der Wellenlänge von 6500 Å gleichfalls absorbieren, so vollzieht das Licht zwischen 6800 und 7000 Å die Photosynthese mit derselben Quantenausbeute wie das Licht mit den Wellenlängen 6800 Å.

5. Photosynthetische Einheit.

Die bisherigen Angaben über die photosynthetische Ausbeute bezogen sich auf geringe und mittlere Beleuchtungsstärken. Steigert man die Beleuchtungsstärken etwa über einige 1000 Lux, so steigt der Gasumsatz[1] nicht linear mit der Beleuchtungsstärke an, sondern er strebt einem von der Beleuchtungsstärke unabhängigen Wert zu. Betreibt man die Photosynthese mit kurzzeitigen Lichtblitzen (Blitzdauer 10^{-3} bis 10^{-3} sec),

---

[1] D. h. der Gasumsatz in der Zeiteinheit.

so erhält man mit steigender Blitzenergie gleichfalls einen Sättigungswert für den Gasumsatz. Unterschreitet jedoch der Abstand zwischen Blitzen den Wert von 0,02 sec, so nimmt der Grenzumsatz pro Blitz ab. Die Photosynthese wird dann durch die Trägheit einer oder mehrerer Dunkelreaktionen (Blackman-Reaktionen) begrenzt. Wie EMERSON u. ARNOLD bereits im Jahre 1932 zeigten, besteht die Beziehung: Grenzumsatz bei

$$\text{kontinuierlicher Beleuchtung} = \frac{\text{Grenzumsatz pro Blitz}}{\text{Blackman-Periode}}.$$

Dividiert man den Grenzumsatz bei kurzzeitigen Blitzen pro Blitz durch die Zahl der in den bestrahlten Chloroplasten bestrahlten Chl-Moleküle, so gelangt man zu 2500 Chl-Moleküle pro maximal umgesetztes CO_2-Molekül. EMERSON u. ARNOLD zogen bereits 1932 den Schluß, daß nur ein reaktionsfähiges CO_2-Molekül (bzw. ein Oxydant X oder Reduktant Y) auf 2500 Cl-Moleküle kommt oder mit anderen Worten, daß je 2500 Chl-Moleküle und je ein Oxydant und Reduktant eine photosynthetische Einheit bilden.

Durch Zusatz von Urethan und Hydroxylamin und auch durch Abstoppen der CO_2-Zufuhr wird der Grenzumsatz pro Blitz vermindert, jedoch nicht die Dauer der Blackman-Periode. Aus diesen und anderen Versuchen kann man schließen, daß die Blackman-Reaktion, welche durch ihre Trägheit die Geschwindigkeit der Photosynthese begrenzt, eine Teilreaktion der zur Spaltung des H_2O führenden Photoreaktion ist oder speziell sich auf die Übernahme des OH durch den Reduktanten Y bezieht.

Nach der eingangs skizzierten Auffassung benötigt die Assimilation eines CO_2 die Spaltung von vier Wassermolekülen, diese wird durch acht, mindestens durch sechs, vom Cl absorbierten Lichtquanten vollzogen. Man findet in der Literatur ganz allgemein die Auffassung vertreten, daß alle acht Reaktionsschritte mindestens aber vier der acht Reaktionsschritte einer vorbereitenden Dunkelreaktion mit einer Zeitdauer entsprechend der Blackman-Periode bedürfen. Aus diesem Grund erniedrigt sich der Umfang der photosynthetischen Einheit auf 300 oder auch auf 600 Chl-Moleküle.

6. Fluorescenzausbeute unter stationären Bedingungen.

Die Fluorescenzausbeute beträgt bei normal verlaufender Photosynthese, solange man sich noch nicht im Gebiete der Lichtsättigung befindet, etwa 3,5%, also nur etwa 10% der Fluorescenzausbeute in den hochverdünnten organischen Lösungen. Wenn man von der ungestörten Photosynthese zu Bedingungen übergeht, in dem sie unterbunden ist, indem man den CO_2-Zufluß stoppt oder den photosynthetischen Apparat vergiftet, z. B. mit Cyaniden, so steigt die Fluorescenz z. B. bei Chlorella

auf den doppelten Betrag an (vgl. Abb. 17). Ebenso wie bei Abwesenheit
von CO_2 bzw. bei Vergiftung ist der photosynthetische Apparat auch im
Gebiet der Lichtsättigung weitgehend entleert. Auch hierbei erhält man
einen Anstieg der Fluorescenz, der jedoch unter besonderen experimentellen Bedingungen etwas höher ist,
nämlich den Faktor 3 erreicht. Soweit
besprochen erhalten wir also ein spiegel-
bildliches Verhalten der photosynthetischen Ausbeute und der Fluorescenzausbeute. Bei guter photosynthetischer
Ausbeute ist die Fluorescenzausbeute
gering und umgekehrt.

Besonders interessant sind die Verhältnisse bei Einstrahlung von Licht
am langwelligen Ende des Absorptionsspektrums. Hier besteht diese Spiegel-
symmetrie nicht, sondern in dem Maße,
in dem bei Chlorella bei Überschreitung der Wellenlänge von 6800 Å die
Ausbeute der Photosynthese abfällt,
vermindert sich nach einer Untersuchung von DUYSENS auch die Fluorescenzausbeute. Bei Anheben der photosynthetischen Ausbeute auf seinen normalen Wert durch Hinzufügen von
Licht der Wellenlänge von < 6500 Å zu
dem Licht der Wellenlängen von 6800
bis 700 Å bleibt die Ausbeute derdurch

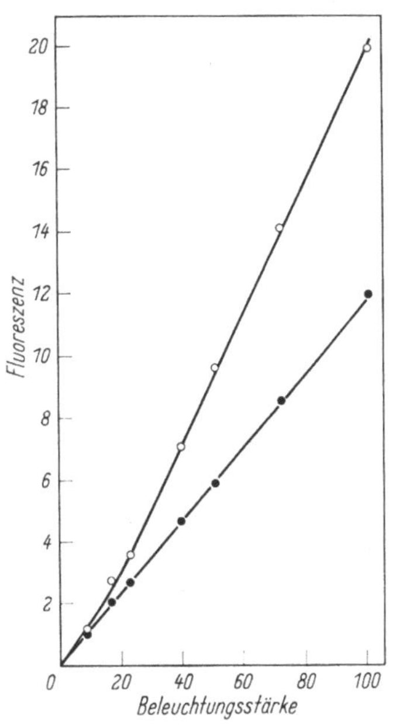

Abb. 17 Fluorescenz mit Chlorella mit und
ohne Cyaniden nach WASSINK, ○ mit Cyaniden, ● ohne Cyanide (normale Photosynthese).

die Wellenlängen > 6800 Å erzeugten Fluorescenz unverändert niedrig.

7. Energiewanderung in den Chloroplasten bzw. in der Grana.
Energiewanderung durch Dipol-Resonanz in den molekularen
Schichten oder Excitonenwanderung.

Versuche hierzu wurden von FRENCH u. YOUNG mit Rotalgen ausgeführt. Diese enthalten außer dem Chlorophyll die Phykobiline, Phy-
koerythin und Phykocyanin. Die Absorptionsmaxima der Stoffe sind
soweit voneinander getrennt, daß durch geeignete monochromatische
Einstrahlung die Stoffe weitgehend, wenn auch nicht völlig unabhängig
voneinander angeregt werden können. Ebenso liegen auch die Fluorescenzspektren weitgehend in den verschiedenen Spektralbereichen. Auch wenn
man Licht einstrahlt, das vor allem von Phycoerythin, in geringerem
Maße Phycocyanin und praktisch gar nicht vom Chl absorbiert wird,
erhält man ein Gemisch der Fluorescenzspektren aller Stoffe, also immer

einen beträchtlichen Anteil der Chl-Fluorescenz. Es wird geschlossen, daß die Anregungsenergie entsprechend der Reihenfolge der Absorptions- und Fluorescenzspektren im Gesamtspektrum vom Phycoerythrin zum Phycocynamin und von da zum Chl a wandert, genau wie man es nach der Försterschen Theorie erwartet. DUYSENS hat ähnliche Versuche mit Blaualgen und auch Versuche über die Energiewanderung in Chlorella gemacht. Bei den Versuchen mit Chlorella wird Licht der Wellenlänge von 6500 Å zu 42% in Chl b und zu 58% in Chl a absorbiert. Die Maxima der Fluorescenzspektren von Chl a und Chl b liegen zwar nur um 20—30 Å voneinander entfernt, dennoch konnte nachgewiesen werden, daß die Energie praktisch vollständig auf das Chl a übergeht. (Dieses hat die langwelligeren Spektren).

8. Cytf-Chl-Komplexe in den Chloroplasten.

Schon seit längerer Zeit insbesondere durch Untersuchungen von HILL u. Mitarb. ist bekannt, daß die Chloroplasten festgebundenes Cytf enthalten, und zwar etwa 1 mol Cytf auf 400 mol Chl. Dies bedeutet, daß praktisch in den Chloroplasten ebensoviele photosynthetische Einheiten wie Cytf-Moleküle vorhanden sind. Aufschlußreiche Versuche über die Art der Bindung des Cytf in den Chloroplasten hat KOK ausgeführt. Bestrahlt man die Pflanzen mit Lichtblitzen weißen Lichtes und nimmt zugleich während der Blitzdauer das Absorptionsspektrum auf, so stellt man eine ganze Reihe von Absorptionsveränderungen in verschiedenen Bereichen des Absorptionsspektrums fest, unter anderem wird nach KOK in der Gegend von 7000 Å während der Belichtung die Absorption vermindert; etwa 10^{-2} sec nach dem Erlöschen des Blitzes hat die Absorption ihren alten Wert. Durch Hinzumischen von kurzwelligerem Licht ($<$6800 Å) während der Blitzdauer wird das Ausbleichen durch den Blitz verhindert. Offenbar liegt ein besonderer Molekülkomplex vor, der Licht der Wellenlänge 7000 Å absorbiert und dabei gebleicht wird; die Ausbleichung wird durch kurzwelligeres Licht rückgängig gemacht. KOK konnte nachweisen, daß in den Chloroplasten ungefähr ebensoviele solcher Komplexe vorhanden sind wie Cytf-Moleküle. Es liegt daher die Vermutung nahe, daß es sich um Chl-Cytf-Komplexe handelt. Es kommt dann auf jede photosynthetische Einheit ungefähr ein solcher Chl-Cytf-Komplex. Nach FRANCK erzeugt die Wellenlänge 7000 Å in dem Chl des Komplexes einen $^1n\pi$-Übergang, gleichzeitig geht ein Elektron vom Fe^{++} des Cytf auf den freigewordenen Platz im Sauerstoff an C 9 des Chl über und bewirkt somit eine Ladungsstabilisierung. Innerhalb kürzester Zeit wird der $^1n\pi$-Zustand in den $^3n\pi$-Zustand überführt, so daß bei Zimmertemperatur keine Fluorescenz erfolgt. Durch das kurzwellige Licht wird der Komplex in den ursprünglichen Zustand zurückgebracht und das Elektron wieder zu dem Eisenion zurückbefördert.

9. Die primären Vorgänge nach FRANCK.

Unter den Theorien, die sich mit den primären Vorgängen der Photosynthese beschäftigen, zeichnet sich die Theorie von FRANCK dadurch aus, daß die umfangreichen und klaren Versuchsergebnisse über die Fluorescenz der Chloroplasten insbesondere die Abhängigkeit von Fluorescenz und photosynthetischer Ausbeute von λ für $\lambda > 6800$ Å im Mittelpunkt stehen. FRANCK geht von der Voraussetzung aus, daß die primäre photochemische Reaktion in einem Komplex vor sich geht, der aus Chl, H_2O-Oxydant X und Reduktant Y besteht. Die Übertragung eines H-Atoms auf den Reduktanten erfordert 2 Lichtquanten. Die wichtigste Aufgabe einer Theorie besteht in der Erklärung der Funktionen der beiden Lichtquanten. Die chemische Natur des Oxydanten X wird von FRANCK offen gelassen, es besteht nach FRANCK durchaus die Möglichkeit, ihn mit Phosphoglycerinsäure zu identifizieren. Der Reduktant Y ist nach FRANCK mit Cytf identisch. Die Reaktion, die zur Reduktion des Oxydanten führt, ist also

$$Cytf + X + H_2O \rightarrow XH + Cytf\ OH.$$

FRANCK geht von der alten Überlegung EMERSONS aus dem Jahre 1932 aus, die zur Konzeption der photosynthetischen Einheit geführt hat. Es wird zwischen exponierten Chl-Molekülen, die mit der wäßrigen Phase in Verbindung stehen, und gegen die wäßrige Phase völlig geschützten unterschieden und angenommen, daß die photosynthetische Einheit aus 300 nichtexponierten Chl-Molekülen und einem exponierten Chl (Chl a) Molekül besteht. Nur die exponierten mit dem Wasser in Berührung stehenden Chl-Moleküle sind mit einem Oxydanten und gleichzeitig mit einem Cytf-Molekül in einem Komplex vereinigt.

Ebenso wie beim Chl in getrockneten Kohlewasserstoffen (in der Abb. 14 rechte Seite) liegt bei den geschützten Chl der $^1\pi\pi$-Term über dem $^1n\pi$-Term, während bei den exponierten Chl-Molekülen (entsprechend der rechten Seite in der Figur) der $^1n\pi$-Term über dem $^1\pi\pi$-Term liegt. Durch Absorption des Lichtes werden vorwiegend $^1\pi\pi$-Zustände in den geschützten Chl a und Chl b erzeugt. Die Anregungsenergie geht von dem Chl b auf das Chl a über, außerdem wird ein Teil der $^1\pi\pi$-Moleküle in den $^1n\pi$-Zustand überführt. Wegen einer Auswahlregel infolge der Komplanarität der Chl-Moleküle in den monomolekularen Schichten bleibt meistens beim Übergang der Anregungsenergie auf ein benachbartes Molekül der Termtyp erhalten, d. h. bei der Resonanzübertragung gehen die $^1n\pi$-Zustände wieder in $^1n\pi$-Zustände und ebenso die $^1\pi\pi$ in $^1\pi\pi$-Zustände der Nachbarmoleküle über.

Die Energie der $^1n\pi$-Zustände gelangt schließlich von den geschützten Molekülen zu einem Cytf-Chla-Komplex, indem dort der gleiche $^1n\pi$-Term wie bei der Absorption des Lichtes von 7000 Å angeregt wird. Nach der

Übertragung der Anregungsenergie geht der Cytf-Cha-Komplex sofort aus dem $^1n\pi$-Zustand in den metastabilen $^3n\pi$-Zustand über. Anschließend erfolgt die Spaltung des H_2O, die Übertragung des H an den Oxydanten und die Bildung von Cytf-OH, der gesamte Prozeß der H_2O-Spaltung erfolgt ohne Änderung des Ladungszustandes; im Cytf-OH-Komplex befindet sich also das Eisenion im dreiwertigen Zustand.

Etwa die Hälfte der von den geschützten Chl aufgenommenen Lichtquanten gelangt bei der stationär laufenden Photosynthese auf dem Wege über die $^1n\pi$-Terme zu den Chla-Cytf-Komplexen, wenn man mit Wellenlängen < 6800 Å belichtet. Strahlt man Licht mit Wellenlängen > 6800 Å ein, so geht nach dem Befund von DUYSENS die Fluorescenzausbeute zurück, weil dann im wesentlichen durch Lichtabsorption nur die $^1n\pi$-Zustände in den geschützten Chl erreicht werden. Diese Anregungsenergie dient ausschließlich zu der Anregung des $^1n\pi$-Zustandes der Cyt-Chla-Komplexe.

Nach EMERSON vollzieht sich mit Licht > 6800 Å die Photosynthese nur mit geringer Ausbeute. Die Photosynthese ist also mit voller Ausbeute nur möglich, wenn die Energie des einen Lichtquantes auf dem Wege über die $^1n\pi$-Terme und die Energie des anderen auf dem Wege der $^1\pi\pi$-Terme zu dem Cyt-Chl-Komplex gelangt. Ist die Photosynthese durch Vergiftung oder durch CO_2-Entzug unterbunden oder ihre Ausbeute durch die übermäßige Anwendung von Licht herabgesetzt, so wird die Energie der $^1\pi\pi$-Terme nicht chemisch verbraucht, sondern im wesentlichen werden die $^1\pi\pi$-Terme in $^1n\pi$-Terme überführt. Die Lebensdauer der $^1\pi\pi$-Terme ist dann verdoppelt, wie man aus der Verdoppelung der Fluorescenzintensität entnehmen kann, also ist auch die Wahrscheinlichkeit des Überganges $^1\pi\pi \rightarrow {}^1n\pi$ verdoppelt.

Es erhebt sich nun die Frage, für welchen Zweck die Energie der $^1\pi\pi$-Terme benötigt wird. Nachdem die Reaktion abgelaufen ist, befindet sich nach FRANCK[1], wie schon oben erwähnt, das Eisen in dem Cytf im dreiwertigen Zustand, und daher ist OH sehr fest an das Cytf gebunden. Das Cyt-Molekül ist arbeitsunfähig und kann bei der Reduktion eines weiteren Oxydanten nicht mitwirken. Die Energie des zweiten Lichtquantes gelangt auf dem Weg über die Anregung von $^1\pi\pi$-Termen zu dem Cytf-OH-Komplex und regt dort einen $\pi\pi$-Term an. Diese Anregungsenergie wird zur Herstellung des alten Zustandes benutzt, das OH wird von dem Cyt-OH-Molekül an einen weiteren Oxydanten übertragen, gleichzeitig findet der Übergang eines Elektrons von dem Chla zu dem Fe^{+++} statt.

10. Versuche über Nachleuchten des Chl in den Chloroplasten.

STREHLER und ARNOLD haben die Entdeckung gemacht, daß nach dem Abschalten der Beleuchtung in allen grünen Pflanzen ein Nach-

---

[1] Vortrag in Lindau 1962.

leuchten auftritt und ebenso auch in den Chloroplasten Suspensionen. Das Nachleuchten hat dasselbe Spektrum wie die Fluorescenz. Der Abfall des Leuchtens erfolgt nach überlagerten e-Funktionen mit Halbwertszeiten von $1/200$ sec bis zu 1 Std. Bei fortdauernder konstanter Beleuchtung hat das Nachleuchten einen stationären Wert, der unmittelbar nach dem Abschalten der Beleuchtung 10^{-3} bis 10^{-4} der Fluorescenzintensität beträgt. Die Intensität des kurzdauernden Leuchtens ist proportional der Beleuchtungsstärke, die des lang dauernden Leuchtens nähert sich mit steigender Beleuchtungsstärke einem Grenzwert. Wenn man nach Versuchen von ARNOLD u. SHERWOOD trockene Chloroplasten nach ihrer Bestrahlung erhitzt, wird das Nachleuchten bzw. der Abklingvorgang beschleunigt, und man erhält „Glow"-Kurven. Trockene Chloroplastenschmieren zeigen die Eigenschaften von elektrischen Halbleitern, d. h. ihr Widerstand nimmt bei Temperatursteigerung ab. Das Nachleuchten wird dadurch erklärt, daß die durch Licht angeregten Elektronen durch einen Sekundärprozeß in ein Leitfähigkeitsband gelangen und von dort in Elektronenfallen. Durch thermische Anregung werden die Elektronen wieder aus den Elektronenfallen befreit, bei ihrer Wiedervereinigung mit den positiven Ionen wird das normale Fluorescenzspektrum, das man bei dem Nachleuchten beobachtet, ausgestrahlt.

Die Existenz von Chl^+ während der Bestrahlung kann direkt durch Untersuchung der Elektronenspinresonanz der Chloroplasten während der Bestrahlung nachgewiesen werden. Es tritt dabei nach CALVIN u. Mitarb. ein EPR-Spektrum auf, das auch im Dunkeln durch Zusatz von Fe^{+++} erzeugt werden kann. Es wird angenommen, daß Fe^{+++} ein Elektron des Chl übernimmt.

11. Die primären Vorgänge nach CALVIN.

Die Theorien von FRANCK einerseits und CALVIN andererseits stimmen insofern überein, als sich der Absorption der Lichtquanten zunächst eine Excitonenwanderung oder Resonanzübertragung anschließt. Bei FRANCK erfolgen die beiden photochemichen Reaktionen, die schließlich zur Übertragung eines H an die (CO_2) führen, in demselben Cyt-Chl-Komplex. Die Energie beider Lichtquanten wird von dem gleichen Cyt-Chl-Komplex aufgenommen, die Reduktion des Oxydanten X als auch die Oxydation des Reduktanten Y erfolgt in demselben Komplex.

CALVIN hingegen ist der Meinung, daß bei der engen räumlichen Nachbarschaft von Oxydanten und Reduktanten, wie sie die Vorstellung von FRANCK mit einschließt, die Möglichkeit von Rückreaktionen bestehen, welche das Ergebnis der primären photochemischen Reaktion rückgängig machen. Nach CALVIN sind Oxydant und Reduktant räumlich getrennt, durch Reaktionen mit den Excitonen gewinnt der Oxydant ein Elektron und der Reduktant verliert ein Elektron.

Nach den vorangegangenen Versuchen kann man annehmen, daß die angeregten Elektronen durch Sekundärprozesse in ein Leitfähigkeitsband gelangen und sich so innerhalb der monomolekularen Schichten wenigstens innerhalb gewisser Grenzen frei bewegen. Nach CALVIN erstreckt sich das Leitfähigkeitsband über eine photosynthetische Einheit.

Ein Exciton wandert nach CALVIN in der Chl-Schicht umher, bis es auf einen Oxydanten trifft. Dieser übernimmt ein Elektron von dem Exciton und bewirkt damit die Trennung der Ladungen des Excitons. Das Elektron oder ein H-Atom wird von dem Oxydanten weitergegeben und gelangt zu einem TPN-Molekül, das in TPNH überführt wird. Die bei der Ladungstrennung des Excitons entstandene positive Ladung diffundiert in den Chl umher, bis sie zu einem Cytf gelangt, und ein Elektron des Fe^{++} übernimmt. Ein zweites Exciton gelangt durch Diffusion an den Reduktanten. Das Elektron, das bei der Ladungstrennung des Excitons frei wird, wandert in der Chl-Schicht umher, bis es auf einen Elektronenempfänger trifft, der es schließlich an das positiv geladene Cytf abgibt, das somit wieder in seinen alten Zustand gelangt. Durch das zweite Exciton wird im Verlauf des ganzen Prozesses mindestens ein ATP-Molekül erzeugt. Bei der Reduktion der (CO_2) werden pro Reduktionsschritt sowohl ein TPNH-Molekül als auch ein ATP-Molekül benötigt, aus diesem Grund erfordert die ganze CO_2-Reduktion im allgemeinen nicht vier sondern acht Excitonen.

Nach FRANCK u. Mitarb. ist die Überführung der Elektronen in das Leitfähigkeitsband eine für die Ökonomie der Photosynthese unwesentliche Begleiterscheinung. Sie kann aus energetischen Gründen wahrscheinlich nur durch stufenweise Anregung erfolgen. Eine eingehende Untersuchung über das Nachleuchten der Chloroplasten durch FRANCK u. BRUGGER hat jedoch zu einer wertvollen Erweiterung unserer Kenntnisse über die Bedingungen unter denen die Fluorescenz geschieht, geführt. Die von CALVIN angenommene Ladungstrennung der Excitonen am Oxydanten und Reduktanten ist nach FRANCK ein Vorgang, der nur mit einer äußerst geringen Wahrscheinlichkeit erfolgen kann. So geht an der Grenzfläche von Anthracenkristallen in Elektrolytlösungen die Trennung der Ladung eines Excitons erst bei einer Feldstärke von 10^4 V/cm mit großer Wahrscheinlichkeit vor sich, während in den Chloroplasten überhaupt kein elektrisches Feld vorhanden ist.

In vorangegangenem sind wir auf die Literatur nur soweit eingegangen, als diese für die Physik der Energieübertragung innerhalb der Chloroplasten von Bedeutung ist. Auf die umfangreiche Literatur, in der chemische reaktionskinetische Betrachtungen im Mittelpunkt und die Physik der Vorgänge in den Chloroplasten nur im Hintergrund stehen, sei lediglich kurz hingewiesen. Die Aufgabe der Theorie, die Funktionen der beiden für einen Reduktionsschritt (Übertragung eines H-Atoms oder Elektrons auf den Oxydanten bzw. das (CO_2) benötigten Lichtquanten zu erklären, wird nach HILL u. Mitarb. durch Beteiligung von zwei verschiedenen Cytrochromen (b und f), nach BRODY durch Beteiligung von monomeren und dimeren Chl, nach FRENCH u. FORK durch Beteiligung von zwei Pigmenten an jedem Reduktionsschritt zu lösen versucht. Der Zwei-Lichtquanten-Mechanismus steht außerdem im Mittelpunkt weiterer Arbeiten von KAUTSKY (Fluorescenz) sowie ALLEN u. Mitarb. (Untersuchung der ERP-Spektren). Die Literaturzitate findet man bei WITT, MÜLLER und RUMBERG. WITT u. Mitarb. haben in großem Umfang ähnlich wie in der oben kurz zitierten Arbeit von KOK die zugleich mit kurzzeitigen Lichtblitzen auftretenden Absorptionsänderungen in den verschiedenen Spektralbereichen der Chloroplasten untersucht. Nach WITT u. Mitarb. kommt die Reduktion der TPN dadurch zustande, daß ein Elektron über nicht weniger als sieben Reaktionspartner übertragen wird, wobei zwei von der photosynthetischen Einheit aufgenommene Lichtquanten mitwirken. Zwei dieser Reaktionsschritte bestehen nach WITT u. Mitarb. darin, daß dem Chl a und dem Cyt f ein Elektron entrissen wird. Die beiden Moleküle besitzen in diesem Zustand eine Lebensdauer von 10^{-3} sec.

Mit der Zerstörung des photosynthetischen Apparates durch energiereiche Strahlen beschäftigen sich FÜCHTBAUER u. SIMONIS. Zur Bestrahlung gelangen Suspensionen von Chloroplasten. Bei Dosen etwa $>$ 500000 rad erfolgt die Inaktivierung der für die Photosynthese benötigten Enzyme. Die Zerstörung des Chl in den Chloroplasten benötigt Dosen, die nahezu noch eine Größenordnung höher liegen.

Literatur.

ARNOLD, W. A., and H. K. SHERWOOD: Are Chloroplasts Semiconductors? Proc. nat. Acad. Sci. (Wash.) **43** 105 (1957).

ARNON, D. I.: Conversion of Light into Chemical Energy. Nature (Lond.) **184**, 10 (1959).

BRUGGER, J., and J. FRANCK: Experimental and Theoretical Contribution to Studies of the Afterglow of Chlorophyl in Plant Materials. Arch. Biochem. **75**, 465 (1958).

CALVIN, M.: Energy Reception and Transfer in Photosynthesis. Rev. Modern Phys. **31**, 147 (1959).

—, and G. M. ANDROES: Primary Quantum Conversion in Photosynthesis. Science **138**, 867 (1962).

DUYSENS, L. N. M.: Energy Transformations in Photosynthesis. Ann. Rev. Plant Physiol. **7**, 25 (1956).

EMERSON, R., R. CHALMERS and C. CEDERSTAND: Some Factors Influencing the Long Ware Limit of Photosynthesis. Proc. nat. Acad. Sci. (Wash.) **43**, 133 (1957).

Füchtbauer, W., u. W. Simonis,: Getrennte Röntgenbestrahlung von lamellaren Strukturelementen und Enzym-Extrakten, isolierter Chloroplasten und ihre Wirkung auf die lichtabhängige TPN-Reduktion. Radiat. Botany 2, 141 (1962).

Franck, I.: Fluorescenz des Chlorophylls in Zellen und Chloroplasten und ihre Beziehungen zu den Primärakten der Photosynthese. Handb. Pflanzenphysiol. V, 1 (1960).

—, I. C. Rosenberg and X. Weins: The Primary Photochemical Step in Photosynthesis, a Comparison of Two Theories. In: Luminiscence of Organic and Anorganic Materials, S. 11. Hrsg. Kallmann, H. P. 1962.

French, C. S.: The Chlorophylls in Vivo and Vitro. Handb. Pflanzenphysiol. V, 252 (1960).

—, and V. K. Young: The Fluorescence Spektra of Red Algae and the Transfer of Energy from Phycoerythrin to Phycocyanine and Chlorophyll. J. gen. Physiol. 35, 873 (1952).

Kamen, M. D.: Hematin Compounds in the Metabolism of Photosynthetic Tissues. In: Gaebler: Enzymes and Units of Biological Structur and Function, S. 483 (1956).

Kok, B.: Efficiency of Photosynthesis. Handb. Pflanzenphysiol. V, 1 (1960).

— Partial Purification and Determination of Oxidation Reduction Potential of the Photosynthetic Chlorophyll Complex Absorbing at 700 m. Biochim. biophys. Acta 48, 527 (1961).

Rumberg, B., A. Müller and H. T. Witt: New Results about the Mechanism of Photosynthesis. Nature (Lond.) 194, 854 (1962).

Schenck, G. O.: Typische photochemische Reaktionen ausgewählter Naturstoffe. Strahlentherapie 115, 497 (1961).

Strehler, B. L. and W. Arnold: Light Production by Green Plants. J. gen. Physiol. 34, 809 (1951).

— The Luminiscence of Isolated Chloroplasts. Arch. Biochem. 34, 239 (1951).

Witt, H. T.: Untersuchungen der Photosynthese bei Anregung mit Blitzlicht. Handb. Pflanzenphys. V, 1, 634 (1960).

—, A. Müller, and B. Rumberg: Electron Transport System in Photosynthesis of Green Plants Analysed by Sensitive Flash Photometry. Nature 197, 987 (1963).

Namenverzeichnis.

Die kursiven Seitenzahlen beziehen sich auf die Literaturverzeichnisse.